WNMC

作者簡介

陳裕賢

國立臺北大學資訊工程系教授兼任電機資訊學院院長

國立中央大學資訊工程博士

張志勇

淡江大學資訊工程系教授

國立中央大學資訊工程博士

陳宗禧

國立臺南大學資訊工程系教授兼圖書館館長

國立中央大學資訊工程博士

石貴平

淡江大學資訊工程系教授

國立中央大學資訊工程博士

吳世琳

長庚大學資訊工程系副教授 (前系主任)

國立中央大學資訊工程博士

廖文華

大同大學資訊經營系教授

國立中央大學資訊工程博士

WNMC

許智舜

世新大學資訊管理系副教授

國立中央大學資訊工程博士

林勻蔚

國立臺北大學資訊工程系兼任助理教授

國立中正大學資訊工程博士

推薦序

　　無線網路與行動計算近 10 年來已成為網通領域非常熱門的課程,幾乎每一所大專院校都會開授此一門課。由於無線網路的進展非常快速,從早期的無線區域網路(IEEE 802.11)協定、藍芽(Bluetooth)及無線感測網路(IEEE 802.15.4/ZigBEE),到目前的車載通訊網路、綠能通訊網路及物聯網,幾乎每隔 3～4 年就會誕生一個新的網路研究題材。因此,在此一領域每隔 3～4 年就需尋找一本新的教科書,作為上課的教材。最近收到我過去指導畢業的學生群所編寫的一本教科書『無線網路與行動計算』,內心感到非常欣慰,他們不但長期耕耘於此一領域,而且在學校也非常認真努力從事教學與研究,他們大部分都已升等為教授,部分課程內容也曾獲得教育部網路通訊人才培育先導型計畫,補助教師編寫教材特優及優等獎。這本書涵蓋的內容非常完整,除了上述各種無線網路之外,也包含電信網路(Telecommunication)、無線寬頻網路WiMAX(IEEE 802.16)協定與感知無線電網路。在行動計算方面也包含雲端計算與社交網路。本書非常適合作為無線網路或行動計算課程的教科書,書中每一章節介紹都非常詳實,且內容豐富,是國內無線網路與行動計算最好的教科書之一,比起國外的教科書也毫不遜色。不僅適合作為無線網路或行動計算入門學習的教材,也很適合作為有志從事此一研究領域的研究生或工程師的工具書。

許健平

國立清華大學資訊工程系講座教授

暨電通中心主任

101 年 12 月 25 日

v

序言

　　本書爲一本完整介紹「無線網路和行動計算」的大專院校用書，集合幾位國內對此領域學有專精的教授們，根據多年的教學經驗和相關研究成果共同編撰此書。此書完整介紹有關無線網路和行動計算的課程內容，其編撰方式配合一般大學一個學期上課週數，共編排爲 16 章，以一週介紹一章方式來教授此書。內容主要分成兩個部分，第一個部份爲「無線網路」，第二個部份爲「行動計算」；「無線網路」的部份介紹最新無線網路技術與發展趨勢之課程內容，包含導論、無線區域網路、無線隨意網路、無線感測網路、無線寬頻網路、電信網路、水下感測網路、無線體域網路、車載資通訊網路、感知無線電網路、移動管於行動網路、和綠能通訊網路，共 12 章；「行動計算」的部份進一步介紹目前許多熱門和重要的無線網路應用之課程內容，包含行動計算、物聯網、雲端計算、社交網路，共 4 章。課程內容編排十分充實且易讀易懂，適合各大專院校開設「無線網路」和「行動計算」相關課程使用，另外對於無線網路與行動計算相關工程師或大專院校學生亦深具參考和閱讀價值。

國立臺北大學資訊工程系

陳裕賢

編輯部序

　　「系統編輯」是我們的編輯方針，我們所提供給您的，絕不只是一本書，而是關於這門學問的所有知識，它們由淺入深，循序漸進。

　　本書主要介紹「無線網路」及「行動計算」，使讀者了解最新無線網路與其發展趨勢，並進一步介紹目前熱門的雲端計算、社交網路等相關內容。並以摘要方式說明相關技術、協定與應用，且對於基本原理、動向發展亦有詳盡敘述。本書適合各大專院校及相關工程師使用，是一本具有學習及參考價值之專業技術用書

　　同時，為了使您能有系統且循序漸進研習相關方面的叢書，我們以流程圖方式，列出各有關圖書的閱讀順序，以減少您研習此門學問的摸索時間，並能對這門學問有完整的知識。若您在這方面有任何問題，歡迎來函聯繫，我們將竭誠為您服務。

相關叢書介紹

書號：06361007
書名：快速建立物聯網架構與智慧
　　　資料擷取應用(附範例光碟)
編著：蔡明忠.林均翰
　　　研華股份有限公司
16K/320 頁/520 元

書號：06467007
書名：Raspberry Pi 物聯網應用
　　　(Python)(附範例光碟)
編著：王玉樹
16K/344 頁/380 元

書號：10432
書名：雲端通訊與多媒體產業
編著：曲威光
16K/432 頁/400 元

書號：06486
書名：物聯網理論與實務
編著：鄧耀東.陳家豪
16K/400 頁/500 元

書號：1037601
書名：智慧型行動電話原理應用與
　　　實務設計(第二版)
編著：賴柏洲.林修聖.陳清霖
　　　呂志輝.陳藝來.賴俊年
20K/384 頁/350 元

◎上列書價若有變動，請以
最新定價為準。

流程圖

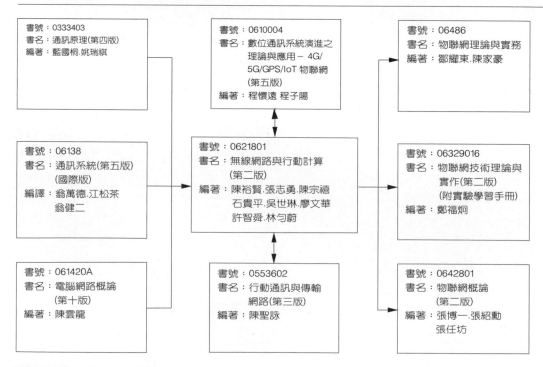

書號：0333403
書名：通訊原理(第四版)
編著：藍國桐.姚瑞祺

書號：0610004
書名：數位通訊系統演進之
　　　理論與應用－ 4G/
　　　5G/GPS/IoT 物聯網
　　　(第五版)
編著：程懷遠 程子陽

書號：06486
書名：物聯網理論與實務
編著：鄧耀東.陳家豪

書號：06138
書名：通訊系統(第五版)
　　　(國際版)
編譯：翁萬德.江松茶
　　　翁健二

書號：0621801
書名：無線網路與行動計算
　　　(第二版)
編著：陳裕賢.張志勇.陳宗禧
　　　石貴平.吳世琳.廖文華
　　　許智舜.林勻蔚

書號：06329016
書名：物聯網技術理論與
　　　實作(第二版)
　　　(附實驗學習手冊)
編著：鄭福炯

書號：061420A
書名：電腦網路概論
　　　(第十版)
編著：陳雲龍

書號：0553602
書名：行動通訊與傳輸
　　　網路(第三版)
編著：陳聖詠

書號：0642801
書名：物聯網概論
　　　(第二版)
編著：張博一.張紹勳
　　　張任坊

目錄

WNMC

WNMC

WNMC

WNMC

Chapter 1

導論

1-1　簡介

　　「無線網路與行動計算」相關技術與應用在現今社會上愈來愈重視，主要原因在於可以跳脫有線化的束縛，擁有無線化方便性並享受高速的無線傳輸樂趣，達到高行動性、高彈性、高傳輸率等便利。隨著無線通訊網路行動計算相關技術的快速成長，無線語音服務、資料通訊及各項行動影音多媒體的需求，結合雲端計算技術之行動應用，如雨後春筍般地廣為使用。本章主要簡述「無線網路與行動計算」，這本書所編撰的 15 個主題之無線網路與行動計算相關技術、協定與應用，本書第 2～16 章將仔細介紹。首先，本章 1-2 節簡介本書第 2 章無線區域網路(IEEE 802.11 協定)，為目前無線網路中被廣泛使用的網路類別之一。無線區域網路所應用的空間為小範圍住家、小型辦公室，可延伸到較大範圍的智慧型大樓、商場、購物中心、學校校園等環境。1-3 節簡介本書第 3 章無線隨意網路，無線隨意網路是一種快速行動連結網路，特色為隨時隨地都可建立網路，對某一特定應用提供服務。在本章中將進一步介紹省電協定及電力控制的方法，可使行動通訊節點能夠使用較長的一段時間。1-4 節簡介本書第 4 章無線感測網路，介紹無線感測網路所使用的感測器微作業系統與軟體平台，介紹無線感測網路所使用的低耗能協定、媒介存取協定、繞徑協定、定位技術、覆蓋技術和資料蒐集與省電技術。本章 1-5 節簡介本書第 5 章無線寬頻網路，主要介紹無線寬頻網路 WiMAX(IEEE 802.16 協定)技術的技術與趨勢，簡介目前無線寬頻網路標準與沿革，藉由比較的方式了解寬頻網路標準技術之差異與訴求，同時搭配生活中的應用來讓讀者體驗寬頻網路對於人類生活所帶來的巨大影響。1-6 節簡介本書第 6 章電信網路系統，從第一代的類比式系統，進入到第二代的數位化系統，改善了頻率使用效率、降低干擾造成的影響，也提昇了通訊品質。本章節從第二代行動通訊技術、第三代行動通訊技術一直介紹到到第四代行動通訊技術和下一代行動通訊相關技術和展望。1-7 節簡介本書第 7 章水下感測網路，是將佈置於水下的水下感測器形成的一種水下感測網路，由於海洋的遼闊，使用人力去探索、防範或監控是件困難的事，在本章節中，透過介紹水下感測網路及其應用，來瞭解水下感測網路的特性。1-8 節簡介本書第 8 章無線體域網路，隨著無線網路技術被廣泛的使用，無線感測設備的體積可以縮小並使用在無線體域網路上，在本章中將會針對無線體域網路中的通訊架構、媒介存取控制層、網路層和無線傳輸技術等做詳細的介紹。在本章中 1-9 節簡介本書

第 9 章車載通訊網路，車載資通訊(Telematics)是指裝載在車輛上的通訊與資訊系統，讓車輛可以透過車載通訊系統取得資訊，並利用資訊系統處理後做出最佳的反應，將介紹車載隨意網路、車載隨意網路之媒體存取控制協定、路由協定、群播協定、廣播協定、地理位置群播協定、安全機制、流量控管以及資源管理等。本章 1-10 節簡介本書第 10 章隨意感知無線電網路、介紹感知無線電網路的媒體存取控制協定、路由協定、廣播協定、安全機制以及賽局理論應用在感知無線電網路。1-11 節簡介本書第 11 章移動管理的協定，在本章中，主要介紹現存設計的移動管理協定，接著再詳細介紹跨層式移動管理協定與其應用。1-12 節簡介本書第 12 章綠能資通訊，綠能資通訊的應用範疇相當廣泛，並將牽動著資通訊產業的發展趨勢，本章節將討論如何運用綠能資通訊技術到通訊科技上，以達到節能減碳之目的。1-13 節簡介本書第 13 章行動計算，主要分行動載具、網際網路及雲端服務技術，，並說明其整合運算架構與相關的程式開發，最後，將介紹行動計算的應用與服務。1-14 節簡介本書第 14 章物聯網，介紹物聯網的基礎架構，說明物聯網感知層所使用的感知關鍵技術，針對物聯網網路層所使用的各種通訊技術介紹。1-15 節簡介本書第 15 章雲端計算，介紹雲端計算的演進和相關的技術，例如硬體、Internet 技術、分散式計算和系統管理。除了理論介紹之外，我們也介紹一些世界上具有代表性的一些商業雲端公司，使其理論與實務可以相互應證，也介紹雲端計算的服務品質協議，說明它的重要性和其生命週期，討論一些雲端計算將會面臨的挑戰。1-16 節簡介本書第 16 章社交網路，介紹社交網路架構、社交網路的分類、社交網路的實例、社交網路的應用和社交網路面對的課題，在社交網路架構中包含資料儲存層、內容管理層和應用層，透過各層的合作使得社交網路得以順利的運作。以下針對本書的 2～16 章的內容做摘要式的說明。

1-2　無線區域網路

第 2 章將介紹無線區域網路，網路無線化在現今社會上愈來愈重要，不僅跳脫有線的束縛，擁有方便性享受高速的無線傳輸樂趣，達到高行動性、高彈性、高傳輸率等便利。區域網路一般分為有線與無線區域網路以及兩者混合區域網路，在本章中，無線區域網路為討論的重點，一區域型的無線網路，為目前無線網路中被廣泛使用的網路類別之一。無線區域網路所應用的空間，如小範圍住家、小型辦公室，可延伸到較大範圍的智慧型大樓、商場、購物中心、學校校園等環境。無線區域網路目前最重要的協定之一為 IEEE 802.11 協定。首先，我們針對該協定做詳細說明，透過該協定，可了解 IEEE 802.11 協定成為目前無線區域網路中最重要的協定之一。此外，無線區域網路的頻寬愈來愈快，透過了解 IEEE 802.11 協定與封包格式以及傳遞的運作方式，就可以透析無線區域網路的奧秘。理論的探究終究需要實務的操作來實現，當了解無線區域網路的協定後，最重要的工作即為如何規劃與架設無線區域網路。規劃無線區域網路首著重於理論的分析，如訊號涵蓋的強度與範圍、無線區域網路設備的佈署、頻道的配置、設備規格與需求分析、預算分析與成本考量等多種因素。更進一步，架設無線區域網路，動手做，可使未來網路管理工作變得更簡單，更容易管理與維護，不僅僅是考量無線區域網路佈建，更重要的是整合有線與無線區域網路。因此，規劃與架設為實踐無線區域網路中最重要的推手與目標。無線區域網路的應用非常廣，現已成為目前各大都市以及各重要熱點或區域最重要的網路基礎建設之一，為延伸網際網路最重要無線化的網路類別。由於應用服務對於頻寬的需求愈來愈高，巨量資料流以及封包在網際網路四處流竄，無線區域網路的頻寬需求相對的也愈來愈高和重要，可以提供使用者更好的服務。使用者對於網路服務的需求、技術的進步提升傳輸的頻寬、促進服務品質的提升，這三個因素循環，化為無線區域網路技術前進的動力，推動應用服務的創新，造福人群與社稷。理論與實務仍是所有技術所應該面臨的重要課題，無線區域網路的技術仍需繼續大步往前邁進，技術與應用服務的挑戰仍需克服與面對。無線區域網路協定勢必仍是未來最主流的無線網路最基礎的技術，學習無線區域網路關鍵技術，掌握未來的無線網路技術發展方向與創新研究之重要基礎。

1-3　無線隨意網路

第 3 章將介紹無線隨意網路，無線隨意網路(Wireless ad hoc network)是一種特殊的網路，特色為隨時隨地都可建立，對某一特定應用提供服務。無線隨意網路沒有固定的基礎架構，不需要事先規劃及佈置，而是依靠成員之間自我溝通，自動組織而成。無線隨意網路成員可以隨意移動，且在高移動性的情況下，還要能維持該有的服務。而在無線隨意網路的各種應用中，除了單播(Unicast)外，也需要群播(Multicast)的方式來傳送一般數據及即時的資料。在大型的無線隨意網路，封包的傳送可能需要多點跳躍(Multi-hop)才能送到目的地，因此如何尋找路由路徑(Routing path)，使中繼節點能把封包有效的傳往目的地，也是基本且關鍵的任務。在路由探索的過程中，節點利用廣播 RREQ 來獲得路由路徑，因為節點分散在不同區域，所以廣播的訊息可能需要一些中繼點重播(Rebroadcast)，才能使所有節點得知此訊息，但節點位置可能改變，造成多次重播，因此造成廣播風暴(Broadcast storm)的問題。此外，由於節點的電力透過電池來提供，因此如何省電成為了一項重要的議題。在本章中將介紹省電協定及電力控制的方法，使節點具有較長的生命和使用週期。

1-4　無線感測網路

　　第 4 章將介紹無線感測網路，無線感測網路是由一到數個無線資料收集器(Wireless data collector or sink)以及為數眾多的感測器(Sensor node)所構成的網路系統，為了使感測器之間能自動且快速的形成一網路，感測器間通常以無線的方式來進行通訊。就硬體的需求而言，感測器的設計以省電、價格低廉、體積小為目標，其硬體主要由感測元件、計算元件、無線傳輸元件及供電系統(如電池)所組成，因此，其可謂是麻雀雖小但五臟俱全，功能如同一台小型電腦。感測元件有如人的皮膚、聽覺或嗅覺，可針對環境中我們所感興趣的事物(如溫度、濕度、光源、壓力、二氧化碳或移動程度等)進行感測，並將所收集的資料透過計算元件的運算處理後，透過無線傳輸元件，將資料透過多步的轉送回傳給資料收集器，最後，人們就可以根據資料收集器所收集的資料，了解環境的狀態，並開發各式各樣的延伸應用。感測元件可用來收集農場的溫度及土壤的濕度，這些資訊將可用來預防乾旱並應用於自動灌溉。

　　無線感測器網路已廣泛應用於不同場合，舉例來說，在工業上，應用於工業製程與設備監控，包含工廠自動化生產線上的品管控制。在商業方面的應用如空調溫控、偵測大樓火災或指引逃生路徑上。在居家方面的應用，可作為居家安全(如瓦斯漏氣或小偷闖入)或家電遠端開啟及關閉。在自然生態環境上，包括即可即時監測空氣污染、水污染及土壤污染、水災判定、土石流偵測和森林火災防護等環境災害。在國防軍事上，包含國邊境監控，敵軍的活動偵蒐或是在人員、裝備上加裝感測器以供識別、定位及保護。在醫療及健康照護方面的應用，將感測器佈署於病人、老人、幼童或復健者身上，可以分別達到用藥記錄、跌倒自動通知及復健姿勢矯正等用途。在公共建設方面，可應用於橋樑安全監控。在娛樂方面，則可應用於互動遊戲，如智慧型手機或Wii 遊戲手把內所加裝三軸感測器，用以偵測玩家的動作，並反映至手機或遊戲畫面上。在本章中將介紹無線感測網路所使用的感測器微作業系統與軟體平台，接著介紹無線感測網路所使用的低耗能協定、媒介存取協定、繞徑協定、定位技術、覆蓋技術和資料蒐集與省電技術。

1-5　無線寬頻網路

　　第 5 章將介紹無線寬頻網路，隨著無線通訊技術的快速成長，無線語音服務、資料通訊及各項行動影音多媒體的需求也如雨後春筍般地增加。現階段的無線與行動通訊系統卻面臨費率昂貴、使用便利性不佳或傳輸速率不足的瓶頸，已無法提供多媒體傳輸所需之服務品質保證，因此，新一代的無線寬頻網路技術因應而生，以提供高速率的資料傳輸與高移動性的支援，並提供用戶端多媒體服務的品質保證。目前新一代無線寬頻網路技術有兩大主流：全球互通微波存取(Worldwide Interoperability for Microwave Access, WiMAX)與長期演進技術(Long Term Evolution, LTE)。WiMAX 是一項高速無線數據網路標準，此技術標準由 WiMAX 論壇提出，可提供最後一哩無線寬頻接入(Last Mile Broadband Wireless Access)，對於系統業者而言，大幅降低基礎建設的佈建成本。另外，目前市場上備受矚目的行動無線寬頻技術為 LTE，LTE 是長期演進技術(Long Term Evolution)的簡稱，此技術讓電信服務商以較為經濟的基地台佈建形式，提供超越現今 3G 無線網路的效能，實現無線寬頻接取服務。相較於 3G/3.5G 而言，LTE 提供更高速的網路傳輸速度，且 3G/3.5G 基地台易升級成 LTE 基地台，相較於 WiMAX 而言，LTE 更能大幅降低基地台的佈建成本，LTE 將於第 6 章電信網路中介紹。新一代無線寬頻網路技術的引進，除了單純提供網路存取服務外，更大的價值在於提供不同於過去行動通訊網路的服務使用範圍，更能為民眾日常生活帶來便利、娛樂與安全。舉例而言，行政院經建會研擬的智慧台灣(Intelligent Taiwan, I-Taiwan)計畫，此計畫的藍圖主要是整合新一代無線寬頻網路技術於現有之固定通信及行動通信等主要公眾網路，其願景為建構智慧型基礎環境，發展創新科技化服務，使台灣成為一個安心、便利、健康與人文的優質網路社會。在此章中，我們將主要描述無線寬頻網路(WiMAX，IEEE 802.16 協定)技術的技術與趨勢，同時簡介目前無線寬頻網路標準與沿革，藉由比較的方式了解寬頻網路標準技術之差異與訴求，同時搭配生活中的應用來讓讀者體驗寬頻網路對於人類生活所帶來的巨大影響。無線通訊技術正在改變人們的溝通、生活及工作模式，未來的無線寬頻網路，因為其寬頻且可攜式的特性，幾乎可取代今日有線與無線網路接取模式。相信不久的未來，無線寬頻網路與有線網路如何相互合作，以滿足用戶端多媒體服務品質之需求，將是現有的有線／無線電信業者努力的目標。

1-6　電信網路

　　第 6 章將介紹電信網路，電信網路系統從第一代的類比式系統，進入到第二代的數位化系統，改善了頻率使用效率、降低干擾造成的影響，也提昇了通訊品質。1G(The first generation)是第一代行動通訊標準，也就是類比式行動電話系統，自 1980 年代起開始使用，直至由 2G 數位通訊取代。1G 及 2G 網路最主要的分別是 1G 使用類比調變，而 2G 則是數位調變。雖然兩者都是利用數位信號與發射基地台連接，不過 2G 系統語音採用數位調變，而 1G 系統則將語音調變在更高頻率上，一般在 150MHz 或以上。這時的通話方式都是行動電話標準，使用類比調製、分頻多重存取(FDMA)，限語音傳送。2G 是行動通訊技術規格第二代的簡稱，一般定義為無法直接傳送如電子郵件、軟體等資訊，但具有通話和一些如時間日期等傳送的手機通訊技術規格。手機簡訊 SMS(Short message service)，在 2G 的某些規格中能夠被執行。全球行動通訊系統 (Global System for Mobile Communications)，即 GSM，是當前應用最為廣泛的行動電話標準。全球超過 200 個國家和地區超過 10 億人正在使用 GSM 電話。GSM 標準的廣泛使用使得在行動電話運營商之間簽署「漫遊協定」後用戶的國際漫遊變得很平常。GSM 標準當前由 3GPP 組織負責制定和維護。2.5G 是夾在 2G 與 3G 中間、手機通訊技術規格的過渡期。用來形容比 2G 連線快速、但又慢於 3G 的一種通訊技術規格。2.5G 系統能夠提供一些在 3G 才有的特別功能，如封包交換技術。也能共享 2G 所開發出來的 TDMA 與 CDMA 規格。最常見的 2.5G 系統就是 GPRS(General packet radio service)。3G 是指行動通訊系統第三代能將無線通訊與國際網際網路等多媒體通訊結合的新一代行動通訊系統。能夠處理圖像、音樂、視訊形式，提供網頁瀏覽、電話會議、電子商務資訊服務。無線網路必須能夠支援不同的數據傳輸速度，也就是說在室內、室外和行車的環境中能夠分別支持至少 2Mbps、384kbps 以及 144kbps 的傳輸速度。由於採用了更高的頻帶和更先進的無線(空中介面)存取技術，3G 標準的流動通訊網路通訊質素較 2G、2.5G 網路有了很大提高。4G 是指行動通訊系統第四代，也是 3G 之後的延伸。以技術標準的角度，按照 ITU(International Telecommunication Union)的定義，低速移動狀態傳輸速率達到 1Gbps，在高速移動狀態下可以達到 100Mbps，為 4G 的技術標準，4G 將帶來更多的參與方，更多技術、行業及應用的融合。

1-7　水下感測網路

　　第 7 章將介紹水下感測網路，水下感測網路是將水下感測器佈置在水中所形成的網路。由於海洋的遼闊，使用人力去探索、防範或監控是件困難的事。透過水下感測網路，許多應用得以被實現，無論是對海底火山、海底地震的監控或是環境的監測、污染的預防，甚至於軍事用途上如潛水艇的入侵偵測等，都有許多幫助。舉例來說，我們可以透過水下感測器得知海底火山的情形，藉由海水溫度、海底地震等資訊判斷火山是否有可能爆發。另外，監控洋流的溫度，也被用來推估接下來的天氣。當油輪翻覆時，我們難以評估外漏的油漬對海洋的汙染狀況與影響範圍，此時，透過水下感測器，便能夠有效得知汙染情形與影響的區域。而在軍事上，預防敵方的入侵，感測器更是不可或缺的工具。因此，在本章中，我們將透過介紹水下感測網路及其應用，來瞭解水下感測網路的特性。水下感測網路與陸地上的無線感測網路特性並不相同，無線感測網路使用無線電波來進行資料的傳輸，但無線電波並不適合用於水中傳輸，這是因為無線電波很容易被海水吸收，因此在傳輸時訊號會快速的衰減。在水下感測網路中使用聲波進行資料的傳輸，相較於無線電波快速被海水吸收，聲波採用低頻的傳輸方式不易衰減，所以可以將聲音傳至很遠的地方。此外，無線電波在傳播速度上等同於光速，這是聲波無法做到的。在水中，聲波傳播的速度只有大約每秒鐘 1500 公尺，因此相較於無線電波來說，聲音傳播的速度相當的慢。也因此，在資料傳輸的過程中，需經歷一段稱為傳播延遲的時間。換句話說，當傳送端傳送一筆資料時，接收端並不會馬上接收到這筆資料，而是會經過一段傳播延遲的時間後，才可能接收到這筆來自傳送端的資料。因此，水下感測網路利用聲波進行傳輸的方式，造成了許多的挑戰與難題，也在運作上產生了變化。聲音在水中造成的影響包括嚴重的傳播延遲、低頻寬與低傳送速率等等。在本章中，我們將先瞭解水中聲學，並透過水中聲學的特性來介紹水下感測網路所面臨的挑戰。另外，在面臨種種挑戰之下，水中感測網路又該如何運作，透過關鍵技術、協定與方法的介紹，來瞭解水中感測網路的運作方式。海洋是人類未來研究與發展的方向，在不久的將來，水下感測網路會成為人類發展的重點，在克服種種技術上的困難後，水下感測網路對人類的影響也會更加廣闊，同時也會有更多的水中應用。

1-8　無線體域網路

第 8 章將介紹無線體域網路，隨著無線網路技術被廣泛的使用，使得無線感測設備的體積可以縮小並使用在無線體域網路上。這些無線感測器被裝置在衣服或皮膚上，甚至於有些特殊的感測器被植入在皮膚下。藉由無線體域網路創新的應用，以提高醫療保健和生活質量。在無線體域網路中的感測器可以量測多種的生理訊號，例如：心跳、體溫和長時間心電圖記錄。在本章中將會針對無線體域網路中的通訊架構、媒介存取控制層、網路層和無線傳輸技術等做詳細的介紹。通訊架構中分成內部跟外部，內部為無線感測器與資料集中裝置的通訊，外部為資料集中裝置與外部伺服器的通訊。媒介存取控制層將探討時分多址與載波感測多重存取兩種。網路層將探討各種不同的路由方法。無線傳輸技術中探討各種不同應用在無線體域網路的傳輸技術。

另外，本章亦探討 6LoWPAN(IPv6 低功耗無線個域網)，IEEE 802.15.4 是低速率無線個域網(LR-WPAN)的典型代表，然而，IEEE 802.15.4 規定了實體層(PHY)和媒體存取控制(MAC)層標準，而 IEEE 802.15.4 設備密度很大，可實現無線體域網路，網際網路工程任務小組(IETF)以 IPv6 協定為基礎，正式成立了 IPv6 over LR-WPAN(簡稱 6LowPan)工作組，制定專屬於這些低功率、低可靠度與網路規模極大網路裝置的互連通訊協定，即 IPv6 over IEEE 802.15.4。

1-9　車載資通訊網路

第 9 章將介紹車載資通訊，車載資通訊(Telematics)是指裝載在車輛上的通訊(Telecommunications)與資訊(Information)系統，讓車輛可以透過車載通訊系統取得資訊，並利用資訊系統處理後做出最佳的反應。隨著通訊與半導體技術的進步，目前許多車輛上都已安裝了通訊與資訊系統，以提昇行車的效率與安全，讓車輛的駕駛變得更為便捷。車載資通訊系統在智慧型運輸系統中扮演了重要的角色，包含交通管理系統、旅行者資訊系統、車輛控制安全系統與緊急事故支援系統等都需要靠車載資通訊系統的支援才得以順利的運作，因此，各國都十分重視車載資通訊系統的發展，如日本的 Smartway、美國的 VII Initiative 與歐洲的 eCall Activity 都是利用車載資通訊系統來提昇行車效率與安全，避免行車事故為主要目標。我國在全球 ICT(Information Communication Technology)產業扮演重要且關鍵的角色，利用我國在 ICT 產業的優勢，我國已成為車載產業的供應國，包括許多的 IT 廠商、汽車零件廠與工業電腦廠商都已投入車載設備的研發與生產，另外還有一些業者提供應用服務與服務的資料與內容(如目前已使用在 NISSAN 汽車上的 TOBE)。期望將來我國可以成為全球車載產業的重要供應國，可將整體方案輸出國外。發展策略包括以應用服務帶動 Telematics 產業鏈之建構、建置智慧交通基礎環境以利新興應用及前瞻技術發展、發展前瞻技術及參與標準制定放眼新興市場與國際結盟共構國際化之車載產業鏈。車載資通訊網路包含車輛內部的網路以及車輛與車輛之間的通訊網路。智慧型車輛的配備包含向前與向後的雷達，行車記錄器，計算平台，通訊裝置與定位系統，這些裝置透過車輛內部的有線網路相互連結，將搜集到的資訊送到計算平台做運算與決策，另外也可透過通訊裝置已無線的方式訊息傳送至其他的車輛。至於車輛與車輛之間的通訊，則是透過車載隨意網路(Vehicular Ad Hoc Network 簡稱為 VANET)。VANET 包含了兩種重要的通訊模組，即車輛上的 On-Board Unit(OBU)，與 Roadside Unit(RSU)。車載隨意網路包含了車輛與車輛間的通訊(Inter-Vehicle Communications 簡稱為 IVC)以及路邊基地台與車輛間的通訊(Roadside-Vehicle Communications 簡稱為 RVC)。IVC 是沒有基地台的通訊方式，類似行動隨意網路(Mobile ad hoc network)的通訊方式車輛只要安裝 OBU 便可相互通訊。RVC 則是在路邊基礎設施的 RSU 與車輛上的 OBU 之間進行通訊。本章將介紹車載隨意網路、車載隨意網路之媒體存取控制協定、路由協定、群播協定、廣播協定、地理位置群播協定、安全機制、流量控管以及資源管理等。

1-10　感知無線電網路

第 10 章將介紹感知無線電網路，無線頻譜是珍貴的資源，然而不必使用執照的頻段已十分擁擠，例如 2.4GHz 的 ISM(Industrial, Scientific, and Medical)頻段已有包含 WiFi、藍牙、Zigbee 與微波爐等使用，已十分擁擠，而需要執照的頻段使用率又不高。因此，如何提昇頻譜的使用率並提升通訊的品質與效能便成為重要的議題，而具備感知頻譜能力的感知無線電網路(Cognitive radio network)便成為此議題目前的最佳解決方案。感知無線電網路包含基地台、有執照的主要使用者(Primary User 或稱為 licensed user 簡稱為 PU)與沒有執照的次要使用者(Secondary User 或稱為 unlicensed user，簡稱爲 SU)所組成，感知無線電網路分爲有基礎設施(即基地台)與沒有基礎設施的隨意感知無線電網路(Cognitive radio ad hoc networks 簡稱爲 CRAHNs)。感知無線電網路具有感知能力(Cognitive capapility)與重新組態的特性(Re-configurability)。SU 會主動的偵測目前頻道的使用狀態，然後動態的挑選沒有被主要使用者佔用的頻道來使用，因而提昇頻譜的使用率與效率，並降低干擾。要注意的是，次要使用者在使用需要執照的頻段時不可以干擾主要使用者使用需要執照的頻段。在有基礎設施的感知無線電網路中，次要使用者可以將感側到的頻譜資訊匯集到基地台，基地台可以根據本身所感側到以及搜集到的頻譜資訊來做頻譜分配的決策，因爲基地台搜集到的資訊更爲精確，所以可以做出更佳的頻譜分配決策，提昇頻譜的使用率，並避免造成主要使用者的干擾。至於在 CRAHNs 中，次要使用者扮演類似行動隨意網路(MANET)中的行動節點，次要使用者除了自行偵測頻譜使用狀態外，還須與其他相鄰的次要使用者合作交換資訊，才能掌握鄰近頻譜的使用狀態，避免對主要使用者與其他次要使用者造成干擾。在本章我們將介紹隨意感知無線電網路、感知無線電網路的媒體存取控制協定、路由協定、廣播協定、安全機制以及賽局理論在感知無線電網路上的應用。

1-11　移動管理

　　第 11 章將介紹移動管理，移動管理是在次世代行動網路中的很重要議題。針對 mobile station 與 mobile node 在不同的網路之間建立以 IP 爲基礎的 session 時，由於 IP 存取技術需要共存在不同的次世代網路系統中，勢必須要提供通訊不中斷的無縫換手服務。換手協定通常可以分類成在第二層(L2)進行換手程序與在第三層(L3)進行換手程序兩種。在第二層進行換手動作主要的目的在於基地台 BS(Base station)與行動終端機 MS(Mobile station)之間可以交換頻道資訊，透過主幹道網路(Backbone network)之間的通訊，可以加速完成換手的程序。行動終端機會發布鄰近的行動終端機頻道資訊，促使移動節點在行動終端機之間的換手程序完成，所以整體來看，在第二層進行換手程序，主要會造成的通訊延遲有頻道掃描耗時、身分認證程序、重新連結延遲這三種延遲時間。不過僅有第二層換手完成還是不足夠的，完整的移動管理，更需要第三層換手程序的支持，才能達到有效率的移動管理。本章主要介紹第三層移動管理程序，主要要考量的問題就是 IP 的移動管理。首先 IETF 提出 RFC 3775，針對 IPv6 而設計的移動管理，在 Mobile IPv6(MIPv6)中，每一個行動終端機皆可透過 home address 被唯一辨認出，在這樣的情況下，當行動終端機離開原本的所屬網路時，行動終端機可利用 CoA(Care-of Address)來獲得該網路的資訊，如此該行動終端機就可以藉由連結 CoA 與本來的 home address，進行資料傳輸。MIPv6 協定雖然提供了 IP 移動管理的解決辦法，但是卻有著很高的封包丟失率與很長的換手延遲時間，許多研究結果針對 MIPv6 協定進行改進。其中一個很重要的結果稱為階層式 MIPv6(Hierarchical mobile IPv6)，已被 IETF 提案為 RFC 4140，主要目的在於擴展 MIPv6 協定，使其可以同時支援 micro mobility 與 macro mobility。階層式 MIPv6 協定減少了在行動終端機、CN(Correspondent Node)與 HA(Home Agent)之間傳輸的信令數量，如此也有效的減少在換手時所造成的延遲時間。許多移動管理的設計目的都是為了要減少換手延遲與增加可靠度，然而考量到換手程序的觸發點的不同，換手程序可分成兩大類型，用戶端為基礎的移動機制(Host-based mobility)與網路端為基礎的移動機制(Network-based mobility)兩種類型。用戶端為基礎的移動機制的換手程序之觸發由行動終端機來啟動，而網路端為基礎的移動機制的換手程序之啟動則是由系統網路來決定。本章將介紹 MIPv4、MIPv6、FMIPv6、HMIPv6、PHMIPv6、PMIPv6 等六個重要的換手協定，前五個換手協定屬於用戶端為基礎的移動機制，而 PMIPv6 則是屬於網路端為基礎的移動機制。

1-12　綠能通訊網路

第 12 章將介紹綠能通訊網路，近年來能源缺乏、節能減碳議題持續發酵，預估在 2020 年的資通訊產業碳排放量將從 5 億噸成長到 14 億噸。通訊和網絡設備的能源消耗與二氧化碳排放總量已經在全球排名上名列前茅，且還正以一個驚人的速度增加中，更隨著高行動數據的需求，未來的高速數據行動網路，能源消耗儼然是一個重大的問題，是以綠能資通訊成為先進國家資通訊發展的主要核心之一，先進國家對綠能資通訊相關議題均十分的重視。國際綠能資通訊技術發展趨勢，主要可分為兩大範疇：第一為資通訊技術部門本身的綠化，例如思考如何使資訊科技產品、通訊系統能更節約能源，降低對環境之衝擊。第二為運用資通訊技術於各領域，達到節能減碳之效果，綠能資通訊的應用範疇相當廣泛，並將牽動著資通訊產業的發展趨勢。針對以上兩點，通訊網路該如何提高運作效率，節省能源，一直是近年國內綠能通訊網路與協定之研究方向，例如針對支援綠能通訊網路以減少能量消耗為目的之省電媒體存取層設計、省電網路層設計、省電傳輸層設計、省電資料排程、跨層省電設計、合作式省電通訊技術及省電遊戲理論等。例如：IETF 6LoWPAN(IPv6 over Low-power Wireless Personal Area Networks)協定標準最近廣受重視，將 IPv6 協定引入低電源無線個人通信網路中。其它研究如綠能手機節能協定設計，可考量手機設備耗電的情況進行節能協定設計，在 LTE(Long Term Evolution)相關標準中，已制訂出非連續接收(DRX)和非連續傳輸(DTX)手機模式，利用協定設計，達到有效率並正確決定何時使用非連續接收和非連續傳輸模式來降低手機設備的耗電，達到省電目的，增加手機設備使用壽命。另一方面，電力傳輸也是非常關鍵的一個環節，在能源使用上，大約 20％的發電力是為了達到尖峰時段的需要量而存在，且尖峰時段只佔 5％的時間，而當能源沿著傳輸線時，大概有 8％的能源耗損，除此之外，由於資訊產業的異質拓樸，導致現今電網骨牌效應式的錯誤而造成傳遞效率低落。智慧電網提供公共產業的充分可見度以及對資產跟服務普及的控制，智慧電網應該與現存電網共存，以漸進的方式增加它的能力、功能性、以及生產力。智慧電網的特點是提供一自給自足，效率和友好的環境。本章將討論如何運用綠能資通訊技術到無線網路、智慧電網兩個通訊重要的領域上，也介紹如何應用綠能資通訊技術到生活的方面，達到節能減碳之目的。

1-13　行動計算

第 13 章將介紹行動計算，移動為動物的特性，隨意行動，由靜止、緩慢、加速直到快速移動，動動手、動動腳、動動腦，自由自在，發揮潛能，創意無限。由此可知，電腦由大型電腦主機，一直演變到目前最具智慧的小型行動載具，甚至微小型的嵌入式設備或感測器等，電腦設備內與設備間的運算，也由集中式計算轉變為結合網際網路先進運算，有網路計算、分散式計算與格網計算，進一步結合無線網路，演進到行動計算、雲端計算、無所不在運算。行動與移動變成大家所渴望與奢求的目標，在本章中，行動計算相關技術與應用的重要議題將被討論與說明。行動計算主要分為三個部分，行動載具、網際網路、雲端服務技術。將個別說明此三個部分，以及說明三個部分的整合運算架構與相關的程式開發，最後，將說明行動計算的應用與服務。行動計算，可由單機計算模式、主從式計算模式到雲端計算模式，說明行動計算的架構。所開發行動計算系統，規模小到觀看時間的數位手錶，大到工廠自動化、智慧感知生活等系統。行動化以及其特性變得十分重要，因此，不同的行動計算架構，應針對不同的應用服務與系統開發。除探討行動計算架構外，程式設計與開發也須仰賴重要的開發工具與平台，目前最熱門且最重要的工具與平台將說明與比較。針對開發系統，選擇適當的程式撰寫工具與平台，也是十分重要的一件工作。當開發程式時，開發系統介面、程式跨平台、網路程式、介面開發、開放原始碼等因素，會直接或間接影響到程式的相容性、易存取性、擴充性、高效率、友善操作介面等特性。因此，慎選程式開發工具是非常重要的一個決定。透過分析與判斷後，配合行動計算架構，開發適當的行動服務系統。智慧型行動載具 APP 應用程式，已經廣泛被下載安裝使用，有小的行動應用程式到各種商業與產業亟需的行動應用程式，呈現各種多元化的應用服務系統。最熱門的應用系統，如位置感知服務、行動社群網路、行動多媒體系統、行動互動技術等，皆為現今最多被開發的應用系統。此外，不管是具創新或者是具創意的系統，如雨後春筍般，一個一個被開發出來。培養關鍵技術、學習創新創意，開發行動計算應用系統潛力無窮、商機無限。

1-14　物聯網

第 14 章將介紹物聯網，近年來，由於網路與通訊技術的創新以及微機電技術的精進，感知與物件聯網技術已可將感測器與無線通訊晶片嵌入於實體物質或與其高度整合，配置各式感測元件及無線通訊元件的智慧物件(Smart objects)在日常生活中已隨處可見，如機器人、智慧手機、無線攝影機、智慧電表、智慧插座、智慧醫療器材(如具無線傳輸的血壓計及心跳計)、智慧家電(如 DLNA 電視及聯網電視)等。結合智慧物件的物聯網(Internet of Things，IOT)也隨之而起，並漸漸廣泛地應用在建構智慧客廳、智慧停車場、智慧社區、智慧校園、智慧醫院以及智慧城市，並被稱為下一個萬億蛋糕產業。「物聯網」是指物體與物體之間互相連結所形成的網路，在生活中的各種物體上安裝上無線射頻辨識、感測器或是有線／無線通訊晶片，讓物體可以透過網際網路而連結起來，傳遞其感測資訊、物體狀態，甚至是觸發自動控制裝置，達到物體智慧化自動控制的功能。物聯網主要是由感知層、網路層及應用層所建構而成。就感知層而言，具感測或辨識能力的元件可嵌入於各種真實物體上，使其具有感測環境變化或身分辨識的能力，猶如具有智慧的物件。對於日常生活中可嵌入物體的感測元件而言，較常見的感測元件包括紅外線、溫度、濕度、亮度、壓力及三軸加速度等感測元件。在物聯網的網路層方面，物聯網中的智慧物件通常會將無線通訊的能力嵌入於智慧物件中，使其能將感測資訊傳遞至網際網路，以便分享這些即時且具重要性的資訊給適當的使用者，讓使用者能夠進行遠端遙控。常見的無線通訊的技術包括紅外線、Zigbee、藍牙、WiFi、3G 或 WiMAX/LTE 等 4G 先進通訊技術等，透過無線／有線連結至網際網路，使人們可隨時掌握該物體的狀態或對該物體進行遠端操控，這些由智慧物件所收集而得的資訊，透過雲端技術的儲存、處理及分享機制，進而運用於智慧化的控制或處理，實現使用者與各物體之間的互動、溝通與操作。透過感知與物件聯網、雲端科技的技術，可將實體世界中眾多的物體連結成一巨大的物聯網，並廣泛應用於不同領域，諸如將物聯網應用在智慧照護方面，許多智慧醫療器材如血壓計及血糖機，可自動感應人體的生理機能並自動將讀數傳送至雲端。在智慧家居方面，家電產品可將每小時的電量消耗、冰箱內的庫存食物、冷氣的開關狀態等傳送至雲端，並可由人們透過遠端加以操控其行為。在智慧運輸方面，車子可將行車記錄器的影像、空氣品質與道路坑洞等資訊傳送至雲端以分享他人等。除此之外，還有智慧生活、綠色建築、智慧車載、智慧物流、智慧學習、健康照護、智慧電網及人文藝術等多個領域的應用服務。由於每個人生活周遭平均約有 1,000 項至 5,000 項物品，因此物聯網的整體規模相當龐大，涵蓋 500 億至 1,000 億個物體，潛藏著非常龐大的商機。本章將介紹物聯網的基礎架構，接著詳細說明物聯網感知層所使用的感知關鍵技術，然後再針對物聯網網路層所使用的各種通訊技術進行介紹，並且描述雲端計算技術。在應用層方面，本章以實例說明物聯網在現實世界的應用。

1-15　雲端計算

第 15 章將介紹雲端計算，雲端計算環境裡的資源就像是一般的水、電、瓦斯與電話等的使用方式，用戶可以透過網際網路根據他們的需求來使用他們所需的資源。雲端計算有一些基本的特色，包括隨時需求和自我服務、寬頻的網路存取、資源的預留、快速有彈性、可以量測的服務。雲端計算最重要的概念就是以服務為導向，一般主要分成三種服務模式，包含軟體即服務(Software-as-a-Service，SaaS)、平台即服務(Platform-as-a-Service，PaaS)和基礎設施即服務(Infrastructure-as-a-Service，IaaS)。雲端的佈署方式主要可分為五種，包括私有雲、社群雲、公有雲、混合雲和虛擬私有雲。將會介紹雲端計算具備的特性、服務的類別和佈署的模式。我們也會介紹雲端計算的演進和相關的技術，例如硬體(虛擬化、多核心 CPU)、Internet 技術(Web 服務、服務導向架構、Web 2.0)、分散式計算(公用計算、網格計算)和系統管理(自主計算、資料中心自動化)。除了理論介紹之外，我們也介紹一些世界上具有代表性的一些商業雲端公司，包括 Amazon EC2、Microsoft Windows Azure、Google App Engine、Salesforce.com，使其理論與實務可以相互應證。另外也將介紹雲端計算的服務品質協議，說明它的重要性和其生命週期。最後討論一些雲端計算將會面臨的挑戰。

1-16　社交網路

第 16 章將介紹社交網路，近幾年來，社交網路蓬勃地發展，數以百萬的人每天透過社交網站與其他人互動。我們使用社交網路互相分享彼此的內容，包括使用者自己產生的內容。社交網路的建立是由一群彼此互相分享共同興趣、嗜好和活動的人所組成。在社交網路中，人們可以藉由許多的方式來溝通，可以分享和上傳影像、影片、語音等。社交網路已經在各個領域當中有各自的應用特色，社交網路中從過去到現今的進展中，一些重要的社交網站的時間軸。社交網路所涵蓋的範圍非常廣泛，不管就技術面、商業面、文化面、社會面都有值得探討的議題。我們將就社交網路架構、社交網路的分類、社交網路的實例、社交網路的應用和社交網路面對的課題加以介紹。在社交網路架構中包含資料儲存層、內容管理層和應用層，透過各層的合作使得社交網路得以順利的運作。社交網路種類繁多，我們也試著依據不同的技術或應用將其分成四類，第一類是社交網路活動領域模式。第二類是社交網路的資料模式。第三類是社交網路的系統模式。第四類是在社交網路平台內用戶的網路形成的方式而定。我們也將介紹一些在全球非常風行的社交網路，包括 Facebook、MySapce、Hi5、Flickr、LinkedIn、Twitter、YouTube。對於每個社交網站我們會簡單介紹他們的歷史，涵蓋領域、相關的技術和商業模式，使其理論與實務可以相互應證。也介紹一些在各個領域的應用，包括政府、企業、交友、教育、財政、醫藥健康、社會和政治等。最後將會探討社交網路面對的課題。

1-17　結論

本章主要簡述無線網路與行動計所有重要的相關技術與協定，包含有無線區域網路 IEEE 802.11 協定與封包格式以及傳遞的運作方式，介紹無線隨意網路中的成員可以隨意移動，在高移動性的情況下，要如何能維持服務品質，也介紹無線感測網路的低耗能協定、媒介存取協定、繞徑協定、定位技術、覆蓋技術和資料蒐集與省電技術。
介紹無線寬頻網路技術的技術與趨勢和通訊系統。說明水下感測網路及其應用，說明
無線體域網路媒介存取控制層時分多址、載波感測多重存取方法、進一步說明車載隨
意網路，和隨意感知無線電網路、並能夠知道現存的移動管理協定，更重要的是可以
運用綠能資通訊技術，進而了解相關通訊科技，行動載具、網際網路、雲端服務技術
與服務的關聯性，物聯網的重要觀念建立，也能知曉雲端計算的演進和相關的技術，
並深入於社交網路中。這些無線網路與行動計算技術持續發展中，都是希望在各個領
域中，提供更提供人們更便利的行動服務。

參考文獻

[1] WiFi Alliance：http：//www.wi-fi.org/.

[2] http：//www.metageek.net/products/inssider/.

[3] Viterbi, Andrew J.(1995).CDMA：Principles of Spread Spectrum Communication(1st ed.). Prentice Hall PTR.

[4] N. Abramson(1970). "The ALOHA System - Another Alternative for Computer Communications"(PDF). Proc. 1970 Fall Joint Computer Conference.

[5] ZigBee Alliance Inc., http：//www.zigbee.org/

[6] ZigBee, a technical overview of wireless technology, http：//zigbee.hasse.nl/

[7] "IEEE Standard for Air Interface for Broadband Wireless Access Systems," IEEE Std 802.16-2012 (Revision of IEEE Std 802.16-2009) , vol., no., pp.1-2542, 2012.

[8] "IEEE Standard for Local and Metropolitan Area Networks Part 16：Air Interface for Broadband Wireless Access Systems," IEEE Std 802.16-2009 (Revision of IEEE Std 802.16-2004) , vol., no., pp.1-2080, 2009.

[9] http：//zh.wikipedia.org/wiki/，行動電話系統。

[10] 顏春煌，2008，行動與無線通訊，碁峰資訊股份有限公司。

[11] N. Chirdchoo, W.-S. Soh, and K. C. Chua, "Aloha-based MAC protocols withcollision avoidance for underwater acoustic networks," in Proceedings of the IEEEINFOCOM, the Annual Joint Conference of the IEEE Computer and Communications Societies, May 2007, pp. 2271–2275.

[12] Y.-J. Chen and H.-L. Wang, "Ordered CSMA：A collision-free MAC protocol for underwater acoustic networks," in Proceedings of the OCEANS, Oct. 2007, pp. 1–6.

[13] B.Latre,B.Braem,I.Moerman,C.Blondia and P.Demeester "A survey on wireless body area network " Wireless Networks Volume 17 Issue 1, Pages 1-18, January 2011.

[14] M.Chen,S.Gonzalez,A.Vasilakos,H.Cao,V.C.M Leung, " Body area networks：aSurvey "MOBILE NETWORKS AND APPLICATIONS Volume 16, Number 2, 171-193, 2011.

[15] 車載資通訊教學推動聯盟中心教材。

[16] Mihail L. Sichitiu and Maria Kihl, "Inter-Vehicle Communication Systems：A Survey," IEEE Communications Surveys & Tutorials, pp. 88-105, VOLUME 10, NO. 2, 2ND QUARTER 2008.

[17] Y. Yuan, "Cognitive Radio Networks： From System and Security Perspectives", Google Inc.

[18] Ian F. Akyildiz, Won-Yeol Lee, Kaushik R. Chowdhury, "CRAHNs： Cognitive radio ad hoc networks", Journal of Ad Hoc Networks, 2009.

[19] S. Gundavelli, K. Leung, V. Devarapalli, K. Chowdhury, and B. Patil, "Proxy Mo-bile IPv6," IETF RFC-5213,August, 2008.

[20] Y. S. Chen, C. K. Chen, and M. C. Chuang, "DeuceScan：Deuce-based Fast Handoff Scheme in IEEE 802.11 Wireless Networks," IEEE Transactions on Vehicular Technology, 57(2), 1126-1141, 2008.

[21] T. Edler, "Green Base Stations - How to Minimize CO_2 Emission in Operator Networks," Ericsson seminar, Bath Base Station Conf., 2008.

[22] K. C. Beh et al., "Power Efficient MIMO Techniques for 3GPP LTE and Beyond," Proc. IEEEVTC Fall, Anchorage, AK, Sept. 2009.

[23] 智慧客車時代來臨, http：//big5.huaxia.com/zt/sh/10-017/1860924.html

[24] AMI 自動讀表的通訊技術, http：//www.digitimes.com.tw/tw/dt/n/shwnws.asp

[25] M. Armbrust, A. Fox, R. Griffith, A. D. Joseph, R. H. Katz, A. Konwinski, G. Lee, D. A. Patterson, A. Rabkin, I. Stoica, M. Zaharia, "Above the Clouds：A Berkeley View of Cloud Computing," Technical Report No. UCB/EECS-2009-28, EECS Department, University of California, Berkeley, 2009.

[26] M. Armbrust, A. Fox, R. Griffith, A. D. Joseph, R. Katz, A. Konwinski, G. Lee, D. Patterson, A. Rabkin, I. Stoica, and M. Zaharia, "A View of Cloud Computing," Communications of the ACM, Vol. 53, No. 4, pp. 50–58, 2010.

[27] G.-J. Ahn, M. Shehab, A. Squicciarini, "Security and Privacy in Social Networks," IEEE Internet Computing, Vol. 15, No. 3, pp. 10-12, 2011.

[28] S. Amer-Yahia, L. Lakshmanan, C. Yu, "SocialScope：Enabling Information Discovery on Social Content Sites," The Conference on Innovative Data Systems Research (CIDR), 2009.

[29] http：//en.wikipedia.org/wiki/Atanasoff–Berry _Computer

[30] http：//en.wikipedia.org/wiki/ENIAC

WNMC

Chapter 2

無線區域網路

2-1　無線區域網路的沿革

區域網路分為有線與無線以及混合區域網路。現今最熱門以及與科技與創新最興盛時代的話語，連網了嗎？上網了嗎？由此可知，網路的重要性以及網際網路無遠弗屆的威力。高速與方便的連網與聯網，幾乎都透過目前無線最快速的網路—無線區域網路(Wireless Local Area Network)的技術。無線區域網路主要是使用射頻(Radio Frequency, RF)技術取代傳統線路佈線之區域網路，讓使用者可以透過無線的方式存取電腦與連網設備，除具可移動性外，更為區域網路架設擴充提供了較大的彈性。

最早時期，早在1985年，美國聯邦通訊委員會(Federal Communications Commission, FCC)開放三個 ISM 頻帶(Industrial, Scientific and Medical Radio Bands)，即 902～928MHz，2.4～2.483GHz，5.725～5.875GHz 等三個頻帶。這些頻帶帶來了工業、科學以及醫療更方便的使用，不僅滿足了對通訊頻帶日益增加的需求，對於無線網路發展更有著重要的影響。

接著，於 1990 年初期，各式各樣的無線通訊產品出現在市場上，這些產品皆透過 ISM 頻帶通訊，為了使各設備間達到互聯與互通，統一格式與標準便成為最重要的工作之一。現今無線區域網路最常使用的技術與頻帶略述如下：

(1) 藍牙(Bluetooth)：使用 2.452GHz band

(2) HIPERLAN：使用 5.8GHz band

(3) IEEE 802.11/WiFi：使用 2.450GHz 與 5.8GHz band

無線區域網路各種技術都非常重要，隨著高速度、高效率與高傳輸品質的需求，無線網路標準與規格也愈趨重要。美國電機電子工程師協會(Institute of Electrical and Electronics Engineers, IEEE)於 1997 年制定 IEEE 802.11 無線網路標準，主要讓各種符合該標準之無線網路設備利用 2.4GHz 頻寬傳遞無線電訊號，以達到交換資訊為目的。IEEE 802.11 標準所採用之 2.4GHz 頻寬為共用頻道，即為 ISM 頻帶，無需向任何單位申請即可使用。無線網路就是利用無線電波傳輸技術，架構與有線網路功能相同之區域網路。基於技術不斷的進步與改良，無線傳輸速率已由當初每秒 2Mbits 提升至 11Mbits，並持續研發到 45Mbits 至 150Mbits，現已達到 1Gbits ，未來將可達到數十 Gbits 以上傳輸速率，可支援更高速度的傳輸以及更豐富的網路多媒體傳輸。

底下列出無線區域網路的特性：

1. 具高度行動性：無線區域網路提供了充分的機動性。在無線傳輸能涵蓋的範圍內，使用者攜帶載具可以自由移動，任何地方進行網路連線，不會受到實體線路以及距離之限制。由於高移動性，這也使得無線傳輸需要更多技術，維護傳輸時的變動結構並保障傳輸的效率。

2. 具彈性網路規劃：無線區域網路由於不需繁雜之線路佈局，從整體人力與耗材成本而言可節省網路佈線與架設成本，含線材與工程成本。此外，可以更具彈性規劃網路配置。

3. 具擴充性資源共享：在無線頻寬資源充足之狀況下，可隨時新增無線網路使用者與行動基地台等設施，達到共享無線區域網路頻寬與設備。

4. 加強資訊安全：無線區域網路是透過空中發射無線電波進行資料傳遞，與有線區域網路相較之下其資訊安全性較不足，特別需要加強傳輸與資訊安全之技術。

5. 網路互通性：無線區域網路與網際網路須達到無縫地互通，因此佈建無線區域網路時應考量有線區域網路與網際網路連通與互通技術，達到網路互連、無縫資料傳輸與通訊。

2-2　IEEE 802.11 協定

無線區域網路的協定最重要的協定之一為 IEEE 802.11。這一節中我們將說明 IEEE 802.11 協定堆疊(Protocol Stack)，以及通訊協定與相關重要的特性[1]。

Wi-Fi (Wireless Fidelity)是 Wi-Fi 聯盟製造商的商標可做為產品的品牌認證，目的為建立 IEEE 802.11 標準的無線區域網路設備。當然，並不是每樣符合 IEEE 802.11 的產品都申請 Wi-Fi 聯盟的認證，亦即相對的缺少 Wi-Fi 認證的產品並不一定意味著不相容 Wi-Fi 設備。Wi-Fi 聯盟成立於 1999 年，當時的名稱叫做 Wireless Ethernet Compatibility Alliance(WECA)；在 2002 年 10 月，正式改名為 Wi-Fi Alliance [2]。無線千兆聯盟（Wireless Gigabit Alliance) [3]，簡稱 WiGig 聯盟，2009 年 5 月成立，致力於在無執照的 60 GHz 頻帶上，進行數千兆位元 (multi-gigabit) 速度的無線裝置資料傳輸技術。2013 年 1 月，Wi-Fi 聯盟和 WiGig 聯盟合併，共同推動高速區域網路。

IEEE 802.11 為 IEEE 802 的子層之一，IEEE 802 媒體存取層(MAC layer)與開放系統連接參考模型(OSI, Open Systems Interconnection Reference Model)，請參考圖 2.1。

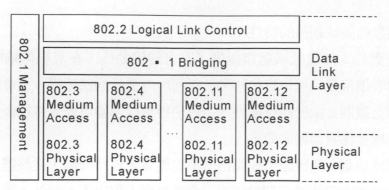

圖 2.1　IEEE 802 媒體存取層與開放系統連結參考模型對照圖

IEEE 802.11 目前較熟知的協定，其簡易規格如下：

一、IEEE 802.11

(1) General MAC – CSMA/CA

(2) Modulation：FHSS, DSSS, IR PHY

(3) Bit Rate：可到 2 Mbps

二、IEEE 802.11a

(1) RF Band：5 GHz UNII

(2) Modulation：OFDM

(3) Bit Rate：可到 54 Mbps

三、IEEE 802.11b

(1) RF Band：2.4GHz ISM

(2) Modulation：CCK

(3) Bit Rate：可到 11 Mbps

四、IEEE 802.11e

(1) 可應用到 IEEE 802.11 a, b, g 實體層標準

(2) 可支援應用程式資料、語音、影音傳輸服務品質

五、IEEE 802.11g

(1) 在 2.4GHz 頻帶上，整合 IEEE 802.11a 以及 IEEE 802.11b

六、IEEE 802.11h

(1)　5 GHz band in Europe

七、IEEE 802.11n

(1)　RF Band：2.4 GHz ISM

(2)　Modulation：OFDM 與+ MIMO(多重輸入輸出)

(3)　Bit Rate：可到 100 Mbps

底下我們將說明無線區域網路架構與服務[1]。依據無線區域網路 IEEE 802.11 協定的功能需求，訂定一套無線區域網路系統的基本架構。IEEE 802.11 將最低需求頻寬訂為 1Mbps，這對於一般性的資料傳輸，如檔案傳輸等，是必要且足夠的。但對於需要傳輸即時資料的應用軟體，如聲音、影像等，IEEE 802.11 也提供了時限性的服務。為了整合這些需求，IEEE 802.11 訂出兩種不同類型的無線區域網路基本架構：

(1)　具基礎架構的無線區域網路(Infrastructure Wireless Local Area Network)

(2)　無基礎架構的無線區域網路(Ad-Hoc Wireless Local Area Network)

所謂基礎架構通常指的就是一個現存的有線網路分散式系統(Wired Distribution System)作為一個基礎平台。在該網路架構中，會有 1 至多個存取點(Access Point, AP)。存取點 AP 亦可稱為基地台(Base Station)。存取點 AP 作為有線區域網路與無線區域網路的轉換與橋接器，其功能就是要將一個或多個的無線區域網路和現存的有線網路透過分散式系統連結，存取有線分散式系統中的網際網路上資源；此外，亦可提供無線區域網路中的電腦或載具(簡稱行動台)，與另一個無線區域網路的行動台通訊。目前已廣泛使用於學校、企業、公共共享開放空間熱點上，具實用性與方便性。

無基礎架構的無線區域網路，主要是要提供使用者能即時架設與連接無線網路。在這種架構中，任二個或多個使用者間都可直接或間接通訊，這類的無線網路架構在變動性高的場所，如會議室、博物館、展覽場會等會使用到該類的無線網路架構。

IEEE 802.11 所製訂的架構允許「無基礎架構的無線區域網路」和「有基礎架構的無線區域網路」可同時使用相同基本存取協定，但通常 IEEE 802.11 無線區域網路，仍強調在具基礎架構的無線網路上。IEEE 802.11 所定義的無線網路架構，主要由下列元件所組成(請參考圖 2.2)：

1. Mobile Host(MH)：行動台；任何設備擁有 IEEE 802.11 的 MAC 層和實體層(PHY Layer)的介面，就可稱為一台行動台，可接到存取點或者與其他行動台或者電腦相連。

2. Basic Service Area(BSA)：在「有基礎架構的無線區域網路」中，每一個基本無線環境建構區塊就稱為一個基本服務區域(Basic Service Area, 簡稱 BSA)，每一基本無線環境建構區塊的大小依該無線行動台所在的環境和範圍而定。

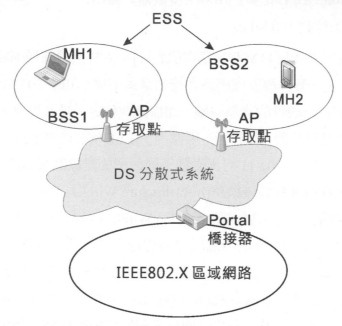

圖 2.2　無線區域網路架構組成元件

3. Basic Service Set(BSS)：基本服務區 BSS 中所有行動台的集合。

4. Distribution System(DS)：分散式系統；通常是由有線網路所構成，可連結數個 BSAs。

5. Access Point(AP)：存取點；連結 BSS 和 DS 的設備或裝置，具有行動台的功能，且提供行動台具有存取分散式系統的能力，通常在一個 BSA 內會有一個存取點。

6. Extended Service Area(ESA)：數個 BSAs 經由分散式系統連結在一起，所形成的區域，就稱為一個擴充服務區。

7. Extended Service Set(ESS)：數個經由分散式系統所連接的 BSS 中的每一基本行動台集合，形成一個擴充服務集合。

8. Distribution System Services(DSS)：分散式系統所提供的服務，使得資料能在不同的 BSSs 間傳送。

IEEE 802.11 無線網路系統與傳統的有線區域網路相連結是經由一個稱為 Portal 橋接器的設備，如圖 2.2 所示。Portal 橋接器的主要功能是將資料從有線區域網路傳入無線區域網路，或將來自無線區域網路的資料傳入有線區域網路中。兩者間資料的傳輸轉換，必須考慮通訊協定的不同外也必須考慮到傳輸媒介的差異，如：IEEE 802.3 乙太網路與 IEEE 802.11n 無線區域網路媒體存取層協定轉換；無線電波傳輸媒介以及有線雙絞線的實體層傳輸轉換。

IEEE 802.11 的軟體可分為行動台軟體和分散式系統軟體兩個部份。標準中並無規範應如何實現分散式系統，僅提出描述分散式系統應提供那些服務才能符合系統需求；因此，針對這些服務，在此僅探討其功能面。無線區域網路的軟體架構由下列二大類的服務所組成(參考圖 2.2)：

行動台服務(Mobile Host Service, 簡稱 MHS)，由行動台所提供。此類服務提供行動台具有正確收送資料的功能，當然也需考慮傳送資料的安全性，底下列出四種服務：

(1)　身份確認服務(Authentication)

(2)　身份解確認服務(Deauthentication)

(3)　隱密性服務(Privacy)

(4)　MAC 訊框傳遞

分散式系統服務(Distribution System Services, 簡稱 DSS)，由分散式系統所提供。此類服務使 MAC 訊框能在同一個 ESS 中的不同 BSS 間傳送。無論行動台移動到任何地點，也都要能收到應該收到的資料，這類服務大部份是由一個特別的行動台傳輸使用，此行動台本身也需同時提供這些服務，因此稱為存取點(Access Point, 簡稱 AP)或者稱為基地台(Base Station)。存取點是唯一同時提供 BSS 和 DSS 的無線網路設備，也是行動台與分散式系統間的溝通橋樑。分散式系統提供下列五種服務：

(1)　連結服務(Association)

(2)　取消連結服務(Disassociation)

(3)　分送服務(Distribution)

(4)　整合服務(Integration)

(5)　重新連結服務(Reassociation)

根據上述五種服務，行動台可以透過連結服務與基地台溝通，將資料傳輸到網際網路或者與其他行動台傳輸資料。當行動台移動到其它地點時，透過取消連結服務即與原本的行動台取消連結，但重新移動回到原本的基地台，即可透過重新連結服務，再度與原本基地台連結，並且可以存取網際網路資源，達到無接縫的服務。此外，一行動台在 BSS1，即可透過分送服務將資料傳給另一 BSS2 的行動台，達到配送與傳輸的目的。更進一步，因網路可能與非 IEEE 802.11 無線區域網路互連，整合服務可以將在 BSS 中的行動台與其他非 IEEE 802.11 整合起來，服務兩者間的傳輸。

首先，列出 IEEE 802.11 訊框的種類與類別，共分成三種有控制訊框(Control Frame)、管理訊框(Management Frame)、資料訊框(Data Frame)，這些訊框分成三個類別，請參閱表 2.1。這些部分的訊框將於此節中使用到時會詳細說明之。

表 2.1　IEEE 802.11 MAC 訊框的分類

分類	類別	訊框名稱
Class 1	控制訊框	Request To Send(RTS)
		Clear To Send(CTS)
		Acknowledgment(ACK)
		Contention-Free(CF)-End+ACK
		CF-End
	管理訊框	Probe Request/Response
		Beacon
		Authentication
		Announcement Traffic Indication Message(ATIM)
	資料訊框	Data
Class 2	管理訊框	Association Request/Response
		Reassociation Request/Response
Class 3	資料訊框	Data
	管理訊框	Deauthentication
	控制訊框	PS-Poll

對於這些服務，行動台儲存兩個狀態變數，一為認證狀態變數，另一為關聯狀態變數，分別記錄目前該行動台連線的狀態。依據這兩個變數，行動台定義了三種狀態：

狀態一：初始狀態，未經過身分認證且尚未連結成功；

狀態二：經過身分認證但尚未連結成功；

狀態三：已經過身分認證且連結成功。

根據上述三種狀態以及行動台被服務所需的訊框傳輸，IEEE 802.11 規範了連線狀態與服務間的關聯圖，其關係圖以狀態圖表示之，請參閱圖 2.3。狀態一為行動台目前尚未經過身分認證且尚未連結成功。若此時行動台成功與基地台完成認證的話，就會跳到狀態二。但狀態二仍不能傳輸資料，必須成功與基地台達成連結進入狀態三，此時，該行動台便可以做資料傳輸。一個行動台可能與數個基地台完成認證，但是卻只能與一個基地台完成連結，才可傳輸資料。底下將說明 IEEE 802.11 的 MAC 訊框格式，如圖 2.4 所示，其中包含格式如下：

(1) 訊框標頭(Header)：如圖 2.3 所示。30 位元組，此部份主要包括了控制資訊，位址，順序號碼，持續時間(Duration)等欄位。

(2) 資料(Frame Body)：長度可變為 0-2312 位元組，此部份依訊框型態(Frame Type)有所不同。

(3) 訊框錯誤檢查碼(FCS)：4 位元組，記錄訊框的檢查碼，採用 CRC-32 技術。

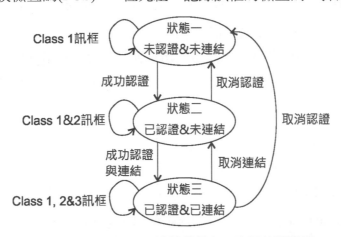

圖 2.3　IEEE 802.11 連線狀態與服務間的關聯圖

兩個位元組訊框控制欄位之格式，請參閱圖 2.4，分別描述如下：

1. Protocol Version：802.11 標準版本，目前值為 00。

2. Type and Subtype：訊框型態，目前定義的有三種：Data 訊框、Control 訊框、Management 訊框。每一種型態有可分為若干次型態。

3. To DS：此旗標值為 1 表示此 Data 訊框(包括廣播或群播訊框)要傳送給分散式系統。若為其他種類的訊框，則其值設為為 0。

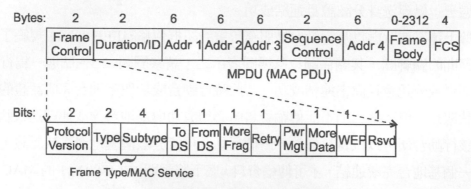

圖 2.4　MAC 表頭訊框與訊框控制欄位之格式

4. From DS：此旗標值為 1 表示此 Data 訊框(包括廣播或群播訊框)是由分散式系統傳送下來。若為其他種類的訊框，則其值設為 0。

5. More Fragments(More Frag)：此旗標值為 1 表示行動台尚有其他片段(Fragments)待傳送。若為其他種類的訊框，則其值應為 0。

6. Retry：此旗標值為 1 表示此 Data 訊框(或 Management 訊框)為重送之訊框。接收端可依此訊息來丟棄重複之訊框。

7. Power Management(Pwr Mgt)：此旗標用來顯示行動台之電源管理模式。其值為 1 表示此行動台處於省電模式，其值為 0 表示此行動台處於正常模式。所有由 AP 傳送的訊框上此值都必須為 0。

8. More Data：此旗標由 AP 用來通知處於省電模式之行動台說 AP 目前仍有 MSDUs(MAC Service Data Units)欲傳送給該行動台。在 Data 訊框上其值為 1 表示至少還有一個 MSDU 待轉送。若為其他種類的訊框，則其值應為 0。

9. WEP：此旗標值為 1 表示此 Data 訊框(或 Management 訊框)中所攜帶的資料已經被 WEP 演算法處理過。若為其他的訊框，則其值應為 0。

10. Rsvd：此旗標值為 1 表示此 Data 訊框經由嚴格依序服務等級(Strictly-Ordered service class)來傳送。若為其他的訊框，則其值應為 0。

Duration /ID 欄位長度為 2 位元組(16 位元)，用法如下(請參考表 2.2)：

訊框為控制型態(Control Type)，且次型態為 PS-Poll(Power-Saving Poll)，則此欄位代表一個 SID，其最左邊兩個位元都是 1，而剩下的 14 位元則是傳送此訊框之行動台之 SID。SID 值的範圍為 1 到 2007。若為其他訊框，則此欄位代表一個持續時間(Duration)，其值依各訊框型態而定。不過對於所有在免競爭期間所傳送的訊框來說，此欄位之值設為 32768。當 Duration/ID 欄位的內容小於 32768 時，表示其為一個持續時間(Duration)值，可用來修正網路配置向量(Network Allocation Vector, 簡稱 NAV)。

表 2.2　Duration/ID 欄位表

Bit 15	Bit 14	Bits 0-13	用途描述
0	0-3767		Duration(此訊框結束後起開始算，單位為 us)
1	0	0	在免競爭期間所傳送之訊框使用之固定值(32768)
1	0	1-16383	保留
1	1	0	保留
1	1	1-2007	在 PS-Poll 訊框中指定之行動台 ID
1	1	16383-20013	保留

IEEE 802.11 MAC 主要提供了二種不同功能的存取方式：

(1)　分散協調式功能(Distributed Coordination Function, 簡稱 DCF)

(2)　集中協調式功能(Point Coordination Function, 簡稱 PCF)

所謂的協調式功能(Coordination Function)是指用來協調並決定何時那一個行動台能開始收送資料的機制。DCF 是 IEEE 802.11 MAC 的基本存取方法，主要是利用一種叫做載波感測多重存取及碰撞避免(Carrier-Sense Multiple Access/Collision Avoidance, 簡稱 CSMA/CA)的技術，提供行動台收送非同步資料，這種方法可用在無基礎架構(Ad Hoc)和具基礎建設(Infrastructure)的無線區域網路架構中。PCF 提供行動台收送具時限性的資料，屬於免競爭(Contention Free)方法，因此也不會發生訊框碰撞的情形，但只能用在具基礎架構的無線區域網路中。圖 2.5 描述了 IEEE 802.11 MAC 通訊協定的架構，其中 PCF 是透過 DCF 來完成的。在一個 BSS 運作範圍內，這兩種功能是可以共存相容地。BSS 中，有一個協調者(Point Coordinator)負責督導這兩種服務的交替進行。也就是先進行一段時間的免競爭式傳輸，再跟著進行一段時間的競爭式傳輸，交替循環，一個週期稱為一個超級訊框(Superframe)。超級訊框的長短不固定，而每一個超級訊框中免競爭式傳輸的時間及競爭式傳輸的時間具可變動性不固定長短。

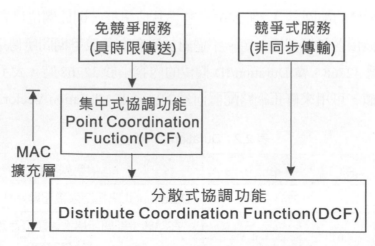

圖 2.5 IEEE 802.11 MAC 通訊協定架構

　　無線傳輸時，較大訊框(Frame)傳送易受干擾而不利傳輸，因此傳送端需針對訊框作切割，以較小的訊框傳輸；相反地，接受端則需要作組譯的工作，合併較小的訊框為原來傳輸時的訊框。傳送訊框(Frame)之切割與組合說明如下。所謂訊框之切割，是指將一個 MSDU(MAC Service Data Unit)訊框切割成許多較小的 MPDU(MAC Protocol Data Unit)訊框。切割的工作由傳送端負責，目的是提升訊框傳送的可靠度，因為無線電波的易受干擾性並不適合傳送過長的訊框。將許多收到的 MPDUs 組合成原來的 MSDU 則稱為訊框組合(Reassembly)。接收端必須負責將屬於同一個 MSDU 的 MPDUs 收齊後立刻進行組合的工作，不可以將各別的 MPDU 轉送出去。只有指定單一目的地的訊框才能被切割，廣播及群播的訊框即使其長度大於切割臨界值，也不能進行切割。圖 2.6 所示為訊框切割的範例。當一個 MSDU 訊框的長度大於切割臨界值就必須被切割。每一個 MPDU 的資料長度都必須小於切割臨界值。在傳送時，每一個 MPDU 都代表一個獨立的訊框，都必須分別收到對方的回覆訊息。不過屬於同一個 MSDU 的 MPDUs 在傳送時是以密集式的方式一個接著一個傳送，當然每一個 MPDU 都必須收到回覆訊息。一個 MSDU 訊框只要呼叫一次 DCF 或 PCF 的傳送服務就可以傳送其所屬多個 MPDUs，不必每一個 MPDU 都呼叫一次。

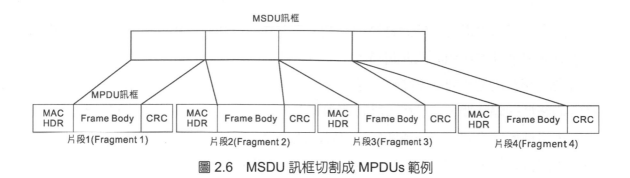

圖 2.6　MSDU 訊框切割成 MPDUs 範例

底下我們將分別詳細說明兩種重要的協調式功能，分別為分散協調式功能 (Distributed Coordination Function, 簡稱 DCF)以及集中協調式功能(Point Coordination Function, 簡稱 PCF)。

一、分散協調式功能

首先，分散式協調功能(DCF)是 IEEE 802.11 最基本的存取方法。無論是無基礎架構網路(Ad Hoc)或有基礎架構網路(Infrastructure)，所有行動台都應該具有分散式協調功能。使用 CSMA/CA 的技術，利用載波感測技術，不同行動台間能共享同一傳輸媒介，並可解決不同行動台間可能發生的存取衝突。若傳輸媒介目前是忙碌的，在這種情況之下，行動台必需延緩訊框傳送，直到發現傳輸媒介是空閒的，才能傳送訊框。實際上，IEEE802.11 又將訊框分為四種不同的優先權等級，每種優先權等級的訊框在傳送之前都必需等待一段訊框間隔(Inter-Frame Space, IFS)，才可能獲得通道的使用權，進而減少與其他行動台碰撞的機會。四種訊框間隔描述如下：

(1) SIFS(Short IFS)：短訊框間隔；用來做立即的回應動作。其中要求傳送訊框(RTS)、允許傳送訊框(CTS)、回覆訊框(ACK)等等，所有等候時間都是 SIFS 等級。

(2) PIFS(PCF IFS)：PCF 訊框間隔；在進行 PCF 免競爭式傳輸功能時，行動台傳送訊框前所必須等待的時間。

(3) DIFS(DCF IFS)：DCF 訊框間隔；在進行 DCF 競爭式傳輸功能時，行動台傳送訊框前所必須等待的時間。

(4) EIFS(Extended IFS)：延長訊框間隔；行動台進行重送訊框時所必須等待的時間。

　　以上四種訊框間隔時間的長短由小到大為 SIFS、PIFS、DIFS、EIFS。優先權等級越高的訊框其使用到的訊框間隔越短，該訊框使用傳輸媒介的機會也就越大。當行動台發現媒介由忙碌變成空閒時，還不能馬上送出訊框，需依訊框的優先權等待一段適當的訊框間隔時間，並且在這段時間內媒介仍保持是空閒，這樣才能將訊框傳送出去。依這種傳送方式，同一種優先權等級的訊框發生碰撞的機會仍很高，因為同一種權限的訊框在等候了相同的訊框間隔之後，若發現這段時間內媒介為空閒，就會同時將訊框傳送出去造成碰撞情形。解決該問題的方法為當行動台在等候了訊框間隔的時間後，需再等待一段由亂數決定的時間後，才嘗試將訊框傳送出去。因為每個行動台產生的後退時間極可能不同，所以訊框發生碰撞的機會因此就會降低，這就是後退 (Backoff)演算法的基本原理，與有線網路協定 IEEE 802.3 CSMA/CD 的後退演算法相似。

　　CSMA/CA 和 CSMA/CD 都是採用載波感測的原理來判斷是否有其它行動台正在使用傳輸媒介，但兩者運行方式是不同的。CSMA/CA 的做法則是在發現傳輸媒介由忙碌變成空閒時，先產生一段隨機延遲時間，然後才傳送訊框。先產生隨機延遲時間的目的是想預先避免發生碰撞，故此方法為碰撞避免(Contention Avoidence)。因為在無線區域網路中，不同行動台在傳輸媒介上所使用的信號強度範圍是具不確定性，因此實體層很難在碰撞發生時，都能偵測出發生碰撞。避免發生碰撞並不表示碰撞就不會發生。由 CSMA/CA 的特性可以知道，訊框傳送前雖然延遲一段亂數時間但還是可能發生碰撞，而當碰撞發生時又偵測不出來，此時傳送的訊框就會遺失。為了提供可靠的無線通訊環境，IEEE 802.11 在碰撞避免的功能中加入了訊框傳送的確認動作，以確保每一筆訊框可確實被接收到。

　　在無線區域網路中，兩個最重要的問題為：碰撞不易被偵測出來以及實體層在使用載波偵測技術時可能會導致誤判傳送媒介正在忙碌。IEEE 802.11 針對這兩個問題，分別提出了解決方法。

　　首先，針對多個行動台在傳送訊框時，如何確保不會發生碰撞且會成功傳送資料，其解決方式如下所述。傳送端要傳送訊框前，先送出一個「要求傳送」(Request to Send, RTS)訊框，而接收端在收到這個控制訊框時則在經過一個 SIFS 訊框間隔後立刻回送另一種「允許傳送」訊框(Clear to Send, CTS)。只有當傳送端正確的收到接收端所回覆的 CTS 時(表示傳送端所傳送的 RTS 沒有發生碰撞)，傳送端才能送出訊框。同時其他行動台看到此送給傳送端的 CTS 時，也會暫時停止嘗試傳送訊框，傳送端傳送的訊框與其他行動台訊框發生碰撞的可能性就會大大的降低。RTS 訊框及 CTS 訊框必須成對使用，若完成 CTS 訊框傳輸後，傳送端就可以傳送資料(Data)，當接收端收到資料後，就會回傳回覆訊息(ACK)給傳送端，完成該回合的資料送收，請參考圖 2.7。

　　實體層在使用載波偵測技術時可能會導致誤判傳送媒介正在忙碌，IEEE 802.11 利用所謂的虛擬載波偵測(Virtual Carrier Sense)知道傳送端目前正在傳送資料，其餘行動台就停止發送資料。虛擬載波偵測利用一個網路配置向量(Network Allocation Vector, 簡稱 NAV)，此向量記載其他行動台還需要多久的時間來傳送訊框，而使行動台根據這些資訊知道傳輸媒介現在是否忙碌。

傳送端行動台　　接收端行動台

RTS

CTS

不一定要使用
RTS/CTS (可選擇)

Data

ACK

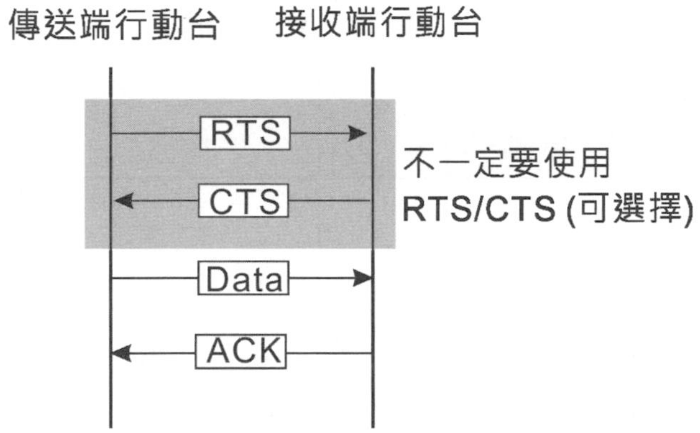

圖 2.7　傳輸資料時，RTS、CTS 與 ACK 控制訊框

　　如前面所述，在使用 RTS/CTS 的技術送收訊框時，當其他行動台看到接收端送回的 CTS 時，也會暫時停止傳送訊框。亦即在 RTS 訊框和 CTS 訊框裡都包含了一記載著傳送端將來要傳送訊框持續時間(Duration)的欄位，而當別的行動台在看到傳送端送出的 RTS 訊框或接收端送出的 CTS 訊框時，就會將裡面記載的持續時間登錄到自己的網路配置向量裡。網路配置向量所記載的等待時間可能一直累積或持續，因此，時間未歸零前，就表示這個行動台現在不能傳送訊框，因為網路現在是忙碌的(代表其他行動台傳送訊框的時間尚未結束)。由此可知，網路配置向量就好像具備了偵測載波的功能，藉由此告知其他行動台傳輸媒介現在是否忙碌，因此稱為虛擬載波偵測法。

　　RTS 訊框及 CTS 訊框需成對使用，但使用時機決定在於訊框的長度。系統會定義一個參數稱為 RTSThreshold，訊框長度必須大於或等於 RTSThreshold 的值才使用 RTS/CTS，主要的目的說明如下。傳送端在傳送訊框後應該會收到回覆訊息，才能確認正確傳送。但若訊框在傳送時萬一發生碰撞，傳送端由於無法立刻察覺，而必須繼續傳送完畢。此時，傳送端必須等不到對方的回覆後才能認定發生碰撞。由於較長的訊框在傳送時被干擾或碰撞的機會也較大，而且長訊框在傳送時也會花較長的時間。在網路狀況未清楚之前直接將長訊框送上網路是非常冒險的，尤其是網路負載較重時，更會嚴重影響網路頻寬使用效率。因此長訊框先用短小的 RTS 訊框打頭陣是較聰明的作法。如果 RTS 訊框與其他訊框發生碰撞，也可以早點發現。RTS 訊框上中的持續時間值則帶有預約的性質。如果 RTS 訊框沒發生碰撞，則接下來的長訊框應該可以成功的傳送出去，有可能會受到干擾，但至少不會發生碰撞。

圖 2.8 所示為傳送端不使用 RTS/CTS 而直接傳送訊框之範例。傳送端於等待媒介空閒期達 DIFS 時開始傳送訊框。如果沒有發生碰撞，則經過一個 SIFS 時間間隔後可收到回覆訊框，此表示訊框傳送成功，其他行動台如果於其間想傳送訊框，都必須等到回覆訊框傳送結束後，依照 DCF 的規則競爭傳送權。

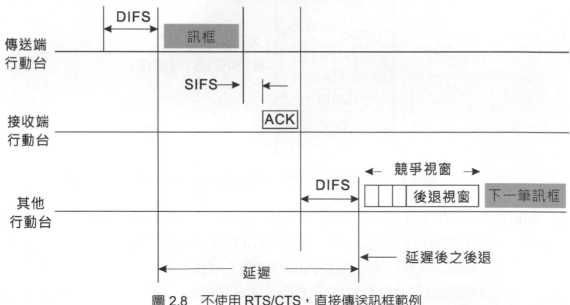

圖 2.8　不使用 RTS/CTS，直接傳送訊框範例

圖 2.9 所示為使用 RTS/CTS 訊框時行動台網路配置向量的設定範例。其中 RTS 訊框所攜帶的持續時間值為預估其本身傳送完畢，至下一筆傳送訊框收到回覆訊框為止。由圖中可發現，所有聽到此 RTS 訊框的行動台都將其 NAV 設為此值。相同的，接收端(通常是存取點)回送的 CTS 訊框中也回傳一持續時間，其內容也是等於等於其本身(CTS 訊框)傳送完畢至下一筆傳送訊框收到回覆訊框為止之預估時間。其他行動台在其 NAV 值不等於零之前，不可以傳送訊框。在 NAV 值為零後則以 DCF 的方式進行訊框的傳送。

　　RTS 訊框與 CTS 訊框都需要攜帶持續時間值的目的是要解決可能存在的隱藏行動台(Hidden Terminals)問題。如圖 2.10 所示，行動台 MH1 及行動台 MH2 分別位於存取點的左右兩邊。MH1 和 MH2 可以和存擷取點通訊，但彼此間因傳輸半徑小無法直接通訊。當行動台 MH1 傳送 RTS 訊框時，存取點收到此訊框，但是行動台 MH2 無法收到此訊框，如果 CTS 訊框不攜帶持續時間值，則可能發生行動台 MH1 在傳送長訊框時，行動台 MH2 也傳送訊框給存取點。結果導致兩筆訊框到達存取點時造成碰撞，存取點無法同時接收兩筆在同一頻道傳送的訊框。如果 CTS 訊框也攜帶持續時間值，則行動台 MH2 將聽到此訊框並且設定其 NAV 值，就不會在行動台 MH1 傳送訊框時，MH2 又傳送訊框給存取點。該種現象為 MH1 看不到 MH2，MH2 隱藏於後面，若有 RTS/CTS 則能解決隱藏行動台可能造成的碰撞的問題。

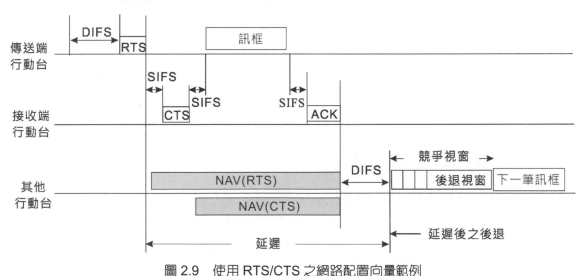

圖 2.9　使用 RTS/CTS 之網路配置向量範例

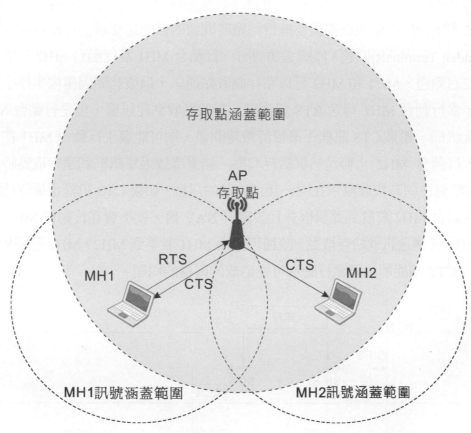

圖 2.10　使用 RTS/CTS 避免隱藏行動台干擾擬傳送資料的行動台

更進一步，行動台以 RTS/CTS 訊框夾帶 NAV 來保留頻道，傳送連續片段訊框，如圖 2.11 所示。

如圖 2.11，傳送端首先傳送一個 RTS 訊框，其所攜帶的持續時間值為預估其本身傳送完畢至下一個片段收到回覆訊框為止，為 $3 \times t_{SIFS} + t_{CTS} + t_{Frag1} + t_{ACK1}$ 持續時間。鄰近聽到此 RTS 訊框的行動台，都在 RTS 結束時將其 NAV 設為此值。相同的，接收端回送的 CTS 訊框中也攜帶一持續時間值，其內容也是等於其本身(CTS 訊框)傳送完畢至下一個片段收到回覆訊框為止之預估時間為 $2 \times t_{SIFS} + t_{Frag1} + t_{ACK1}$。在此，片段 1(Fragement1)本身及回覆 1(ACK1)訊框也都攜帶有持續時間值。此值為對應之回覆訊框傳送完畢至下一個片段(Fragement2)收到回覆訊框(ACK2)為止的預估時間 $2 \times t_{SIFS} + t_{Frag2} + t_{ACK2}$。其他行動台在片段傳送結束時則將當時之 NAV 值加上此延長值。在 RTS/CTS 訊框傳送完畢後，其他行動台之 NAV 值應剩下 $NAV(CTS) = 2 \times t_{SIFS} + t_{Frag1} + t_{ACK1}$。行動台待第一個片段傳送完時，將其當時之 NAV 值為 $t_{SIFS} + t_{ACK1}$ 加上延長值。也就是說，NAV 的值修正為 $3 \times t_{SIFS} + t_{ACK1} + t_{Frag2} + t_{ACK2}$。圖中就是等於 ACK2 傳送結束的時間。回覆訊框所攜帶的持續時間值，則等於本身傳送完畢至下一個片段收到回覆訊框爲止的預估時間 $2 \times t_{SIFS} + t_{Frag2} + t_{ACK2}$。最後一個片段及所對應之回覆訊框所攜帶的持續時間值則等於 0。其他行動台收到此訊框時就知道其爲最後一個片段。此時 NAV 不做延長的修正，待 NAV 減爲 0 時則以 DCF 的方式進行訊框之傳送。

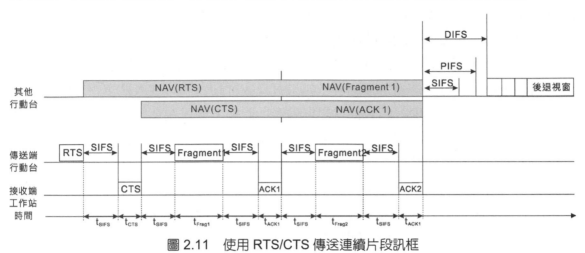

圖 2.11　使用 RTS/CTS 傳送連續片段訊框

如圖 2.11，傳送端首先傳送一個 RTS 訊框，其所攜帶的持續時間值爲預估其本身傳送完畢至下一個片段收到回覆訊框爲止，爲 $3 \times t_{SIFS} + t_{CTS} + t_{Frag1} + t_{ACK1}$ 持續時間。鄰近聽到此 RTS 訊框的行動台，都在 RTS 結束時將其 NAV 設爲此值。相同的，接收端回送的 CTS 訊框中也攜帶一持續時間值，其內容也是等於其本身(CTS 訊框)傳送完畢至下一個片段收到回覆訊框爲止之預估時間爲 $2 \times t_{SIFS} + t_{Frag1} + t_{ACK1}$。在此，片段 1(Fragement1)本身及回覆 1(ACK1)訊框也都攜帶有持續時間值。此值爲對應之回覆訊框傳送完畢至下一個片段(Fragement2)收到回覆訊框(ACK2)爲止的預估時間 $2 \times t_{SIFS} + t_{Frag2} + t_{ACK2}$。其他行動台在片段傳送結束時，則將當時之 NAV 值加上此延長值。在 RTS/CTS 訊框傳送完畢後，其他行動台之 NAV 值應剩下 NAV(CTS) = $2 \times t_{SIFS} + t_{Frag1} + t_{ACK1}$。行動台待第一個片段傳送完時，將其當時之 NAV 值爲 $t_{SIFS} + t_{ACK1}$ 加上延長值。也就是說，NAV 的值修正爲 $3 \times t_{SIFS} + t_{ACK1} + t_{Frag2} + t_{ACK2}$。圖中就是等於 ACK2 傳送結束的時間。回覆訊框所攜帶的持續時間值則等於本身傳送完畢至下一個片段收到回覆訊框爲止的預估時間 $2 \times t_{SIFS} + t_{Frag2} + t_{ACK2}$。最後一個片段及所對應之回覆訊框所攜帶的持續時間值則等於 0，其他行動台收到此訊框時就知道其爲最後一個片段，此時 NAV 不做延長的修正，待 NAV 減爲 0 時則以 DCF 的方式進行訊框之傳送。

在 DCF 的方法中，當行動台想傳送訊框時，必須先檢測是否有其他行動台正在傳送訊框。即使此時媒介呈現空閒的狀態也不能立刻傳送訊框，必須開始等待 DIFS 一段訊框間隔時間。在這段時間中，如果仍然沒有其他行動台傳送訊框，則在時間到時可立即傳送訊框。如果開始時媒介就忙碌或在 DIFS 時間到之前有其他行動台率先傳送訊框，則必須繼續監聽此訊框之傳送，待訊框傳送結束後再繼續等待一段訊框間隔時間(DIFS)。在這段時間中，如果仍然沒有其他行動台傳送訊框，則接著進入所謂的競爭視窗(Contention Window, CW)。此時行動台會產生一段隨機時間(稱為後退時間, Backoff Time)。此後退時間隨時間遞減，行動台必須等到其後退時間減為零時才能傳送訊框。但此後退時間不一定能順利的持續遞減。如果只有一部行動台進入競爭視窗，則其後退時間可以持續遞減到零。如果有許多行動台同時進入競爭視窗，則在遞減的過程中，只要有其他行動台傳送訊框就表示此輪之競爭視窗結束，此時就必須暫停遞減的工作，待下次再進入競爭視窗時才繼續遞減。如果所有行動台的後退時間都不相同，則訊框在傳送時就不會發生碰撞的情形。如果有兩個或兩個以上的行動台剛好產生相同的後退時間，則這些行動台將同時傳送訊框並且發生碰撞的現象。前面曾說過，每一筆訊框的傳送都必須收到對方的回覆訊息才能算傳送成功。如果發生碰撞的情形或訊框傳送時發生錯誤，則參與的行動台都不會收到任何回覆訊息。此時該行動台將進行重送(Retransmission)。進行重送階段的行動台在進入競爭視窗前所等待的時間將是延長訊框間隔時間 EIFS。在進入競爭視窗時其後退時間的計算也將不同。以下說明行動台如何產生後退時間的初始值。後退時間計算方式如下：

$$t_{Backoff} ＝INT(CW \times Random(\ )) \times 時槽時間$$

其中 $INT(x)$整數函示，表示小於或等於 x 的最大整數，CW 是一個介於 CWmin 和 CWmax 間的整數，Random( )為介於 0 與 1 間的實數，時槽時間 = 傳送器開啟延遲 + 媒介傳遞延遲 + 媒介忙碌偵測反應時間。

CW 是一個競爭視窗參數，每一筆訊框第一次傳送時採用的值為 CWmin。每當因為行動台傳送的訊框發生碰撞或錯誤現象而必須進行重送的程序時，CW 值就會依序增加，直到其值達到 CWmax 為止。在標準中，此值之順序依序為(7,15,31,63,127,255, 255,255,…)，如圖 2.12 所示。也就是說，當一筆訊框第一次進入競爭視窗時其 CW = CWmin = 7，並且依此產生後退時間。如果此筆訊框第一次傳送時(後退時間遞減為零，其間可能經過許多競爭視窗)沒有成功，則下一次再進入競爭視窗時其 CW = 15，並且依此產生第二個後退時間。依此類推，第五次重送時其值將為 CW = CWmax = 255。第六次以上的重送則仍然採用 CWmax = 255。

若是達到 CWmax 時，其重送次數超過一上限，則此訊框將會被丟棄，競爭期間將重新設定回最小競爭值 CWmin，並將重送次數也設為 0。

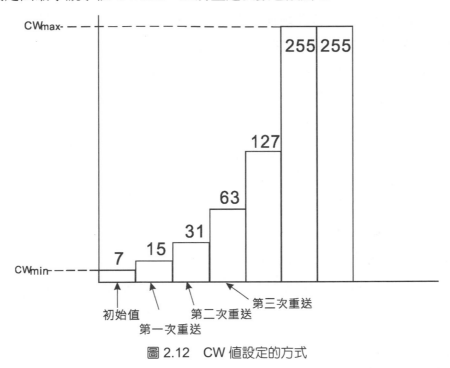

圖 2.12　CW 值設定的方式

二、集中式協調功能

IEEE 802.11 除了提供上述所描述 DCF 方法來傳送非同步訊框外，也提供了另一個方法來支援免競爭的服務，以傳送具時限性的訊框，稱為集中協調式功能(Point Coordination Function, 簡稱 PCF)。PCF 運作的特色是在一個具有協調者(Point Coordinator)的 BSS 中，所有行動台都能接收在 PCF 控制下所傳送的所有訊框。至於行動台有無能力回覆由協調者所傳送的免競爭輪詢(Contention Free Poll, CF-Poll)，則屬於其中之選項。

有能力回覆免競爭輪詢的行動台稱為可輪詢(CF-Pollable)行動台，而無能力回覆免競爭輪詢的行動台稱為非輪詢(Non CF-Pollable)行動台。可輪詢行動台可以要求加入協調者的輪詢名單中，每次被輪詢到時可以傳送一筆訊框。非輪詢行動台則在免競爭週期中不能傳送訊框，只能在收到訊框時回送一個回覆訊框。可輪詢行動台所傳送的訊框的目的地行動台可以是任何行動台，含協調者、可輪詢行動台或非輪詢行動台。此訊框也可順便搭載一回覆(ACK)訊息，用來回覆前一筆由協調者傳送來的訊框。如果此訊框本身沒有收到回覆訊息，則此行動台不可以立刻進行重送的程序，必須等到下一次被詢問時，或等到進入競爭週期時才能重送此訊框。如果可輪詢行動台所傳送的訊框的目的地行動台是一個非輪詢行動台，則此非輪詢行動台必須依照 DCF 的方式在一個 SIFS 間隔時回送一個回覆訊框。在 PCF 週期中，協調者與被輪詢者在傳送訊框時都不使用 RTS/CTS 控制訊框。協調者在免競爭週期內重送訊框時並不像 DCF 所採用的後退方法(Backoff)。它等到該目的地行動台再次成為輪詢名單中的首位時才重送此訊框。也可以在免競爭週期內等到一個 PIFS 的空檔時重送此訊框。

在免競爭週期(Contention Free Period, CFP)內，訊框的傳送由 PCF 控制，而在競爭週期(Contention Period, CP)內，訊框的傳送則由 DCF 所控制。其中免競爭週期與競爭週期應該輪流出現，如圖 2.13 所示。免競爭週期起始於一個由協調者所傳送而攜帶 DTIM(Delivery Traffic Indication Message)的 Beacon(B)訊框，終止於由協調者所傳送的 CF-End 訊框或 CF-End 加上 ACK 訊框。

在免競爭週期中行動台傳送訊框的方式是依照一種稱為輪詢(Polling)的方法上，並且由 BSS 中存取點 AP 內部的協調者來控制。協調者在免競爭週期的開始就取得傳輸媒介的使用控制權，並且在免競爭週期中以等待較短的訊框間隔 PIFS (PIFS < DIFS) 方式來維持傳輸媒介的控制權。所有在 BBS 中的行動台(協調者除外)於免競爭週期開始時都將其 NAV 值設為免競爭最大週期(CFPMaxDuration)。這樣可以避免因行動台未被輪詢到卻傳送訊框所造成的問題。

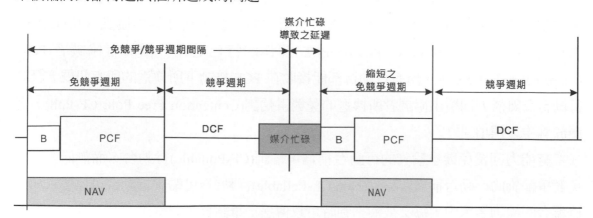

圖 2.13　免競爭週期與競爭週期，兩者交替出現

在免競爭週期中訊框的回覆方式，依該筆訊框的目的地行動台性質分為三種：

1. 接收該筆訊框的行動台是協調者。此時協調者可在傳送下一筆訊框及輪詢給別的行動台時順帶回覆此訊框：Data 加上 CF-Poll 以及加上 CF-ACK，或在傳送輪詢給別的行動台時順帶回覆此訊框：CF-Poll 加上 CF-ACK。

2. 接收該筆訊框的行動台剛好也是被協調者輪詢的行動台。該行動台若有訊框要傳送則可在傳送訊框時順帶回覆此訊框：Data 加上 CF-ACK。若無訊框要傳送則專程回覆此訊框：CF-ACK。

3. 接收該筆訊框的行動台不是剛好被輪詢的行動台(包括未輪詢行動台及非輪詢行動台)。此時該行動台應該以 DCF ACK 的方式回覆此訊框：等待一個 SIFS 間隔候傳送一個回覆訊框。

在免競爭週期開始前，協調者應該先偵測傳輸媒介，並且在媒介空檔時間達一個 PIFS 時傳送一個 Beacon(B)訊框啟動此免競爭週期。此 Beacon 訊框中帶有 CF Parameter Set 及 DTIM。之後協調者必須等待至少一個 SIFS 間隔後傳送下列四種訊框的一種：Data 訊框、CF-Poll 訊框、Data 加上 CF-Poll 訊框或 CF-End 訊框。如果免競爭週期是空的，則 Beacon 訊框後應立即跟上一個 CF-End 訊框。

在免競爭週期中處理 NAV 的方法主要是考慮到網路上可能存在重疊但彼此協調的 BSS。所有在 BBS 中的行動台於免競爭週期開始時都將其 NAV 值設為免競爭最大週期(CFPMaxDuration)。往後，每次收到一個 Beacon 訊框，就根據其上的 CFPDurRemaining 值來修正 NAV 值。這包括由其它重疊 BBS 的協調者所送來的 Beacon 訊框。同時也有降低隱藏行動台(Hidden Terminals)在免競爭週期中因偵測媒介空檔達 DIFS 時間而傳送訊框的可能性，這種傳輸可能干擾一筆正在傳送中的訊框。協調者在免競爭週期終止時，會傳送一個 CF-End 訊框或 CF-End 加上 ACK 訊框，行動台如果收到此類訊框，無論是由哪一個 BSS 收到，都應該將其 NAV 值設為零，並且開始進入競爭週期。

當行動台加入一個含有協調者且正運作中的 BSS 時，必須先設定其 NAV 值，不能立刻傳送訊框。方法是利用接收到的任何 Beacon 訊框或 Probe Response 訊框中的 CFDurRemaining 值。

由上述可知，IEEE 802.11 有兩種傳輸方式：分散協調式功能(Distributed Coordination Function, 簡稱 DCF)以及集中協調式功能(Point Coordination Function, 簡

稱 PCF)。通常，PCF 應用在具基礎建設無線網路上，如應用在存取點(AP)上，負責控制行動台與 AP 的連線方式；然而，DCF 是架在 PCF 下面，除可支援 PCF 傳輸外，其主要可應用在不具基礎建設無線網路上，如行動隨意網路。這兩者皆為 IEEE 802.11 最重要的媒體存取層的協定，也是現今對於無線區域網路上最重要的協定之一。

2-3　無線區域網路的架設與規劃

　在本節中，我們將探討如何有效率的規劃無線區域網路。首先，我們將針對無線區域網路 IEEE 802.11 架構通盤了解。接下來，我們將依照網路規劃的步驟，一步一步探究規劃重點以及規劃的步驟。最後，我們將舉一個範例，實際探討規劃的重要。

　對於無線區域網路 IEEE 802.11 架構，我們將分成三種常見的架構，說明如下：

一、簡易基地台架構

　將基地台直接連上網際網路，適用於小型地方，如：家庭、小型辦公室、小型企業等。

二、多台基地台架構

　準備多個基地台，個別將其直接連上網際網路，適用於中小型地方，如：家庭、中小型辦公室、中小型企業等。

三、具換手機制架構

　跨區域的涵蓋廣範圍的無線網路佈建，透過無線區域網路與有線網路的連接，佈建有線網路架構與無線網路基地台，請參閱圖 2.14。該無線網路佈建，適用於中大型的環境，如：學校、大型機關組織、大型活動中心與展場、大型醫療院所等。

　無線區域網路佈署仍有一些不足之處，無線區域網路無法完全取代固定式的傳統有線區域網路，傳輸速率高、服務品質穩定、抗干擾性較佳。亦即無線網路訊框的傳輸可靠性不佳，必須依賴其他協定，如使用者驗證機制和加密協定(如 WEP 等)才能確保傳送訊框的正確性。此外，無線區域網路存在多重路徑干擾(Multipath Interference)和死角(Shadows)等傳輸問題。但無線區域網路佈署仍具有下列的優勢，如行動性佳、佈建容易、建置快速、彈性高、易存取性佳等多項優勢。

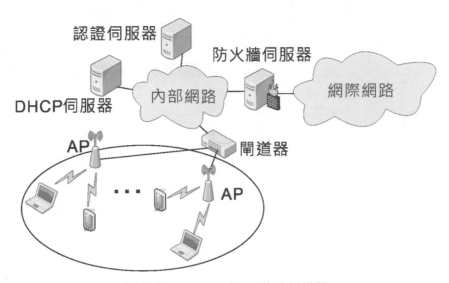

圖 2.14　無線區域網路佈建架構圖

　　為了簡化討論無線區域網路頻道的規劃與配置，底下僅說明在 ISM Band 2.4GHz 上的規範，其他頻段的討論有異曲同工之處。IEEE 802.11 在 ISM Band 2.4GHz 上共定義了 14 個頻道(Channel)，每一個頻道有 22MHz，請參閱圖 2.15。美規中指定義了 11 個頻道，Channee 1 到 Channel 11。

　　IEEE 802.11 單一頻道(Channel)請參閱圖 2.16(a)，為一個頻道的傳輸時所用到的頻率形狀。亦即表示，兩個頻道間隔須至少為 22MHz，才不會互相干擾而影響傳輸速率。圖 2.16(b)表示三個不同的頻道 Channel 1、Channel 6 以及 Channel 11 彼此間隔須為 25MHz，且彼此間不會互相干擾。這也是當在佈署相鄰存取點(基地台)時，所要慎重考量的主要因素之一。

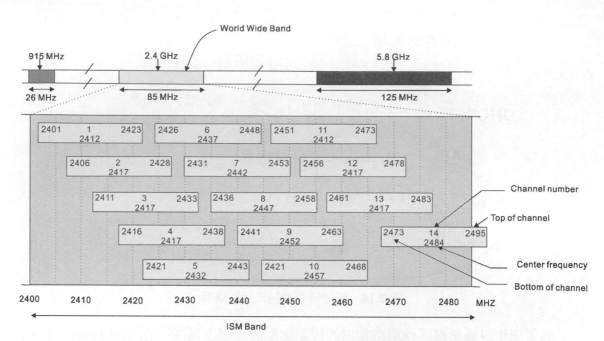

圖 2.15　ISM Band 2.4GHz 頻道

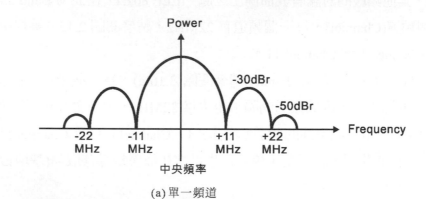

(a) 單一頻道

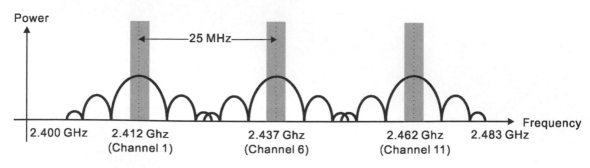

(b) 三個互不相干擾頻道

圖 2.16　頻道與功率關係圖以及相關的間格

　　接下來，無線區域網路的規劃與佈建，將依據頻道的特性與配置，配合實地現場勘查，可以得到與確認有關 AP 的實際涵蓋範圍以及最佳架設位置、數量與不同位置的訊號品質等相關資訊。其中，訊號品質的量測標的包括訊框錯誤率(Packet Error Rate, PER)、收訊強度指標(Received Signal Strength Indication, RSSI)、多路徑時間散佈(Multipath Timc Dispersion, MTD)等。實地現場勘查唯一最重要的工作之一，除可記錄場地環境、場地面積、場地限制外，更可搭配場地勘查的設備與軟體，如攜帶 AP 以及行動台(如：筆記型電腦內裝網路 AP 網路偵測軟體)。這樣就可以透過這些軟硬體設備，量測到 AP 與行動台的訊號強度，且可以偵測到現有無線設備的相關資訊，如現有 AP 設備的頻道、基地台的廠牌、規格、傳輸速度、無線訊號的強度變化、訊號位置、加解密等詳細資訊。無線區域網路偵測軟體，如 MetaGeek 公司所推出 inSSIDer[4]與 Xirrus 公司所推出 Wi-Fi Inspector[5]等軟體。

　　建置與部署無線區域網路仍需要多方考量，以及解決相關問題。若要每個 ESS 都希望形成一個單一的 IP 子網路，可以運用虛擬區域網路技術(Virtual LAN, VLAN)，或是利用橋接技術來達到目的。IP 位址的指定通常會使用動態方式(DHCP)，降低使用者端的設定困擾，自動化的設定，提高便利性。也必須考量無線網路存取設備放置位置，達到資訊保護以及設備的安全維護與通風。基於資訊安全存取的考量，須確實設定安全保護機制，如使用 WEP 或者利用認證伺服器，達到使用者與資訊安全全面啟動為最高原則，確實制定安全維護政策。無線網路存取設備名稱的命名，必須一目了然，可便於管理與維護。

　　底下列出三點無線區域網路規劃重要的議題：

1. 平衡負載量：平衡負載量大多著重於使用者端如何選擇無線網路基地台，以訊號強度(RSSI)及負載量來做判斷，藉由負載量及訊號強度來分配使用者該使用哪一個無線網路基地台。

2. 頻道分配：網路的流量是隨著時間而改變的，已知頻道不夠分配時要如何動態的調整頻道的分配，適應瞬息萬變的網路需求，達到最佳的頻道使用率。

3. 訊號干擾：IEEE 802.11b/g 有 11 個頻道可以使用，但是頻率不互相重疊的只能規劃出三個不重疊的頻道(也可以用 4 個頻道)，規劃時須實際測試並分析 IEEE 802.11b/g 的頻道間相互干擾的情形，達到優化的頻道分配。

基於 AP 頻道分配的問題，有底下三種影響因素：

(1) 無線網路的訊號會受到環境等因素的影響，頻寬上仍然不及有線網路，造成網管人員在佈建無線網路基地台時，採取密集放置的策略，可達到克服訊號強度的不穩定，使每個角落都能接收到無線網路訊號、增加網路容量。

(2) 由於採用密集佈建方式，產生了頻道分配的問題。再加上現行的電腦無線設備是根據訊號強度 RSSI 選擇 AP 上網，可能導致在選擇 AP 上不一定會選擇到最適合的 AP，會造成行動台集中使用同一個 AP、行動台使用某個 AP 卻被另一個 AP 干擾，如兩者 APs 的頻道一樣。

(3) 無線網路訊號強度不但受牆壁等障礙物的影響，也會受到環境如溼度等的影響，為了讓建築物內任何地方皆能在各角落使用無線網路，將無線網路基地台密佈於建築物內是不可避免的，但會造成頻道不夠分配的問題。無線網路基地台使用相同或鄰近的頻道則會相互干擾。鄰近無線網路基地台個數多於可使用的頻道個數，進而造成頻道個數不足。

底下舉一個範例，用來說明頻道分配的問題，參考圖 2.17。假設有三個無線基地台 AP1、AP2、AP3，有三個行動台 MH1、MH2、MH3。以下有幾種狀況，分別描述頻道分配的問題。

1. 第一種情況：假如 AP1 被分配到頻道 1(Channel 1)，AP2 被分配到頻道 1(Channel 1)，AP3 被分配到頻道 11(Channel 11)，MH1 不會和 MH2 有傳輸資料干擾，但是 AP1 與 AP2 是被分配到相同頻道(Channel 1)則會互相干擾資料的傳輸；此時，AP3 與 AP1 和 AP2 被分配到不同的頻道，所以 MH3 可以與 AP3 互傳資料，而不會受到干擾。

2. 第二種情況：假如 AP1 被分配到 Channel 1，AP2 被分配到 Channel 11，AP3 被分配到 Channel 11，則 MH2 與 MH3 就不能同時上網傳輸資料到各別的 AP2 與 AP3，且 AP2 與 AP3 會互相干擾資料的傳輸；此時，AP1、AP2 和 AP3 被分配到不同的頻道，所以 MH1 可以與 AP1 互傳資料，而不會受到干擾。

3. 第三種情況：假如 AP1 被分配到 Channel 1，AP2 被分配到 Channel 4，AP3 被分配到 Channel 11，AP1、AP2 和 AP3 被分配到不同的頻道，所以 MH1 與 AP1、MH2 與 AP2、MH2 與 AP2，皆互傳資料，而不會受到干擾。

以上述範例，可以得知無線基地台頻道分配的重要性，事先做好規劃，就有無限希望，無線寬頻網路可以使用。無線網路有好的規劃，施行會有較高的效率與品質，進而對於往後的優化維護與管理也會變得更加順手與容易。因此，良好的規劃就變得非常重要。

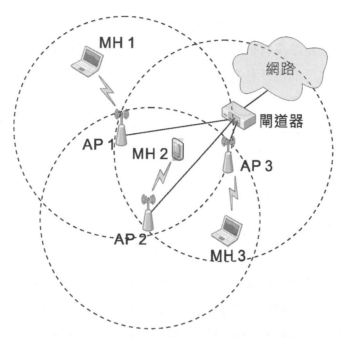

圖 2.17　行動台與基地台頻道分配的範例

2-4　無線區域網路的應用與服務

　　無線區域網路現在有三大方向，分別為藍色科技—雲端科技與服務(Blue)、綠色科技—節能與環保科技(Green)以及橘色科技—人文關懷與健康照護(Orange)。雲端科技與服務為最近討論最熱烈的主題之一，雲端存在著無窮的商機；能源愈來愈吃緊的現在，節能一直是科技發展的訴求之一，環保議題也受到更多的關注與重視；由於醫學的進步，老年人比率年年增高，為了保護老年人或是需關懷之人，人文關懷的訴求慢慢崛起，健康照護愈來愈重要。接下來將就這三大方向進行討論。

一、藍色科技—雲端科技與服務：

　　將雲端的概念導入無線區域網路中，可以使該單位更容易管理單位內的大小事。舉個例子，校園裡可以將教科書、歷史考題、學生成績等資料都儲存在校園伺服器裡，當學生或老師需要用到這些資料時，再透過平板或是電子書等等裝置從伺服器獲取資訊，而平板或是電子書只需要顯示畫面以及提供介面，任何計算以及資料皆是由伺服器提供，師生不用知道如何運作也可以享受服務，如此便可以解決以往學生的教科書遺失損壞、成績遺漏等等問題。

　　無線區域網路雲端應用，以校園為例，電子書即是最多的使用者裝置，由中間的雲提供服務，雲伺服器並沒有被限制一定要在區域內，也可以在區域外提供給特定區域服務，如此架構亦可稱為「私有雲」，雲服務商在一個特定區域裡提供服務，特定區域可以是各大中小企業、政府機關、商場、博物館等等。利用私有雲架構可以節省許多成本。由於雲提供的服務相當的有彈性，所以私有雲可以用在許多場所，根據消費者所需再調整或是提供特定服務。

二、綠色科技─節能與環保科技：

　　所謂的綠色科技的目的是在於維護自然環境資源，亦即「環保與節能」。以車載行動隨意網路(Vehicular Ad-Hoc Network，簡稱 VANET)來看，VANET 可以將行車以及交通設當成節點，利用無線通訊技術來形成無線區域網路，VANET 可以允許車輛離開，也可以讓車輛加入網路，並且成為新的節點，建立新的網路。由於 TANET 可以統一監控在網路內的車輛狀況，這樣一來車子便可以在最佳的速度下行進，避免過度的能量消耗，也可以降低發生意外的機率。

　　所謂的「數位家庭」即是以數位訊號或區域網路連結家裡的各種電器，並且解決各種問題，以期可以滿足消費者在家中的娛樂休閒外，也可以透過各種裝置，在任何時間任何地點可以存取關於娛樂學習等的數位訊息，即便是在看電視也可以獲得電腦的資訊。數位家庭可以透過裝置監控家庭環境，並為家庭能源使用作最佳化。消費者可以透過節能管理控制器監控所有家電的用電情況，並就消費者需求進行調整，以期達到節能的目的。

　　節能是目前科技發展的重點之一，永續發展是綠色科技的核心目標，要如何將能源用的更少做更多事將是未來的發展課題。

三、橘色科技─人文關懷與健康照護：

　　上面所述的都是科技發展，但在科技快速發展之下，我們是否忽略了人文，喪失了應該有的溫暖？橘色科技便是反省科技的發展是否違背了科技始終來自人性的初衷。

　　現在科技可以應用到居家照護、健康照護、行動照護等等。在醫院裡利用私有雲的概念，建立一個無線區域網路，並統一管理病人，隨時監控病人的身體狀況，可以即時的給予治療與照護。甚至可以將一個社區連接成無線區域網路，在社區老年人或是弱勢人士身上搭載裝置，這樣就可以在緊急狀況時透過 GPS 知道位置並且給予救護。大至社區小至家庭，當小孩出現異狀時就提醒父母有緊急狀況發生。

　　網路技術發展速度之快是無法想像的，尤其在現今無線網路環境中，無線科技進而到無限創新與創造、發展與應用，從商機無限的雲端到為了地球著想的節能訴求，樣樣都使人的生活更加方便以及更有效率，但是回過頭來想想，是否忽略了人類的溫暖？在科技發展的同時，是應該撥點時間離開冰冷冷的機器，回到溫暖的關懷。

2-5　無線區域網路的挑戰

　　在本節中我們將提出在無線區域網路所面臨的挑戰，分別為傳輸速度、安全性、耗能、成本、覆蓋率、換手延遲、頻譜資源不足。以下將逐一說明：

1. 傳輸速度：隨著智慧型手機、平板電腦等行動智慧裝置的普及運用，大家對無線區域網路的傳輸速度的需求愈來愈高，例如使用雲端網路存取大量資料、或是收看高畫質的影音服務，現階段的傳輸速度是需要提升的。

2. 安全性：與有線區域網路相較，無線區域網路不需要透過實體線路就能存取網路，惡意攻擊或資料竊取也能透過無線的方式進行，安全性比有線網路更低，所以無線網路的安全性一直是個重要的議題，使用者若要使用無線區域網路，必須經過嚴密的認證制度才能確保使用者在瀏覽網路時，私密資料不會外流。

3. 耗能：行動裝置要連線到無線區域網路必須消耗許多的電力，造成行動裝置連接無線網路時很快就會沒電。除了必須發展更節能的行動裝置天線，IEEE 802.11 的標準也必須修改，使耗能能夠降低。

4. 覆蓋率：由於單一 Access Point 的傳遞距離很短且價格昂貴，若要覆蓋到整個校園或整棟公司大樓，則必須部屬多個 Access Point 導致成本提高，而且必須考慮訊號干擾的問題，所以目前的無線區域網路的覆蓋率受限於建置成本。

5. 換手延遲(Hand Over Latency)：換手延遲可分為同質網路或異質網路之間的換手，同質網路的換手表示使用者在不同的無線區域網路範圍之間移動，異質網路的換手表是使用者在無線廣域網路、無線個人網路或無線區域網路的覆蓋範圍之間移動，系統必須快速的在不同的網路之間換手，才能讓使用者感覺不到網路的斷線與連線，無縫地使用無線網路。

6. 頻譜資源不足：由於無線區域網路互相不干擾的頻譜資源有限導致傳輸速度產生瓶頸，例如在 20MHz，通常只有 1、6、11 三個頻道可用，IEEE 802.11n 的速度只能達到 150Mbps。但 IEEE 802.11n 支援 MIMO 技術，以 40MHz 為頻寬最高可以達到 300Mbps 的速度。這也是傳輸速度無法提升的原因之一。

為了解決無線區域網路面上述這些挑戰，IEEE 802.11 標準也不斷進行修改，目前最新的草案為 IEEE 802.11ac，能夠更高速、更節能、更安全，並且相容於 IEEE 802.11n，並支援 8x8 MIMO 技術。WiGig 聯盟於 2009 年 12 月推出第一版 1.0 WiGig 技術規格 IEEE 802.11ad，使用的頻率跟原有的 802.11n 和 802.11ac 不相同，主要是採用 60GHz 的頻率來進行資料傳輸，而不是前者所使用的 2.4GHz 或 5GHz，對於未來相關設備的設計、相容性會遇到困難，或許需採用多頻模式相容各種規格，這是各大廠商所要面臨的問題。由此可知，無線區域網路規範—IEEE 802.11 將是未來幾年無線區域網路的發展重點。更期待的是，大家一起往前邁進，創新、創意、創造更好的研究，造福更多的使用者，是大家的共同目標。

2-6　結論

本章中已經說明無線區域網路的重要性以及可行性，更進一步描述最重要的無線區域網路的協定 IEEE 802.11。由 IEEE 802.11 協定中，最重要的技術為 DCF 與 PCF，也分別詳細說明其功能運作方式。除了理論的討論與描述外，實務操作也是非常重要的一件工作。因此，無線區域網路的規劃與建置，也是重要的工作之一。由理論分析到實務面的考量，接下來，再回到理論考量，才可以建置一完美的無線網路規劃藍圖。透過本章的說明，希望未來對無線區域網路規劃可以揮灑自如，如魚得水。無線區域網路所建構的環境愈來愈多元，目前最夯的應用服務包括：藍色科技—雲端科技與服務、綠色科技—節能與環保科技、橘色科技—人文關懷與健康照護。最後，科技是日新月異的，除目前所知道的協定，相信仍有許多尚待開發以及探究的議題，等著大家彙集所有智慧，創造高效率、高品質的無線區域網路的先進技術。

習 題

1. 何謂區域網路？何謂無線區域網路？

2. 請描述無線區域網路的特性。

3. IEEE 802.11 無線網路協定，定義了物理層與連結層，請描述這兩層的功能與目的。

4. 請列出 IEEE 802.11 協定的標準以及比較這些協定的內容。

5. 請描述 IEEE 802.11 MAC 通訊協定架構。

6. 請描述 IEEE 802.11 媒體存取控制層(MAC)表頭訊框，並繪圖說明之。

7. 請說明 CSMA/CD 與 CSMA/CA，並比較之。

8. 請描述 IEEE 802.11 DCF 模式的傳輸協定，並說明其運作流程。

9. 請描述 IEEE 802.11 PCF 模式的傳輸協定，並說明其運作流程。

10. 在 IEEE 802.11 DCF 模式中，虛擬載波偵測技術使用網路向量配置(NAV)是爲了解決哪一種問題？

11. 在 IEEE 802.11 DCF 中資料有哪幾種不同等級的優先權傳輸？請說明之。

12. 何謂隱藏行動台(Hidden Terminal)問題？請畫圖說明之。

13. 何謂後退時間(Backoff)？請說明其用法及其功用。

14. 請列出無線區域網路規劃時應考量的重點。

15. 請利用一套現有的 WiFi 無線網路基地台偵測軟體，繪製出你的學校、公司或者大樓所在位置的無線基地台的分布以及相關的資訊。此外，請根據你的經驗，提出目前無線網路環境的一些建議，包括優點、缺點、可改善的意見等等。

16. 請描述本章中可應用無線區域網路技術之支援於藍色科技─雲端科技與服務。此外，請你另舉任何一種應用，可應用在藍色科技上的例子。

17. 請描述本章中可應用無線區域網路技術之支援於綠色科技─節能與環保科技。此外，請你另舉任何一種應用，可應用在綠色科技上的例子。

18. 請描述本章中可應用無線區域網路技術之支援於橘色科技─人文關懷與健康照護。此外，請你另舉任何一種應用，可應用在橘色科技上的例子。

19. 無線區域網路的研究議題非常多元，且具挑戰性，請你說明任何一項研究議題，並且說明該研究議題的內容，以及說明爲何對該研究議題有興趣？請試著找相關文獻，並且討論之。

20. 下圖為某大學的新蓋一棟多功能演講廳，僅一層樓。請詳細規劃與設計該棟多功能演講廳的 WiFi 無線區域網路（含內部與外部連接到校園網路）。請說明你所使用的網路設備、網路通訊媒體、無線網路使用協定，將其網路連線（接）與網路規劃。以及說明你所規劃的理由與考量的因素。

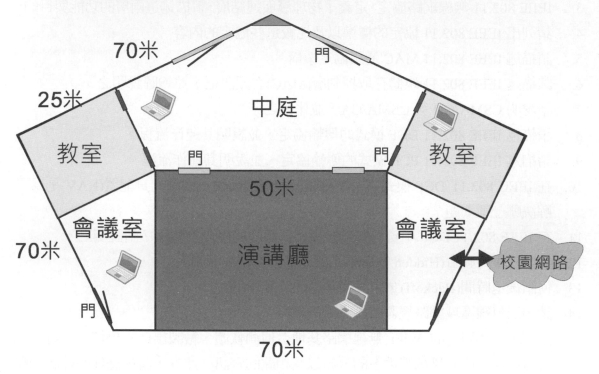

參考文獻

[1] IEEE 802.11 Working Group, IEEE 802.11 Wireless Local Area Networks, The Working Group for WLAN Standards, http://www.ieee802.org/11/.

[2] WiFi Alliance, http://www.wi-fi.org/.

[3] WiGig Alliance, Wireless Gigabit Alliance, http://wirelessgigabitalliance.org/.

[4] http://www.metageek.net/products/inssider/.

[5] http://www.xirrus.com/Products/Wi-Fi-Inspector.

WNMC

Chapter

3

無線隨意網路

3-1　　無線隨意網路簡介

　　無線隨意網路(wireless ad hoc networks)是一種特殊的網路，沒有固定的基礎架構，不需要事先規劃及佈置，而是依靠成員之間自我溝通，隨時隨地自動組織建立而成，對某一特定應用提供服務。無線隨意網路特色為成員可隨意移動，即使在高移動性的情況，依舊能維持一定的服務水準。無線隨意網路的應用包含有地震、火場、海嘯等基礎通訊設施毀壞時緊急救災的通訊；另外當基礎通訊設施無法架設或成本過高時，如山難搜救、空中機群、水中船隊及汽車間之通訊亦可藉由該網路完成。在無線隨意網路的各種應用中，除了可利用單播(Unicast)外，必要時也可使用群播(Multicast)的方式來傳送一般數據或即時的資料。

　　在IEEE802.11中定義了兩種基本服務集(Basic Service Set, BSS)，分別為中控型基本服務集(Infrastructure BSS)，主要由基地台(Access Point, AP)負責同一服務區中所有的傳輸，和獨立型基本服務集(Independent BSS, IBSS)，工作站(Station, STA)之間能彼此直接通訊，而不須透過基地台的協助。但在較大型的無線隨意網路中，採用 IBSS 要交換資訊的雙方可能不在彼此的通訊範圍之內，需要其他工作站中繼(Relay)封包，即封包的傳送需要多點跳躍(Multihop)才能送到目的地，因此如何尋找路由路徑(Routing path)，使中繼節點能把封包快速有效的傳往目的地，是相當基本且關鍵的任務。尋找路由路徑的過程，稱為路由探索(Route discovery)。在路由探索的過程中，節點利用廣播(Broadcast)路由請求(Route request, RREQ)來獲得路由路徑，因為節點散佈的區域廣泛，廣播的訊息需要一些中繼節點重播(Rebroadcast)，才能使所有節點得知，但因節點位置可能改變，造成多次重播，進而出現廣播風暴(Reference)問題[1]。除此之外，由於節點的電力透過電池來提供，如何省電因而成為了一項重要的議題。在本章節中也將介紹省電協定及電力控制的方法，使節點能夠使用較長的時間。

3-2　　媒體存取層

　　媒體存取層(Media Access Control,MAC)，它提供定址及媒體存取的控制方式，使得不同設備或網路上的節點可以在多點的網路上通訊，而不會互相衝突。MAC 提供配合特定通道存取(channel access method)需要的協議及控制機制，因此連接在同一傳輸媒體的幾個設備可以共享其媒體。以下介紹一些使用單通道或多通道存取的協議。

一、單一通道

1. 固定式

傳送端要傳送資料時，需要以特地決定的順序來存取，例如 FDMA、TDMA、CDMA、polling 等方式。

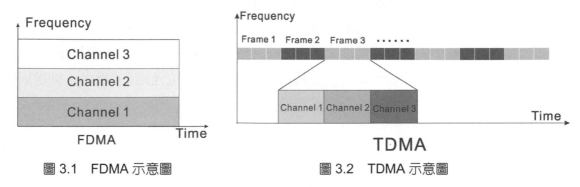

圖 3.1　FDMA 示意圖　　　　　　　　圖 3.2　TDMA 示意圖

分頻多重存取：如圖 3.1 所示，FDMA(Frequency Division Multiple Access)的機制是將頻寬直接切割成數個等寬的通道，而每一個通道供一個使用者使用，因此在同一時間能有多個人使用這個傳輸媒介。

分時多重存取：如圖 3.2 所示，TDMA(Time Division Multiple Access)的技術則是允許多個使用者使用相同頻率來存取媒介，TDMA 會在時間軸上平等的劃分許多等長的訊框(Frame)，而每個訊框再細分為許多相等的時槽(Timeslot)，每個時槽使用一個通道，每一通道供一位使用者使用，因此不同使用者用的通道並不相同，彼此的訊號不會重疊。

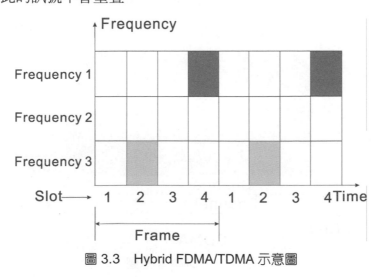

圖 3.3　Hybrid FDMA/TDMA 示意圖

Hybrid FDMA/TDMA：如圖 3.3 所示，組合式 FDMA/TDMA 存取是將上述的方法合併使用，目的是使傳輸效率較佳或是讓節點更省電等。

分碼多重存取：CDMA(Code Division Multiple Access)[2]是爲了更有效的使用頻寬與時間，除了切割時間之外，每一組傳輸都會給予一組特定的編碼(Code)，要傳送的位元會先經過編碼再傳送出去，如果彼此的編碼是正交(Orthogonal)，即使使用相同的頻率也不會互相干擾。

正交編碼：假設有四個編碼 A、B、C、D，編碼若彼此正交，內積會等於 0，因此不會互相產生干擾。而內積後獲得+1 表示送出的位元爲 1，獲得-1 則送出的位元爲 0。

A：00011011 => (-1-1-1+1+1-1+1+1)　　B：00101110　=> (-1-1+1-1+1+1+1-1)

C：01011100 => (-1+1-1+1+1+1-1-1)　　D：01000010　=> (-1+1-1-1-1-1+1-1)

A 站若要送出位元 1 時便送出編碼(-1-1-1+1+1-1+1+1)，位元 0 時便送出反碼(+1+1+1-1-1+1-1-1)，各站送出的編碼會在空中疊加，例如 B 站與 C 站都發出資訊，空中的訊號會是 B + C =(-2-0-0-0+2+2-0-2)，而若是接收方只要 C 站的資訊則只需將(B + C)×C =(2+0+0+0+2+2+0+2)/ 8 = 1，便可得知 C 站送出的是 1。如圖 3.4 所示，即使在同一時間內使用同樣的頻率，因爲編碼的不同而不會互相干擾。

輪詢 Polling：主節點依次邀請從屬節點來傳送資料。缺點爲主節點故障時，則無法運作以及查詢從屬節點時造成的延遲，如圖 3.5 所示。

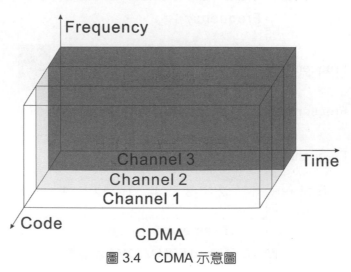

圖 3.4　CDMA 示意圖

2. 隨機存取式

當傳送端要要傳送資料時，隨時都可以嘗試去存取資料，例如 Aloha、slot Aloha、CSMA、CSMA/CA 等方式。

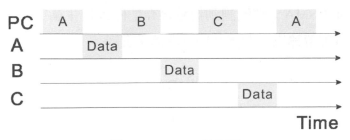

圖 3.5　Polling 示意圖

Pure-Aloha[3]：其方法簡單，是第一個被提出來無線網路傳輸方式，但是傳輸較無效率。方法是當傳送端有資料要傳送時即直接傳送，而不須經過任何等待，但也因沒有考慮其他節點是否正在傳送資料，所以若其他節點正在傳送資料時，而自己也同時傳送，則碰撞就會發生；當要求傳送的節點越多時，效率更是大大降低，其通道最大使用率大約只能達到 18%左右，有八成的機率會碰撞，頻寬使用率極低，因此目前幾乎不被採用。

Slotted-Aloha：如圖 3.6 所示，將時間軸分為許多時槽，當傳送端要傳送資料時，每次使用一個時槽，其效率較 Pure-Aloha 好，通道最大使用率為 37%。

CSMA：載波偵測多重存取機制(Carrier Sense Multiple Access)，Carrier Sense 是指傳送者必須先監聽目前傳輸媒介是否有人在使用，而 Multiple Access 則是指有多個節點共用這個傳輸媒介。CSMA 的傳輸方式是在要傳輸之前先偵測傳輸媒介，觀察是否有其他節點正在傳輸資料，若無正在傳輸的資料則直接傳送；因為會觀察媒介的情況，避免碰撞，效率較 Aloha 好。

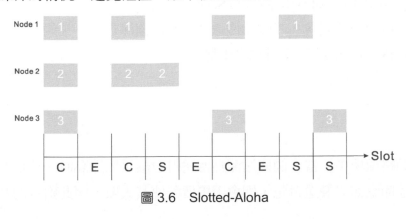

圖 3.6　Slotted-Aloha

偵測的機制分為：

(1) non-persistent CSMA：當偵測到傳輸媒介(Medium)忙碌或發生衝突時，則停止偵測傳輸媒介，等一段時間後再偵測媒介。

(2) persistent CSMA：當偵測到傳輸媒介忙碌或發生衝突時，會持續偵測並等待；若發現傳輸媒介閒置時則立即傳送資料。

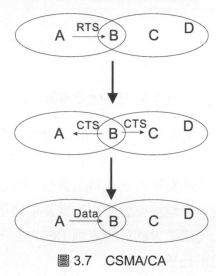

圖 3.7　CSMA/CA

　　CSMA/CA：載波偵測多重存取/碰撞避免機制(Carrier Sense Multiple Access with Collision Avoidance)。此機制當要傳輸之前會先偵測傳輸媒介是否有其他節點正在傳輸資料，若無其他節點在傳輸資料，則直接傳輸資料；若有其他節點在傳輸資料，則延遲一段隨機時間再重新偵測是否有其他節點在傳輸資料。因為各裝置之間的等待時間是隨機產生的，會因此而產生區別，從而降低碰撞的可能性。此外，此機制可以執行 RTS-CTS 握手(handshake)，在裝置發送封包之前，先發送一個很小的 RTS(Request to Send)封包給目的節點，等待目的節點回覆一個 CTS(Clear to Send)封包，才開始傳送。目的是確保在接下來的資料傳送過程中不會發生打擾。RTS 與 CTS 封包大小都很小，以減少傳送開銷，如圖 3.7 所示。

二、多通道

　　在無線網路環境中，當一個傳送節點傳送封包給接收節點時，傳送節點與接收節點附近的其他節點如果發送封包，則會干擾傳輸使其失敗，因此附近的其他節點可能會停止進行任何其他的封包傳輸。但如果所有節點都使用相同的通道，將導致網路上只有距離足夠遠的少數節點能夠完成通訊配對(一個傳送節點與一個接收節點)，同時進行封包傳輸，因此使得網路的效能低落。為了讓更多的通訊配對能夠同時進行傳輸，因此可以考慮使用更多的通道，如此一來即使是距離相近的兩個通訊配對，也能夠以不同的通道進行資料傳輸而不會互相干擾。因此在多通道的環境之下，如何分配通道，使通道有效率的使用也是重要的議題。在多通道的環境下，一個節點有兩種可能的方式來使用多個通道：

(1)　一個節點使用數個無線收發器，每個收發器使用和其他收發器不同的通道。

(2)　每個節點都只使用一個無線收發器，為了使用多通道，此收發器要在不同的通道之間切換。

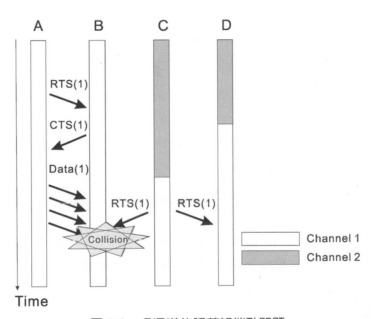

圖 3.8　多通道的隱藏終端點問題

但在多通道的環境之下會遇到隱藏終端點的問題。假設每個節點會使用一個特定的通道一段時間，之後再切換使用另外一個通道一段時間；當節點之間沒有時間同步，則因為彼此切換通道的時間並不相同，可能錯過了一些訊息，因此有一定的機率產生碰撞。如圖 3.8 所示，當節點 A 與 B 已經在通道 1 完成了 RTS、CTS 交換，開始傳輸資料，而原本在通道 2 的節點 C 切換到了通道 1，因為並不知道節點 B 正在接收節點 A 的資料，因此發送了 RTS，此 RTS 會在節點 B 與資料封包發生碰撞；而在單一通道時，節點 C 因為能聽到節點 B 發出的 CTS 避免碰撞，而多通道時則發生碰撞，此問題為多通道的隱藏終端點問題，以下將依是否有同步來分別介紹多通道協定。

1. 同步

在各個節點時間同步的情況下，有區分階段、共同跳躍等方法[4]。

區分階段(Split phase)的機制如圖 3.9 的例子，假設每個節點只有一個無線收發器，將時間區分為控制階段以及資料傳輸階段，在控制階段時所有節點一起轉換到通道 1，並在此階段交換 RTS 與 CTS，預約接下來傳輸資料要使用的通道，接著在資料傳輸階段時便切換到上一階段預約的通道進行資料傳輸，接著控制階段再換回通道 1 進行通道預約。

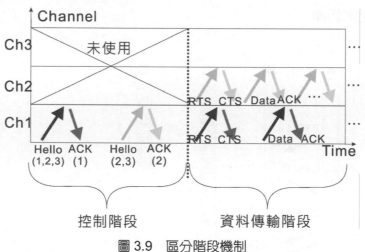

圖 3.9　區分階段機制

共同跳躍(Common Hopping)[5][6]的機制如圖 3.10 所示，在 slot 1 時節點都停留在通道 1，接著一起換到通道 2，通道 3…依此類推，而 slot 3 時因為有兩個節點有資料要傳輸，因此傳輸資料的節點會停留在通道 3，而其他沒有要進行傳輸的節點則是繼續切換到通道 4，再切換回通道 1…依此類推，直到有資料要傳輸才會停止切換。

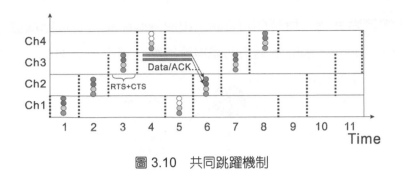

圖 3.10　共同跳躍機制

2. 非同步

在多通道的環境之下，一個節點配有一個以上的收發器也是用來提升效能的方法之一，如 DCA。Dynamic Channel Allocation(DCA)[7]是假設每個節點有兩個收發器，其中一個收發器固定在一個通道上，專門用來傳送控制封包，稱此通道為控制通道(Control channel)，而另外一個收發器則是專門用來傳輸資料封包，傳送資料封包的通道會從除了控制通道之外的其他所有可用通道之中選出。在 DAC 運作過程中，每個節點會維護一個通道使用列表(Channel Usage List, CUL)，此列表記錄這個節點的鄰居使用的通道的狀況，而之後這個節點便可以利用自己的通道使用列表，動態的計算出一個可使用通道列表(Free Channel List, FCL)。

如圖 3.11 所示，假設節點 A 想要傳送封包給節點 C，首先會先檢查(1)節點 C 用來傳送資料的收發器是否閒置，(2)節點 A 自己是否有可用的通道可用來與節點 C 通訊。如果以上皆是的話，節點 A 會由控制收發器傳送 RTS 給節點 C，RTS 封包中會包含節點 A 的可用通道列表，當節點 C 收到 RTS 之後，會檢查自己的通道使用列表與節點 A 的可用通道列表，如果沒有可用通道，會送回 CTS 給節點 A 告訴節點 A 何時可以再發送一次 RTS。如果節點 C 發現有可用通道則會從可使用的通道中挑選一個出來，並標記在回覆給節點 A 的 CTS 中，之後節點 A 的傳輸收發器會跳到挑選出來的通道與節點 C 進行資料的傳送，並在控制通道發送一 RES(Reservation)給節點 A 的鄰居，目的是讓節點 A 的鄰居知道節點 A 的通道使用狀況，而節點 C 的鄰居可以從節點 C 發出的 CTS 得知節點 C 的通道使用狀況， B 便由 CTS 及 RES 得知節點 A 與節點 C 的通道使用狀況。

而如圖 3.12 例子中，節點 B 的鄰居節點 A 與節點 C 使用通道 1 傳送資料，而節點 D 的鄰居節點 E 與節點 F 使用通道 2 傳送資料，當節點 B 嘗試要與節點 D 溝通時，節點 D 會發現兩者之間沒有其他可以使用的通道，因此回復 CTS 給節點 B，請節點 B 過一段時間再嘗試。由於每個節點皆有控制收發器，固定監聽控制通道上的封包，因此多通道的隱藏終端點問題不會在 DAC 中發生。

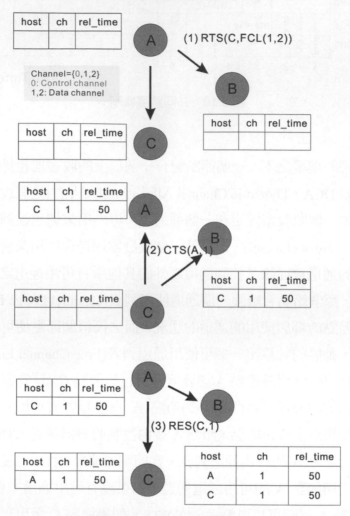

圖 3.11　DCA 運作的例子

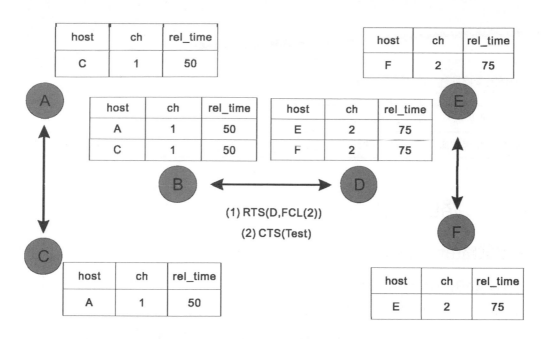

圖 3.12　節點 B 與 D 沒有可用的共同通道

3. 多通道效能分析

　　我們將多通道協議區分階段、共同跳躍與 DCA 拿出來做比較，在節點的硬體設施上，DCA 至少需要有兩個收發器才能運作，其他方法只需一個收發器便能正常運作；但若是各個節點有多個收發器時，則 DCA 依舊只需一個控制收發器，其他收發器皆能一直用來傳輸資料，而其他方法因為有控制階段及一起跳頻，固定在某通道交換控制封包，而其他通道同時並不會被使用，形成頻寬的浪費。此外 DCA 不需要同步便能運作，但其他方法需要同步才能運行，否則便會產生前述的隱藏節點問題而發生碰撞。共同跳頻因為若是沒有資料傳輸便會在下一個 slot 跳到另一通道，花費了許多時間在通道切換上。

表 3.1　多通道協議比較

	區分階段 (Split phase)	共同跳躍 (Common Hopping)	Dynamic Channel Allocation(DCA)
通道交換時間	低	高	低
接收器競爭	中	高	低
封包長度靈敏度	高	高	大量通道-高 少量通道-低

表 3.1　多通道協議比較(續)

通道數量擴展性	有限	有限	長封包-好 短封包-有限
同步	需同步	需同步	不需同步
收發器需求數量	1 個	1 個	2 個

3-3　路由協定

一、主動式路由協定(pro-active routing protocol)

　　主動式路由方法先為網路中任意的兩節點建立路由資訊,因此當有新連線要建立時(來源節點傳送封包到目的節點),便能夠及時得到路由資訊,將封包送到目的地。考慮到無線隨意網路頻寬有限且移動性高,需要將原本應用在網際網路(Internet)上的路由方法做一些變化來適應。目前專為無線網路設計的主動式路由協議,大致分為距離向量法(Distance vector)與鏈結狀態(Link state)兩類路由方法。

　　距離向量法是由相鄰的節點互相交換彼此的距離向量,經過持續的交換之後,此向量會記錄自己到網路中所有節點的距離,將資訊散播到整個網路中,由此來計算出自己到整個網路中所有節點的最佳路由方法。距離向量演算法大部分皆使用Bellman-Ford 演算法。對於網路上每一條節點間的路徑,演算法皆會指定成本(cost)。節點會選擇一條總成本(經過路徑的所有成本總和)最低的路徑,用來把資料從來源節點送到目的節點。當某節點初次啟動時,將只知道它的鄰居節點(直接連接到該節點的節點)以及到該節點的成本。這些資訊、目的地列表、每個目的地的總成本,以及到某個目的地所必須經過的下一個節點,構成路由表。每個節點定時地將目前所知,到各個目的地的成本的資訊,送給每個鄰居節點。鄰居節點則檢查這些資訊,並與目前所知的資訊做比較;如果到某個目的地的成本比目前所知的低,則將收到的資訊加入自己的路由表。經過一段時間後,網路上的所有節點將會瞭解到所有目的地的最佳「下一個節點」與最低的總成本。但運行 Bellman-Ford 演算法有可能因為網路鏈結失效,而產生短暫性或長時間的路由迴圈,距離計算會接近無窮大(infinity)的問題,使得路由難以收斂。

　　Destination-sequenced distance-vector(DSDV)[8]協議的目的是要簡化路由協定及避免路由迴圈,其解決的方式是使用遞增的序列編號(Sequence number)來標記每個路由的更新封包，藉此避免路由迴圈。運行 DSDV 的每個節點，除了為自己記錄一個遞增的序列編號之外，還會為網路中每個已知的節點記錄其目的地序列編號(Destination sequence number)。鄰居間彼此交換路由更新，其中含有距離向量，也附帶相對的目的地序列編號，節點可以利用這個編號來確定該距離資訊是否為最新的，越大的目的地序列編號代表資訊越新，而越接近目的地節點的序列編號會越大，DSDV 以此來避免路由迴圈的出現。DSDV 的路由更新封包分為兩種，分別為累加式路由更新(Incremental routing update)和完整式路由更新(Full routing update)。完整式路由更新的方式為每隔一段時間便會執行一次，這種更新將會廣播自己全部的路由表格資訊，因此也能得到整個網路的最新資訊；但如果只有少量的路由路徑有變動，全部更新又花費太高，則只會更新相較最近一次完整式路由的差異部分，以較小的封包做累加式的路由更新，因此廣播路由更新時所占用的網路頻寬將減少；這兩種更新的方式搭配使用，可對各種網路環境做出變化。鏈結狀態法則是將每個節點的鏈結狀態(自己能與哪些節點連接)散播到整個網路，因此當網路每個節點拿到網路的拓樸後，各自會計算出到各節點的最佳路由。

Optimized Link State Pouting(OLSR)[9]是傳統的鏈結狀態路由協定(如 OSPF)的最佳版本，他使用了多重傳送點(Multipoint relay, MPR)的概念，以減少連結狀態更新在網路中傳播的數量。如圖 3.13 所示，MPR 的概念是在一個節點的 1-hop 鄰居之中尋找一些節點，成為一個子集合，在此子集合的節點能完全的覆蓋 2-hop 的鄰居，此子集合中的點稱為 MPR 節點。因此，當節點要廣播封包時，只需要他的 MPR 節點做轉送，其他的鄰居節點收到廣播封包後則不需再轉播，接著這些 MPR 節點的 MPR 節點再轉送，依此類推，便可以有效地降低廣播帶來的負擔。而 OLSR 只允許被選為 MPR 的節點產生鏈結狀態更新封包，只有通往 MPR 節點的邊被記錄，因此當密度較高時，更新封包的長度能有效減少。

二、回應式路由(reactive routing protocol)

回應式路由策略與主動式路由策略的概念不同，在回應式路由的策略中，節點只會尋找和維護有需要的路由，一般指會被使用的路由。主動式路由策略中，所有的路由資訊都必需維護，無論路徑是否會被使用；而回應式路由策略的優點是只會尋找和維護有需要的路由，而不理會不需要的路由，因而省下了這些成本。回應式路由較適合網路流量偶然發生、只涉及少數的節點且流量大的情況。而缺點則是首次溝通時須

耗費較多的時間尋找路徑，因此封包會有較多延遲。以下將會介紹 DSR、AODV、TORA
等方法：

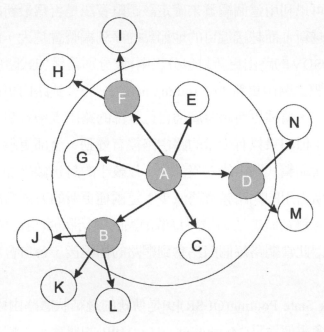

圖 3.13　採用 MPR 廣播方法，只有 A、B、D、F 需要廣播

1. Dynamic Source Routing(DSR)[10]

　　　　來源路由(Source routing)為 DSR 的基本路由策略，來源路由的方法是：(1)
每個封包的完整路由在來源節點便已經決定，並且存放在該節點中，(2)路由路經
的資訊附在封包的表頭(Header)中，中繼的節點會按照該資訊，依序地往目的節
點轉送。

　　　　當一節點打算送出封包，但其路由的表格中並沒有到該目的節點的資訊時，
則該節點會啟動路由探索(Route discovery)程序，來找尋到目的地節點的路由路
徑。由來源節點先發出路由請求(Route request, RREQ)封包以啟動路由探索程序，
當某一中繼節點收到 RREQ 封包時，它首先會判斷是否廣播過該 RREQ 封包，如
果是，則丟棄此 RREQ 封包；如果沒有，則會更新此 RREQ 封包內部的資訊，並
且繼續廣播此 RREQ 封包。而當此 RREQ 封包被送到目的地節點，或是某一中繼
節點的路由緩衝中含有目的地節點的資訊時，該含有資訊的節點會回覆一路由回

應(Route Reply, RREP)封包返回到啓動路由探索程序的來源節點，RREP 利用來源路由的策略來傳送，即 RREP 封包中包含有回送路徑中各個中繼節點的資訊，這些資訊記錄在封包的表頭中，而 RREP 封包會依照這些資訊送回來源節點，當來源節點收到 RREP 封包後，則開始傳送資料封包。當連結發生失敗時(發送封包到下一中繼節點失敗)，則會產生路由錯誤(Route Error, RERR)封包，送回並告知來源節點，沿途的節點會把該路由資訊清除，而當來源節點收到 RERR 之後，會重新啓動路由探索程序來尋找新的路徑以替代原本的路徑。

　　DSR 來源路由和路由緩衝機制有以下優點：(1)它沒有使用其他特殊的機制，因此能避免路由迴圈的產生。(2)因爲 RREQ 與 RREP 皆使用來源路由來傳送，因此除了來源節點和目的節點之外，中間經過的節點也都能知道整條路徑的路由，並將這些資訊記錄路由緩衝中。(3)藉由竊聽附近經過封包的表頭資訊，不需要花費額外的成本便能取得更多和更新的路由資訊。(4)來源節點可以收集許多條到達目的地節點的路徑，因此萬一原本的路徑失敗時，能夠快速使用其他的路徑代替，而不需要啓動路由探索，但路由緩衝也有可能造成路由資訊過期的現象，使用這些舊的路由會造成網路頻寬的浪費以及封包被丟棄的情況。

　　圖 3.14 爲 DSR 的路徑探索的例子，來源節點 N1 共找到 2 條不同的路徑到達目的地節點 N8，分別爲 N1-N2-N5-N8、N1-N3-N4-N7-N8。

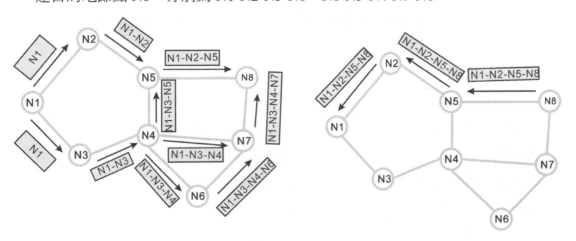

圖 3.14　DSR

2. Ad hoc On-Demand Distance Vector Routing(AODV)[11]

　　AODV 使用類似於 DSR 的路由探索方式來尋找路徑，但維護路由資訊的機制與 DSR 全然不同。AODV 採用傳統的路由表格，即一個目的地一個欄位，記錄其該送往的下一個節點。因為並非使用來源路由的機制，AODV 完全依靠路由表格把封包送往目的地。依之前收到 RREQ 時建立的反向路徑(Reverse path)的資訊，將 RREP 封包送回到來源節點，該反向路徑同樣記錄在路由表格中。與 DSDV 相同，AODV 使用目的地序列編號來避免路由迴圈，而該序列編號會附帶在所有的路由封包中。但由於 AODV 與 DSR 不同，它沒有來源路由與竊聽的機制，使 AODV 能收集到的僅為數量有限的路由資訊，不像 DSR 有豐富資訊，但因為每筆路由資訊皆附帶有一序列編號，只有較新的資訊會被採納，舊的資訊會被捨棄，甚至還使用了計時器(Timer)的機制，當舊的路由資訊在計時器過時之後，便會自動刪除以確保路由資訊是足夠新的，因此能解決路由過期的問題。

3. Temporally Ordered Routing Algorithm(TORA)[12]

　　TORA 是另一回應式路由協定，它的路由探索程序能計算出多條無迴圈的路徑通往目的地，構成一個以目的地為導向的有向無迴圈圖(Destination-oriented Directed Acyclic Graph, DAG)。無線隨意網路可視為一個無向圖(Undirected Graph)，而 TORA 則把每個邊視為有方向的。對於某一目的地來說，每個節點會記錄其到該目的地節點的距離，或稱為權重值，目的地節點權重值為 0，離目的地越遠的節點其權重值越高，再以類似水往低處流的概念，將封包由權重值高的節點導向權重值低的節點。而其權重值建立的過程是利用詢問／更新(Query/Update)的機制，當一節點嘗試要送出封包時，會先發出詢問封包，該封包會廣播到整個網路，直到到達目的地節點或知道目的地節點的路由為止。接著這些節點會發出更新封包，包含著自己權重值訊息，當其他節點收到更新封包後，若其包含的新權重值(封包的權重值加一)較自己原本的權重值小的時候，會更新其權重值，依此來建立各個節點的新權重值，形成一個以目的地為導向的 DAG。當連結失效，節點發現，附近的節點值都比自己大，自己的權重值是局部最小值時，會將自己的權重值設為比附近節點的權重值還要高，並發出更新封包。此過程只造成局部的路由更新，而不用重新啟動路由探索程序，因此消耗較少的路由封包，但此過程中會產生暫時的路由迴圈。

三、混合式路由

　　路由協定效率中，路由封包所花費的額外負擔，往往取決於流量密度(Traffic diversity)的影響。流量密度是用來評估網路中流量分布的情形，低流量密度表示大部分的流量集中在少數節點之間，即只有少量的來源與目的地之間配對進行溝通，例如移動用戶想要連接至網際網路，則大部分的流量皆會集中在網際網路閘道(Gateway)中。而高流量密度則表示流量平均散佈到整個網路的每個節點，幾乎任兩節點都會產生溝通。回應式路由能適應各種流量密度，但當流量密度越大時，因為需時常更新路由，所需的額外路由封包便越多；相反的，主動式路由因為平常便定期更新，不受流量密度的影響。當流量密度低時，回應式路由的表現較主動式路由好，因為主動式路由浪費許多開銷在不必要的路由上。而在高移動性的環境下，回應式路由只有在目前使用的連結發生失敗時才需要重新找新路徑，但主動式路由在任何連結發生失敗時都需要作出反應。但在高密度流量的情況時，回應式路由的開銷負擔會接近主動式路由，但回應式路由找到的路徑可能不是最佳的路徑，使用這些路徑會增加傳送資料封包時的花費，使得從來源到目的地的延遲增加；而主動式路由卻經常更新，保持著最佳路徑，在這個情況之下，若回應式路由的路徑一直沒有遭遇失敗，會較長時間使用非最佳路徑，拉低整體的效率。因此若把回應式路由與主動式路由整合成混和式路由(Hybrid routing)策略，將兩者的優點相加，理應會比單獨的使用回應式路由或主動式路由較好。例如把回應式路由 AODV 加入類似 DSDV 的定期從目的地發起更新路由資訊，來解決回應式路由的非最佳路徑問題，而目的地發起的路由更新能先建立路由到其他節點。

四、位置輔助路由協定

　　位置輔助路由協定是假設某些節點或全部的節點知道自己的位置，像是全球定位系統(GPS)或其他間接定位的方法，每個節點再與鄰居交換封包便能得知鄰居的地理位置，而封包的目的地位置則透過位置諮詢服務(Location service)查詢後得之，藉此來輔助路由的建立。當節點要送出一封包時，它利用目的地的位置，找出最接近目的地的鄰居，再轉送封包到該鄰居去，一直重複此步驟直到到達目的地為止，此方法為貪婪轉送(Greedy forward)，但此策略有可能因前方沒有節點可以轉送封包，使封包停滯不前，導致傳送不到目的地。Location-Aided Routing(LAR)[13]假設每個節點都知道自己的位置，因此不需要任何位置諮詢服務來查詢其他節點的位置，並依靠預先的路由探索程序做區域性的廣播來得之目的地位置。再由自己與目的地的位置可計算出彼此的距離，得到距離後再廣播路由請求封包，鄰居會比較自己到目的地的位置是否較來源節點近，較近則轉送此路由請求，較遠則捨棄此請求，依此原則將路由請求一直送往目的地節點，因具有一定的方向性，因此能大幅減少路由探索的額外負擔。此方法是在路由探索時使用，在傳送一般資料封包時則是依照探索得到的路由傳遞。

五、廣播風暴

在無線隨意網路中，節點可使用氾洪式(Flooding)傳輸讓網路上所有節點皆能收到廣播訊息，也就是當節點收到新的廣播封包時，便會做一次重播(Rebroadcast)，由於每個節點之間訊號範圍可能會有重疊的區域，因此可能造成冗餘傳輸的情況，以及造成碰撞和媒介競爭的問題。

1. 冗餘重播(Redundant rebroadcast)：當節點決定重播一個廣播訊息時，若是其所有的鄰居皆已擁有此訊息，則廣播此封包只是浪費了網路的資源。因為網路中的相鄰節點一定會有重疊的區域，若是被越多的節點範圍重疊，則會收到越多相同的封包，而造成了浪費，因此在越密集的網路之中，使用氾洪式傳輸相當的浪費資源。

2. 媒介競爭(Medium contention)：若在網路上有很多節點決定要重播廣播訊息，則這些節點彼此會競爭傳送機會，甚至影響其他要傳送資料封包的節點，使這些節點無法傳送資料，導致資料的傳送延遲增加，鄰居越多，造成的延遲也可能越長。

3. 封包碰撞(Packet collision)：因為廣播封包時不需使用隨機後退機制，因此當鄰居接收到廣播封包時，便會直接重播此訊息，因此封包之間的碰撞將更容易發生。而廣播封包也沒有 RTS/CTS 的事先告知交換機制，因此碰撞後會造成封包遺失的問題。此外，因為無線隨意網路沒有碰撞檢查的機制，當某重播封包被碰撞，即使只有第一位元受到影響，此節點還是會將封包傳輸完畢，而這個損壞的封包可能會再與其他封包產生碰撞，因此而影響整個網路的資源。

3-4 電源管理

　　由於行動裝置一般的電源都由電池來提供電力，因此在無線隨意網路下，如何達到有效率的省電，是一項重要的議題，目前已有許多相關研究提出了解決方案。在 IEEE 802.11 便提供了幾種不同的電源管理模式，第一種是主動模式(Active Mode)，當終端設備的電力來源是透過連接牆壁電源插座的交流電時，便處於這種模式。如使用無線網卡的桌上型電腦或插著電源的筆記型電腦都是。在這種情況時，因為電源來自於源源不絕的交流電系統，沒有省電的必要，因此在這種情況中，設備可將資料的傳輸能力開到最大，讓網路傳輸效能儘可能提升。第二種模式稱為省電模式(Power Save Mode)，相較於第一種模式，如果終端設備的電力來源基礎是蓄電池，為了儘可能讓設備在移動時能使用久一點，IEEE 802.11 就設計出一種機制，讓無線網卡可以定期切換至打盹(dozing)的狀態，以節約電力的消耗。在這一節裡將這些方案分為省電協議及電力控制。省電協議中，工作站藉由進入睡眠模式來達到省電的目的；至於在電力控制中，工作站可動態調整發送封包所需要的電力，藉此來省電。

一、省電協定

　　無線隨意網路下的省電協議大多是讓工作站決定是否要關閉其無線電收發器，也就是進入睡眠模式以節省電力。但是進入睡眠模式的工作站會導致附近的工作站無法傳送封包給睡眠中的工作站。因此在這類的協定中探討的是如何讓工作站進入睡眠模式，卻又不會因此導致封包傳送發生太長的時間延遲。大多的協定設計讓工作站之間彼此時間同步，因此工作站們可以約定好在特定的時間醒來，在這段時間內交換一些訊息，進而傳送資料。但在多點跳躍無線隨意網路環境之下，很難達到精準的時間同步，使得這類的協定面臨更多的挑戰。如圖 3.15 所示，在 IEEE 802.11 的電源管理機制下，工作站之間需要互相合作，醒著的工作站會為進入睡眠模式的工作站暫存資料訊框，等睡眠中的工作站醒來後，再試著通知它們並傳輸資料。進入睡眠模式的工作站會定期醒來，檢查是否有其他醒著的工作站送來通知訊息。因為睡眠的工作站是在約定好的時間醒來，而醒著的工作站也是在約定好的時間通知，因此彼此需要有良好的同步才能穩定的進行溝通。因此工作站隔著一段固定的時間定時發出 beacon，這段時期便稱為一個 beacon 間隔(beacon interval)，在每個週期的起點會傳送一個 Beacon 訊框，訊框中包含了一組名為 traffic indication map(TIM)的資訊。當用戶端設備與 AP 連結後，AP 會給每個用戶端一組連結編號(Association ID, AID)。

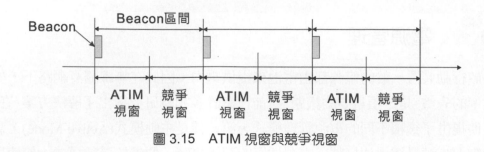

圖 3.15　ATIM 視窗與競爭視窗

　　當 AP 收到屬於某一 AID 的流量時，如果該 AID 正在睡眠中，便會在下一次發出 beacon 時，將有緩衝資料等待領取的 AID 清單透過 TIM 傳送出去。當用戶清醒時便可檢查 TIM 中的 AID 清單，若有資料等待領取則傳送 poll 訊息給 AP，以便領回自己的資料。此外，AP 規定每隔幾個 TIM，就會有一個 DTIM(Delivery Traffic Indication Map)，當到了 DTIM 的時間，所有的用戶端都必須清醒，因為 AP 會將所有廣播或群播的訊框一次給所有的用戶端。但在 ad hoc 模式下沒有集中的協調者存在，因此在分散式的運作下，將 beacon 區間區分為 ATIM(Announcement Traffic Indication Messages) 視窗(window)與競爭視窗，如圖 3.16 所示，所有休眠的工作站，會約定在 ATIM 視窗內大家都要醒來。在 ATIM 視窗時不能傳送資料訊框，而只能傳送訊標訊框、RTS、CTS、ACK 及 ATIM 訊框，因此，若 A 要傳送資料給 B，便會傳送 ATIM 訊框(ATIM frame)來通知 B 有資料要給他，B 便會回覆 ACK 給 A。而不屬於發送或接收 ATIM 的裝置便會在競爭視窗進入休眠。

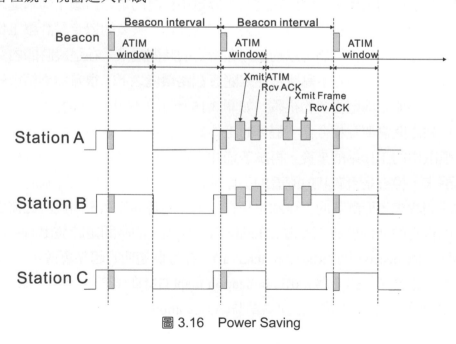

圖 3.16　Power Saving

二、電力控制(Power Control)

　　除了讓工作站休眠之外，調整發送訊號時所用的電力是另一種節省能量的技術，除了達到省電的目的之外，減少訊號之間互相干擾也是電力控制的效果，進而提高無線通道使用率(Channel utilization)。在整合電力控制方案於 MAC 層方面，傳送 RTS、CTS、DATA 和 ACK 訊框時會使用不同大小的電力去傳送。先介紹一個簡單的方案：BASIC 協定，在此協定中，假設一傳送站 T 使用最大傳輸電力傳送 RTS 給接收站 R，接著 R 也會用最大傳輸電力回 CTS 給 T，而 T 可根據 CTS 得知傳送 DATA 所需的最小電力，並使用此電力傳送 DATA 給 R；同理，R 也可依據 RTS 得知傳送 ACK 訊框所需的最小電力。

　　接著介紹另外一套結合忙碌訊息(Busy Tones)的電力控制協定[14]。這套程序除了電力控制、RTS-CTS 交換程序之外，還利用了忙碌訊息。這協定利用了 RTS-CTS 交換來推算出兩工作站之間的相對距離，並以此來決定傳輸 DATA 時所需的最小電量。而忙碌訊息則是被使用來避免封包碰撞，讓附近的工作站不會因為不知道之前進行的 RTS-CTS 交換，而影響到進行中的資料傳輸。

　　運作方式如下：首先會將通道區分成兩個子通道(sub-channel)，資料通道(Data channel)和控制通道(Control channel)，RTS-CTS 交換會在控制通道中進行，而本方法所提出的忙碌訊息，將會占據兩個不同的狹小頻帶，分別稱為 Transmit busy tones(BTt) 和 Receive busy tones(BTr)，如圖 3.17 所示。BTt 的功能是工作站用來通知鄰居它正在傳送資料，同理，BTr 則是通知鄰居它正在接收資料。因此，在工作站開始傳送 DATA 時會開啟 BTt，而接收端工作站在回覆 CTS 時會啟動 BTr。因此當有工作站想要傳送 RTS 時須先觀察附近是否有 BTr，若有，則不能發出訊框；而當想回覆一個 CTS 時須先觀察是否有 BTt，若有，則不能回覆 CTS 小頻率大控制通道資料通道。以下圖 3.18 為例，圖 3.18(a)及圖 3.18(b)工作站 A 與 B 進行 RTS、CTS 交換，B 並在回覆 CTS 時開啟 BTr，而若 A 開始傳送 DATA 時如圖 3.18(c)一般使用最大電量，C、D 與 E、F 這兩組配對並無法傳輸，因為 D 可以聽到 A 發出的 BTt，而 E 會聽到 B 的 BTr，如圖 3.18(d)所示；若是 A 傳送 DATA 時執行電力控制，則 C 聽不到 BTr 而對 D 送出 RTS，D 也不會偵測到 BTt 而回送 CTS，如圖 3.18(e)所示；同理，工作站 E、F 也能順利進行傳輸，如圖 3.18(f)所示，這便是有沒有結合電力控制帶來的差別。

圖 3.17　分配 Busy Tones 可能的頻率分布

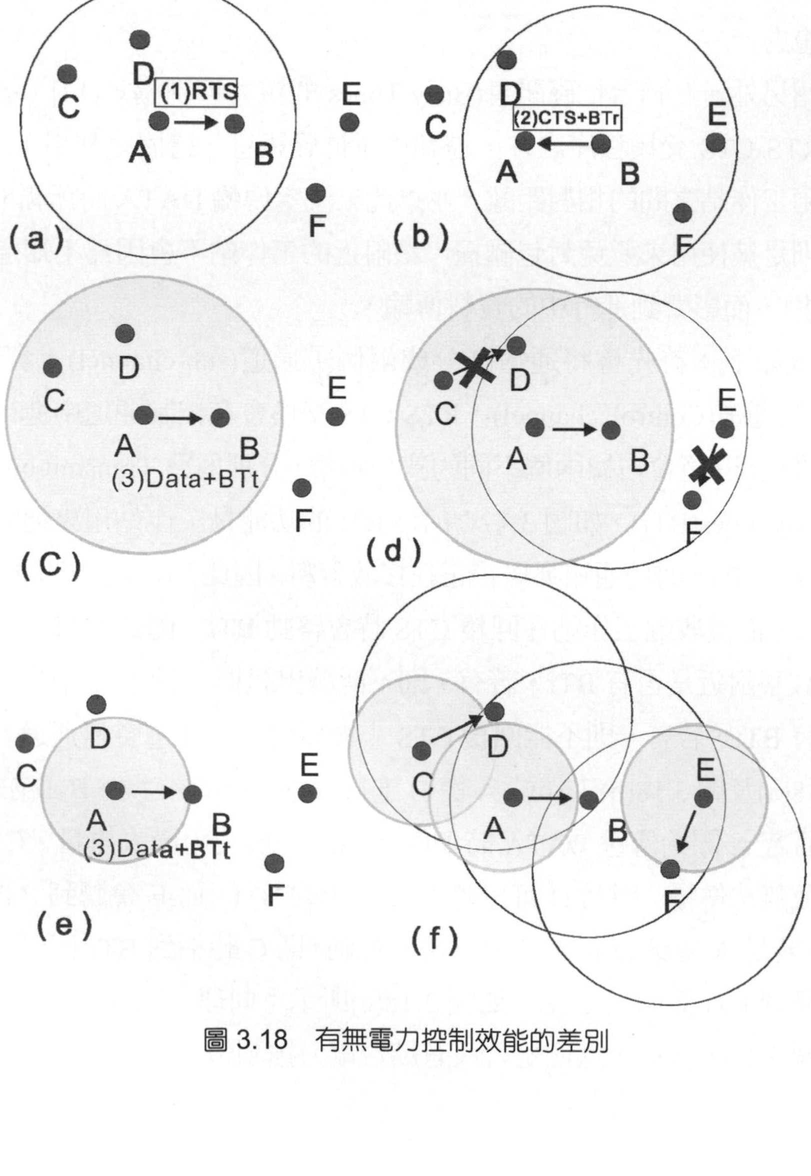

（a）

（b）

（C）

（d）

（e）

（f）

圖 3.18　有無電力控制效能的差別

習　題

1. 比較 TDMA、FDMA、CDMA 的異同。
2. 試舉出 Pure-Aloha 與 Slotted-Aloha 效率差了一倍可能的原因。
3. 比較 Slotted-Alhoa 與 CSMA/CA。
4. 比較固定與隨機存取的優缺點。
5. 請簡述多通道的優點，以及可能遇到的困難？
6. 請簡述 DCA 運作的過程中為何不會有隱藏終端點的問題。
7. 當 DCA 通道數量到達某程度，通道的吞吐量到達瓶頸，可能的原因為何？
8. 比較主動式路由與回應式路由在不同環境下的優缺點。
9. 在隨意網路中，發生廣播風暴的原因為何？
10. 簡述電力管理機制與電力控制機制的差別。

參考文獻

[1]　Y. -C Tsen, S. -Y.Ni, Y. –S. Chen, and J. –P. Sheu, "The Broadcast Storm Problem in a Mobile Ad Hoc Network," ALM/Springer Wireless Networks (WINET), Vol.8, No.2, pp.153-167, Mar. 2002.

[2]　J. Viterbi, "CDMA：Principles of Spread Spectrum Communication(1st ed.)," Prentice Hall PTR, 1995.

[3]　N. Abramson, "The ALOHA System - Another Alternative for Computer Communications," Fall 1970 AFIPS Computer Conference, pp. 281–285, Nov. 1970.

[4]　J. Mo, H. -S. W. So, and J. Walrand, "Comparison of Multichannel MAC Protocols," IEEE Transactions on Mobile Computing, Vol. 7, No. 1, pp. 50-65, January 2008.

[5]　Tzamaloukas, J. J. Garcia-Luna-Aceves, "Channel-Hopping Multiple Access," IEEE International Conference Communications(ICC), pp. 415-419, June 2000.

[6]　A. Tzamaloukas, J. Garcia-Luna-Aceves, "Channel-Hopping Multiple Access with Packet Trains for Ad Hoc Networks," IEEE Device Multimedia Comm.(MoMuC '00), Oct. 2000.

[7]　S. -L. Wu, C. -Y. Lin, Y. -C. Tseng, and J. -P. Sheu, "A New Multi-Channel MAC Protocol with On-Demand Channel Assignment for Mobile Ad Hoc Networks", Int'l Symposium on Parallel Architectures, Algorithms and Networks, pp. 232-237, 2000.

[8]　C. E. Perkins, "Highly Dynamic Destination-Sequenced Distance-Vector Routing(DSDV)for Mobile Computers," ACM SIGCOMM, pp. 234-244, 1994.

[9]　T. Clausen, P. Jacquet, T. Clausen, A. Laouiti, A. Qayyum, and L. Viennot, "Optimized Link State Routing Protocol for ad hoc networks," IEEE International Multitopic Conference(INMIC), 2001.

[10] D. B. Johnson, D. A. Maltz, "Dynamic Source Routing in ad hoc wireless networks," The Kluwer International Series in Engineering and Computer, Vol 353, pp. 153-181, 1996.

[11] C. E. Perkins, E.M. Royer, "Ad-hoc on-demand distance vector routing" Second IEEE Workshop on Mobile Computing Systems and Applications, 1999.

[12] V. D. Park, M. S. Corson, " A Highly Adaptive Distributed Routing Algorithm for Mobile Wireless Networks," Sixteenth Annual Joint Conference of the IEEE Computer and Communications Societies, Vol. 3, pp. 1405-1413, Apr. 1997.

[13] Y. -B. Ko, N. H. Vaidya, "Location-Aided Routing(LAR)in mobile ad hoc networks," Wireless Networks, Vol 6, pp. 307–321, Number 2000.

[14] S. -L. Wu, Y. -C. Tseng, and J. -P. Sheu, "Intelligent Medium Access for Mobile Ad Hoc Networks with Busy Tones and Power Control", IEEE Journal on Selected Areas in Communications, Vol. 18, No. 9, pp. 1647-57, September 2000.

Chapter 4

無線感測網路

4-1 　無線感測網路簡介

「為什麼我走到哪，燈就隨我亮到哪呢？」「在溫室裡，灑水器若是感應到室內氣溫過高時，就會自動灑水降溫！照明燈到了晚上就會自動打開」。

人類要感知外界的訊息，必須借助感覺器官。但是，在從事科學研究和生產活動的過程中，僅僅依靠人的感官卻是不夠的，例如，人類沒有能力感知電磁場或是無色無味的氣體等，這些重要的情境資訊，需要透過多樣化的感測元件才能得知。這些感測元件有如人的皮膚、聽覺或嗅覺，可針對環境中我們所感興趣的事物(如溫度、濕度、光源、壓力、二氧化碳或移動程度等)進行感測，並將感測資料送至計算元件中處理，最後將電子訊號傳換成人類可以了解的數據，並傳送至資料庫中，以供研究、農業、商業等進行資料分析。

無線感測網路是由少量的無線資料收集器(Wireless data collector or Sink)以及為數眾多的感測器(Sensor node)所構成的網路系統，為了使感測器之間能自動且快速的形成一網路，感測器間通常以無線的方式(Wireless communication)進行通訊。其中，感測裝置可針對環境中我們所感興趣的事物(如溫度、光源等)進行偵測，並將所收集的資料經過簡單運算處理後，透過無線傳輸裝置，將資料經由多步的轉送回傳給資料收集器，人們就可以根據資料收集器所收集的資料了解環境的狀態了。

就硬體的需求而言，感測器的設計，以省電、價格低廉、體積小為目標，且感測器也是一種能把物理量、化學量與生物量等轉變成便於利用、辨識之電子訊號的器件。感測器體積雖小，但功能卻齊全，可謂「麻雀雖小，但五臟俱全」。如圖 4.1 所示，感測器的硬體組成的部份有如一個微小的電腦晶片，主要由四個基本部分所組成：感測單元(Sensing unit)、處理單元(Processing unit)、無線傳輸單元(Wireless transmission unit)、電力供應單元(Power unit)。

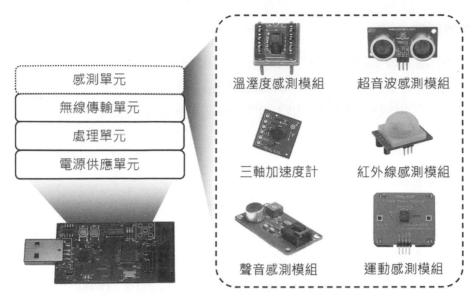

感測單元

無線傳輸單元

處理單元

電源供應單元

溫溼度感測模組　　超音波感測模組

三軸加速度計　　　紅外線感測模組

聲音感測模組　　　運動感測模組

圖 4.1　感測器硬體的四個基本單元

一、感測單元

感測單元主要包含「感測元件」(Sensor)及「訊號轉換元件」(Analog-to-Digital converters)兩個部份，其中，感測元件負責偵測環境。常見的感測元件有很多已應用在日常生活中，諸如溫度及濕度感測元件可感測環境中的溫度及濕度；壓力感測元件可感測壓力的大小，常見的跳舞機在踏墊下方置放了壓力感測元件以偵測腳踏的動作；三軸加速感測器可用以偵測物體的移動，現今市面上常見的智慧型手機或是 Wii 的遊戲手把上，便安裝有三軸加速感測器，用來感測使用者對手機或遊戲手把的操控方向與施力大小。在感測單元中，除了感測元件外，仍需有訊號轉換元件。由於感測元件所蒐集到的資料(例如溫度、溼度、光度、壓力、二氧化碳濃度等)乃使用類比訊號表示，因此，感測單元中需要訊號轉換元件將類比訊號轉換成數位訊號，並將資料送到處理單元加以處理。

二、處理單元

處理單元主要包含「儲存元件(Storage)」及「處理元件(Processor)」兩個部份，其中儲存元件的功能類似個人電腦中的硬碟等儲存裝置，感測器將收集到的環境資訊儲存在儲存元件中；而處理元件的功能則類似於個人電腦中的中央處理機(CPU)，負責執行事先置入之程式碼，以協調並控制感測器內不同的單位元件。此外，處理元件可根據事先所儲存的程式指令或藉由後端伺服器所發送的命令，啟動感測單元收集環境的資訊，並將所收集的資料經過彙整後，透過傳輸單元將資料發送出去。

三、無線傳輸單元

由於感測器大多佈建在戶外空曠的環境，因為成本考量，通常無法以有線網路將其連結，為使其收集的資料能即時傳回網際網路，因此，在感測器內需具備一無線傳輸的單元，負責連接感測器與感測器之間的溝通，或是將感測器的資料傳送給無線資料收集器。

四、電力供應單元

為了降低佈建線路的成本，因此感測器通常不以插電的方式提供電源給感測器，為了提供感測器進行感測及傳輸工作所需的電量，每個感測器中均會具備一電力供應單元，一般而言，感測器通常是以電池為其電力來源。

無線感測網路的發展，最早是美國加州柏克萊大學(UC Berkeley)的一項研究計劃，研究人員開發出一種體積很小，與普通阿斯匹靈藥片大小相似的感測器，稱之為「智慧灰塵」(Smart dust)[1]，其採用微電子機械系統(MEMS)技術。這項計劃是由美國國防部研究計劃單位(DARPA)所支助，原先的構想是應用在軍事上，例如在戰場上，使用智慧灰塵的技術來監控與了解敵軍的行蹤，方法是使用無人駕駛的小飛機，帶著數以百萬計的無線感測器，灑在監控敵軍的區域，進行蒐集資料的任務。如此一來，士兵們就不需要冒著極大的危險深入敵方，完成蒐集敵軍情報的任務。

現今，利用無線感測網路的應用慢慢的崛起在各種不同的場景中，以下，我們將列舉幾個無線感測網路在生活中常見之應用場景。例如在工業上，無線感測器網路可用於工業製程與設備監控，利用感測器去偵測不良品，達到工廠自動化生產線上的品管控制；在商業上，運用於商業大樓氣溫監測及通風設備控制，一般傳統辦公室的空調系統是中控式，其最大的缺點是當主機開啟每一個房間隨即享有空調，卻不能夠依個別需求關閉空調，造成能源的浪費與使用者不便之情況。為了改善此問題，可在各個角落中放置溫溼度感測器，並透過無線感測網路傳輸溫濕度的資料至中央控制系統，以偵測當時的環境狀況，並且控制當時的氣溫或空氣流動。同時，這些感測器亦可運用在偵測大樓火災、規劃逃生路線或指引逃生路徑上；在自然生態環境上，大量佈建低成本的無線感測器，利用無線傳輸建立一個無線感測網路，以便提供遭受化學污染的位置及檢定出何種化學污染、監測空氣污染、水污染及土壤污染、水災判定和土石流偵測、森林火災防護等，可有效降低人力與物力，並保障生命安全；在國防軍事上，無線感測器網路可用於國邊境的監控，或是在人員、裝備及軍火上加裝感測器以供識別與追蹤；在醫療領域上，將感測器佈署於室內房間內和人的身上，再經由無線傳輸的方式，可以達到遠距監測人體各項健康數據及各項行為的目的；在公共建設方面，可應用於橋樑安全監控，利用感測器監視橋樑、高架橋、高速公路等道路環境，感測橋墩結構是否遭到破壞，同時，亦可偵測橋樑的溫度、溼度、振動幅度、橋墩被侵蝕程度等變化，期望能降低橋梁斷裂、路面損壞所造成生命財產的損失等；在娛樂方面，如智慧型手機或任天堂公司所研發之 Wii 遊戲主機，則是在手機內或遊戲手把上加裝三軸感測器，用以偵測玩家的動作，並透過無線傳輸反應至手機或遊戲畫面上；此外，如長廊的周圍安裝紅外線感測器，當有人在長廊裡走動時，長廊旁邊的路燈會自動打開，並根據行人的行走的方向，透過無線傳輸提前打開行人將經過的路段周圍的路燈，而長廊中無人的部分，路燈則自動關閉，因此可大幅地減少電量的消耗。

　　以上各種不同應用之範圍，不僅為生活帶來許多便利，也解決了人類無法用感官去判斷的細微變化過程。以下我們將分別介紹許多感測器網路的軟體平台和應用與其相關技術，如 Zigbee 低耗能協定、無線感測網路的媒介存取協定、定位、覆蓋和資料蒐集與省電技術。

4-2　感測器微作業系統與軟體平台介紹

　　由於感測器硬體資源有限(如電量、記憶體、運算效能等等)，因此需透過較特殊的作業系統才能使其更有效率的使用這些資源。所謂工欲善其事，必先立其器，感測器中不僅需要作業系統的支持還需要一個好的程式撰寫軟體，提供給程式設計者能夠輕鬆的設計客製化的感測器。以下我們將介紹常見的感測器作業系統與開發軟體平台。

一、感測器作業系統介紹

　　部分感測器需有作業系統(Operating system)才能運作，目前 TinyOS[2]是已被廣泛使用於感測器之作業系統。TinyOS 作業系統是由 UC Berkeley 大學所開發的，主要目的在於縮短感測節點開發的過程，並同時達到異質性平台的溝通與整合。TinyOS 為一種即時作業系統(Real-time operating system)，支援行程排班管理、多執行緒，並且會自行分配管理系統資源等。

　　TinyOS 與一般作業系統的基本架構上有些差異，在一般的作業系統架構下，如圖 4.2 所示，最底層爲硬體層(Hardware)，然後一層層向外發展直到應用層(Application)，我們在此發現當應用層需要控制到硬體層時，需要經過 Shell、Device Drivers、Kernel 才能到達硬體層，在這過程中會發生許多次的本文切換(Context switch)，而降低作業系統效率。

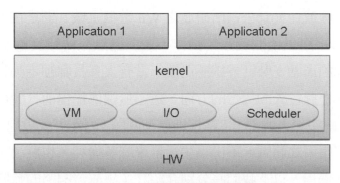

圖 4.2　一般作業系統架構圖

　　而 TinyOS 作業系統採用了元件導向的概念(Component based)，因此系統架構將如圖 4.3 所示般，是由許多應用元件(Application component)所構成，這些元件裡各自實作了不同的功能，如 LED 的控制、RF 無線傳輸、感測模組的控制等，其目的在於將功能模組化，使得模組可被有效率地重覆使用並達到最小的程式體積。TinyOS 作業系統採用元件導向的概念後，亦使其較一般作業系統架構簡易，因此當程式設計者在開發感測器(感測器的程式也是一個元件)時，只要將所需功能的元件取出，並透過連結各功能元件所提供的介面(Interface)，就可以使感測器擁有該元件的功能。

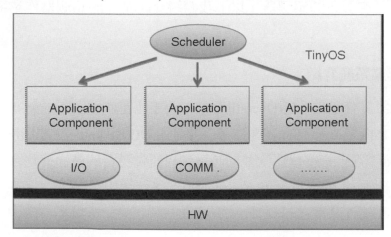

圖 4.3　TinysOS 作業系統架構圖

使用 TinyOS 作業系統開發感測節點的程式語言是 nesC，其為 C 語言的一種拓展語言，主要在於具體化 TinyOS 的構造概念及執行模組。其基本概念分為四項：架構和內容分離、介面實作中描述元件之行為、介面具有雙向溝通的特性、元件經由各介面作靜態連接。如圖 4.4 所示，我們可以看到元件 A 需要使用(uses)元件 B 中的功能，就並須使用元件 B 所提供(provides)的介面，此時元件 A 只需透過介面下命令(command)，元件 B 就會實作相對應的功能，並且當元件 B 功能實作完成後將會回傳一個信號(single)至元件 A，因此此信號將會觸發元件 A 的事件(event)，之後元件 A 將可以選擇是否要有相對應的實作(由程式設計者決定)。

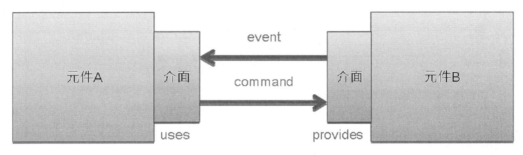

圖 4.4　元件之間的簡易關係圖

二、軟體平台介紹

目前用於開發無線感測網路應用的開發軟體較常見的為 Eclipse[3] 與 IAR Embedded Workbench[4]，以下我們將針對這兩款開發軟體平台稍作介紹。

Eclipse 是著名的免付費跨平台開發軟體，原本主要目的在於開發 JAVA 程式之用，但可依靠外掛模組開發其他程式，因此也可以在 Eclipse 上外掛 TinyOS 相關套件，藉此輕鬆進行 TinyOS 程式之開發。由於 TinyOS 上有許多元件以及介面，對於初學者來說，只用一般的文字編輯器撰寫實在非常不容易，又因為元件與元件之間的佈線(wire)架構較為複雜，因此 Eclipse 亦有為程式設計者繪製元件佈線架構圖(Component graph)之功能，如圖 4.5 所示，當初學者練習其範例的時候，便能打開佈線架構圖，進而更能了解元件之間是使用甚麼介面而連接起來。

除了 Eclipse 之外，IAR Embedded Workbench 也是一套常見的感測器開發軟體，如圖 4.6 所示，IAR Embedded Workbench 支援了許多單晶片的程式燒錄，其中包含 8051，因此不論是在學術界或是業界皆有其支持者，此外，IAR Embedded Workbench 目前亦為知名 OctopusX 無線感測器的主要開發軟體平台。

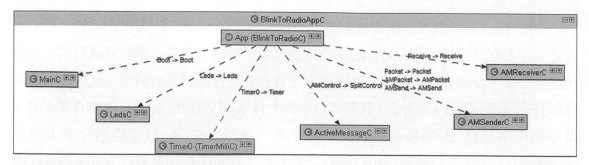

圖 4.5　Eclipse 可繪製 TinyOS 元件佈線架構圖

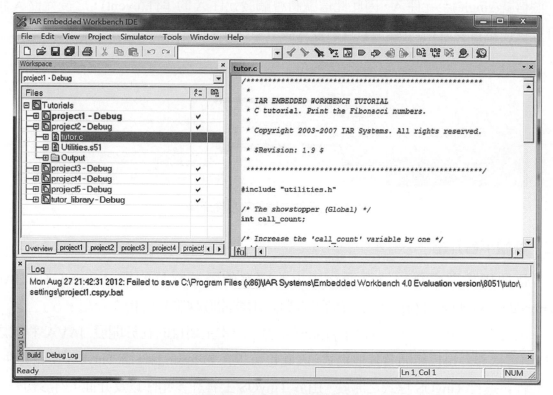

圖 4.6　IAR 程式撰寫環境

4-3　Zigbee 低耗能協定

　　近年來，隨著網路與通訊技術的創新及微機電與嵌入式的進步，ZigBee 的相關應用逐漸受到關注。ZigBee 為一運作於無線感測網路之低耗無線通訊技術，許多先進的設備，如智慧插座、智慧電表、心跳計、血壓計、跑步機等內嵌 ZigBee 無線通訊技術，其可將用電資訊、身體機能或運動的資訊，即時地以無線傳輸方式加以收集。若能再進一步配合網際網路及情境感知(Context-Aware)的技術，還能依據使用者目前身處的情境，自動提供最適合的服務，藉此達到服務無所不在的環境(Ubiquitous environment)。
ZigBee 使用多種可靠的傳輸方式，並與 802.11(Wi-Fi)、藍芽(Bluetooth)共同使用 2.4GHz
頻帶，有效傳輸範圍可達到 10 至 50 米，支援最高傳輸數據為 250kbps，另外，如圖
4.7 之 ZigBee 架構圖，ZigBee 之底層則採用 IEEE 802.15.4 所規範之媒體存取控制層
(MAC Layer)與實體層(Physical Layer)[5]。ZigBee 主要特色在於擁有低速、低功耗、
低成本、支援大量網路節點、支援多種網路拓樸、低複雜度、可靠、安全。

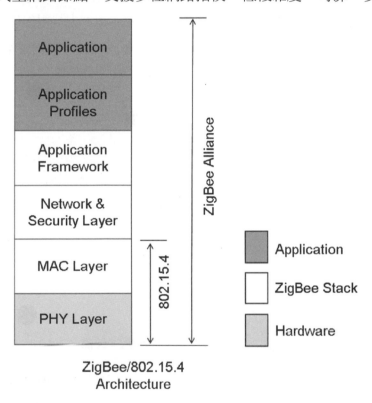

圖 4.7　ZigBee 協定採用 IEEE 802.15.4 之 MAC Layer 與 Physical Layer

　　在 ZigBee 網路中，通訊裝置可以是簡化功能裝置(Reduced-Functionality Device,
RFD)或是全功能裝置(Full-Functional Device, FFD)。全功能裝置具有較強計算能力和
完整功能，功能並無設限，且可使用於任何網路拓樸，可能與任何其他裝置通訊，因
此可視為一網路協調者(PAN coordinator)；而簡化功能裝置不能成為網路協調者，且
通常僅和一個全功能裝置通訊，但是簡化功能裝置在實作上很簡單且價格較便宜。身
處於同一空間內的兩個或是兩個以上的 Zigbee 裝置會自動構成一個無線個人區域網
路(Wireless personal area network, WPAN)，但是在一個網路中，必須包含至少一個全

功能裝置以作為個人區域網路之協調者。在一個 PAN 中，只有 FFD 具有資格作為協調者，其形成是由網路中的 FFD 們競爭而成為 ZigBee 的協調者。

　　ZigBee 網路支援星型、網狀和叢集樹狀三種拓樸，架構如圖 4.8 所示。星型拓樸中由其中一個 FFD 類型設備擔當網路協調器的角色，負責啟動網路並維護網路上的設備，所有其他設備都是終端設備，直接與協調器通訊。在網狀拓樸中 ZigBee 協調器負責啟動網路以及選擇關鍵的網路參數，但是網路可能透過 ZigBee 路由器進行擴展。從 ZigBee 網路特性來看，其拓樸架構是採取點對點(Peer-to-Peer)連接。最後在叢集樹狀拓樸中，裝置間的資料及控制訊息會透過階層(Hierarchical)的方式傳輸[6]。

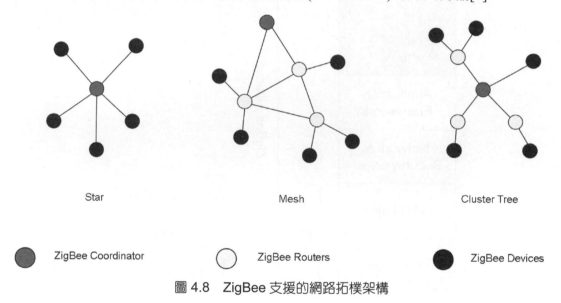

図 4.8　ZigBee 支援的網路拓樸架構

　　依照不同的網路拓樸，各裝置間的資料傳輸可以分成兩種模式，分別為 Beacon Mode 以及 Non-Beacon Mode。在 Non-Beacon Mode 中，直接使用類似於 IEEE 802.11 之載頻偵測(Carrier Sense Multiple Access - Collision Avoidance, CSMA-CA)的協定，避免傳輸碰撞。在 Beacon Mode 中，每個網路的協調者會定義一個超級訊框架構，並將整個網路的時間軸切分成許多個連續不中斷的超級訊框，藉此來管理整個網路的資源。架構如圖 4.9 所示，超級訊框的時間長度就是協調者所發出的 Beacon 時間間隔(Beacon Interval)。Beacon 訊框在每個超級訊框的開始時(第一個時槽)傳送，Beacon 訊框具有多重的目的，包括裝置之時間同步、宣告 PAN 的存在、通知網路中的其他節點告知有暫存的封包存於網路協調者、宣告特定裝置的保證傳輸時間以及告知超級訊框的整體結構[7]。

超級訊框可再細分為活動區間(Active portion)與閒置區間(Inactive portion)，而活動區間又可以再細分為 16 個相同大小的時槽，並且這 16 個時槽又可以分為競爭區間(Contention-Access Period, CAP)以及免競爭區間(Contention-Free Period, CFP)。協調者只在活動區間和個人區域網路中的裝置互相收送資料，而在閒置區間則可以進入省電模式以減少電源消耗。對於協調者以外的裝置來說，若它們沒有資料要傳送時，可以在接收到 Beacon 後進入省電模式，藉此達到低耗能的目的。當它們欲傳輸資料時，需要在競爭區間與協調者溝通，而且必須使用時槽型之 CSMA-CA 的機制來爭取傳送的機會。相反的，當協調者有資料要傳輸給任意裝置時，協調者會在 Beacon 中公告接收名單，讓欲接收的裝置在競爭時段爭取接收的機會。免競爭區間則是用來提供給有特別傳輸需求的裝置，例如有對 QoS 需求的傳輸，即為在限定的時間內必須保證有一定的傳輸資料量。在此種情況下，若依然在競爭區間爭取傳輸機會，顯然無法保證每次都可以達到規定的傳輸量，所以設計了免競爭區間讓此類有特殊需求的裝置，能夠保證在每次的超級訊框中有一定的時間能夠傳輸資料。協調者在免競爭區間分配給任一裝置的保證時間被稱為一段 GTS，此類傳輸只能發生於協調者與裝置之間且最多只能分配七個時槽作為 GTS(在活動區間中)。

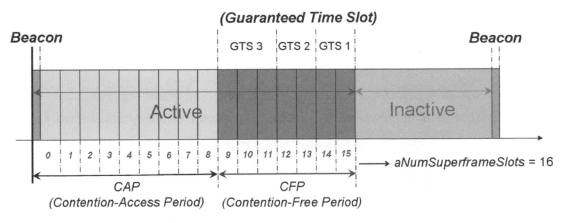

圖 4.9　Zigbee 協定的超級訊框架構示意圖

ZigBee 的傳輸除了 Beacon 的使用與否外，還可以依照收送對象的不同分為三種，分別為：協調者傳送給裝置、裝置傳送給協調者以及裝置傳送給裝置。因 ZigBee 支援非常低成本的設備(RFD)，這種設備通常是由電池供電，所以希望能要求由設備來觸發傳輸事務而不是協調器。換句話說，當協調器中有資料要傳送給設備時，便在 Beacon 中告知裝置應發起接收動作，否則需要設備自身輪詢協調器以探測是否有資料要接收，而不是由協調器主動發起傳送資料的動作，這兩種傳輸方式稱作"間接傳輸"，如此一來，將可大幅降低終端裝置的耗電量。下面將依序以圖文方式為各位讀者介紹三種不同的傳輸情況。

一、協調者傳送給裝置

如圖 4.10 所示，協調者發送 Beacon 給裝置，當裝置收到後會先判斷網路協調者是否有資料要傳送給它，若有，則使用 Slotted CSMA/CA 機制競爭頻道使用權，得到使用權的裝置會發送 Data Request 給網路協調者，當網路協調者回復 Ack 給裝置，便開始傳輸資料。在 Non-Beacon Mode 下，裝置以 Un-slotted CSMAKA 機制競爭頻道使用權，當網路協調者收到使用權裝置的 Data Request，網路協調者將發送 ACK 給裝置，並開始傳輸資料。

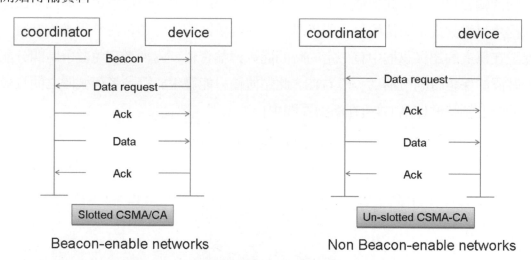

圖 4.10　協調者對裝置在兩種模式下的傳輸機制

二、裝置傳送給協調者

如圖 4.11 所示，在 Beacon Mode 下裝置需先取得 Beacon 與協調者同步，並以時槽式(Slotted CSMA/CA)機制競爭頻道使用權，裝置會在得到使用權後開始傳輸資料給協調者。在 Non-Beacon Mode 下裝置直接利用非時槽(Un-slotted CSMA/CA)機制競爭頻道使用權，當裝置得到使用權時即可傳輸資料給網路協調者。在 Non-Beacon Mode 下則裝置必須定期詢問協調者是否有資料要傳輸，平時裝置會以 Un-slotted CSMA/CA 機制競爭頻道使用權，接著發送 Data Request 給協調者回詢問是否有等待傳送的資料。

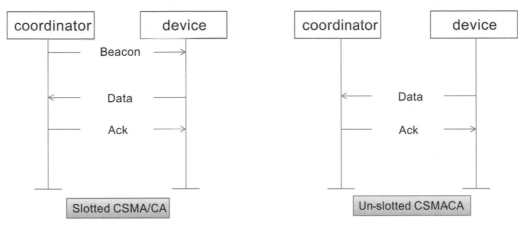

圖 4.11　裝置對協調者在兩種模式下的傳輸機制

三、裝置傳送給裝置

　　如圖 4.12 所示，裝置間的傳送不會因為有無使用 Beacon 而產生差距，只要在傳輸範圍內就可以直接通訊，想要傳輸資料的裝置無法進入睡眠模式，且使用 Un-slotted CSMA/CA 機制進行資料傳輸。

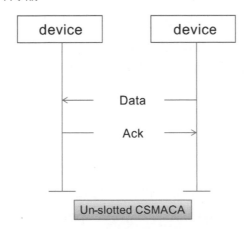

Non Beacon-enable networks

圖 4.12　裝置對裝置的傳輸機制

　　ZigBee 的應用非常廣泛，如智慧電網(Intelligent power grid)、智慧醫療與照顧(Intelligent medicine and healthcare)與智慧生活(Smart life)等。這些應用主要結合各種不同的智慧物件，以提升人類的活品質，讓人類生活更加有保障。舉例而言，在衣服中嵌入可感測人體生命特徵(如心跳、血糖或血壓)的生理感測晶片，藉此讓衣服成為智慧醫療與照護中的智慧物件，用以偵測病人及年長者的生命特徵有無異常發生。由於 ZigBee 應用可有效率地對機器、設備及人員的狀態，進行控制、監控與查詢，因此，ZigBee 應用在近期已受到世界各國的關注，均視其爲潛在無限商機的高科技產業，並投入大量的資源從事研發與推廣。

4-4　無線感測網路之媒介存取協定

　　無線感測網路其主要目的在於利用無線感測器進行環境監控，並將收集的環境資訊回報至 Sink 端。由於感測器同一時間只能接收一筆訊息，故每個感測器傳遞資訊的先後順序必須依照媒體存取協定(Media access control, MAC)的規劃來進行傳輸，以免發生資料碰撞及遺失等問題。此外，由於感測器的電量有限，當感測器在執行感測工作或傳送訊息時，皆會消耗電量，因此，場景內每個感測器的存活時間均影響到無線感測網路的監控品質與生命週期長短，故感測器的電量使用效率在無線感測網路中相當重要。若利用 MAC 協定設計出一傳輸機制，使感測器於非工作期間，將狀態轉換爲休眠模式，便可達到省電的效果。一旦感測器的電池壽命延長，便能提升無線感測網路的生命週期長度。

　　然而，並非讓感測器擁有休眠的機會就能改善無線感測網路的整體效能。由於感測器進入休眠狀態時，便無法接收或傳送訊息，因此當鄰近節點欲傳送資訊給休眠中的感測器，將造成資料無法接收的狀態。如圖 4.13 所示，節點 A 欲傳送資訊至節點 B，卻因節點 B 處於休眠狀態，造成資訊無法成功傳遞。而節點 C 與節點 D 因爲處於工作模式，故節點 C 能成功傳送資訊至節點 D。因此，如何安排感測器的醒睡及傳輸機制，使每個感測器均有機會與鄰居通訊，將是 MAC 協定應達成的重要目標。以下將介紹無線感測網路現存的 MAC 機制，讓讀者更深入了解 MAC 其用途與重要性。

　　在過去的文獻中，現存的無線感測網路的媒體存取控制協定大致可分爲兩大類：非時間同步媒體存取協定(Asynchronous MAC protocols)和時間同步媒體存取協定(Synchronous MAC protocols)。其中，非時間同步媒體存取協定主要是應用於各個感測器的時間並未對齊的場景內，因此無法掌握鄰近感測器何時醒來。爲了讓感測節點彼此之間可以通訊，送者必需持續廣播要求封包(preamble packet)，而當收者進入活動時段(Active period)時，則可透過此要求封包得知送者的通訊要求，才可進行資料的交換。而時間同步媒體存取協定則要求監控場景中的每個感測器均需透過外部精確的時間同步後，才可進行通訊。下列介紹應用在非時間同步媒體存取協定和時間同步媒體存取協定的相關研究。

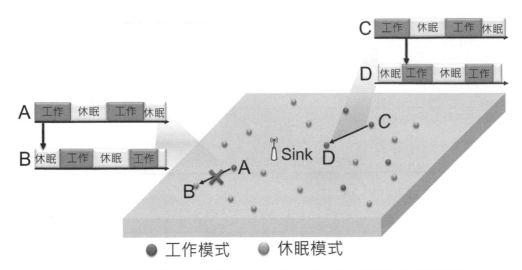

圖 4.13　感測器處於休眠模式時無法得知是否有其他節點欲傳送資訊

一、非時間同步媒體存取協定(Asynchronous MAC protocols)

由於感測節點經過一段時間的監控之後，其內部時鐘的時間均會有部分偏移量，造成環境中的感測節點時間不同步。此時，當感測節點欲進行資料傳輸時，因處於時間不同步的情況下，將無法順利進行通訊。為了讓感測節點在時間非同步也能夠進行資料傳輸，非時間同步媒體存取協定漸漸地被研究與討論。目前，已有許多研究針對非時間同步提出媒體存取協定，例如：RI-MAC、OC-MAC、B-MAC 和 X-MAC 等研究。以下以 B-MAC[8]來說明非時間同步媒體存取協定的概念。

在 B-MAC 協定中，感測節點可自行決定各自的醒睡時間(Sleep/Active mode)，不需要和周圍的鄰近節點進行時間同步。如圖 4.14 所示，監控環境中的感測節點其醒睡週期皆不同。但為了讓感測節點之間可以進行資料傳輸，每一個感測節點必須定期醒來，聆聽頻道中是否有其他感測節點發出傳送資料的要求封包(Preamble packet)。然而，由於時間不同步，送者無法得知收者的醒睡時間，亦無法確定收者何時接收到 preamble 封包。因此，為確保收者可聽到送者所發出的 preamble 封包，送者的 preamble 封包必須持續發送一段時間，且這段時間必須保證比收者的睡眠時段更長，以確保收者可以順利收到送者所發出的 preamble 封包。此外，為了避免資料碰撞，送者在決定進行資料傳輸之前，必須聆聽頻道中是否有其他感測節點正在進行資料傳輸，若頻道上沒有節點使用，則送者將發出 preamble 封包。若收者處於醒著的狀態(Active mode)，將聽到送者發出的 preamble 封包，以進入聆聽模式(Listening mode)。最後，當送者的 preamble 封包的時間結束後，便可與收者進行資料傳輸。

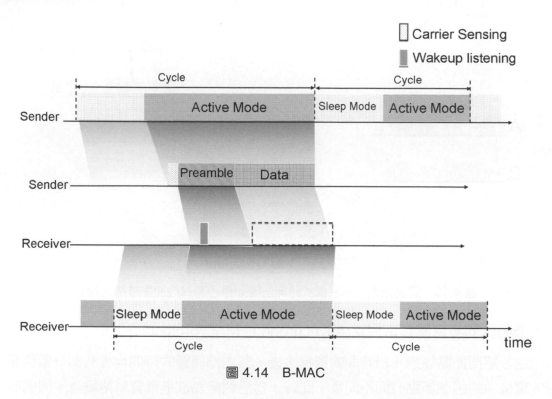

圖 4.14　B-MAC

　　雖然，B-MAC 中的感測節點不需要醒睡時間同步，便可進行資料傳輸。但由於送者為了確保可與送者進行資料傳輸，必須長時間發送 preamble 封包，將造成電量的耗費及資料傳輸延遲。

二、時間同步媒體存取協定(Synchronous MAC protocols)

　　目前在時間同步媒體存取協定的研究當中，已有 D-MAC、TRAMA 和 S-MAC 等研究被提出，以下以 S-MAC[9]說明時間同步媒體存取協定的做法。

　　感測節點必須事先和鄰近的節點進行時間同步，才可以進行通訊。為了讓監控場景中的感測節點時間同步，S-MAC 將一個傳輸週期分成兩個時段：聆聽時段(Listen period)和睡眠時段(Sleep period)。每一個感測節點必須在聆聽時段聆聽是否有節點欲進行資料傳輸。如圖 4.15 所示，送者在傳輸資料之前，透過廣播將其醒睡時間告知鄰近的感測節點，當鄰近的感測節點收到此訊息之後，將和送者時間同步。接著，送者發送 Request-to-Send(RTS)封包給收者，當收者收到 RTS 後，若自身有意願與送者進行資料傳輸，將回傳 Clear-to-Send(CTS)封包。緊接著，送者一旦收到收者所發出的CTS 封包後，就可在接下來的時段進行資料傳輸。而無須資料傳輸的感測節點，則在該時段(Sleep mode)進入睡眠模式。

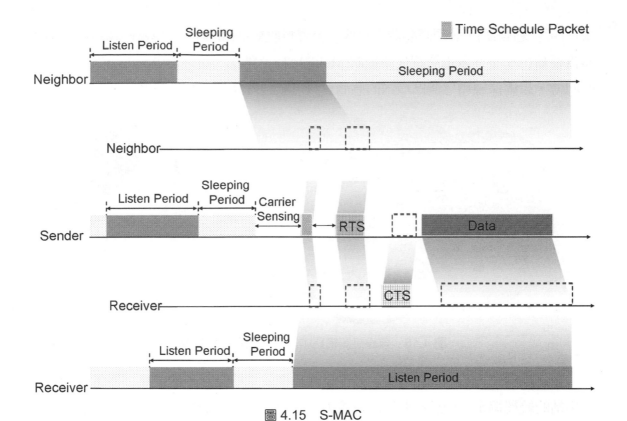

圖 4.15　S-MAC

　　雖然，S-MAC 使感測節點在無資料傳輸時進入睡眠模式，以減少無謂的電量消耗。但由於 S-MAC 中，感測節點的醒睡時間比例固定，將迫使感測器無法依照自身傳輸資料的需求進行醒睡時間比例的調整，可能導致傳送資料時間不足或是過度醒著但無資料傳輸的問題產生。

　　由上述例子可知，MAC 的設計將直接影響到無線感測網路整體效能。如何在省電目標的考量下依舊維持一定的資料傳輸品質，將是未來設計 MAC 協定所會遇到的重大挑戰。

4-5　無線感測網路之繞徑協定

　　無線感測網路中的感測器通常具備有感測裝置、無線電收送裝置以及電源裝置。感測裝置可用來偵測環境資訊或突發的事件，無線電收送裝置則是在兩個感測器於彼此的通訊範圍內可以直接傳遞資料封包，但若距離太遠則須靠其他鄰近的節點來代傳以達成間接的通訊。如圖 4.16 所示，在感測區域中當任一感測器偵測到事先定義好的事件(黃色感測器)，必須將感測資料傳送至資料收集站(Sink)，在傳遞的過程中，感測器需要藉由一步或多重跳躍代傳機制(Multiple-hop)建立網路繞徑(Routing)來完成資料的回傳，以確保整體感測區域內的感測資料可順利傳達到資料收集站。

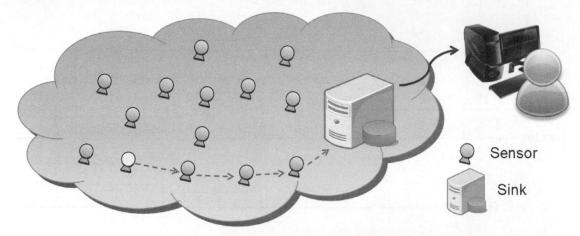

圖 4.16　無線感測網路中的多重跳躍傳輸機制

在無線感測網路的網路層中，最主要的目標就是要設計一個從感測器傳送到資料收集站的繞徑協定。由於感測器的位置大多是隨意散布在監控環境內，並無事先繞徑規劃，所以無線感測網路的繞徑技術必須要有自我組織的能力，換句話說，相鄰的感測器之間只能交換簡單的訊息來判斷如何傳遞資料，透過有效率與可靠的繞徑傳輸技術，將可使整個網路的生命周期延伸到最大。以下將進一步討論無線感測網路的繞徑協定。

一、具位置知覺(Location Aware)之繞徑協定

與無線感測網路架構最相近的就是無線隨意網路(Wireless Ad Hoc Network)，同樣都是無固定結構的網路，其建立繞徑的方式通常會透過氾洪(flooding)的方式，建立路徑的封包將傳遍整個網路的每一節點，再由目的節點來反向建立一最佳的路徑，之後便依循這條路徑來傳送資料。然而，無線感測網路與無線隨意網路仍有許多不同點，首先，感測器大多具有位置資訊，繞徑的建立並不需要氾流，便可依據鄰近節點與目的節點的位置資訊來建立路徑。其次，無線感測網路每次所傳送的資料量較少，通常只是感測資訊或是事件資訊，對一個來源節點而言，通常不會有續傳的大量資料，因此，若耗費大量的通訊成本來建立路徑，並不符合成本效益的要求。

　　在眾多具位置知覺之繞徑協定中，其中最常見的繞徑演算法為貪婪式路由協定
(Greedy Perimeter Stateless Routing，GPSR)[10]，其主要概念著重在選擇離資料收集站
最短距離，或是最少跳躍次數的節點為下一步轉送節點，也有人稱之為地理方位傳遞
法(Geographic forwarding)，之後無需建立路徑，只要把資料封包直接傳送給下一步較
佳之轉送節點即可。GPSR 的建構方式只需要所有感測器知道自己的位置資訊，並提
供給鄰近的節點即可，偵測到事件的感測器自然可以透過鄰居節點與目標資料站的位
置比較，計算出距離資料收集站最近的資料傳遞方向，而無須各個感測器記錄整個網
路拓樸的繞徑表格，因此之後許多基於 GPSR 的研究文獻被提出[11][12]。

　　由於感測器先天能力限制的特性，GPSR 運用在無線感測網路產生了以下問題，
GPSR 的繞徑傳輸未考慮到鄰居節點所剩餘的電量，這將會導致收到代傳資料的感測
器可能沒有足夠的電力將封包傳遞出去，而造成封包遺失。此外，GPSR 總是挑選某
幾條最快傳輸的路徑，無法有效地平均使用能量，導致能量消耗不均，部分感測器
頻繁代傳而快速耗盡電量，亦會降低此無線感測網路的生命週期，使得死路的問題
更加嚴重，如圖 4.17 所示，紅色感測器因耗盡電力而死亡，導致出現死路的情況。
除了感測器先天上的限制之外，感測環境還有可能受到障礙物的干擾，或是因感測
器耗盡電力死亡而增加資料繞徑傳輸的難度，下一段將介紹無線感測網路中面對障
礙物時的繞徑機制。

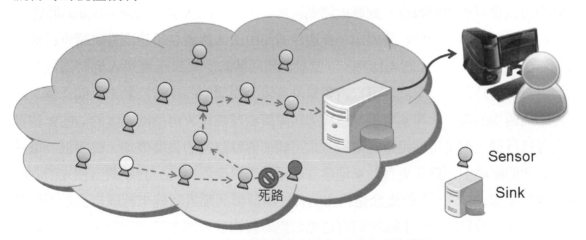

圖 4.17　因感測器電量耗盡而造成死路的情形

二、具障礙物克服機制之繞徑協定

在無線感測網路所佈建的環境中，經常由於地形地物(如河流、峽谷)、感測器佈點不均勻、感測器故障與外力訊號干擾等因素，使無線感測網路中形成喪失感測能力甚至是阻礙通訊的障礙區。在無線感測網路中傳送的感測資料將因誤闖障礙區而造成感測器耗費額外轉送封包的電量、資料延遲時間增加等問題。

當無線感測網路運作一段時間後，下列這幾種因素可能會使感測網路中出現無法忽略之障礙物：

(1) 感測器的定位位置資訊錯誤。

(2) 感測器本身電量用盡或是佈點密度的不平均，造成部份區域無法被感測的情況，可視為一虛擬的障礙物。

(3) 因現實環境中存有天然障礙(如高山、河流)的阻擋，使得部份區域無法佈建感測器來執行感測的實體障礙物。

(4) 強波干擾使某區塊內的感測器無法運作而形成虛擬障礙物。

欲避免感測器的位置資訊發生錯誤，相關的定位技術將在 4-6 節中詳細討論。

為了要解決(2)～(4)點中虛擬或實體障礙物造成繞徑演算法陷入死結的問題，許多克服障礙物的方法被相繼提出[13][14]，以之前提到 GPSR 為例，由於 GPSR 選擇代傳節點的方式很可能會面臨找不到鄰近節點可傳輸的狀況(又稱為 Local minima 問題)，為了解決這個問題，GPSR 發展出一套邊緣式路由法，透過右手法則嘗試將資料封包繞過無法傳遞的區域，如圖 4.18 所示，當感測器回傳的資料封包傳到 A 點時遇到障礙物的阻擋，這時藉由右手法則可以將資料沿著障礙物周圍的感測節點來協助代傳，進而脫離障礙物的環境，等到資料封包繞過該障礙物區塊後，再換回原本的 GPSR 演算法來尋找目標，但是這種繞道的傳輸方式可能使傳輸路徑的長度增加，浪費很多電量在不必要的路徑上。為了更有效率地建立繞徑，學界發展出另一套感測器預先偵測環境狀態的演算法[15]，它的概念是藉由所有感測器偵測鄰近區塊來判斷自己是否位於障礙物凹洞，若是處於凹洞區則將自己標示為障礙物並告知鄰近感測器，以此來避免資料封包傳遞至障礙區凹洞的情況發生。

透過無線感測網路繞徑協定與克障技術的發展，將使得無線感測技術在未來可以更廣泛地應用於不同場域中，即便在面對危險未知的生態環境時，也能夠安全的執行觀察或監測的任務，使得科技與生活可以更加緊密地結合。在下一章節中將繼續探討無線感測網路的定位技術，並為各位讀者詳細介紹。

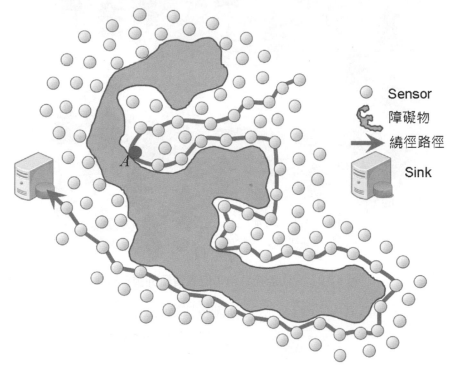

圖 4.18　當有障礙物時 GPSR 的邊緣式路由法

4-6　無線感測網路之定位技術

　　定位在無線感測網路中是相當重要的議題，例如利用無線感測網路執行環境監控、物件追蹤等應用。如圖 4.19 所示，其為一森林火災監控的無線感測網路場景，當感測器偵測到森林中發生火災時，若無位置資訊，便僅能告知消防人員森林發生火災事件，卻無法告知火災發生位置，這將使消防人員無法即時進行救援行動，造成民眾生命財產的損失。

　　又如圖 4.20 所示，其為一國邊界監控系統，當有偷渡客自墨西哥邊界入侵美國時，便能利用感測器將偵測到的入侵者訊息回報至控制中心，但倘若感測器無位置資訊，則找尋入侵者是由何處越過國界便是相當困難的挑戰。

圖 4.19　火山監控系統中位置資訊的重要性

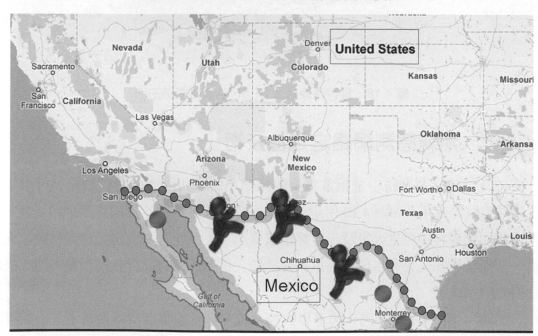

圖 4.20　國邊界監控系統中位置資訊的重要性

　　由上述應用可得知若感測器無位置資訊，則將造成無線感測網路系統無法即時回報事件發生的地點。但倘若感測器只能得知自己定位於某一區域內，則相較於定位於某一定點而言，位置仍然不夠精準。如圖 4.21 所示，假定感測器定位的精準度只能達到一區域範圍，雖然節點 B 得知自身位於 B_b 區塊內，且節點 B 已知節點 A 的位置位於 B_a 內，但卻因其定位精準度不足，節點 B 可能誤判節點 A 位於 A' 的位置，進而導致節點 B 認為節點 A 更接近 Sink 端，而將資訊傳送給節點 A，造成感測訊息無法即時回報至 Sink。

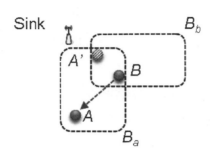

圖 4.21　定位資訊若不夠精準，則將造成資訊傳輸延遲

　　因此，擁有位置資訊雖然重要，但維持位置資訊的精準度同樣必須納入設計定位演算法的考量。然而，精準的位置資訊並非容易取得，最直觀的方式，是將所有感測器皆裝載全球定位系統(GPS)，但如此一來將造成感測器的硬體成本昂貴，且由於 GPS 定位需要額外的電量消耗，此舉將會增加感測器額外的負擔，進而導致無線感測網路系統生命期縮短。因此，不需配備 GPS 裝置的定位技術在近幾年已陸續被提出，而這些定位技術大致可區分為範圍基礎(Range-based)及無範圍基礎(Range-free)兩大類，以下將分別介紹 Range-based 及 Range-free 的相關論文。

一、範圍基礎(Range-based)：

　　這種定位方法通常是藉由感測器間準確的距離或角度資訊來完成定位，而定位方法大致可分為下列方式：

1. 接收端的訊號強度(Received signal strength indicator，簡稱 RSSI)：收者可藉由送者所發送的訊號強弱，判斷彼此間的相對距離，當感測器接收到的訊號強度越強，則代表傳送此訊息的鄰居節點離自己越近。

2. 感測器間的角度(Angle of Arrival，簡稱 AoA)：利用配置特殊的天線，收者可藉所接收的訊號，判別與傳送者間的角度，而後利用其它資訊(例如：距離)加以進行定位計算。

3. 訊號到達時間(Time of Arrival，簡稱 ToA)：利用送者發送訊號到收者後，至收到收者回覆訊號之所需時間，得知彼此距離。若送者越快接收收者的回覆訊號，則代表此鄰居節點離自己越近。

4. 傳播訊號時間差(Time Difference of Arrival，簡稱 TDoA)：利用連續發送兩不同類型的訊號(例如：無線電波與超音波)進行定位。由於傳送速度的不同，因此可藉由接收到兩訊號的時間差，加以計算彼此的距離，兩訊號收到的時間差越短，代表著發送訊號的鄰居節點離自己越近。

雖然 Range-based 的方法可得到高精準度的位置資訊，但每個感測器仍需裝載特殊的硬體設備(例如判別訊號強度的 RSSI 裝置)方能完成定位，故其降低成本的程度有限。因此，另一類屬於 Range-free 的定位技術因應而生。

二、無範圍基礎(Range-free)：

Range-free 技術利用 anchor(定位裝置)協助定位，其中，anchor 裝載著 GPS 裝置，故能得知自己位置所在。首先，當 anchor 佈建至無線感測網路場景後，便開始廣播目前自己的所在位置，在 anchor 廣播範圍內的感測器便能透過接收到的 anchor 訊息順利得知此位置資訊，因此，感測器藉由此位置資訊來計算其所處的位置。而依照 anchor 的移動能力，可將 range-free 技術分為固定式定位裝置(static anchor)與移動式定位裝置(mobile anchor)兩大類。

Static anchor 並無移動能力，將許多(至少三個)static anchor 佈建於場景內後，static anchor 開始在場景內發送所在位置資訊，當周遭的感測器接收到此位置資訊，便能約略定位出本身與 static anchor 距離的步數(hops 數)，由於得知三個 anchor 的位置資訊及與這三個 anchor 的 hop 數，便可估算出自己的位置資訊。由此可得知，感測器定位的精準度與 static anchor 其數量多寡和佈建的位置有很大的關係，要獲得更加精準的位置資訊，static anchor 的數量勢必要增長，換言之，硬體成本的支出同樣影響著定位精準度，且 static anchor 在完成定位工作後，並無其他用處，亦造成資源的浪費。

為解決 static anchor 所帶來的問題，並有效降低硬體成本。Range-free 類別中衍生出以 mobile anchor 進行定位，以協助感測器得知位置資訊，其中 mobile anchor 同樣裝載 GPS 裝置。當 mobile anchor 在場景中運作時，將持續移動並一直廣播目前所在位置給鄰近的感測器，如此一來感測器便能利用接收到的位置資訊完成定位。而在

mobile anchor 的研究中，又可依位置精準度區分為範圍位置(bounding box)及準確位置
(accurate location)兩類：

1. 範圍位置(Bounding box)：感測器透過 mobile anchor 在場景內不斷移動，並週期性
   的廣播當前所在位置，便可因為自身坐落於 mobile anchor 通訊範圍內，間接計算
   出自己所處的矩形位置區域[16]。如圖 4.22(a)所示，節點 A 接收到位於 L_1 位置的
   mobile anchor 所廣播的位置資訊，則節點 A 能得知自己位於 bounding box B_1，同
   理如圖 4.22(b)所示，當節點 A 接收位於 L_2 位置的 mobile anchor 所廣播的位置資
   訊，則節點 A 能得知自己位於 bounding box B_2，由於節點 A 既位於 B_1 且位於 B_2，
   進而計算自己位於 bounding box B_3。當感測器持續接收到 mobile anchor 所發送的
   廣播，便能不斷縮減矩形面積，以提升定位精準度。然而，由於每個感測器的定
   位結果皆為一矩形區域，定位效果仍然不佳，進而導致圖 4.21 可能發生的問題。

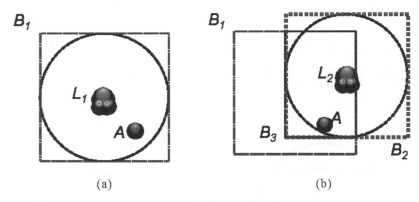

(a)　　　　　　　　　　　　　(b)

圖 4.22　Bounding Box 可讓感測器獲得一矩形區塊位置資訊

2. 準確位置(Accurate location)：同樣是透過 mobile anchor 在場景內不斷移動，並不
   斷地廣播當前所在位置[17]，而其定位的方法，如圖 4.23(a)所示，線條為 mobile
   anchor 的移動路徑，而實心圓點為 mobile anchor 發送位置資訊的位置。若感測器
   能接收到 mobile anchor 所發送的位置資訊，代表 mobile anchor 進入自己的通訊
   範圍內，如此，感測器記錄下第一次與最後一次收到的位置資訊(如實心原點)，
   這些位置資訊代表 mobile anchor 當時正位於感測器的通訊範圍圓周上，故當節點
   A 被 mobile anchor 穿越兩次後，記錄下 x、y、z 三點，如圖 4.23(b)所示，由於圓
   上任兩弦的垂直平分線之交點必為圓心，因此，節點 A 分別計算出線段 $\overline{xy}$ 與線段
   $\overline{yz}$ 的垂直平分線 L_{xy} 與 L_{yz}，而 L_{xy} 與 L_{yz} 兩線段之交點即為節點 A 的位置。

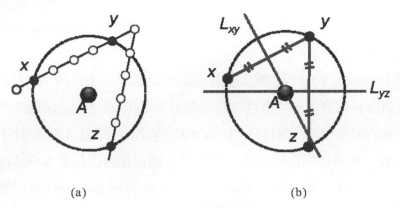

(a)　　　　　　　　(b)

圖 4.23　Mobile anchor 進出感測器其通訊範圍兩次，即可得到一點位置資訊

　　現存的定位技術或多或少仍存在些許誤差值，儘管 Range-free 中 mobile anchor 的 accurate location 方式，不單減少硬體成本的花費，更將定位結果從一矩形區域提升為單一點位置。但在現實世界中，mobile anchor 並非連續發送位置資訊，這間接影響感測器的定位結果。如圖 4.24(a)所示，由於 mobile anchor 發送位置資訊廣播的瞬間，未必位於感測器通訊圓周上。因此，如圖 4.24(b)所示，節點 A 誤認自身定位於 A' 的位置，導致定位精準度的降低，故真實環境下，還是得依據場景的定位精準度需求，選擇最適合定位技術。

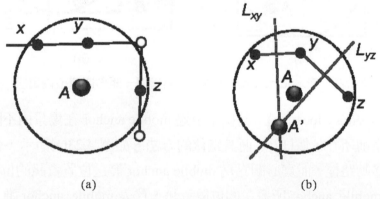

(a)　　　　　　　　(b)

圖 4.24　現存的 Range free 定位技術，仍存在誤差的可能性

4-7　無線感測網路之覆蓋技術

　　在眾多無線感測網路的研究議題中，覆蓋(Coverage)議題一直受到學者們熱烈的關切。覆蓋議題大致可依據其覆蓋目標將問題分為三類：目標物覆蓋(Target coverage)、邊界覆蓋(Barrier coverage)、區域覆蓋(Area coverage)。其中，目標物覆蓋

(Target coverage)主要探討如何利用感測器，對於感興趣的目標物，進行監控，這種覆蓋又被稱爲『點覆蓋』；邊界覆蓋(Barrier coverage)則探討如何利用感測器，在一區域中，構建一道防禦屏障，用以偵測是否有入侵者跨越邊界，這種覆蓋又被稱爲『線覆蓋』；區域覆蓋(Area coverage)探討如何利用感測器，對於一區域，進行全域的監控，這種覆蓋又被稱爲『面覆蓋』。以下我們將針對此三類覆蓋議題進行詳細介紹。

一、目標物覆蓋(Target coverage)

在目標物覆蓋的分類中，目標物可以是一個物體、一座建築、一塊區域或是一個國家，而這些目標物將被視爲一個“點”的目標，因此我們可以說目標覆蓋是在處理“點”的問題。典型的應用如下圖 4.25 所示。在戰場中，爲了監控各個軍事重地，如彈藥庫、糧倉、指揮官住所等，在各區塊上佈建感測器，以監控是否有敵軍的侵入。而面對這些點目標，目標覆蓋的概念就是分別在點目標上佈建感測器，用以監控事件的發生。

圖 4.25　目標覆蓋應用於軍事監控

在目標覆蓋的議題中，將覆蓋的要求分成兩類，Spatial Coverage 及 Temporal Coverage(或稱 Sweep coverage)。其中，Spatial Coverage 要求監控區在任何時間點內都必須有感測器監控，而 Sweep Coverage 則要求監控區在一定的週期內，能夠被感測器監控或巡邏即可。而在 Spatial Coverage 問題中，利用兩種感測器，靜態式感測器(Static sensor)和移動式感測器(Mobile sensor)，進行目標物監控。如圖 4.26(a)所示，將靜態式感測器群組{s_1, s_2, s_3}、{s_4, s_5, s_6}和{s_7, s_8, s_9}分別佈建在目標物 g_1、g_2 和 g_3 上進行監控，利用行動式感測器 m_1 和 m_2 循著事先建好的路徑，蒐集這些佈建在目標物上由靜態式感測器所感測的資料，最後再將資料攜回並傳送至 Sink 端。然而，在許多目標物監控的應用當中，並不是每一個目標物都需要無時無刻地被監控，僅需要在固定的時間被感測器拜訪即可，此為 Sweep Coverage 概念。如圖 4.26(b)所示，行動式感測器 m_1、m_2 和 m_3，將循著事先規劃的路線，依序拜訪目標物 g_1、g_2 和 g_3，使該目標物滿足在一定的時間週期內被拜訪的頻率。

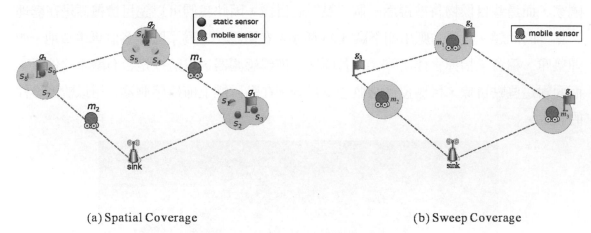

(a) Spatial Coverage　　　　　　　　　　　(b) Sweep Coverage

圖 4.26　目標覆蓋(Target Coverage)

二、邊界覆蓋(Barrier Coverage)

　　邊界覆蓋主要是以"線"的概念，將感測器佈建於邊界上，監控是否有入侵者跨越邊界。如圖 4.27 所示，在美國和墨西哥的邊界上佈建感測器，使其構成一條感測防衛線，當有入侵者入侵時，此感測防衛線將偵測到入侵者，並發出警報。在眾多的邊界覆蓋應用之中，除了偵測入侵者外，也可應用於追蹤入侵者行進路徑。

　　在介紹邊界覆蓋議題之前，必須先定義入侵者的路徑。如圖 4.28(a)所示，若入侵者的入侵路徑為一條完整的 L_S 至 L_N 或 L_N 至 L_S 的路徑，則此路徑稱為一條合法入侵路徑。反之，如圖 4.28(b)所示，則為非法入侵路徑。

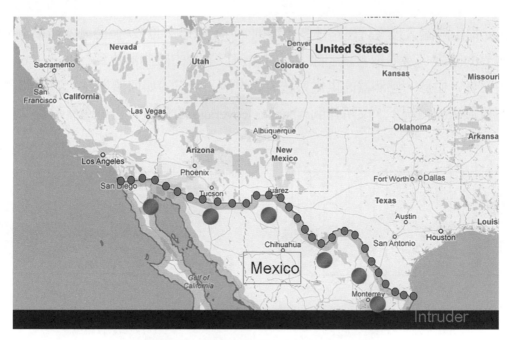

圖 4.27　邊界覆蓋(Barrier Coverage)

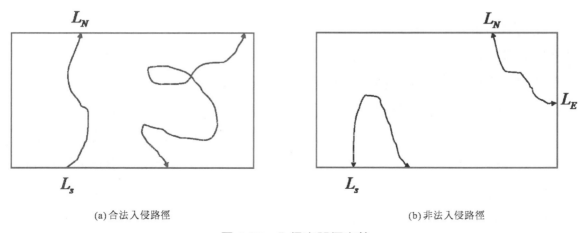

(a)合法入侵路徑　　　　　　　　　　　　(b)非法入侵路徑

圖 4.28　入侵者路徑定義

　　在邊界覆蓋議題中，k-barrier coverage 為基礎問題，其概念為：當有入侵者侵入時，至少可被 k 個感測器所偵測。簡單來說，若 k 值為 1 時，入侵者進入感測屏障後，無論其以何種行進路徑自南至北穿越國邊界，均可至少被 1 個感測器所偵測。k-barrier coverage 問題又可分為 Weak k-barrier coverage 以及 Strong k-barrier coverage。其中，Weak k-barrier coverage 說明入侵者一進入感測屏障後，可被任意 k 個感測器所偵測。然而，如圖 4.29(a)所示，當入侵者行徑的路徑不規則時，感測器就無法偵測到有入侵者，造成防護漏洞。所以，如圖 4.29(b)所示，為了加強邊界的防護，Strong k-barrier coverage 提出無論入侵者行徑路徑多不規則，一定可以保證被 k 個感測器所偵測，藉此提升邊界的防護。邊界覆蓋議題除了探討如何以最少的感測器達到 k-Barrier coverage 的覆蓋之外，由於，感測器的供電系統倚靠電池，所以，如何讓邊界上的感測器在平均耗電量最少的情況下，又可達到 k-barrier coverage 的覆蓋，也是邊界覆蓋探討問題之一。

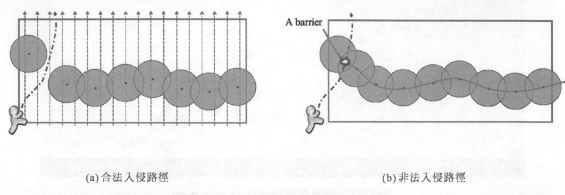

(a) 合法入侵路徑　　　　　　　　　　　　　(b) 非法入侵路徑

圖 4.29　k- barrier Coverage 分類

在相關的研究中，論文[18]提出了一個非集中式的演算法，其目標爲建構一條防禦邊界並且滿足 k-Barrier coverage 要求。如圖 4.30(a)所示，該篇研究將監控場景切割爲多個大小相同的虛擬網格，而網格的大小正好爲感測器的四分之一感測範圍，如此一來，確保了感測器的感測範圍能夠完整地覆蓋自己所待在的網格。如圖 4.30(b)所示，作者利用上述觀念，將建構一條防衛邊界的問題轉換爲如何連接網格，使之成爲一條連續不間斷的網格曲線。舉例來說，圖 4.30(b)爲一個滿足 3-Barrier coverage 要求的防禦邊界例子，其建構的過程爲網格由左而右的相互連接，分別是：(1, 4)、(2, 4)、(3, 3)、(4, 3)、(5, 4)、(6, 5)、(7, 5)、(8, 5)、(9, 4)、(10, 4)，而這些被挑起的網格中，各自會有負責完整覆蓋的3個感測器，因而形成一條滿足 3-Barrier coverage 要求的防禦邊界。

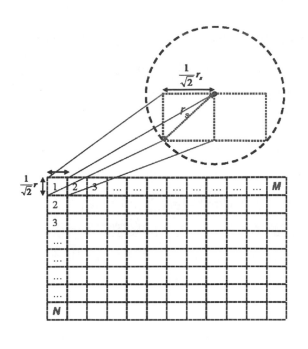

(a) 合法入侵路徑　　　　　　　　　　　　　(b) 非法入侵路徑

圖 4.30　建構防禦邊界示意圖

三、區域覆蓋(Area Coverage)

　　區域覆蓋議題集合了前述目標覆蓋和邊界覆蓋的"點"和"線"的概念，將感測器隨機地佈建於監控環境中，並達到全區覆蓋的目的。如圖 4.31 所示，在監控的農田中，隨機佈建大量的感測器，並透過這些感測器得知目前的環境資訊，藉由這些資訊，及時調整農作物的肥料用量及灌溉時間，使農作物的品質得以提升。

圖 4.31　佈建大量的感測器於農田中，以達到區域覆蓋的目的

　　然而，監控環境中的感測器可能因爲佈建不均、電量耗盡，或是監控區域遭受到天然災害，如：火災、強風吹襲等原因造成監控環境出現空洞(Coverage hole)，使得監控區域中的事件偵測率降低、環境監控品質下降。爲了使監控環境的監控品質得到提升，如同目標覆蓋議題，將感測器覆蓋需求分成 Spatial Coverage 及 Temporal Coverage(或稱 Sweep Coverage)。在過去的 Spatial Coverage 研究，如圖 4.32(a)所示，利用靜態式感測器隨機佈建在監控環境中，並達到完全覆蓋。然而，若監控場景中有一靜態感測器電量耗盡或是毀損時，覆蓋空洞產生，造成監控品質下降。爲了使感測器更有彈性地解決覆蓋問題，以及改善靜態感測器所帶來的龐大的硬體成本，後續研究使用了行動式感測器進行環境的監控。在 Sweep Coverage 的研究中[19]，由於監控場景中的感測器數不足，監控場景無法被感測器完全覆蓋，如圖 4.32(b)所示，將監控場景切割成等大小的正六角形區域，爲了讓監控區域在限定的時間內，都能被感測器的感測範圍所覆蓋，在網路初始化階段，該研究事先在正六角形區域上編號(C_1, C_2, C_3…)，並透過正六角形的編號建立一條漢米爾頓路徑(Hamilton path)，行動式感測器依照此漢米爾頓路徑的方向來移動，以覆蓋所停駐的六角形網格，因此，若行動感測器的數量較六角形個數少，則空洞的六角形將可定期被行動感測器所停駐，達到定期受到監控的目的，避免空洞在長時間不受監控的問題產生。

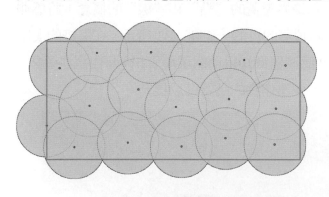

(a) Spatial Full Coverage 監控場景被感測器完全覆蓋。

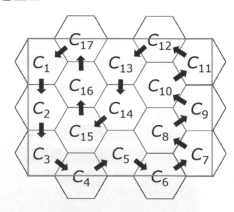

(b) Sweep Full Coverage 監控場景可透過行動感測器在一定的時間內完全覆蓋。

圖 4.32　資料收集繞徑樹(routing tree)

　　在無線感測網路覆蓋的議題中，如何將感測器有效率地覆蓋於監控環境，一直是覆蓋議題重要的探討目標。隨著無線感測網路蓬勃的發展之下，目標覆蓋、邊界覆蓋和面積覆蓋，三大覆蓋議題已經漸漸地融入我們的日常生活中。例如：目標覆蓋議題可運用在博物館展覽品的監控管理和軍事重地的偵測、邊界覆蓋議題可運用在國邊界的監控、區域覆蓋議題可應用在農作物的管理以及監控火山。

4-8　無線感測網路之資料蒐集與省電技術

　　資料收集是無線感測網路最重要的任務之一，透過每個感測器的感測能力，可對週遭感興趣的環境或事件資訊加以感測，再透過資料收集的機制，便可將整個感測網路的資訊以多步方式傳遞到匯集點(Sink Node)。然而，在進行資料收集的任務時，其最大的限制，在於感測器本身的能量供應主要皆來自電池。因此，如何以快速且節能的方式來收集感測器所感測到的資訊，將是無線感測網路成功運作的關鍵要素。

　　以下，我們將介紹無線感測網路之資料收集機制及常見的省電機制。

一、無線感測網路之資料收集機制

　　無線感測網路的資料收集機制，主要分為兩種類型，第一種為使用固定的感測器(Static Sensor)，第二種為採用可移動的感測器(Mobile Sensor)，以下將分別對兩種類型做介紹。

1. 固定式感測器(Static Sensor)：使用固定的感測器來進行資料收集，通常會建立一棵資料收集繞徑樹(routing tree)，如圖 4.33 所示，此方式為將資料收集中心做為一棵樹的樹根(root)，而其餘感測器對樹根建立路由樹，則感測器可依此樹狀結構，藉由多重跳躍(multi-hop)傳遞的方式，將資料傳回資料收集中心。然而此種方式有一個嚴重的問題，也就是距離資料收集中心越近的感測器需幫忙代傳的資料也越多，相對的，其所消耗的電量也越大，這樣將會造成距離資料收集中心越近的感測器越快耗盡其電量，進而導致整個網路癱瘓，無法將資料傳回給資料收集中心。為了解決這樣的問題，第二種類型的資料收集機制採用移動式的感測器(Mobile Sensor)來執行資料收集的任務。

2. 移動式感測器(Mobile Sensor)：第二種類型為使用可移動的感測器來進行資料收集任務。在這類的研究中，根據整個網路是否連通以及可移動的感測器執行的任務不同，大致可區分為三類，以下逐項介紹。

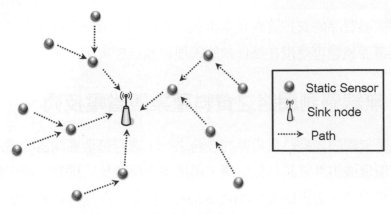

圖 4.33　資料收集繞徑樹(routing tree)

　　第一類的研究[20]-[25]主要是在一個佈滿固定的感測器(Static Sensor)的環境中，利用可移動的感測器的移動性挑選網路中許多重要的位置停駐(標註旗子的地方)，建立一條巡邏路徑，如圖 4.34 所示，以收集固定的感測器所感測的資料，並達到平衡感測器電量之目的。這類的研究，由於採用可移動的感測器來收集資料，可避免固定的感測器間因多步代傳其所感測的資料而使得靠近資料收集中心的感測器快速耗盡電量。然而，對於戶外的環境而言，因地形、地物的影響，常使監控區分散各處而不連續，在這樣的環境中，這類的研究並不適用。

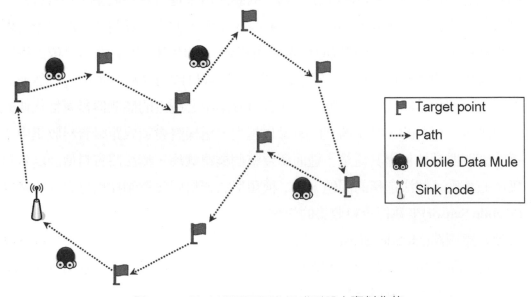

圖 4.34　建立巡邏路徑進行感測器之資料收集

第二類的研究[26][27]進一步擴展可移動的感測器的應用場域，其考慮監控場景為多個彼此不連通的子網路(cluster)所組成。透過可移動的感測器的移動能力，可使分散於各處的感測網路之資料得以被完整收集。在這類的研究中，希望以一行動式資料收集站(Mobile Data Mule)收集監控場景中的所有資料，行動式資料收集站將以建造最短路徑的方式，在各子網路中挑選一資料收集節點(cluster head)，各感測器利用多步繞徑(multi-hop)的方式將資料傳送至此節點，再由行動式資料收集站巡邏進行資料收集，以減少其移動所花費的成本。

不同於上述兩類的應用場域，第三類的研究[28]-[32]為考慮場景中有許多使用者感興趣的位置點(Points of Interest，POIs)，而非一感測節點，其主要應用於環境中特定位置的感測與資料收集、戰場上的軍事監控、醫學上特定目標的醫療資料收集、自然區域的災害警報系統等。然而，以戰場為例，在許多場域中，感興趣的位置點乃分散在各地中，如戰場中的堡壘、彈藥房等，在這樣的環境下，行動式資料收集站將沿著事先建立好的路徑移動，定期拜訪這些不連續區域中的感興趣的位置點，使這些位置點的資訊，在特定的時間(由使用者定義)內，能透過行動式資料收集站的拜訪以完成資料收集或巡邏監控的任務。如圖 4.35 所示，如果感興趣的位置點具有不同的重要性，根據不同的重要性，行動式資料收集站將給予不同的拜訪頻率，使權重值較高的感興趣位置點可更頻繁地被拜訪，提高其資料收集的頻率。此外，另一目標為使行動式資料收集站巡邏迴路時，每個感興趣的位置點均可達到穩定的資料更新頻率，避免感興趣的位置點被監控的時間差距過大。這類的研究也延伸出許多待克服的問題，例如，如何設計行動式資料收集站的移動路徑，使其可以依照各個感興趣的位置點的權重值的不同，穩定的去收集資料，便是很重要的挑戰。

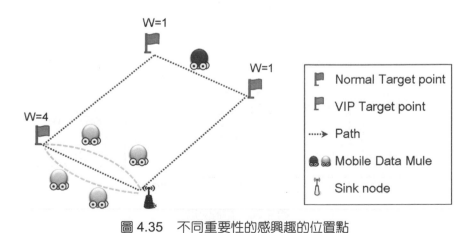

圖 4.35　不同重要性的感興趣的位置點

二、無線感測網路之省電機制

　　無線感測網路協議的設計所面臨的主要挑戰是提供高效能的傳輸，而感測器本身大多是由電池供電，而且這些感測器通常是不可充電或更換電池的，所以，省電機制是一重大議題。在無線感測網路中，主要有幾個因素會造成電量消耗：

1. 進行環境感測工作。
2. 監聽(Idle Listening)。
3. 傳送控制封包所需要的成本。
4. 重新傳送資料封包所導致的碰撞問題。
5. 不必要的高電量傳輸。

　　為延長感測器的生命期，在大量佈建感測器後，若數量夠多，感測器可與鄰近的感測器進行協調，將感測功能啟動，但可將傳輸及監聽功能關閉，進入睡眠模式，輪流醒來擔負傳輸的任務，仍可達成全區覆蓋並省電的目標。因此，感測器的醒睡機制對於省電及傳輸是否造成延遲便很重要。如圖 4.36 所示，A、B、C 互為通訊範圍內的感測節點，當三點同時醒來才能互相傳資料，而每個感測器都有不同的醒睡周期。這裡所延伸出的議題是感測器要如何決定自己的醒睡周期。如果感測器可以在空閒時進入睡眠模式，這樣可以避免不必要的電量浪費。但是，如果感測器持續的進入睡眠模式，而忽略的原本傳送或轉送資料的任務，將導致鄰近節點間因睡眠而無法進行通訊，導致資料傳輸延遲的問題，因此，該如何制定所有感測器的醒睡模式和排程，是一個很重大的挑戰。

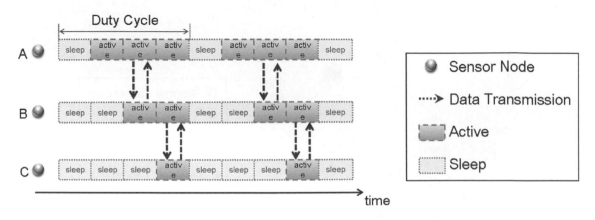

圖 4.36　醒睡週期

在本章節之中，我們介紹了一些常見的資料收集方法和省電機制，根據上述的方法，可以讓感測器有效率的收集資料，並藉由省電機制，讓整個網路場景的生命週期可以提升，以達到效能最佳化。

4-9　結論

在無線感測網路中，感測器和無線網路是兩大主要核心。整個系統是由一到數個少量的無線資料收集器(Wireless Data Collector or Sink)以及為數眾多的感測器(Sensor node)所構成，感測器上可攜載各式的感測元件，測量溫度、溼度、光度、加速度、壓力、聲音等。此外，這些感測節點具有自我組織網路的能力，每個感測器都是無線感測網路中的一個節點，可透過無線感測網路將感測器所蒐集到的資訊回傳到無線資料收集器。

由於微機電系統和奈米科技的進步，感測器體積不斷縮小，使得感測器更利於大量散布在環境中，組成無線感測網路，在未來，感測器的體積可能做到小如空氣粒子，瀰漫在空氣之中，雖然我們看不見它，但它卻會感應著我們生活周圍的變化，並依事先設定好的規則，適時地回報重要資訊，這些資訊將影響我們的日常生活，也將滿足現今人類對於樂活環境的期許，其中包含了便利、安全、舒適、節能等。此外，無線感測網路的快速發展，亦帶動了許多感測器之應用，例如工業、醫療產業之應用逐漸趨於成熟，另外也能協助發展精緻農漁業或是環境監控和維護公安等。不僅增添了日常生活中的便利，也可以節省許多的時間和金錢。

近年來，物聯網(Internet of Things，IOT)概念被提出，其基本概念就是將感測器裝設於各種物體上，然後透過網際網路將各物體聯接起來，經過介面與無線網路相連，實現使用者與各物體之間的溝通操作。物聯網對於無線感測網路來說是一項重大的進展，感測器的應用已經不單單只是被動的偵測環境、監控事件，而是直接與使用者面對面、即時反應各項的需求，過去只能遠端監視的應用將可以進階到即時性地遠端處理相關事件。因此可預見無線感測網路的廣泛應用是一種趨勢，在未來的 5 至 10 年，必定會對許多產業和日常生活帶來衝擊性的影響。

習 題

1. 請說明感測器的硬體由哪四個單元所組成的？

2. 請解釋無線感測網路的定義。

3. 在 ZigBee 的 Beacon Mode 中，每個網路的協調者會定義一個超級訊框的架構，請繪圖說明超級訊框的架構為何？

4. 請說明貪婪式路由協定的概念。

5. 資料收集的方式分為哪幾種，其中各有甚麼差別？

6. 省電機制對於整個無線感測網路有何幫助？

7. 請說明什麼情況會造成無線感測網路中出現障礙物。

8. 請繪圖說明在 Zigbee 協定下，當協調者(Coordinator)欲傳輸資料給裝置(Device)時，Beacon Mode 與 Non-Beacon Mode 的傳輸程序。

9. 請說明 MAC 的用途。

10. 請問設計一個良好的 MAC 協定時，需要注意到甚麼?

11. 請問何謂同步與非同步 MAC 協定?

12. 依照不同的覆蓋應用可將覆蓋(Coverage)問題劃分為三類，請問分別是哪三類?

13. 請列舉兩種歸類在目標覆蓋的應用?

14. 請列舉兩個會造成網路空洞的原因?

15. 在目標覆蓋中，依照被覆蓋的時間長短可再細分為兩類，請問分別是哪兩類?

參考文獻

[1] Smart Dust Project, http：//robotics.eecs.berkeley.edu/～pister/SmartDust/

[2] TinyOS，http：//www.tinyos.net/

[3] Eclipse，http：//eclipse.org/

[4] IAR Embedded Workbench，http：//www.iar.com/

[5] ZigBee Alliance Inc., http：//www.zigbee.org/

[6] ZigBee, a technical overview of wireless technology, http：//zigbee.hasse.nl/

[7] What is ZigBee? A Tutorial on the Basics of ZigBee – RF design magazine, zigbee, http：//rfdesign.com/next_generation_wireless/who-needs-zigbee/

[8] J. Polastre, J. Hill and D. Culler, "Versatile low power media access for wireless sensor networks," ACM Conference on Embedded Networked Sensor Systems(ACM SensSys), pp 95-107, Nov. 2004.

[9] W. Ye, J. Heidemann, and D. Estrin,"Medium Access Control With Coordinated Adaptive Sleeping for Wireless Sensor Networks," IEEE/ACM Transactions on Networking, vol. 12, no. 3, June 2004.

[10] B. Karp and H.T. Kung, "Greedy Perimeter Stateless Routing for Wireless Networks," ACM The Annual International Conference on Mobile Computing and Networking(ACM MobiCom), pp. 243-254, Aug. 2000.

[11] C. H. Lin, S. A. Yuan, S. W. Chiu, M. J. Tsai, "ProgressFace： An Algorithm to Improve Routing Efficiency of GPSR-Like Routing Protocols in Wireless Ad Hoc Networks," IEEE Transactions on Computers, vol. 59, no. 6, pp. 822-834, June 2010.

[12] D. Rango, F. Guerriero, P. Fazio, "Link-Stability and Energy Aware Routing Protocol in Distributed Wireless Networks," IEEE Transactions on Parallel and Distributed Systems(IEEE TPDS), vol. 23, no. 4, pp. 713-726, Apr. 2012.

[13] A. L. Ekuakille, P. Vergallo, D. Saracino, A. Trotta, "Optimizing and Post Processing of a Smart Beamformer for Obstacle Retrieval," IEEE Sensors Journal, vol. 12, no. 5, pp. 1294-1299, May 2012.

[14] G. Ajwani, C. Chu, W. K. Mak, "FOARS： FLUTE Based Obstacle-Avoiding Rectilinear Steiner Tree Construction," IEEE Transactions on Computer-Aided Design of Integrated Circuits and Systems, vol. 30, no. 2, pp. 194-204, Feb 2011.

[15] C. Y. Chang, C. T. Chang, Y. C. Chen, and H. R. Chang, "Obstacle-Resistant Deployment Algorithms for Wireless Sensor Networks," IEEE Transactions on Vehicular Technology(IEEE TVT), vol. 58, no. 6, pp. 2925-2941, Jul. 2009.

[16] S. Zhang, J. Cao, L. Chen, and D. Chen, "Accurate and Energy-Efficient Range-Free Localization for Mobile Sensor Networks," IEEE Transactions on Mobile Computing(IEEE TMC), vol. 9, no. 6, pp.897–910, Jun. 2010.

[17] K. F. Ssu, C. H. Ou, and H. C. Jiau, "Localization with Mobile Anchor Points in Wireless Sensor Networks," IEEE Transactions on Vehicular Technology(IEEE TVT), vol. 54, no. 3, pp. 1187–1197, May 2005.

[18] C. Y. Chang, L. L. Hung, Y. C. Chen and M. H. Li, "On-Supporting Energy Balanced K-Barrier Coverage in Wireless Sensor Networks," IEEE Wireless Communications and Mobile Computing(IEEE IWCMC), pp. 274-278, 2009.

[19] C. Y. Chang, W. C. Chu, C. Y. Lin, C. F. Cheng, "Energy-balanced hole-movement mechanism for temporal full-coverage in mobile WSNs," IEEE Wireless Communications and Mobile Computing(IEEE IWCMC), 2010.

[20] E. Ekici, Y. Gu and D. Bozdag, "Mobility-Based Communication in Wireless Sensor Networks," IEEE Communications Magazine, pp. 56-62, August 2006.

[21] M. Zhao and Y. Yang, "A Framework for Mobile Data Gathering with Load Balanced Clustering and MIMO Uploading," The 2011 IEEE Conference on Computer Communications(IEEE INFOCOM), Shanghai, China, April 2011.

[22] G. Xing, M. Li, T. Wang, W. J and J. Huang, "Rendezvous Algorithms for Wireless Sensor Networks with a Mobile Base Station," IEEE Transactions on Mobile Computing(IEEE TMC), May 2011.

[23] M. Zhao, M. Ma and Y. Yang, "Mobile Data Gathering with Space-Division Multiple Access in Wireless Sensor Networks," The 2008 IEEE Conference on Computer Communications(IEEE INFOCOM), Apr. 2008.

[24] M. Zhao, Y. Yang, "Data Gathering in Wireless Sensor Networks with Multiple Mobile Collectors and SDMA Technique Sensor Networks," The 2010 IEEE Wireless Communications and Networking Conference(IEEE WCNC), Apr. 2010.

[25] R. Sugihara and R. K. Gupta, "Optimal Speed Control of Mobile Node for Data Collection in Sensor Networks," The IEEE Transactions on Mobile Computing(IEEE TMC), vol. 9, no. 1, pp.127-139, Jan. 2010.

[26] F. J. Wu, C. F. Huang and Y. C. Tseng, "Data Gathering by Mobile Mules in a Spatially Separated Wireless Sensor Network," Mobile Device Management(MDM), Mar. 2009.

[27] Y. C. Tseng, W. T. Lai, C. F. Huang, and F. J. Wu, "Using Mobile Mules for Collecting Data from an Isolated Wireless Sensor Network," The 2010 IEEE International Conference on Parallel Processing(IEEE ICPP), Sep. 2010.

[28] M. Xi, K. Wu, Y. Qi, J. Zhao, Y. Liu, M. Li, "Run to Potential：Sweep Coverage in Wireless Sensor Networks," The 2009 IEEE International Conference on Parallel Processing(IEEE ICPP), Sep. 2009.

[29] C. Liu and G. Cao, "Distributed Critical Location Coverage in Wireless Sensor Networks with Lifetime Constraint," The 2012 IEEE Conference on Computer Communications(IEEE INFOCOM), Mar. 2012.

[30] J. Du, Y. Li, H. Liu and K. Sha, "On Sweep Coverage with Minimum Mobile Sensors," The 2010 IEEE International Conference on Parallel and Distributed Systems(IEEE ICPADS), Dec. 2010.

[31] M. Li, W. Cheng, K. Liu, Y. He, X. Y. Li and X. Liao, "Sweep Coverage with Mobile Sensors," The IEEE Transactions on Mobile Computing(IEEE TMC), vol. 10, no. 11, Nov. 2011.

[32] C. Y. Chang, C. Y. Lin, C. Y. Hsieh and Y. J. Ho, "Patrolling Mechanisms for Disconnected Targets in Wireless Mobile Data Mules Networks," The 2011 IEEE International Conference on Parallel Processing(IEEE ICPP), Taiwan, Sep. 2011.

[33] W. Ye, J. Heidemann and D. Estrin, "Medium Access Control With Coordinated Adaptive Sleeping for Wireless Sensor Networks," IEEE/ACM Transaction on Network, vol. 12, No. 3, June 2004.

WNMC

Chapter 5

無線寬頻網路

5-1　WiMAX 無線寬頻網路簡介

　　近年來，隨著高速多媒體服務發達與無線通訊技術快速成長，無線語音服務、資料通訊及行動影音多媒體的需求如雨後春筍般地增加。有線網路演進從以前數據機提供的數據傳輸服務，到後來頻寬較大的 ADSL 與 Cable Modem 以及如今的光纖網路，都需要大量的基礎建設佈建與維護成本，因此，為了減少大量的基礎建設佈建與線路維護成本，同時要能夠支援高速連網存取，無線寬頻網路的技術順勢而生。無線寬頻網路可以將網路服務延伸到有線網路無法佈建的地區，雖然無線寬頻網路仍需部分的基礎建設，但是近年來由於硬體技術的演進與生產技術的提升，使得無線寬頻網路的佈建成本降低了許多。因此，相較於有線網路而言，無線寬頻網路提供更大的優勢。

　　無線寬頻網路是一種透過空氣為介質的高速連網技術，其原理是利用無線電波往返於基地台與用戶端設備間直接傳輸及接收資料。全球微波互通存取(Worldwide Interoperability for Microwave Access, WiMAX)是一項無線寬頻網路技術，此無線存取技術可以在廣大傳輸範圍內提供高速網路 IP 服務，基地台與用戶端設備間不須透過實體傳輸的連結，即可進行高速數據或語音訊號的接收與傳送，同時亦可提供用戶端設備隨處存取網路的能力，此項連網技術將可以取代傳統基礎網路建設，因此，WiMAX 被視為是具有高度彈性且低佈建成本的最後一哩解決方案。

　　WiMAX 是電機電子工程師學會(Institute of Electrical and Electronics Engineers, IEEE)所主導的無線寬頻網路存取技術標準，此標準提供固定式和移動式用戶寬頻無線連接服務。圖 5.1 為 IEEE 802.16 標準演進示意圖。IEEE 於 1999 年制訂了 802.16 的標準後，從此開始了 WiMAX 的發展。IEEE 802.16 的標準發展至今，已經經過了許多次的版本改革，從 1999 年開始，規格不斷推陳出新。其中，包含了 IEEE 802.16-2001、IEEE 802.16a 與 IEEE 802.16c，其內容主要是考量點對多點(Point-to-Multipoint)的網路拓樸，針對實體層(Physical Layer, PHY Layer)與媒體存取控制層(Medium Access Control Layer, MAC Layer)進行規範。但直到 2004 年，IEEE 802.16-2004(一般稱為 IEEE 802.16d)為整合之前修訂的版本，也是目前固定式網路較穩定的版本之一。

　　由於 IEEE 802.16-2004 版本主要是針對固接式的網路進行詳細規範，尚未考量移動的用戶需求，因此在 2005 年 12 月通過的 IEEE 802.16-2005(802.16e)標準，其主要是針對 IEEE 802.16-2004 版本增加移動機制的修正案。在 2007 年通過的 IEEE 802.16j

標準，其主要是針對 IEEE 802.16-2005 版本加入中繼站(Relay Station, RS)支援多步轉傳機制，有效改善基地台與用戶端設備間因遮蔽物所造成的訊號品質不良之狀況。由於在 2005 年到 2007 年所制定的修正案主要是針對既有的標準而進行修正，對於既有的規格將不再進行贅述，因此，爲了將前述的修正案與既有的標準進行整合，IEEE 802.16 規格維護小組(Maintainace Group)開始著手進行此項浩大的工程，將目前現有的 IEEE 802.16-2005 等相關規格與修正案整合成 IEEE 802.16-2009 版本，但 IEEE 802.16j 標準尚未整合至此版本中。

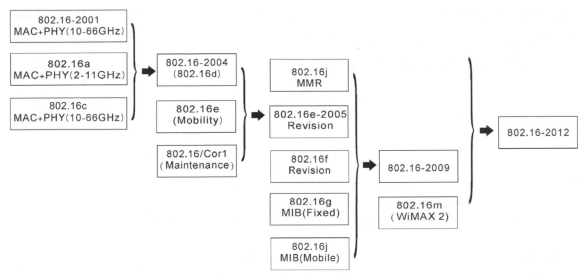

圖 5.1　IEEE 802.16 規格演進示意圖

國際電信聯盟無線電通訊部門(International Telecommunication Union Radio communications sector, ITU-R) 是 國 際 電 信 聯 盟 無 線 電 通 訊 (International Telecommunication Union, ITU)中制定國際間無線電與電信通訊標準之部門，亦是全世界目前歷史最悠久的國際標準組織，主要的工作包括了制定標準化的相關工作、規定無線電頻譜的分配，以及協調國際間跨國電信服務介接與使用的相關安排工作。根據國際電信聯盟無線電通訊部門於 2008 年所提出的第四代行動無線寬頻技術提案 (International Mobile Telecommunications-Advanced , IMT-Advanced)，即一般所稱的第四代行動通訊標準(4th Generation, 4G)中的定義，無線寬頻網路需爲全面採用網際網路通訊協定的封包交換網路，並且使用者於低移動速度下傳輸速率需達到 1Gbps，而高移動速度下的傳輸速率需達到 100Mbps，並且需要擁有與其他無線電通訊系統互通的能力。在現階段發展的通訊技術，主要是 IEEE 所主導的 WiMAX 技術與歐洲第三代合作夥伴計畫(3rd Generation Partnership Project, 3GPP)所主導的長期演進技術(3GPP Long Term Evolution, LTE)，兩大傳輸通訊標準為目前無線寬頻網路技術的發展主軸。為了要符合未來第四代通訊技術的要求，IEEE 成立新的工作小組 IEEE 802.16m Task Group，此小組之目的主要是推動下一代 WiMAX 成為 IMT-Advanced 系統而成立，此小組立即著手制定 IEEE 802.16m 的技術需求文件，並訂定官方的評估方法以作為未來各方提案與評估時的參考基準。技術需求文件內容規定 IEEE 802.16m 系統的規格，包括速率、功能與效能等，評估方法則描述在評估系統效能時的參數，包括評估項目、通道參數與流量模型等。然而此工作小組亦是針對既有的規格，即 IEEE 802.16-2009 進行修正，因此大部分的內容還需參考 IEEE 802.16-2009，直到 2012 年 8 月，IEEE 802.16 規格維護小組才將 IEEE 802.16m、IEEE 802.16-2009 與 IEEE 802.16j 進行整合成目前看到的最新版本 IEEE 802.16-2012。

表 5.1：IEEE 802.16-2001、IEEE 802.16-2004、IEEE 802.16-2009 與 IEEE 802.16-2012 規格差異比較。

表 5.1　IEEE 802.16 規格差異比較

	IEEE 802.16-2001	IEEE 802.16-2004	IEEE 802.16-2009	IEEE 802.16-2012
完成時間	2001 年 12 月	2004 年 6 月	2009 年 5 月	2012 年 8 月
移動性	僅支援固定式	僅支援固定式	固定式與移動式	固定式與移動式
多步轉傳	不支援多步轉傳	不支援多步轉傳	不支援多步轉傳	支援多步轉傳
實體層傳輸技術	WirelessMAN-SC 、 WirelessMAN-SCa	WirelessMAN-SC 、 WirelessMAN-SCa 、 WirelessMAN-OFDM、 WirelessMAN-OFDMA	WirelessMAN-SC 、 WirelessMAN-SCa 、 WirelessMAN-OFDM、 WirelessMAN-OFDMA	WirelessMAN-SC 、 WirelessMAN-OFDM、 WirelessMAN-OFDMA
運作頻帶	10-66GHZ	<11GHz	<11GHz	<11GHz

5-2　無線寬頻網路市場趨勢與應用

目前 WiMAX 運作的頻段主要是以 2-11GHz 為主，其間包含了授權頻段(Licensed Band)與免授權頻段(Unlicensed Band)。授權頻段由各國政府統一分配協調，國家分配的頻段影響了無線網路的規劃及系統容量，電信業者必須依國家的法規取得使用執照才能使用頻段。以台灣為例，目前台灣分配頻段的機構為國家通訊傳播委員會 (National Communications Commission, NCC)，該機構為一獨立於行政部門之監理機關，主要扮演整合通訊與傳播市場的監理角色，使得電信、傳播及資訊等三大領域之產業均能在公平的基礎上從事良性競爭與互動。電信業者透過競標的方式來取得頻段使用執照，根據 NCC 公布得標者名單，北區得標業者為：威邁思電信、全球一動、大眾電信；南區得標業者為：遠傳電信、威達有線、大同電信。

　　近年來，網際網路技術和應用發展迅速，各先進國家莫不積極規劃具前瞻性的資通訊政策，期望以完善的寬頻網路基礎建設與應用服務，帶動資通訊產業成長，進而提升國家競爭力。在了解相關技術前，首先介紹這些無線寬頻技術的相關應用。

一、行動台灣(M-Taiwan)計畫

　　「行動台灣計畫」是台灣新十大建設之一，該計畫於 2005 年開始推動。其願景為打造「行動台灣、應用無限，躍進新世界」，使台灣從 e 化進步到 M 化；並以行動服務、行動生活、行動學習三項無線寬頻應用為主軸，期望以應用服務帶動產業發展。所以，從建置無線寬頻網路基礎著手，推廣無線寬頻網路建設，帶動設備產業發展與民間投資，為台灣構建一個完善的寬頻網路環境，讓使用者可以在任何時間、任何地點擷取多元化的數位服務，亦可為寬頻網路相關業者創造無限商機，促進電信產業之發展，加速資訊化社會建設進程，提昇國家競爭力。

　　「行動台灣計畫」計畫內容包括「寬頻管道建置計畫」及「行動台灣應用推動計畫」兩大部份，其中「寬頻管道建置計畫」由內政部負責執行，主要是以建置 WiMAX 為基礎的無線寬頻網路，作為鋪設光纖網路之用；至於「行動台灣應用推動計畫」則由經濟部負責執行，由行動服務、行動生活、行動學習三項無線寬頻應用出發，希望提供民眾住、行、育、樂、醫、利、購的多樣化無線寬頻應用服務。希望藉由無線寬頻網路的廣建，加速新興無線寬頻應用服務的興起，進而帶動資通訊產業的發展。

二、智慧台灣(Intelligent Taiwan)

　　行政院經建會於 97 年 12 月 15 日通過「新世紀第二期國家建設計畫」，其中「國家發展政策主軸」之「空間再造」第五項即為「智慧台灣」。圖 5.2 是智慧台灣功能示意圖，來源取自於智慧台灣(http：//www.intelligenttaiwan.nat.gov.tw)。智慧台灣主要是希望透過寬頻匯流的高速網路，提供符合民眾需求的主動貼心服務，打造綠色節能

減碳的生活環境，並落實終生學習的社會風氣，使所有的民眾，都可以隨時隨地運用創新的設備，享受高品質的生活，提升民眾生活內涵與素養。

1. 寬頻匯流網路：以 WiMAX 為基礎建置高速寬頻網路，並連通不同網路與通訊系統，例如：WiFi、3G 等，再配合有線與無線的感知網路，以達到物件無縫連網的目的。

2. 主動貼心服務：由使用者的觀點出發，規劃符合民眾需求的創新應用服務，以科技化服務解決生活議題。

3. 綠色節能減碳：推動環保綠建築，同時提升生活品質與產業效能。

4. 文化生活美學：提升民眾生活內涵與素養，深耕美感環境，結合文化、觀光與科技。

5. 落實適性育才：充實產業所需多元人才，推動終身學習。

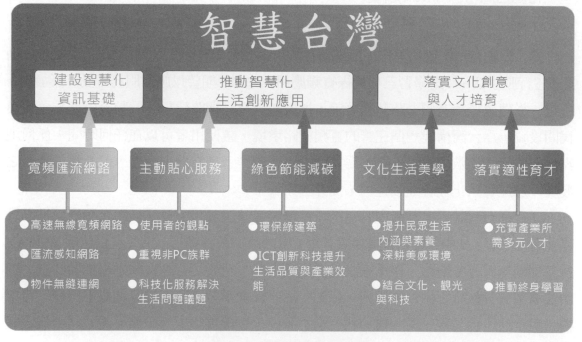

圖 5.2　智慧台灣核心概念

　　智慧台灣的願景，就是要建設台灣成為一個安心、便利、健康、人文的優質網路社會。期望在生活型態快速變遷趨勢下，建構智慧型基礎環境，發展創新科技化服務，不但符合節能減碳的目的，更提供國民安心便利的優質生活環境；使得任何人都能夠不受教育、經濟、區域、身心等因素限制，透過多種管道享受經濟、方便、安全及貼心的優質 e 化生活服務，其智慧服務的定義如圖 5.3 所示。

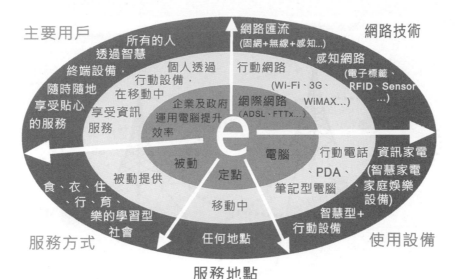

圖 5.3　智慧台灣功能示意圖

5-3　WiMAX 無線寬頻網路架構介紹

根據 IEEE 802.16 標準制定的網路架構，根據應用需求及覆蓋範圍不同支援兩種網路拓樸：點對多點架構(Point-to-multipoint Architecture, PMP Architecture)與中繼網路架構(Relay Architecture)。首先將分別就此兩種架構進行介紹。

一、點對多點架構(Point-to-multipoint Architecture, PMP Architecture)

點對多點架構(PMP Architecture)為 WiMAX 基本網路架構，如圖 5.4 所示。該網路架構適合提供骨幹網路及高速傳輸服務，適用的環境在用戶端較稀疏的環境，例如郊區等。

PMP 架構主要由三種功能性實體所組成：基地台(Base Station, BS)、固定式用戶端裝置(Subscriber Stations, SSs)與移動式用戶端裝置(Mobile Stations, MSs)。此架構是以星狀拓蹼為基礎，BS 與 SSs 或 MSs 能夠直接進行通訊，BS 集中管理網路中頻寬資源的使用，其後端連結至網際網路(Internet)，負責協助 SSs 或 MSs 資料傳輸。

在 PMP 架構中，距離 BS 的遠近將會影響訊號接收品質，當距離 BS 較近的 SSs 或 MSs 有較強的接收訊號，可享有較高的傳送速率。反之，若 SSs 或 MSs 與 BS 之間的距離愈遠時，訊號接收強度愈弱，能夠使用的傳輸速率也就相對降低。因此衍生出多躍轉傳中繼網路架構(Relay Architecture)。

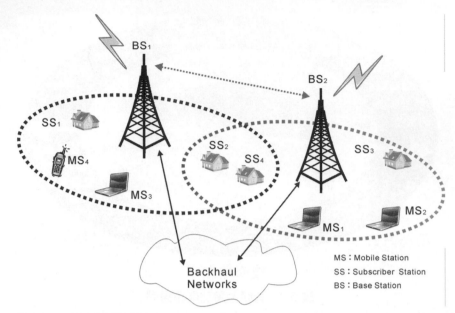

圖 5.4 點對多點架構(Point-to-multipoint Architecture, PMP Architecture)

二、多躍轉傳中繼網路架構(Relay Architecture)

多躍轉傳中繼網路架構(Relay Architecture)是由 BS 及中繼站(Relay Station, RS)所組成,如圖 5.5 所示,藉由設置中繼站來增加無線網路涵蓋範圍。基本上,多躍轉傳中繼網路架構具有建置成本低與容易建置的優點。RS 將來自於使用者的資料封包傳送給連接有線網路的基地台(可能通過其他的中繼點),基地台依照目的 MS 的位置轉送給特定 RS,RS 接收後再將資料傳送給目的 MS,如此,目的 MS 可以正確接到所需的資料。一般認為這樣的架構相較點對多點架構更適合真實環境的佈建。

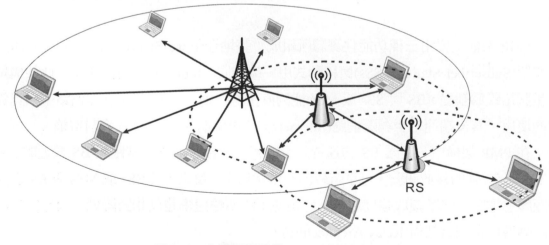

圖 5.5 中繼網路架構(Relay Architecture)

5-4　WiMAX 無線寬頻網路存取技術

IEEE 802.16 標準被喻爲是未來第四代無線寬頻網路技術標準候選之一，其原因在於利用高效率無線訊號傳輸與處理技術，具備了傳輸距離長，傳輸速率快，快速與低成本的佈建，適合實現最後一哩無線化之願景。以下將針對 WiMAX 無線寬頻網路存取技術進行深入的探討。

一、正交分頻多工(Orthogonal Frequency Division Multiplexing, OFDM)

正交分頻多工(Orthogonal Frequency Division Multiplexing, OFDM)是一種具備高速率資料傳輸的能力，加上能有效對抗頻率選擇性衰減，而逐漸獲得重視與採用。在 OFDM 系統下，單一通道(Channel)會切割成數個頻寬相等的子通道(Subchannel)，而每個子通道再由數個正交子載波(Orthogonal Subcarrier)所組成。OFDM 的基本概念爲將一高速傳輸資料，切割成數個低速傳輸資料，並將這些低速傳輸資料同時調變在數個相互正交的子載波上傳送。由於這些低速傳輸的資料所使用的頻寬遠小於正交子載波的頻寬大小，因此，具有消除信號間(Inter-symbol Interference)干擾問題，亦同時增強對抗頻率選擇性衰落能力。OFDM 技術主要的優點有以下幾項：

1. 免除延遲擴散的影響

無線電波在傳輸時，是以擴散的方式進行傳播，在傳送到接收端的途中，會因建築物等障礙物的影響，出現反射與折射的現象，因而訊號會因爲不同的傳播路徑與環境，形成不同程度的延遲與衰減，此種現象稱爲多路徑傳播效應(Multipath Propagation Effect)。而在此種效應下，因多路徑訊號抵達接收端的時間不同，造成訊號波型的失真則稱爲延遲擴散(Delay spread)。OFDM 技術在每個 OFDM 符元(OFDM Symbol)加入保護區間(Guard Interval)，來避免延遲擴散問題，然而一般使用全零(zero padding)的資料作爲保護區間(Guard Interval with Zero Padding)，會使子載波之間失去正交的特性，因此 OFDM 使用循環字首(Cyclic Prefix)來作爲保護區間，如此一來在避免延遲擴散問題的同時仍然能夠保持各個子載波之間的正交特性。

2. 較低的複雜度

傳統多載波調變需要使用數個弦波產生器來產生訊號，而 OFDM 的技術能夠容易的使用快速傅立葉轉換(FFT)與反快速傅立葉轉換(IFFT)來實作，取代傳統的弦波產生器降低實現 OFDM 技術的複雜度，增加數據的傳輸速率。

3. 高頻寬利用率

OFDM 透過過多載波調變的技術，使子載波之間互相正交，因此相鄰子載波間可以互相重疊而不會相互干擾，如此一來即可達到高頻寬利用率的目的。儘管 OFDM 的技術有上述的優點，但同樣的也存在著以下的問題：(1)對頻率偏移極為敏感：OFDM 的技術是利用調變(Modulate)技術造成子載波之間的正交來達到高頻寬利用率，而在接收端的解調變(Demodulate)是利用子載波的正交性，然而傳送端與接收端的設備震盪出的頻率可能會有誤差，因而產生頻率誤差，或是因都卜勒效應造成的頻率偏移，使得子載波正交性遭破壞。(2)訊號失真：OFDM 訊號是多個調變後的子載波訊號的疊加，因此，會有瞬間尖峰訊號，而此特性將造成放大器(Amplifier)所須操作線性區間過大，致使訊號失真。

二、正交分頻多工存取(Orthogonal Frequency Division Multiple Access, OFDMA)

在傳統的 OFDM 系統下，用戶端雖然可以選擇接收品質條件較好的 Subchannels 進行資料傳輸，但是單一通道只能指派給單一用戶，因此會有嚴重的頻寬浪費問題。如圖 5.6 所示，使用 OFDM 技術 User1, User 2 與 User4 並未使用全部的子載波，但因為 OFDM 的限制，剩餘未使用的子載波無法供其他使用者使用。為了保有上述之抗干擾優點，同時要增加頻寬利用率，因此，正交分頻多工存取(Orthogonal Frequency Division Multiple Access, OFDMA)的技術也因此進行發展。

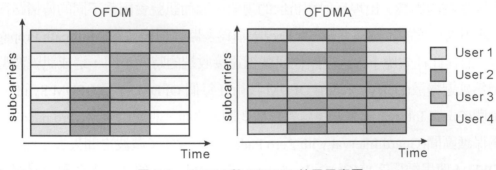

圖 5.6　OFDM 與 OFDMA 差異示意圖

OFDMA 是 OFDM 的演進。OFDMA 以 OFDM 為基礎，OFDMA 將數個子載波組合成一個子通道(subchannel)來進行資料的傳輸，OFDM 與 OFDMA 的最大差別在於，OFDMA 可以根據每個用戶選擇對其條件較好的子通道來進行資料傳輸。OFDMA 的子通道為頻率的基本單位，一個子通道由數個子載波組成，而依照子載波是否連續可區分成以下兩類：

1. 相鄰式子載波

　　子通道內的子載波是由相鄰的子載波組成，由於每個子通道是由相鄰的子載波所構成，因此，對於單一使用者在每個子通道上接收資料時會有不相同的接收品質，此種類型的組合方式適合低移動速度狀態的使用者使用，如圖 5.7 所示。

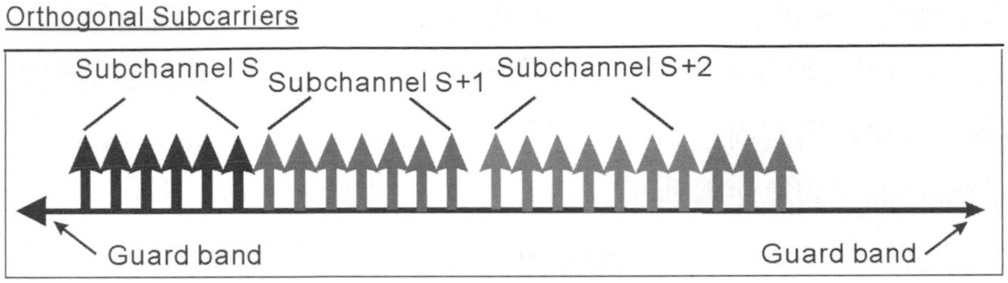

Orthogonal Subcarriers

圖 5.7　相鄰式子載波

2. 分散式子載波

　　子通道內的子載波由分散在頻段上的子載波組成，此種組成方式有較高的頻道多樣性，由於每個子通道是由分散的子載波所構成，因此，對於單一使用者在每個子通道上接收資料時會有相同的接收品質，此種類型的組合方式適合高移動速度狀態的使用者使用。如圖 5.8 所示。

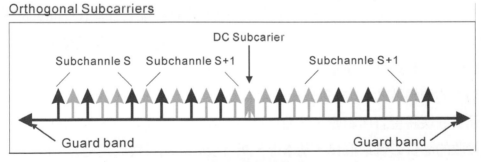

圖 5.8　分散式子載波

　　在 OFDMA 技術下，用戶可以選擇接收品質條件較好的子通道進行數據傳輸，因此，就單一通道(Channel)而言，一組用戶可以同時到單一通道傳送或接收資料。相較於傳統的 OFDM 技術，OFDMA 以提升頻寬利用率的優勢，同時具備 OFDM 抗干擾之特性，被認為是未來第四代無線通訊系統的實體層標準。

三、智慧型天線(Smart Antenna)技術

智慧型天線(Smart Antenna)的概念源自於於適應性天線陣列(Adaptive Antenna Array)，最初是應用於雷達、聲納和軍事通訊領域，近年來由於數位訊號處理技術的迅速發展、IC 處理速度的提高和價格的普及，使得 Smart Antenna 在無線通訊系統中的運用可能性大幅提高。

所謂 Smart Antenna，可視為一種充分利用空間資源進行訊號品質提升、干擾抑制(或消除)及適應性波束調整的機制。其最初的運用模式是利用天線陣列提供之天線增益(Antenna Gain)用以提升訊號接收品質，以對抗無線通道的多路徑衰落現象。另一種更具智慧的方式是利用方向性天線對於單一方向發射出波束(Beamforming)，運用具自我適應、調整功能之演算法驅動陣列天線，使之產生特定的波束形狀，將主波束對準目標，用以強化接收品質。由於 Smart Antenna 的天線技術有助於訊號接收的品質，對於抑制干擾與增加頻寬的使用率亦有莫大的助益，因此，亦被認為是未來第四代無線通訊系統的實體層標準。

四、適應性調變和編碼技術(Adaptive Modulation and Coding, AMC)

適應性調變和編碼技術(Adaptive Modulation and Coding, AMC)，支援多種調變以及向前糾錯(Forward Error Correction, FEC)的編碼技術。AMC 技術的核心概念是基於不犧牲誤碼率(Bit Error Rate, BER)的前提下，基地台(Base Station, BS)根據使用者回報的通道品質(channel condition)，以及系統所要求的服務品質保證(Quality of Service, QoS)限制，自動對不同使用者調整適合的調變(Modulation)以及編碼(Coding)。

適應性調變和編碼技術是一種考量在 Channel 變化較大的環境中增加使用者資料傳輸成功率的傳輸技術，由於訊號在空氣中傳播會因為地形、天候等自然因素，Channel 的接收品質好壞將會有所影響，然而在這些眾多的影響因素中，收送端之間的距離對於訊號接收的品質影響最直接，基本上，訊號接收的品質與收送雙方之間的距離關係是成反比的，收送雙方的關係較近通常會有越好的訊號接收的品質，反之，通常有較差的通道狀況，如圖 5.9，靠近 BS 的用戶，例如 SS_1，可以使用比較快的傳輸速率(如 64-QAM)進行資料傳送，而遠離 BS 的用戶，例如 SS_4、SS_5、MS_1 與 MS_2，必須使用較慢的傳輸速率(如 QPSK)進行資料傳送來確保資料能夠正確接收。

　　用來評估訊號接收品質的好壞通常會使用接收到的訊號與雜訊的比值來進行評估，若比值愈高，表示接收品質愈好，資料接收的成功率也就相對提高，反之，則接收品質愈低，資料的成功率也就相對降低，適應性調變和編碼技術是相當有效率的一種技術，其可在因時間而變動的通道條件下，對於不同收訊與雜訊的比值使用不同的調變與編碼技術來進行傳輸，使之提高資料傳輸成功率，因此，在未來第四代無線通訊系統中亦是重要技術之一。

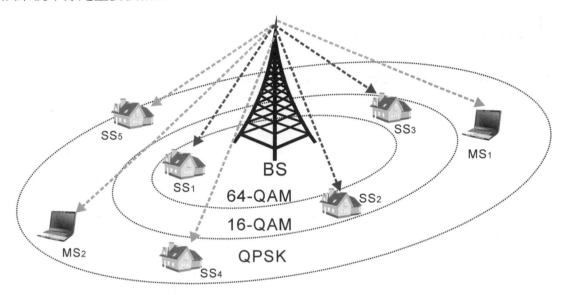

圖 5.9　適應性調變和編碼技術(Adaptive Modulation and Coding Scheme)

五、服務品質保證

　　現今網路有許多不同的服務，而不同的網路服務，對於網路延遲的容忍度都不盡相同，例如對於 VoIP 或者 IPTV 的使用者來說，延遲就是非常不能容忍的情形，然而對於使用文字訊息交談甚至是使用 E-mail 的使用者來說，幾毫秒甚至是幾秒鐘的延遲並沒有太多的差別，服務品質保證(QoS)是一種針對不同用戶與不同服務保證其延遲在容忍限度以內的一種機制，服務品質保證的機制對資源有限的網路來說是非常重要的。為滿足不同需求的服務，因此，WiMAX 提供五種不同的服務品質保證類別，分別詳述如下，同時整理如表 5.2 所示。

1.　免請求之服務(Unsolicited Grant Service, UGS)：

　　用於支援固定大小、固定週期之資料封包的 Constant bit rate 即時性(Real-time)資料流，由於資料每次產生的大小與時間間隔均屬相同，BS 與 MS 之間只要達成協議，接下來的資料傳輸與接收均可透過推算的方式來進行。除了固定週期固定大小之外，此種資料具有即時性，換言之，傳送端從開始傳送資料到接收端正確接收到資料所耗費的時間必須小於最大容許延遲。除了延遲時間受到限制，每次封包到達的時間之差異亦受到規範，我們定義此時間差異爲延遲變動。每次的延遲變動必須要低於最大容許延遲變動。此類的資料如專線 T1/E1 服務或無訊號期間不作壓縮的 VoIP 服務。

表 5.2　五種不同的服務品質類別

服務品質類別	頻寬要求方式	應用	參數
UGS	連線最初建立時進行協調	無靜音抑制 VoIP	最大持續速率 最大容許延遲 最大容許延遲變動
rtPS	Bs 單播詢問	IPTV，視迅會議	最大持續速率 最大容許延遲
ertPS	Bs 週期性配置	含靜音抑制 VoIP	最大持續速率 最大容許延遲 最大容許延遲變動
nrtPS	Bs 單播詢問．競爭	FTP，網頁服務	最大持續速率 最小持續速率
BE	競爭	E-mail	無

2. 即時輪詢服務(real-time Polling Service, rtPS)：

用於支援可變動大小、變動傳輸週期之即時資料流。此種資料流與 UGS 同屬於即時的資料，因此，均受限於最大容許延遲，但 rtPS 與 UGS 不同的地方在於資料產生的週期與資料的大小不固定性，因此，每次在傳送資料前，BS 必須單方面的詢問 MS 是否有資料要傳送與資料大小。爲了避免突來的資料量過大與頻寬限制，因此，該資料流的流量必須介於最大持續速率與最小持續速率間。舉凡 MPEG(Moving pictures Experts Group)影音資料流等間歇產生不規則大小封包的服務，均屬此類的資料流。

3. 延伸之即時輪詢服務(extended real-time Polling Service, ertPS)：

用於支援無訊號期間有壓縮的 VoIP 服務。Skype 即是此項服務的最佳例子。當發話端在講時，此時發話端需要頻寬進行語音資料的傳輸，但是當發話端沒有任何的語音資料傳輸時，若仍像 UGS 配置相同的頻寬時將會造成資源浪費，若改採 rtPS 的方式，每次傳輸前都需要時先協調，將會有大多的頻寬在要求相同的資料傳輸，因此，ertPS 的設計主要能針對發話端目前的使用狀況，動態的調整頻寬的使用，如此，便能有效率地控管頻寬的使用。

4.　非即時輪詢服務(non-real-time Polling Service, nrtPS)：

用於具最低傳輸速率限制的資料流。此資料流非即時性，因此，不受限於最大容許延遲與最大容許延遲變動，唯一受限的地方在於頻寬資源，因此所分配的頻寬資源必須介於最大持續速率與最小持續速率間。除此之外，此資料流的特性與 rtPS 均具由資料產生的週期與資料的大小不固定性，每次在資料傳送前都必須事先進行溝通與協調，此類的資料服務例如檔案傳輸通訊協定服務(File Transfer Protocol, FTP)服務。

5.　盡力式傳輸服務(Best effort service, BE)：

與 nrtPS 均屬非即時性資料，不同於 nrtPS 的地方在於此服務不具有任何的服務品質保證，因此，當前述所有的服務均能夠被滿足的前提下，若有剩餘的頻寬資源可用時，BS 會將此頻寬用來服務此類的資料流，因此，持續速率不得大於最大持續速率。此類的服務如 HTTP 服務。

5-5　WiMAX 無線寬頻網路訊框架構

在無線寬頻網路中，資料傳輸主要可以分成兩方向：下載(Downlink, DL)與上傳(Uplink, UL)。下載傳輸方向係指由基地台傳輸資料給用戶端，而上傳方向係指是由用戶端傳輸資料給基地台。為了要有效控管資料傳輸，避免網路傳輸碰撞發生，IEEE 802.16 標準對於資源存取方式主要可以分成兩類：分時多工(Time Division Duplexing, TDD)與分頻多工(Frequency Division Duplexing, FDD)，分別簡述如下：

一、分時多工(Time Division Duplexing, TDD)

分時多工存取是利用時間分隔多工技術來分隔傳送及接收的信號，換言之，上傳與下載資料是發生在不同時間但是在相同的頻率。圖 5.10 為分時多工存取示意圖。分時多工存取的優勢在於可以根據上傳及下載的資料量，動態的調整對應的頻寬，如果上傳資料量大時，就會提高上傳的頻寬，若資料量減少時再將頻寬降低。

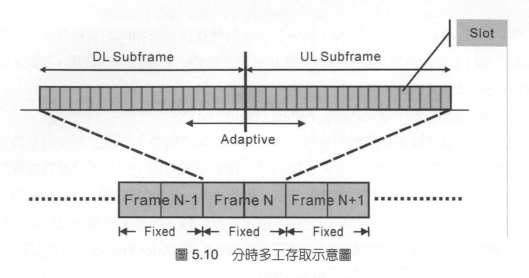

圖 5.10　分時多工存取示意圖

二、分頻多工(Frequency Division Duplexing, FDD)

　　分頻多工存取是利用頻率分隔多工技術來分隔傳送及接收的信號，換句話說，資料上傳與下載發生在相同時間但是在不同頻率上。圖 5.11 為分頻多工存取示意圖。相較於分時多工而言，若上傳及下載的資料量相近時，分頻多工比分時多工更有效率。其原因在於，在上傳及下載的資料量相近下，分時多工會在切換傳送接收時，浪費一些頻寬，因此延遲時間較長，而且其線路較複雜且耗電。

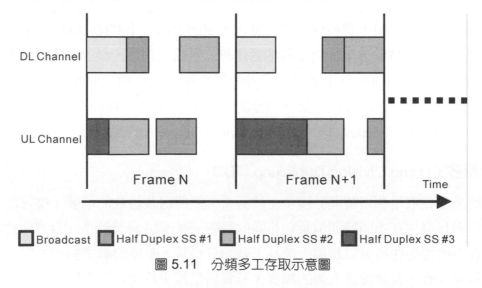

圖 5.11　分頻多工存取示意圖

　　在 IEEE 802.16 標準中，對於資源存取方式大多使用分時多工存取模式，分時多工存取模式主要是將整個頻譜以時間的方式切割成數個框架(Frame)，而這些框架主要提供給基地台與用戶端進行資料的傳輸與接收。IEEE 802.16 標準支援五種不同的實體層傳輸技術，不同的實體層傳輸技術所對應到個框架結構亦不相同，在這些支援的實體層技術中，正交分頻多重存取是目前最被廣泛討論與使用的實體層技術，因此，在此章節中，我們將以此實體層技術來說明 IEEE 802.16 框架結構。

圖 5.12 為 IEEE 802.16 OFDMA 框架結構示意圖，縱軸表示可使用的頻帶，透過不同的子通道化機制可以分割成數個子通道，橫軸表示 OFDMA Symbols。由於是分時多工模式，每個框架可以進一步切割成兩個子框架(Subframe)，每個子框架均是由數個實體時槽(Physical Slot)所構成，而一個實體時槽又是由一個或多個子通道與 OFDMA Symbols 所組成。依照資料傳輸方向不同，可以切割成下載子框架(Downlink Subframe)與上傳子框架(Uplink Subframe)。以下將分別就此兩子框架進行詳細的說明。

1. 下載子框架(Downlink Subframe)

下載子框架主要是提供給基地台傳輸資料封包或公告控制封包給服務的用戶。首先，基地台會定期於框架一開始時傳送前導封包(Preamble)，其主要個功能是提供基地台與用戶端進行實體層的同步，該封包會包含目前是第幾個框架與基地台識別碼，用來告知用戶端框架開始，由於作為同步用途，基地台會將該封包資料分散在頻道中所有的子通道上進行傳輸，並為期一個 OFDMA Symbol，用戶端接收到此基地台送來的封包後便可以知道該網路的相關訊息。緊接在前導封包後的是框架控制表頭(Frame Control Header, FCH)，該表頭為一控制封包，其內容包含了 Downlink Frame Prefix，其主要的功能用來定義之後的控制封包大小與傳送時所使用的調變編碼技術。當用戶端接收了此封包後，便可以得知何時為開始為資料封包，控制封包何時結束。

在 IEEE 802.16 系統中，由於要提供服務品質保證，所有的頻寬資源利用均由基地台統一集中分配，正由於統一管理，基地台有必要將整個頻寬資源的利用情況告知給所有的用戶知道，如斯，用戶端才可以知道自己該在哪個位置個時間點去進行資料接收與傳送。

當接收完 Preamble 與 FCH 兩封包後，接著，基地台會廣播下載地圖(Downlink MAP, DL-MAP)。DL-MAP 為此框架中最重要的封包之一，此控制封包的主要功能在於說明下載子訊框中的資源配置情況，其中，該封包內含下載地圖資訊元素(DL-MAP Information Element (IE))，用來說明用戶應在下載子訊框中的哪個 OFDMA Symbol 與子通道上進行資料接收，同時亦包含了接收時必須使用的調變編碼技術，因此，若用戶端在接收此封包時發生錯誤，便無法得知此下載子訊框中資源配置的情況，換言之，基地台在傳輸資料時也會造成傳輸錯誤而浪費頻寬。為了確保基地台服務範圍中的用戶均能穩定的接收，基地台在傳輸此封包時會使用較慢且安全的編碼機制來進行，如此，便可確保資料的正確接收。

　　除了下載資源的規畫情況可以透過 DL-MAP 封包接收而得知，上載資源的配置也必須知道，因此，當用戶端接收完 DL-MAP 後，緊接傳送的是上載地圖(Uplink MAP，UL-MAP)，類似 DL-MAP 封包結構，UL-MAP 亦會包含上載地圖資訊元素(UL-MAP Information Element(IE))，用來說明用戶應在上載子訊框中的哪個 OFDMA Symbol 與子通道上進行資料傳送，同時亦包含了傳送時使用的調變編碼技術，因此，若用戶端在接收此封包時發生錯誤，便無法得知此上載子訊框中資源配置的情況，換言之，用戶端的資料必須持續等到下個下載子訊框所公告的 UL-MAP 資訊才能進行資料傳輸，資料傳輸延遲也就順勢增加。因此，相同於 DL-MAP 封包，為了確保基地台服務範圍中的用戶均能穩定的接收，基地台在傳輸此封包時會使用較慢且安全的編碼機制來進行，如此，可確保資料的正確接收。

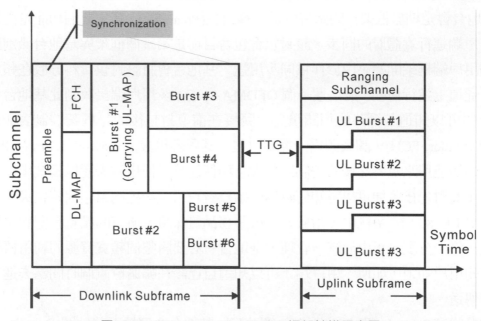

圖 5.12　IEEE 802.16 OFDMA 框架結構示意圖

　　當正確接收完這些控制封包後，用戶端便可以知道整個框架的頻寬規劃，並按照 DL-MAP 與 UL-MAP 上的指示到特定的子通道與 OFDMA Symbol 上去接收或傳送資料。在 IEEE 802.16 網路中，頻寬資源的分配基本單元為 Burst，如圖 5.12 所示，每個 Burst 是由子通道與 OFDMA Symbol 所組成的二維空間，為了要有效降低控制封包大小與公告的複雜程度，對於下載頻寬的配置必須為矩形，如此，基地台在公告 DL-MAP 封包時便可以使用四項資訊進行描述：Burst 的起始 Subchannel 編號、Burst 的起始

OFDMA Symbol 編號、Burst 佔的 Subchannel 數量與 Burst 佔的 OFDMA Symbol 數量，如此，用戶端便可以利用推算的方式，準確知道該在哪個 Subchannel 與 OFDMA Symbol 開始接收收資料，為期多長。

2. 上傳子框架(Uplink Subframe)

　　上傳子框架主要是讓網路中的用戶上傳資料或是控制封包給基地台。透過 UL-MAP 的接收，用戶端可以得知上傳子框架資源利用狀況。上傳子框架可以分成兩部分測距子通道(Ranging Subchannels)與資料傳輸子通道，其說明如下所示：

(1) 測距子通道(Ranging Subchannels)，首先，基地台會切割數個子通道提供新進的用戶端加入網路時提出申請的機會，這些子通道稱為測距子通道(Ranging Subchannels)，新進的用戶端欲加入網路時，必須在此競爭發言機會，詳細的流程將於下個章節進行描述，由於基地台無法準確的得知有多少新進用戶加入網路，因此，測距子通道的大小僅只能利用預估的方式來進行分配，且並非每個框架均有此空間。若測距子通道的大小大於新進用戶端數量時，會造成資源的浪費，進而影響資料傳輸子通道的空間，反之，若測距子通道的大小小於新進用戶端數量，部分的用戶端會因為機會不足而延遲加入網路，因此，如何預估測距子通道的大小是值得討論的議題。

(2) 資料傳輸子通道，除了測距子通道外，上傳子訊框另一部分為資料傳輸子通道，顧名思義，這些子通道提供用戶端上傳資料與控制封包使用，相同於下載子訊框，每個提供給用戶端使用的頻寬為一個 Burst，但是不同於下載子訊框的部分，每個 Burst 配置不為矩形，而是不規則形狀，其原因在於考量用戶端裝置傳輸電量限制，若採用矩形方式進行配置，將會導致用戶端在同一時間使用過多的電量來進行資料傳輸，而耗盡用戶端裝置電量，倘若採取將使用者資料散布在不同的時間上進行資料傳輸，將可以有效延長用戶端裝置所使用之電量。

5-6 MSs 初始進入 WiMAX 網路運作流程

當一個 MS 開機後要求進入 WiMAX 電信網路時，其運作方式主要可以分成下列十項步驟，整理如圖 5.13 所示，以下將分別就這十步驟的運作方式進行說明。

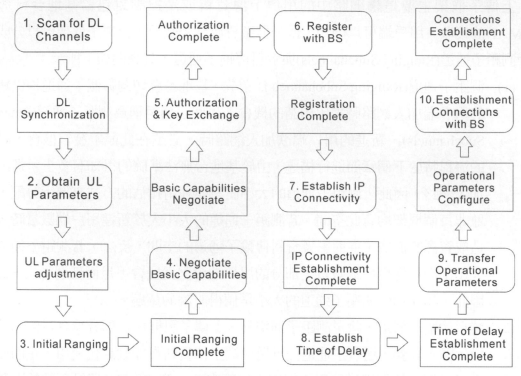

圖 5.13　MSs 初始進入 WiMAX 無線寬頻網路運作

一、下行方向通道的掃描與同步(Scan for Downlink Channel and Establish Downlink Synchronization)

當 MS 一開機時，首先會監聽空氣中各頻代的廣播訊號(Preamble)並找尋自己位於那些 BS 的服務範圍中，MS 會監聽一段時間並將自己聽到的訊息儲存下來，同時 MS 會挑選接收訊號最強的 BS 作為連線的對象，並嘗試與 BS 進行下行方向(BS to MS)的同步。一旦下行方向同步完成後，MS 便可知道該 BS 對於目前下行頻寬使用之規劃及相關傳輸時所使用之參數。

二、上行方向通道同步建立與獲取參數(Establish Uplink Synchronization and Obtain Uplink Parameters)

建立完下行通道的同步之後，MS 亦要針對上行方向(MS to BS)的頻道進行傳輸的同步。MS 會透過監聽該 BS 廣播之封包，得知 MS 傳輸給 BS 資料時所必須遵守之規範，其中包括目前上行頻寬的使用情況、傳輸速率、傳輸電量等相關參數，並將此傳輸的參數儲存於 MS 中，以便之後加入該網路時傳輸之依據。

三、初始化距離量測(Initial Ranging)

透過前述兩步驟，MS 可以對於要加入網路中的 BS 有了基本認識，但此時的 BS 完全不知自己的服務範圍中有新的 MS 要加入，因此，初始化距離量測的主要目的就是要讓 BS 知道 MS 的存在，進而才能夠提供該 MS 應有的服務。

在初始化距離量測時，由於 BS 不知道有多少新的 MS 要加入此網路，因此，BS 會切割一段頻寬供這些要求要加入網路的 MS 進行競爭並告知 MS 哪些頻寬可供使用，要求要加入網路的 MS 獲知此消息後，便會以競爭的方式發送 CDMA 測距碼來取得與 BS 溝通的發言機會，當 BS 接收到之後，便會以相同的 CDMA 測距碼告知接收成功。

由於競爭的 MS 數量不只唯一，因此，若 MS 發送 CDMA 測距碼後一直未收到 BS 任何反應，MS 便會認為之前送出去的 CDMA 測距碼是不成功的，此時的 MS 會再嘗試發送 CDMA 測距碼給 BS，因而造成頻寬之浪費。為了解決這項種競爭失敗而導致頻寬浪費的問題，IEEE 802.16 使用指數倒退的方式來減少傳輸失敗之機率。簡單的來說，當 MS 發現自己競爭發生失敗後，會以類似擲骰子的方式決定一適當傳輸時間後重新發送，如此，尚可避免傳輸失敗之問題。

當 MS 取得與 BS 溝通的發言機會後，BS 會利用 UL-MAP 廣播封包的告知該 MS 測距要求封包(RNG-REQ)發送的時間，接著 MS 便會發送 RNG-REQ 與 BS 進行溝通，當 BS 正確接收到 MS 發送的 RNG-REQ 後，首先會先透過 DL-MAP 廣播封包告知 MS 何時會回復 MS，接著 MS 在該時間去接收來自 BS 的測距回復封包(RNG-RSP)其中 RNG-RSP 包含了之後傳輸資料時所使用的連線識別碼等資訊。當 MS 接收到此回覆後，便完成測距之程序。詳細的初始化距離量測之程序，如圖 5.14 所示。

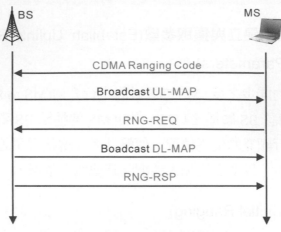

圖 5.14　初始化距離量測之程序

四、協商基本能力(Basic Capability Negotiation)

在初始化測距完成後，MS 與 BS 便要進一步溝通與協調之後資料傳輸時有哪些傳輸基本能力必須事先具備。在此步驟中，MS 會傳送一基本能力協調要求(SS' Basic Capability Request, SBC-REQ)給 BS，其中包含傳輸電量，是否支援傳輸電量控制等能力，當 BS 正確接收到此封包後，同樣會利用 DL-MAP 廣播封包告知 MS 何時該去接收回覆封包(SS' Basic Capability Response, SBC-RSP)，SBC-RSP 會包含之前 MS 所提及的能力是否 BS 有支援，並利用 SBC-RSP 的封包告知 SS，透過一來一往的傳輸能力協調，若 MS 與 BS 有達成共識，一來一往的封包交換便完成此程序，反之，必須經過多次的封包交換，直到 MS 與 BS 之間有共識為止，方完成此程序。詳細的封包交換程序，如圖 5.15 所示。

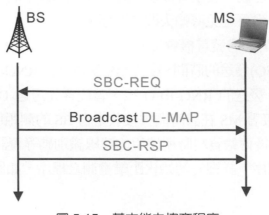

圖 5.15　基本能力協商程序

五、認證與私鑰交換(Authorization and Key Exchangement)

　　當完成基本能力協調後，BS 要如何驗證是否爲合法的 MS，因此，BS 與 MS 間必須要進行認證與私鑰的交換來進行驗證其合法性。首先，MS 會發送私鑰交換的請求封包(Private Key Management, PKM)Request 請求與 BS 進行私鑰的交換，當 BS 接收到此封包後會私鑰將進行加密並透過私鑰交換的回覆封包(Private Key Management, PKM)Response 回覆給 MS，此時，若該 MS 爲合法的 MS 時，MS 就可以取得私鑰進行之後加密資料的通訊，若爲不合法的 MS，該 MS 便無法取得私鑰進行解密之動作。詳細的封包交換程序，如圖 5.16 所示。

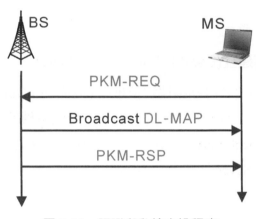

圖 5.16　認證與私鑰交換程序

六、註冊(Registration)

　　經過基本能力協商後，MS 便要向 BS 進行註冊程序要求加入該網路，在 WiMAX 中，註冊是一種允許 MS 加入網路的重要程序，在此程序中，MS 向 BS 發送註冊要求封包(Registration Request, REG-REQ)請求加入此網路。當 BS 接收到註冊要求封包後，會考量目前的網路負載狀況等相關網路因素，決定是否要讓該 MS 加入網路中，當 BS 決定要讓 MS 加入此網路時，BS 會以 DL-MAP 廣播封包告知 MS 何時該去接收註冊回復封包(Registration Response, REG-RSP)，接著 MS 會依照 BS 規定的時間去接收註冊回復封包完成註冊程序。詳細的註冊要求封包與註冊回復封包交換程序，如圖 5.17 所示。

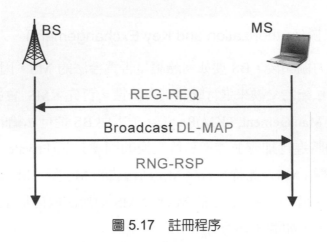

圖 5.17　註冊程序

七、網路協定位址連結建立(Establish IP Connectivity)

　　完成註冊後，MS 必須取得網路協定位址(Internet Protocol Address)才能通訊，在 WiMAX 網路中，網路協定位址的分配主要是由動態主機設定協定伺服器(Dynamic Host Configuration Protocol Server, DHCP Server)進行分配，而非 BS，但大多數的 WiMAX 網路中，DHCP Sever 通常會與 BS 進行連結，因此，MS 可以透過 BS 取得網路協定位址。

八、日期時間的建立(Establish Time of Day)

　　由於準確的日期時間同步是 WiMAX 網路中非常重要的事，因此，在網路協定位址取得後，MS 會嘗試與後端時間伺服器進行日期時間校準，其日期時間校準協定是基於網際網路工程任務小組(Internet Engineering Task Force，IETF)所定義的 RFC 868 檔案。MS 請求日期時間校準封包與後端時間伺服器回應封包，均是基於使用者資料流通訊協定(User Datagram Protocol, UDP)型式進行傳送，透過與後端時間伺服器的溝通，MS 可以從時間伺服器取得的日期時間偏移推算目前網路中所使用的日期與時間。

九、網路運作參數的轉移(Transfer Operational Parameters)

　　日期時間資訊校準完成後，MS 會透過 BS 向所屬的電信業者下載該用戶訂閱之服務，同時取得服務的參數。

十、與 BS 建立連線(Establish Connection with BS)

當 MS 完成上述的步驟之後，MS 便可以與 BS 進行資料的傳輸。在 WiMAX 網路中，所有 MS 與 BS 傳輸資料前，會先與 BS 先建立連線，其原因在於 BS 可以針對不同的資料型態提供所需的頻寬資源，滿足不同的服務品質保證。當連線建立完成後，MS 便可以向 BS 請求所需的頻寬，BS 會透過頻寬請求的蒐集與目前頻寬使用狀況評估來分配所需的頻寬，接著，MS 與 BS 才能進行資料的傳輸。

基於上述的描述，首先，MS 會以競爭方式傳送動態增加服務請求訊息(Dynamic Service Addition Request, DSA-REQ)給基地台，請求建立連線，值得注意的是 DSA-REQ 只能針對單一服務的申請，換句話說，對於 MS 要傳送語音資料，就會產生一組連線，因此，對於單一 MS 而言，當有不同的服務需求需要傳輸時，就會有不同的連線產生且必須建立。當 BS 收到 DSA-REQ，BS 會回傳動態增加服務回覆訊息(Dynamic Service Addition Response, DSA-RSP)給 MS 告知連線建立。當 MS 接收到 DSA-RSP 時，便可以向 BS 發送頻寬需求封包請求傳送資料時所需的頻寬，當 BS 接收到頻寬需求封包後，會依照服務的不同與總和該 MS 的頻寬需求，分配頻寬給 MS 並告知在何處傳輸資料，此時，MS 與 BS 便可以利用此頻寬進行資料傳輸。

前述提及的無線寬頻網路運作雖屬基本，但有許多相關的細節礙於文章的空間尚未於本章節中進行描述，有興趣了解相關細節的同學可以參閱[1]。除了前述的基本運作外，無線寬頻網路的運作還包含了許多重要議題，這些議題點列並概述如下：

1. 換手機制(Handoff / Handover Mechanism)

由於使用者可能處於移動狀態而遠離目前提供服務的基地台，此時使用者就需要進行基地台服務的轉移，此基地台服務轉移的程序稱之為換手。換手機制主要可以分成兩種：硬式換手(Hard Handoff/Handover)與軟式換手(Soft Handoff/Handover)。簡單來說，當使用者裝置橫跨相鄰兩基地台通訊範圍間，使用者裝置在與新基地台進行連線前，已先與原服務基地台切斷連線，此類換手稱之為硬式換手(Hard Handoff/Handover)，若使用者裝置在與新基地台進行連線時仍保有與原服務基地台連線，當原服務基地台將目前的服務完全轉移至新基地台後才切斷使用者裝置與原服務基地台的連線，此換手方式稱之為軟式換手(Soft Handoff/Handover)。在無線寬頻網路中，兩種的換手方式均有支援。有興趣研究換手機制的同學可以參閱[1]。

2. 群播與廣播服務(Multicast and Broadcast Service)

在無線寬頻網路中，資料的傳輸除了單播(Unicast)外，當網路中的使用者有相同資料需求時，若仍然使用單播方式一對一傳輸時，將會導致網路中充斥相同的資料傳輸，不僅浪費頻寬，還會導致部分的資料無法傳輸降低封包接收率。因此，在無線寬頻網路中，針對具有相同資料需求的使用者，將使用者進行分群，以群播或廣播的方式使用單倍的頻寬來進行資料傳輸，如此，可以降低頻寬的浪費。

3. 省電機制(Power Saving Mechanism)

由於使用者裝置通常是使用電池進行供電，當裝置運作一段時間後可能會耗盡裝置的電池電量，因此，在無線寬頻網路運作中，使用者裝置支援省電機制有其必要性。同時，省電機制必須要能夠針對不同的資料服務來進行設計。在 IEEE 802.16 針對即時性的資料、非即時性的資料與控制封包提供不一樣省電模式，以提供服務品質保證。有興趣研究省電機制的同學可以參閱[1]。

5-7 結論

無線通訊技術正在改變人們的溝通、生活及工作模式，未來的無線寬頻網路，因為其寬頻且可攜式的特性，幾乎可取代今日有線與無線網路接取模式。以目前網路的使用情況，將會有更多更便利的網路服務與需求會漸漸地出現，無線寬頻網路與有線網路如何相互合作，以滿足用戶多媒體及語音通話等服務品質之需求，將是現有的有線/無線電信業者努力的目標。

習　題

1. 試比較正交分頻多工(Orthogonal Frequency Division Multiplexing, OFDM)與正交分頻多工存取(Orthogonal Frequency Division Multiple Access, OFDMA)之差異。

2. 試說明 IEEE 802.16 標準中，支援哪兩種的網路拓樸？

3. 在 IEEE 802.16 標準演進中，支援多躍轉傳的版本為何？

4. IEEE 802.16 標準支援五種不同的服務，分別為何？

5. 試說明何謂適應性調變和編碼技術(Adaptive Modulation and Coding, AMC)？

6. 試列舉 OFDM 技術之優點與缺點。

7. 國家分配的頻段影響了無線網路的規劃及系統容量，電信業者必須依國家的法規取得使用執照才能使用頻段。在台灣負責管理電信業者使用頻譜的執照之政府機關為何？

8. 在台灣，目前取得 WiMAX 頻譜使用執照的電信業者為何？

9. 在行動台灣計畫中，何項計畫是由內政部負責執行，主要是以建置 WiMAX 為基礎的無線寬頻網路，作為鋪設光纖網路之用？

10. 試簡述 MSs 初始進入 WiMAX 網路運作流程。

參考文獻

[1] "IEEE Standard for Air Interface for Broadband Wireless Access Systems," IEEE Std 802.16-2012 (Revision of IEEE Std 802.16-2009) , vol., no., pp.1-2542, 2012.

[2] "IEEE Standard for Local and Metropolitan Area Networks Part 16：Air Interface for Broadband Wireless Access Systems," IEEE Std 802.16-2009 (Revision of IEEE Std 802.16-2004) , vol., no., pp.1-2080, 2009

[3] "IEEE Standard for Local and Metropolitan Area Networks Part 16：Air Interface for Fixed Broadband Wireless Access Systems," IEEE Std 802.16-2004(Revision of IEEE Std 802.16-2001) , vol., no., pp.1-857, 2004

[4] "IEEE Standard for Local and Metropolitan Area Networks Part 16：Air Interface for Fixed Broadband Wireless Access Systems," IEEE Std 802.16-2001 , vol., no., pp.1-322, 2002

[5] "IEEE Standard for Local and Metropolitan Area Networks Part 16：Air Interface for Broadband Wireless Access Systems Amendment 1：Multihop Relay Specification," IEEE Std 802.16j-2009 (Amendment to IEEE Std 802.16-2009) , vol., no., pp.1-290, 2009

[6] The IEEE 802.16 Working Group on Broadband Wireless Access Standards：http：//www.ieee802.org/16/

[7] Intelligent Taiwan：http：//www.intelligenttaiwan.nat.gov.tw

[8] 李蔚澤, 2006, WiMAX 藍海商機-通訊技術與策略佈局, 碁峰資訊股份有限公司。

[9] 李蔚澤、許家華, 2007, WiMAX 技術原理與應用(Fundamentals of WiMAX), 碁峰資訊股份有限公司。

[10] 資策會網路多媒體研究所, 2006, WiMAX 都會寬頻無線之星, 資訊尖兵雜誌

[11] 顏春煌，2008，行動與無線通訊，碁峰資訊股份有限公司。

[12] Peters, S.W. and Heath, R.W., "The Future of WiMAX：Multihop Relaying with IEEE 802.16j," IEEE Communications Magazine, vol. 47, no.1, pp.104-111, Jan., 2009

[13] 行政院國家資訊通信發展推動小組：http：//www.nici.nat.gov.tw/

WNMC

Chapter 6

電信網路

6-1　電信網路簡介

　　電信網路系統從第一代的類比式系統(Analog system)，進入到第二代的數位化系統(Digital system)，除了改善頻率的效率和提昇通訊的品質，也降低所造成的干擾。第一代行動通訊標準簡稱為 1G(The first generation)，從 1980 年代起開始使用，也稱為類比式行動電話系統。第一代行動通訊標準(1G)和第二代行動通訊標準(2G)網路最主要的差異是 1G 使用類比調變(Analog modulation)，而 2G 則是使用數位調變(Digital modulation)。雖然兩者都是利用數位信號(Digital signal)與發射基地台(Base station)做連接，不過 2G 系統的語音調製採用數位調變，而 1G 系統則將語音調製在更高的頻率上，一般在 150MHz 以上。第一代行動通訊標準(1G)的通話方式，皆使用類比調製(Analog modulation)、分頻多重存取(Frequency Division Multiple Access)以及語音(Voice)進行傳送[1]。

　　第二代行動通訊標準簡稱為 2G(The second generation)，一般定義在無法直接進行資料傳送，如電子郵件、軟體等資訊，但卻具有通話的通訊技術規格。手機簡訊SMS(Short Message Service)在 2G 的某些規格中能夠被執行。全球行動通訊系統簡稱為 GSM(Global System for Mobile communications)，是當前應用最為廣泛的行動電話標準。全球超過 200 個國家和地區超過 10 億人正在使用 GSM 電話。GSM 標準的廣泛使用，使得行動電話運營商之間在簽署「漫遊協定」後，用戶的國際漫遊變得很平常。GSM 較其它標準最大的不同，則是 GSM 的信令和語音通道都是數位的，而 GSM 標準則是由 3GPP(3rd Generation Partnership Project)組織負責制定和維護。

　　第二‧五代行動通訊標準簡稱為 2.5G，是運作在第二代行動通訊標準(2G)與第三代行動通訊標準(3G)之間的手機通訊技術，比 2G 連線快速，但卻慢於 3G 的一種通訊技術規格。2.5G 除了能共享 2G 所開發出來的 TDMA(Time Division Multiple Access)和 CDMA(Code Division Multiple Access)的規格，也提供一些在 3G 才有的特別功能，例如封包交換技術。最常見的 2.5G 系統就是 GPRS(General Packet Radio Service)；GPRS 系統的中文譯為「整體封包無線電服務技術」。另外還有一些通訊系統的協議已具有 3G 標準的 1 秒達 144kbit 的速度，但這已經是通訊系統的極限，而真正的 3G 速度是以 Mbit 計算的，故只能將 GPRS 系統列為 2.5G。

　　第三代行動通訊標準為新一代的行動通訊系統，簡稱為 3G(The third generation)，用來將無線通訊和網際網路等多媒體通訊做結合，除了可處理圖像、音樂、視訊等形式，並提供網頁瀏覽、電話會議、電子商務等資訊服務。無線網路則必須能夠支援不同的數據傳輸速度，也就是說在室內、室外和行車的環境中，必須能夠分別支持至少 2Mbps、384kbps 以及 144kbps 的傳輸速度。由於採用了更高的頻帶和更先進的無線(空中介面)存取技術(Access technology)，3G 標準的網路通訊品質較 2G、2.5G 網路有了很大提高，例如軟切換技術(Soft switching)，可使處在高速運動中的移動用戶，在駛出一個無線小區域並進入另一個無線小區域時不再出現掉話現象。而更高的頻帶範圍和用戶分級規則使得單位區域內的網路容量大大提高，同時通話允許量也大大增加。3G 最大的優點即是高速的數據下載能力。相對於 2.5G(GPRS/CDMA1x)100kbps 左右的速度，3G 隨使用環境的不同約有 300k~2Mbps 左右的水準。

4G(Fourth Generation)的縮寫，指的是行動通訊系統第四代，也是 3G 之後的技術延伸。以技術標準的角度，按照 ITU(International Telecommunication Union)的定義，低速移動狀態傳輸速率達到 1Gbps，在高速移動狀態下可以達到 100Mbps，為 4G 的技術標準。從營運商的角度，除了與現有網路的可兼容性外，4G 要有更高的數據吞吐量、更低時延、更低的建設和運行維護成本、更高的鑒權能力和安全能力、支持多種 QoS 等級。4G 也意味著更多的參與方式，更多技術、行業、應用的融合，不再局限於電信行業，還可以應用於金融、醫療、教育、交通等行業；通訊終端能做更多的事情，例如除語音通訊之外的多媒體通訊、遠端控制等；結合區域網路、網際網路、電信網路、廣播網路、衛星網路等融為一體組成一個互聯網，無論使用什麼終端設備，都可以享受高品質的資訊服務，向寬頻無線化和無線寬頻化演進，使 4G 滲透到生活各方面，並可為行動雲端作為行動終端的重要無線網路接口技術。

第五代行動通訊技術(5G)，因應智慧手機和平板電腦等裝置的銷售暴增，意味行動通訊網絡乘載的數據流量將日益增加。雖然目前最新的第四代行動通訊(4G)技術有助紓緩流量堵塞，可見不久後可能連 4G 都無法滿足需求。無線通訊業正開始思考第五代行動通訊(5G)技術，以因應日漸增加的需求。每代通訊技術都提升一套新功能實現能力，2G 是聲音傳輸，3G 是數據傳輸，4G 是影音傳輸，5G 可能是套能處理數十億種網路裝置、且能穩定運作的智能網絡。不過，就官方而言，5G 技術還在研議當中，制定產業標準的國際電信聯盟(ITU)尚未完整發展出 5G 的定義。

圖 6.1 描繪了電信網路發展的過程[2]，本章節在接下來部份會分別介紹各代的行動通訊技術，第 6-2 節將介紹 2G 行動通訊技術 GSM、第 6-3 節是介紹 2.5G 行動通訊技術 GPRS、第 6-4 節會說明 3G 行動通訊技術 UMTS、3.5G 行動通訊技術 HSDPA 在

第 6-5 節介紹、IMT-Advanced 國際技術標準以及 4G 行動通訊技術 LTE/LTE-Advanced 分別在第 6-6 節和第 6-7 節介紹。

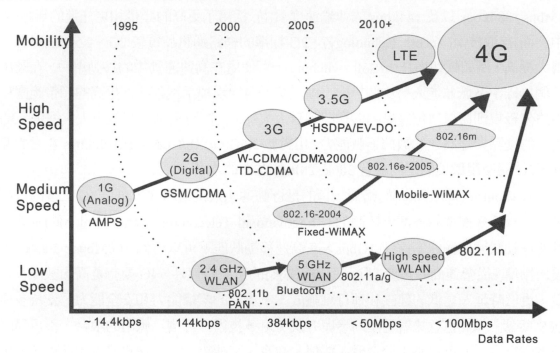

圖 6.1　電信網路相關發展

6-2　2G 行動通訊技術

　　全球移動通訊系統(GSM，全名爲 Global System for Mobile Communication)，原稱爲 Group Special Mobile，在 1990 年底被制定爲數位行動網路標準，是當前應用最爲廣泛的行動電話標準，該標準主要說明如何將類比式的語音轉爲數位的訊號，再藉由電磁波傳送出去，各國的電磁波頻道有所差異，通常運作在 900MHz、1800MHz 及 1900MHz。

　　GSM 系統最早是將無線電波的操作頻率制定於 900MHz，稱爲 GSM900，後來又另外加制定於 1800MHz，稱 GSM1800(又稱 DSC1800、Digital Communication System)，因此 900MHz、1800MHz 都是 GSM 系統的無線電波發射頻率。也有爲北美定義出操作頻率 1900MHz 的 GSM1900(稱爲 PCS，Personal Communication System)。GSM900、GSM1800、GSM1900 最主要的不同只在於操作的頻率，頻率越高，系統可以容納的通話容量就越多，但是無線電波傳播時，高頻電波的衰減較低頻電波來的大。

GSM 在台灣被稱爲泛歐式數位行動電話系統，是全球佔有率最大的第二代蜂巢式行動通訊系統，全球超過 200 個國家和地區超過 10 億人正在使用 GSM 行動電話，因此 GSM 被看作是第二代(2G)行動電話系統。在這一章中將說明 GSM 系統的架構與運作方式[3]。

一、行動台(MS，Mobile Station)

主要由用戶識別模組(Subscriber Identity Module，SIM)和手機通訊模組(Mobile Equipment，ME)組合而成，如圖 6.2 所示，透過無線電介面(Um interface)與基地台子系統(Base Station Subsystem，BSS)相互通訊，SIM 的主要功用是儲存用戶的資料及認證加密的服務，例如：電話名單、短訊息和安全程序參數等相關資料。手機通訊模組(ME)的主要功用則是 GSM 手機(MS)與基地台(BS)通訊所需的無線軟體及硬體，SIM 可以和不同的 ME 相結合，但必須同時存在 MS 中，否則無法使用 GSM 網路。MS 在 GSM 的標準上，不只有目前最常見的手機，所有的 MS 設備約可區分爲二個類別，第一種類別是 Vehicular Mounted，手機固定於汽車內部，汽車內有固定的手機插座，手機天線安裝於汽車外。第二種是手持式(Handheld)，手機設計如手掌般大小，體積小重量輕，目前最流行的手機屬於此類別。

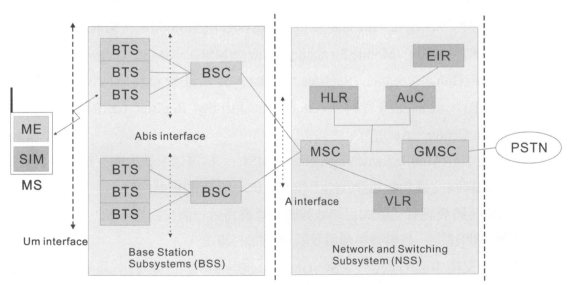

圖 6.2　GSM 系統架構

二、基地台子系統(BSS)

基地台子系統(Base Station Subsystem，BSS)的系統架構，如圖 6.2 所示，包括有基地收發台(Base Transceiver Station，BTS)及基站控制台(Base Station Controller，BSC)，透過 BSC 將手機(MS)及行動交換中心(Mobile Switching Center，MSC)做連結，再與網路及交換子系統(NSS)相連結[4]。說明如下：

1. 基地收發台 BTS(Base Transceiver Station，BTS)：包括發射機(Transmitter)、接收機(Receiver)與無線介面(Abis interface)相關之訊號處理設備，負責接收及發送與手機間的無線電波訊號，透過無線電介面與 MS 進行資料的傳送與接收，並處理與手機通訊的無線電介面信號，在通話過程中執行信號強度測量(Signal strength measurement)，BTS 則會把自己與 MS 的信號測量數據轉交給 BSC 做處理。

2. 基站控制台 BSC(Base Station Controller，BSC)：為 BSS 系統的訊號處理中心，主要負責無線電資源管理、通道頻道的分配(Channel assignment)、跳頻控制、換手(Handover)管理、無線電性能量測、功率控制等程序，利用 BSS 的線路交換功能與 GSM 網路的 MSC 相連，分配及回收無線電通道以及 MS 換手(Handoff)管理。

三、網路及交換子系統(NSS)

網路及交換子系統(Network and Switch Subsystem，NSS)的系統架構，如圖 6.2 所示，包括有行動交換中心(Mobile Switching Center，MSC)、GMSC(Gateway MSC)、本籍註冊資料庫(Home Location Register，HLR)、客籍註冊資料庫(Visitor Location Register，VLR)、設備認證資料庫(Equipment Identity Register，EIR)及認證中心(Authentication Center，AuC)[5]。

1. 行動交換中心(Mobile Switching Center，MSC)：為電信系統上的交換機，負責執行基本的線路交換功能和計費的工作，將 BSC 進來的撥號內容，透過無線介面(A interface)，將發話者撥號的目的地號碼，傳遞到另一個交換機 MSC 上，最後在所有交換機間建立一條撥號手機與受話手機間的連線。

2. 閘道行動交換中心(Gateway MSC, GMSC)：包含 MS 的位置資訊，是 PCS (Personal Communication Systems)網路與 PSTN(Public Switched Telephone Network)等其他網路連接的閘道，可將電話轉接到使用者目前所在的 MSC，當有來電時，此電話會先接到 GMSC，才會向 HLR 詢問手機的位置。

3. 本籍註冊資料庫(Home Location Register，HLR)：主要功能除了記錄電話號碼及加值服務的紀錄外，另一重要的工作是紀錄目前手機使用者的所在地區，當 GMSC 需要建立連線時，會先查詢 HLR 裡有紀錄的使用者目前位置。

4. 客籍註冊資料庫(Visitor Location Register，VLR)：主要功能為儲存系統用戶的資料，為了方便與手機通訊，GSM 系統將整個地理區域分成很多小單位，稱為 Location Area(LA)，每個 LA 區域都會連接到 VLR。VLR 會將 LA 的暫時性資料，不定時地送到 HLR 內儲存，為了增加連線建立的速度和減少網路負載，HLR 會將手機用戶驗證資料送到各 LA 內的 VLR 儲存。

5. 認證中心(Authentication Center，AuC)：為通訊系統的驗證中心，主要用來認證用戶 SIM 卡之真偽，通常會與 HLR 結合在一起。除了記錄一些和驗證有關的資料，還負責計算驗證(Authentication)需要的 SRES 參數與編碼(Ciphering)需要的 Kc 參數。當手機使用者撥接上 GSM 系統時，手機上的 SRES 參數和 Kc 參數必須與系統的相同，才能進行加密及解密的訊號處裡。

6. 設備認證資料庫(Equipment Identity Register，EIR)：主要功能為防止手機失竊遭盜用，GSM 系統包含一個驗證手機的資料庫 EIR。EIR 記錄所有手機的 IMEI 識別碼(如產品的序號)，可限制被竊或被盜的手機使用系統的權利。

6-3　第 2.5 代行動通訊技術

　　GPRS(General Packet Radio Service)系統的中文譯為「整體封包無線電服務技術」，是架構在現有 GSM 系統之上的服務，將通訊的內容改用封包(Packet)的方式來傳送，以降低 TDMA 分時技術可能產生的浪費情形，由於 GSM 電信網路的語音通話是以電路交換(Circuit-Switch)的方式，而網際網路上的資料傳遞則以封包交換(Packet-Switch)的方式，儘管這兩種網路皆有很好的發展，但是因為兩個網路不同的交換結構，導致彼此間的網路幾乎都是獨立運作，並不互相連接，對核心網路(Core Network)徒增許多信令負擔[6]。GPRS 是 GSM 行動電話用戶可用的一種移動數據業務，經常被描述成「2.5G」，而這項技術位於第二代(2G)和第三代(3G)移動通訊技術之間。

　　在 GPRS 核心網路(Core network)有兩個主要的新增節點，如圖 6.3 所示，分別為 Serving GPRS Supporting Node(SGSN)和 Gateway GPRS Supporting Node(GGSN)，通常合稱為 GSN(GPRS Support Node)節點。

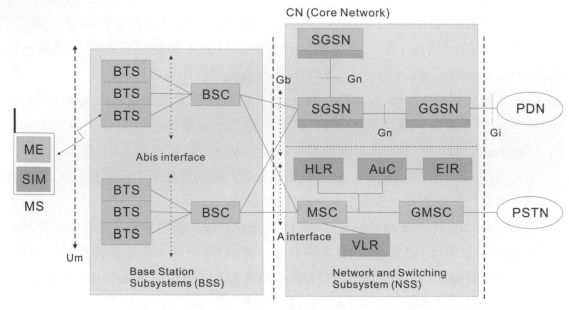

圖 6.3　GPRS 系統架構

一、SGSN(Serving GPRS Supporting Node)

　　SGSN 具有路由轉發、邏輯鏈路管理及加密的功能，主要的工作是將使用者無線部分的資料轉送到 GPRS 網路中，負責將外部網路的資料，透過無線網路介面(Gn)傳送給 GGSN(Gateway GPRS Support Node)，轉到無線網路介面(Gi)傳送給使用者。SGSN 對封包數據使用者的行動性(Mobility)有著重要的任務，當手機(MS)連線到 GPRS 網路，MS 會有一個 Logical connection 到它的 SGSN，藉由無線網路介面(Gb)接收由 BSC 所傳送的訊號，並且在不同基地台之間執行換手(handover)，而不需要改變 Logical connection。當封包傳送到 MS，SGSN 則會紀錄所使用的 BSC(Base Station Controller)。SGSN 的功能近似於標準的 IP router，也可以用來處理行動網路的問題，例如：使用者的認證、IP 位址的分配、編碼等。通常一個使用者會在同一個 SGSN 很長一段時間，使用者假使移動到另一個 SGSN 的服務範圍內，則會執行 Inter-SGSN 換手(handover)，儘管大部分的使用者並不會特別注意到此情況，但也因此造成前一個的 SGSN 所暫存的封包，可能透過更高一層的網路 Layer 來丟棄並且重新傳送[7]。

二、GGSN(Gateway GPRS Supporting Node)

　　GGSN 就如同是系統業者的閘道器(Gateway)、防火牆、IP router 的組合，IPv4 的網路位址數目並不足以讓每個手機都擁有一個 IP 位址，因此手機的 IP 位址可以分為靜態配置(固定使用者的 IP 位址存放在 HLR)或是動態配給(由 GGSN 和 DHCP 伺服器共同來負責配發)。GGSN 負責處理外界 IP 網路、Internet Service Providers(ISP)、Routers、Remote Access Dial-In User Service(RADIUS)伺服器以及其他鄰近節點的介面。對外界 IP 網路而言，GGSN 像是個 Gateway 可以在其網域中替使用者發送封包，而 GGSN 會將 MS 所使用的 SGSN 記錄下來並將封包個別地發送。

　　GGSN 和 SGSN 不但可合併在同一節點成為 Compact GSN(CGSN)來解決，也可以彼此放在相距很遠的地點，透過 backbone 來連結，因為 backbone 可以與其他系統業者或其他人(系統業者可決定架構)分享，因此使用一個 Tunneling protocol 稱為 GPRS Tunneling protocol(GTP)，經由 GPRS backbone 的封包在 IP 以及 TCP 兩層之間並不是最有效率的，但卻可以使 GPRS 更安全並且容易建置[8]。

　　由於 GSM 電信網路的語音通話是以電路交換(Circuit-Switch)的方式，而網際網路上的資料傳遞則以封包交換(Packet-Switch)的方式，儘管這兩種網路皆蓬勃發展，但是因為兩個網路不同的交換架構，導致彼此間的網路幾乎都是獨立運作，並不互相連接，如圖 6.4 所示，電信業者的 GSM 網路只與有線公眾電話(PSTN)連接，在電信業者的服務區域(Service Area)內，皆為電路交換的傳輸方式[9]。

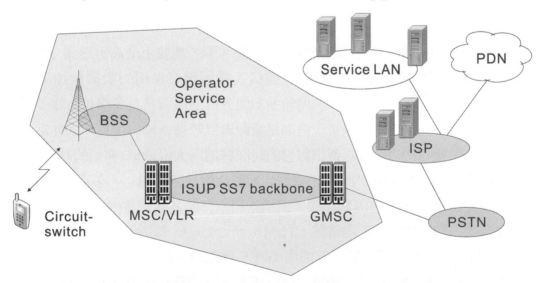

圖 6.4　電信業者的 GSM 網路只能進行電路交換的傳輸方式

　　制定 GPRS(General Packet Radio Service)標準的目標，就是要改變這兩種網路互相獨立的現況。GSM 網路升級到 GPRS 網路的方法，是在現有的 GSM 網路上，加上 GGSN 與 SGSN 兩種數據交換節點設備，對於 GSM 網路原有的 BTS、BSC 等通訊設備，只需要軟體更新或是多加一些連接元件，因爲 GGSN 與 SGSN 數據交換節點具有處理封包的功能，所以使得 GPRS 網路能夠和網際網路互相連接，如圖 6.5 所示，數據交換的數據資料(Data)與交換訊號(Signaling)皆以封包來傳送。當手機用戶進行語音通話時，由原有 GSM 網路的設備負責電路交換的傳輸，當手機用戶傳送封包時，由 GGSN 與 SGSN 負責將封包傳輸到網際網路。

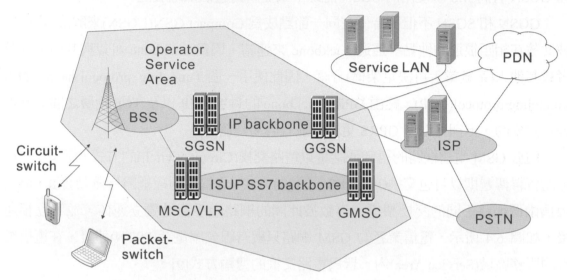

圖 6.5　電信業者的 GPRS 網路能同時進行電路交換與封包交換兩種傳輸方式

　　GPRS 手機(MS)和基地台間的無線電波傳輸速率，理論上最高可達到 171kbps，GSM 網路上的數據傳輸只有 9.6kbps，連個人電腦撥接常用的數據機速率也只有 56kbps，因此 GPRS 網路 171kbps 的傳輸速率使各種應用服務具多樣化。除了傳輸速率提高外，GPRS 網路將隨時保留一些網路資源做爲數據傳輸的用途，因此當 GPRS 手機收到傳輸數據的指令到實際傳出封包的時間將能夠大幅降低，典型的時間介於 0.5 ～1 秒間，相較於 GSM 網路內，當手機開始撥號到傳送資料爲止，必須歷經約 5～25 秒間。GSM 網路升級成 GPRS 網路後，仍然延用原有的通訊頻譜(Spectrum)與 TDMA 多重存取方式，當使用 GSM 網路時，TDMA 將 200kHz 頻道切割成 8 個時槽(Time Slot)，8 個時槽皆用於語音通話，若使用 GPRS 網路時，系統將保留幾個時槽用於數據傳輸，其餘的時槽仍作爲語音通話，電信業者可依照語音的通話量，彈性的調整數據傳輸與語音通話分別佔用的時槽個數，使通訊頻譜的使用更有效率。舉例來說，在上下班時段的語音通話量較大，通訊頻段應保留較多的時槽供語音通話使用，在深夜時段的語音通話量較少，通訊頻段可將不傳送語音的時槽，提供給使用者作數據傳輸使用[9]。

本章節介紹 GPRS 網路的多項優點後，GPRS 網路非全然完美，GPRS 網路商業化後，也面臨許多的問題。傳輸速率遠低於理論速率：雖然理論上 GPRS 網路的傳輸速率最高可達到 171Mbps，但因為 GPRS 手機的無線訊號易受到其他的 GPRS 手機用戶和基地台之間的干擾，因而無法在良好的無線傳輸環境下運作，也無法避免 GPRS 手機週遭通常有許多其他的 GPRS 手機用戶的干擾。

6-4　3G 行動通訊技術

在介紹 3G 行動通訊技術之前，先說明為了 3G 行動通訊技術所準備的 IMT2000 國際技術標準。

一、IMT2000 國際技術標準

第三代 (3G) 行動通訊系統曾被稱為 FPLMTS(Future Public Land Mobile Telecommunication System)，後被國際電信聯合會 ITU(International Telecommunication Union)更名為 IMT-2000(International Mobile Telecommunications-2000)[10]。

在國際電信聯合會 ITU(International Telecommunication Union)提出規格上的需求，請各國各個區域性制定標準的組織依據其需求發展 IMT-2000 的規格，ITU 選定的 5 種 3G 陸地無線電技術包括了 IMT-DS(Direct Spread)、IMT-MC(Multi-Carrier)、IMT-TC(Time-Code)、IMT-SC(Single Carrier)和 IMT-FT(Frequency Time)，如圖 6.6 所示，說明如下。

1. IMT-DS：採用直接序列(Direct Spread)展頻技術，亦可稱為 IMT-2000 CDMA Direct Spread(DS)。此技術是由歐洲電信標準協會與日本的通信協會主導。IMT-DS 的無線電技術是採取 WCDMA-FDD(Wideband Code Division Multiple Access-Frequency Division Duplexing)方式，由 3GPP 組織來制定相關標準。3GPP 所制定的第三代行動通訊系統稱為 UMTS(Universal Mobile Telecommunications System)，其核心網路主要沿用 GSM/GPRS 核心網路技術並加以改進，同時具備與 GSM/GPRS 相容互運的特性。

2. IMT-TC：採用分時編碼(Time Code，TC)技術，即採用分時多工(Time Division Duplexing, TDD)的分碼多重進接 CDMA 技術。IMT-TC 包括兩種技術，分別為 WCDMA TDD 模式和分時-同步分碼多重進接 TD-SCDMA(Time Division - Synchronous Code Division Multiple Access)。由於採用分時多工，所以 TDD 技術

最大的優點在於上下行傳輸雖然在相同的頻段上發送，但可以採用不同的調變技術，給予不同大小的傳輸時間。

3. IMT-MC：採用多重載波(Multi-Carrier，MC)技術，由北美第二代行動通訊所演進而來，依循 IS-95 規範，其載波頻寬爲 1.25MHz。爲了達到 IMT-2000 標準規範的速度，因此合併 3 個 1.25MHz 載波來提供更高的傳輸速率，故稱爲 Multi-Carrier。

4. IMT-SC：採用單一載波(Single carrier，SC)的技術，由美國 TIA 主導。主要延伸自北美 IS-136 規範以及 GSM 增強數據率演進 EDGE(Enhanced data rates for GSM evolution)，被稱爲 UWC-136/EDGE。它的核心網路沿用 IS-41 核心網路。

5. IMT-FT：採用分頻/分時多重存取(FDMA/TDMA，FT)與分時多工(TDD)的技術。當初由歐洲 ETSI 所主導，基礎於數位增強無線電話系統 DECT(Digital enhanced cordless telephone)架構上。

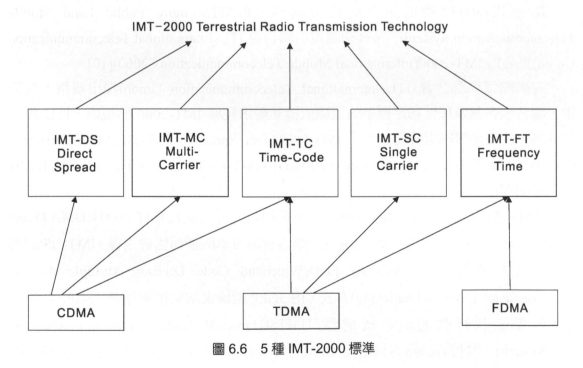

圖 6.6　5 種 IMT-2000 標準

二、第三代無線行動通訊技術

第三代無線行動通訊技術(3G)的三大技術通訊協定標準目前主要包括了中國大陸的 TD-SCDMA、美國的 CDMA2000 與歐洲和日本共同支持的 W-CDMA/UMTS。W-CDMA/UMTS 技術，爲歐洲 GSM 業者所參與制定的規格[11]。

1. 分時同步分碼多重擷取系統(Time Division - Synchronous CDMA，TD-SCDMA)：
   TD-SCDMA 是由中國大陸獨自制訂的第三代無線行動通訊技術標準，中國原郵
   電部電信科學技術研究院(大唐電信)於 1999 年 6 月 29 日向 ITU 提出，此技術發
   明始祖爲西門子公司，TD-SCDMA 在無線部分是透過分時雙工(Time-Division
   Duplex，TDD)的方式來傳輸資料。因此支援 TD-SCDMA 的手機與基地台設備彼
   此對於時間同步的掌握需要相當的精準。中國大陸龐大的市場，十分受到各大主
   要電信設備廠商的重視，全球一半以上的設備廠商都宣佈可以支援 TD-SCDMA
   標準。TD-SCDMA 具有低輻射的優點，也被稱爲綠色 3G。並且在頻譜利用率、
   頻率靈活性、成本及對業務支援等方面具有相當優勢。

2. CDMA2000：CDMA2000 是由 CDMA IS95 技術發展的寬頻 CDMA 技術，也稱爲
   CDMA Multi-Carrier，美國高通北美公司所提出，摩托羅拉、Lucent 和韓國三星
   皆是此系統的參與者，目前主導此標準者爲韓國。這套 CDMA2000 系統是從窄
   頻 CDMA One 爲基礎衍生而來，可以從原有的 CDMA One 結構直接升級到 3G，
   硬體通訊佈建的成本較低廉。此系統目前使用的地區爲日、韓和北美，使用的支
   持者較 W-CDMA 少。然而，CDMA2000 的研發技術進度卻是領先目前各標準，
   許多 3G 手機皆已問世許久。CDMA2000 的核心網路 Core Network 將會以 CDMA
   One 所使用的 IS-41 標準爲基礎再延伸出去，以使得 CDMA2000 可以與 CDMA
   One 的核心網路相容，並達成通訊漫遊的目的。

3. 寬頻分工多重擷取系統(Wideband Code Division Multiple Access，W-CDMA)：
   W-CDMA 也稱爲寬頻分碼多重存取(Wideband Code Division Multiple Access
   -Direct Spread)，是一種使用 CDMA 技術的無線行動通訊服務，這套系統主要是
   由日本的 NTT DoCoMo 所開發，而核心網路的部分是基於歐洲所定的 GSM 系統
   核心網路延伸發展出來的 3G 技術規範，目的爲達到國際間漫遊。支持者主要是
   以 GSM 系統爲主的歐洲廠商，日本公司也參與其中。包括歐美的易立信、諾基
   亞、阿爾卡特、朗訊、北電以及日本的夏普、富士通、NTT 等廠商。在 GSM 系
   統相當普及的亞洲對這套新技術的接受度相當高。因此 W-CDMA 具有較先天的
   優勢。而歐洲所提出的 UMTS 陸地無線電接取網路(UMTS Terrestrial Radio，UTRA)
   由於與 W-CDMA 的技術內容大致相容，所以歐洲的行動電信開發廠商，也傾向
   採用 W-CDMA 的技術。

1996 年由國際電信組織(ITU)提出通用移動通訊系統(Universal Mobile Telecommunications System，UMTS)，屬於 3G 蜂窩移動通訊系統的一個標準。由於 UMTS 使用 W-CDMA 空中介面技術的第三代行動通訊系統標準，所以 UMTS 也稱為 W-CDMA 系統。UMTS 採用了第二代行動通訊系統類似的架構，為 3GPP(3rd Generation Partnership Project)組織制定的 Release 6 版本。

UMTS 3GPP 的網路架構如圖 6.7 所示，主要分為三個部分：用戶端設備(User Equipment，UE)、UMTS 陸地無線電接取網路(UMTS Terrestrial Radio Access Network，UTRAN)及核心網路(Core Network，CN)。UTRAN 是由基地台(Node B)和無線電網路控制器(Radio Network Controller，RNC)所構成。UTRAN 處理所有與無線傳輸有關的功能，而核心網路則是負責語音和數據的處理並實現和外部網路介面的連接。從邏輯上核心網路又可以分為電路交換領域(Circuit Switch Domain，CS)和分封交換領域(Packet Switch Domain，PS)。

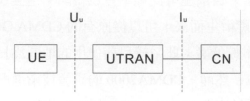

圖 6.7　UMTS 架構(採用 3GPP)

用戶行動終端設備(UE)大部分是指手機，而介於 UE 和 UTRAN 之間的介面稱為 Uu 介面，Uu 介面事實上是所謂的空中介面。介於 UTRAN 網路和核心網路之間的介面稱為 Iu 介面。

三、UTRAN 的主要介面(UTRAN interfaces)及 W-CDMA/UMTS 核心網路架構

UMTS 網路 UTRAN 部分的主要介面包括：Uu、Iub、Iur、Iu 等。UTRAN 的介面具有的特色為開放性的介面(Open interface)、無線網路層和傳輸層分離、控制面(Control plane)和用戶面(User plane)分離。IuCS、IuPS、Iub、Iur 介面均架設於非同步傳輸模式(Asynchronous Transfer Mode，ATM)網路的架構上，透過 ATM 來傳送無線電層(Radio Layer)的通訊協定，以提供較佳的服務品質。W-CDMA/UMTS 3GPP 的核心網路架構如圖 6.8 所示。在這個版本中核心網路的部分，沿襲了許多原本的 GSM/GPRS 核心網路架構，差別在 3GPP 中，無線電網路(Radio network)和核心網路做了一個清楚的區隔。UTRAN 由許多 RNS(Radio Network Subsystem)子網路所組成。RNS 包括一個 RNC 與數個 Node B 相連。RNC 與 Node B 使用 Iub 介面相連。每一個 RNC 會透過 IuPS 介

面與一個 SGSN 之間相連，並透過 IuCS 介面與一個 MSC 相連。一個 RNC 可與數個 RNCs 透過 Iur 介面相連。底下將分別介紹 UTRAN 的主要介面及 W-CDMA/UMTS 核心網路架構[11]。

1. Uu 介面(Uu interface)：Uu 介面是 W-CDMA 的無線介面，UE 透過 Uu 介面連到 WCDMA 系統的網路，因此 Uu 介面可以說是 UMTS 網路中最重要的開放介面。

2. Iub 介面(Iub interface)：Iub 介面是連接 3G 基地台(Node B)和 RNC 之間的介面，Iub 屬於開放式的標準介面，因此允許 Node B 和 RNC 可以是來自不同的電信設備製造商。

3. Iur 介面(Iur interface)：Iur 介面是不同 RNC 之間連結的介面，因此 Iur 是 UMTS 系統特有的介面，RNC 可以透過 Iur 對 UE 進行移動管理。例如在不同的 RNC 之間做軟交遞(Soft handover)時，UE 的所有訊息都是透過 Iur 介面從目前的 RNC 傳送至候選的 RNC。Iur 是屬於開放式的標準介面。

4. Iu 介面(Iu interface)：Iu 介面是連接 UTRAN 和核心網路，此介面是一個開放式的標準介面，這使得 UTRAN 和核心網路可以分別由不同的電信設備製造商來生產。

5. 核心網路(Core Network，CN)：核心網路主要負責交換與傳送使用者通話或是資料的連線到外部網路。並且可分為電路交換領域(CS)及分封交換領域(PS)。

　　電路交換領域是由傳統的電路交換服務構成，包含訊號傳輸。資源元件保留先前 GSM 的連接設置，包含 MSC、GMSC、VLR。電路交換領域連接到 RNS 透過 Iu 介面的部分，稱為 IuCS。電路交換領域仍然可以利用傳統的 GSM 網路部分連接到 BSS，但是需要額外的功能(新的協定等)。

　　分封交換領域(Packet Switch Domain)：分封交換領域使用 GPRS 元件 SGSN 和 GGSN 而且藉由 IuPS 部分的 Iu 介面連接 RNS。兩者的領域需要資料庫 EIR 用於設備的識別，而 HLR 用於位置的管理(包括 AuC 用於認證和 GR 用於使用者個別的 GPRS 資料)。

6. 用戶行動終端設備(UE)：UE 由兩部分組成，包含行動設備(Mobile Equipment，ME)及 UMTS 用戶識別模組(UMTS Subscriber Identity Module，USIM)，而 USIM 透過 Cu 介面連接到 ME。

　　行動設備通常是指手提電腦、攜帶型遊樂器、個人數位助理(PDA)、行動電話、智慧型手機之類的行動計算裝置，行動設備的無線終端透過 Uu 介面用於之間的無線通訊。

UMTS 用戶識別模組是應用在 UMTS 手機的一種 UICC 智慧卡，可插入對應的 3G 手機來使用行動電話服務。USIM 卡可儲存使用者資料、電話號碼、認證資料及為簡訊提供儲存空間。為提供認證服務，USIM 卡儲存一組長期的加密鑰匙，與網路的認證中心(AuC)共用。

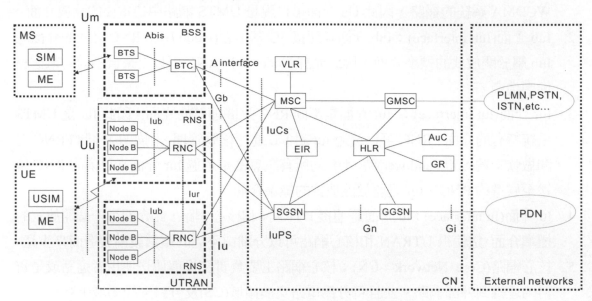

圖 6.8　W-CDMA/UMTS 的核心網路架構

7. 無線接取網路(Radio Access Network，RAN)：RAN 又包含了 GSM(Global System for Mobile Communications)與 GPRS(General Packet Radio Service)的基地台子系統(Base Station Subsystem，BSS)與 UMTS 陸地無線電接取網路(UTRAN)。RAN 主要是負責處理與無線電有關的工作，所以將原本 GPRS 和 SGSN 中處理無線電的工作，拿到 RNC 來處理。例如換手(Handover)以及 RRM(Radio Resource Management)改由 RNC 負責。VLR 在 CS domain 中與 MSC 結合，而在 PS domain 中與 SGSN 結合。

四、UTRAN(UMTS Terrestrial Radio Access Network)的架構介紹

UTRAN 架構的架構如圖 6.9 所示。UTRAN 負責提供用戶端設備(UE)接取核心網路 (CN) 服務的功能。 UTRAN 包含了多個無線電網路子系統 (Radio Network Subsystem，RNS)，是由一組透過 Iu 介面連接到核心網路的無線電網路子系統(RNS)組成。每個 RNS 都包含一個無線電網路控制器(RNC)以及許多基地台(Node B)。

Node B 負責執行實體層的功能，包括展頻／解展頻、調變／解調變、編解碼、軟交遞／換手(Soft handover)之訊務分流與合併，以及無線電資源管理功能的功率控制功能。RNC 主要負責無線電資源管理及與核心網路介面連接的功能。RNC 的無線電資源管理包括允許機制、交遞控制、功率控制及負載控制等。每個 Node B 的涵蓋範圍稱為細胞(Cell)，而每個 Node B 可包含大約 1 到 3 個細胞。核心網路是由 HLR、3G-SGSN 和 GGSN 所組成[12]。

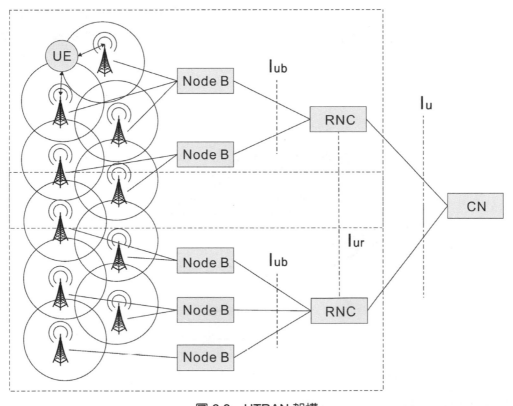

圖 6.9　UTRAN 架構

UTRAN 的介面內外部由四個實體組成：Iu、Uu、Iub 和 Iur。在 UTRAN 內，無線電網路子系統(RNS)內的 RNC 之間可透過 Iur 介面進行連接，Iur 介面是特別為支援跨 RNC 之間的軟交遞通訊功能而設計的。其中 Iu 和 Uu 是對外的介面，至於 Iub 和 Iur 則是對內的邏輯介面。Iu 介面是負責連接無線電網路控制器(RNC)與核心網路(CN)。Uu 介面是負責連接 Node B 與用戶端設備(UE)。Iub 介面是負責連接 RNC 與 Node B，RNC 負責控制 Node B。還有，RNC 與 RNC 之間是由 Iur 介面負責連接。

五、實體層(Physical Layer，PHY)

處理 W-CDMA 無線電傳輸技術的基頻與射頻為實體層的主要工作，實作主要是在 UE 及 Node B 上執行。訊號透過射頻模組發射到空中的通道稱為實體通道(Physical channel)，實體層與其上 MAC 層間的介面稱為傳輸通道(Transport channel)，傳輸通道的資料會對應到下層的實體通道傳輸，如圖 6.10 所示，W-CDMA 無線電傳輸技術採用直接序列展頻(Direct Sequence Spread Spectrum，DSSS)方式將用戶資訊展頻成約 5MHz 頻寬(3.84Mcps)，因此所有用戶是同時使用同一個頻率，但是每個用戶使用不同的展頻碼。對於傳送速率較低者，需要較小的傳送功率；相對傳送速率較高者，需要較大的傳送功率。

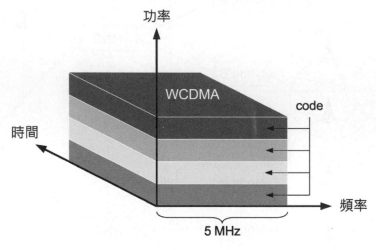

圖 6.10　WCDMA 分碼多工

圖 6.11 為 W-CDMA 展頻與攪亂程序示意圖，手機除了要做展頻程序，也要做攪亂程序。用戶資料傳送端使用通道碼(Channelization code)做完展頻至 38400chips，之後再使用攪亂碼(Scrambling code)進行攪亂程序；所以攪亂碼不會影響訊號頻寬。

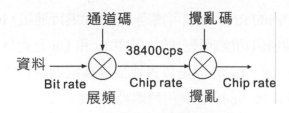

圖 6.11　WCDMA 展頻與攪亂程序

如表 6.1 所示，通道碼採用正交可變展頻因子(Orthogonal Variable Spreading Factor，OVSF)將用戶資料展頻至 3.84Mcps。傳送速率較高者，展頻因子(Spreading factor)相對較小；傳送速率較低者則使用較大的展頻因子。

以上傳來說，通道碼主要用來分辨同一支手機送出的控制通道和資料通道；以下載來說，是用來分辨同一細胞內的不同手機。攪亂碼(Scrambling code)主要用來區別不同訊號源。因此以上傳來說，攪亂碼是用來分辨不同的手機；以下載來說，是用來分辨不同的細胞。關於通道碼和攪亂碼的比較[12]。

表 6.1　通道碼和攪亂碼的比較

	通道碼(Channelization code)	攪亂碼(Scrambling code)
種類	正交可變展頻因子(OVSF)	長碼採用 Gold code 短碼採用 Extended S(2) code
用途	上傳：分辨同一支手機送出的實體控制通道和資料通道 下載：分辨同一細胞內送給不同手機的通道	上傳(Uplink)：分辨不同的手機 下載(Downlink)：分辨不同的細胞
長度	可變長度： 上傳：4～256chips(佔 1ms～66.7ms) 下載：4～512chips	固定長度：10ms frame (使用 38400 chips 的攪亂碼)
數量	視展頻因子是長度而定。	上傳：2^{24} 個 下載：512 個

六、傳輸通道至實體通道之對應

傳輸通道的設計主要是配合實體層可變速率的需求。依屬性可分為：專用通道(Dedicated channel)和共用通道(Common channel)[13]。專用通道是指專用的無線電，供某一個特定的 UE 來使用。共用通道是單一無線電提供給所有的 UE 或某一些 UE 共用。一般來說不同的傳輸通道會對應至不同的實體通道，但有些傳輸通道會對應至相同的實體通道。傳輸通道與實體通道之間的對應關係，如圖 6.12 所示，其中除了 DCH 是專用通道，其餘皆為共用通道。

1. 專用通道(Dedicated Channel，DCH)：為雙向傳輸通道，負責傳輸 UE 的資料訊息。是傳輸通道中唯一屬於專用的通道，負責傳送上層的資料(例如:語音或是封包資料)。

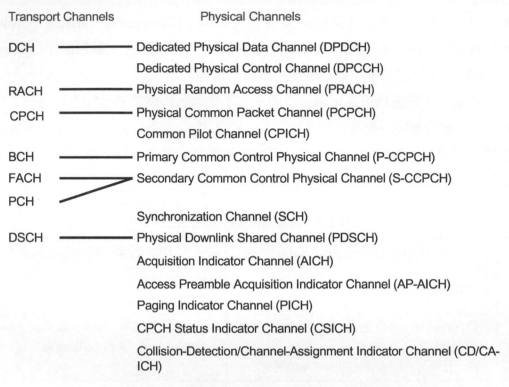

圖 6.12 傳輸通道與實體通道之間的對應關係

2. 隨機存取通道(Random Access Channel，RACH)：為單向上傳的傳輸通道，負責傳輸 UE 發送的控制訊息。提供給 UE 用來傳送控制訊息給無線網路端(例如:要建立一個通話連線)，由於 RACH 傳輸可涵蓋整個細胞(Cell)的範圍，因此它所能提供的傳輸速率有限，僅能用來傳送小量的使用者資料。

3. 共用封包通道(Common Packet Channel，CPCH)：為共用的上傳的傳輸通道，負責傳輸資料訊息。CPCH 主要用來傳輸 UE 上傳的大量資料封包，與 RACH 最大的不同在於它使用快速功率控制機制與實體層的碰撞偵測，使得 CPCH 可以提供較好的傳輸。

4. 廣播通道(Broadcast Channel，BCH)：為單向下載的傳輸通道，負責傳輸網路資訊給所有 UE 使用。BCH 用來廣播系統相關資訊到無線網路所屬的 Cell，當 UE 無法讀取 BCH 的資料時，將會造成該 UE 無法對目前的基地台註冊。所以說 BCH 傳輸功率必須夠大，以便讓 UE 可以順利讀取該通道的訊息。

5. 順向存取通道(Forward Link Access Channel，FACH)：為單向下載的傳輸通道，負責傳輸控制訊息給特定的 UE。FACH 與 PCH 一樣都是透過實體層通道的 S-CCPCH(Secondary-Common Control Physical Channel)來傳送資料。它可以獨立

使用一個 S-CCPCH 或是與 PCH 共用 S-CCPCH。由於 FACH 並不需要先建立一個專用的連線，也不具備快速功率控制，所以當無線網路收到 UE 透過 RACH 傳送的訊息，可以透過 FACH 傳送低速率的回應訊息給使用者通訊設備。如同 BCH 一樣，為了可以讓所有在無線通訊網路中的通訊設備都可以接收並解碼 FACH 的資料，所以 FACH 通道的傳輸速率並不高。

6. 呼叫通道(Paging Channel，PCH)：為單向下載的傳輸通道，負責傳輸呼叫程序的訊息。當無線網路要與使用者的通訊設備建立一個連線時，就會透過 PCH 來傳送訊息(例如:有人撥電話給該使用者)。根據系統規劃上的不同，可以針對使用者目前所在的 Cell 發送訊息，或是對一群 Cell 發送訊息。

7. 下載共享通道(Downlink Shared Channel，DSCH)：為單向下載的傳輸通道，負責傳輸特定 UE 的資料封包或控制訊息。DSCH 為共用通道，它的用途類似 FACH，不同之處是它支援快速功率控制，並可以根據使用情況動態改變 Frame 的傳輸速率。DSCH 不像 FACH 與 BCH 需要讓整個 Cell 的用戶都收到訊息，所以可以提供較充分彈性的傳輸速率。

七、媒體存取控制(Media Access Control，MAC)

第二層協定中最底層的通訊協定為 MAC。MAC 與下面實體層間的通道為傳輸通道，與其上的 RLC 協定間的通道稱為邏輯通道(Logic channel)。而 MAC 的主要功能，依據邏輯通道是屬於共用、專用或廣播的特性來選用適當的傳送通道；依據 RRC 的控制，選擇適當的傳送通道格式，以達到 UMTS 可變速率和 QoS 要求[13]。

邏輯通道依據所載送資料的類別分成兩類：控制通道(Control channel)和訊務通道(Traffic channel)。UMTS 定義的四種控制通道與其傳輸通道間的對應關係，如圖 6.13 所示。

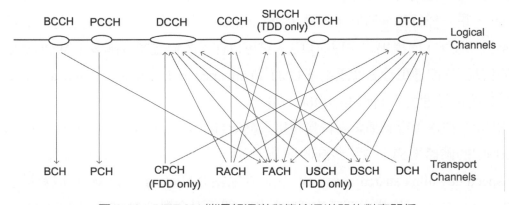

圖 6.13　UTRAN 端邏輯通道與傳輸通道間的對應關係

控制通道(Control Channel)用來傳送控制訊息，包括以下通道：

1. 廣播控制通道(Broadcast Control Channel，BCCH)：為下載的邏輯通道，負責傳送系統控制資訊。

2. 呼叫控制通道(Paging Control Channel，PCCH)：為下載的邏輯通道，負責傳送建立連線的呼叫訊息。

3. 共用控制通道(Common Control CHannel，CCCH)：為雙向且一對多的邏輯通道，負責傳送核心網路和使用者之間的控制資訊。CCCH 通常對應到 RACH/FACH 等傳送通道。

4. 專用控制通道(Dedicated Control CHannel，DCCH)：為雙向且一對一的邏輯通道負責載送 UE 與 RNC 之間的專用控制訊息。

訊務通道(Traffic channel)用來傳送用戶所傳送的訊務資料，包括以下通道：

(1) 專用訊務通道(Dedicated Traffic Channel，DTCH)：為使用者專用的一對一雙向通道，負責傳送使用者與使用者之間的通訊資料。

(2) 共用訊務通道(Common Traffic Channel，CTCH)：為共用一對多的下傳通道。經由此通道，用戶專用的資訊傳送給所有的用戶，只會對應到 FACH。

如上所述，下載通道(Downlink)會對應到 FACH、DSCH、DCH，上傳通道(Uplink)會對應到 CPCH、RACH、USCH、DCH，表示這些傳輸通道(Transport channel)也都會傳送用戶數據(User data)。

6-5　3.5G 行動通訊技術

3.5G 行動通訊技術，高速下行封包存取(High speed data downlink packet access，HSDPA)，是一種行動通訊協議。是 3GPP Release 5 協議中為了滿足上傳／下載傳輸速率不對稱需求，而提出的一種演算法，它可以在不改變寬頻分碼多工 WCDMA 網路架構的情況下，把通用行動通訊系統 UMTS(Universal mobile telecommunication system)下載封包的傳輸速度提高到 14.4Mbps[14]。

HSDPA 在通用行動通訊系統無線接入網 UTRAN(Universal terrestrial radio access network)中的硬體架構上做了些許的變動，新增了一個高速下載共享通道 HS-DSCH (High speed downlink shared channel)，因此在節點 B Node B 中的 MAC 層新增了一個新的實體 MAC-hs 子層來處理所需要的動作，即為混合自動 HARQ(Hybrid ARQ)、適應性調變編碼(Adaptive modulation and coding schemes，AMC)與高速下載共享通道 HS-DSCH 的排程(Scheduling)。再結合多重輸入與多重輸出 MIMO(Multiple input multiple output)與快速細胞選擇(Fast cell selection)等新技術，將最大的下載傳輸速率大幅的提升到 10Mbps 以上，高速下載封包存取 HSDPA 的協定架構，如圖 6.14 所示。

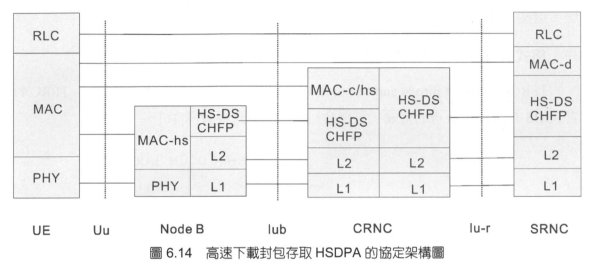

圖 6.14　高速下載封包存取 HSDPA 的協定架構圖

　　每一個 Node B 都會有一個 RNC(Radio Network Controller)控制其訊務、功率控制等運作，稱 CRNC(Control Radio Network Controller)。表示為此 Node B 所屬的無線電網路控制器 RNC，負責細胞的負載與壅塞控制，而服務無線網路控制器 SRNC(Serving Radio Network Controller)是負責處理此使用者終端設備 UE(User equipment)與 UTRAN 之間的訊號與處理資料經過無線電介面時的程序。當使用者使用 HS-DSCH 通道時，無線電連結控制 RLC(Radio link control)與 MAC-d 層位於 SRNC 上，而 MAC-c/sh 層位於 CRNC(Control Radio Network Controller)上，而 MAC-hs 層位於 Node B 上，而 HS-DSCH FP 框架協定負責將資料由 SRNC 送至 CRNC 再由 CRNC 送至 Node B，在 Node B 上的 MAC-hs 為 HSPDA 新提出的一層[15]。

　　圖 6.15 指出 MAC 子層彼此之間的關係，可知道 MAC-hs 是透過 MAC-d 來傳輸。MAC-d 會將專屬邏輯通道對應到傳送通道 DCH、DSCH 透過 MAC-c/sh 傳送過去，MAC-c/sh 負責處理在共同通道與共享通道中的資訊，而在 MAC-c/sh 會對應到 DSCH 來往下傳送或 HS-DSCH，其決定權則在無線電資源控制 RRC。位於 SRNC 上的 RRC 先與 UE 溝通協調之後，會告知 RLC 要使用哪一個傳輸模式來傳送。其做完分割動作之後將相關資料填入標頭，並選擇對應的邏輯通道來往下傳送。若使用 HSDPA 所提

供的 HS-DSCH 時，MAC-d 透過 C/T 數據選擇器 MUX 將不同的邏輯通道上的資料多工到一個 MAC-d 的封包資料單元 PDU(Packet Data Unit)上。而 PDU 在 HS-DSCH 通道中，路徑是否要經過 CRNC 上的 MAC-c/sh，全依照架構中是否有 MAC-c/sh 而定。當在 Node B 上的 MAC-hs 收到 SRNC MAC-d 的 PUD 後，會透過其包含的元件做處理，這些元件包括：

一、格式與資源結合 FRC 選擇：

TFRC(Transport format and resource combination)為傳輸格式與資源結合。TFRC 負責在 HS-DSCH 上資料的傳輸，選擇合適的傳輸格式與資源[16]。

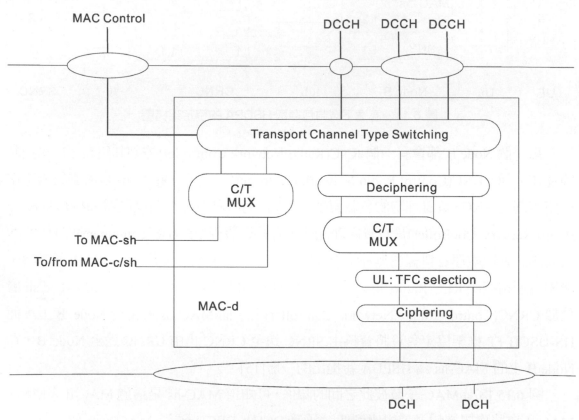

圖 6.15　UTRAN 端 MAC-d 層架構圖

二、流量控制：

透過管理上層來的 MAC-d 的 PDU 以避免在 HS-DSCH 的流量過大而造成堵塞，透過流量控制我們可以限制許多信號封包，與有效控制重傳的封包[16]。

三、HARQ 元件(entity)：

每一個使用者有專屬的 HARQ 元件，一個 HARQ 元件支援多個採用停止與等待的混合式自動重複請求 SAW-HARQ(Stop-And-Wait hybrid ARQ)機制的 HARQ 程序。HARQ 會處理錯誤的判斷與重傳動作，也會將收到的資訊報告給封包排程器(packet scheduler)[16]。

四、排程/優先權處理：

這部份的功能根據資料流的優先權來管理在 HARQ 實體之間的 HS-DSCH 上的資源，除了 HARQ 元件回傳的狀態報告決定要重傳資料流或是新資料，也可以決定新近來 MAC-hs 層 PDU 的 Queue ID 和傳送順序數目[16]。目前已確定將封包排程器放置於 Node B，主要的考量在於 Node B 最能清楚且快速地掌握無線電資源使用狀況，並能在當下及時地決定該以何種傳輸通道與傳輸速率去傳送封包，使得封包可以盡快地傳出，不會有任何的延遲，因此可以提升傳輸的效率與速度。HSDPA 設計了對應高速下行共享通道 HS-DSCH(High speed physical downlink shared channel)的實體通道。從圖 6.16 中 HSDPA 定義了相對的上傳訊號和下載訊號，讓 UE 和 Node B 溝通 HS-DSCH 的運作方式。一個應用層的封包當要使用 HSDPA 所提供的 HS-DSCH，如何在無線電介面協定中傳送。由於在 HSDPA 中封包排程器移到 Node B 處理，並且引進新的技術，讓傳輸速率提高到 14Mbps，但是不改變已存在的通用行動通訊系統 UMTS 網路架構，這些新的技術列於表 6.2。

表 6.2　高速下載封包存取 HSDPA 的相關技術和影響

HSDPA 的相關技術名稱	對 HSDPA 的影響
混合式自動重複請求	透過在 Node B 與使用者終端設備的混合式自動重複請求元件，可以讓 HSDPA 傳輸資料的延遲降低。
適應行調變和編碼	封包排程器可以馬上針對目前的通道狀況，加以修正下一個封包的傳送速度，所以如果通道狀況良好時，可以將傳輸速率大幅提昇。
多重輸入多重輸出	可以讓 Node B 與使用者終端設備利用多重天線陣列互相溝通，以提升效能。
快速細胞選擇	使用者終端設備快速選擇適合的細胞，可以增加傳輸速率。

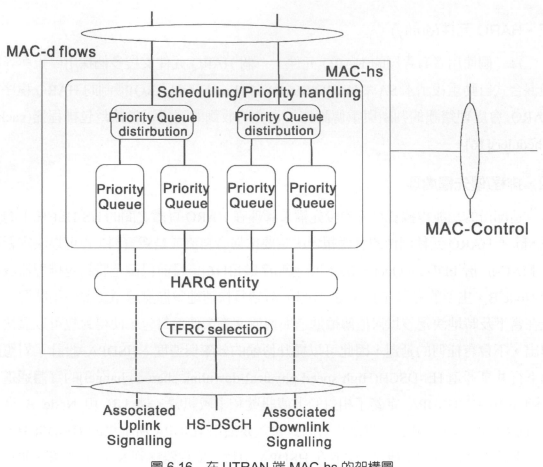

圖 6.16　在 UTRAN 端 MAC-hs 的架構圖

6-6　IMT-Advanced 國際技術標準

　　IMT-Advanced 是國際電信聯盟(International Telecommunication Union, ITU)為 4G 行動無線寬頻通訊所制定的技術標準，關鍵技術的特徵是在於可支援最高使用頻寬為 100MHz；而且對於固定式或著是低移動性的用戶提供到達 1Gbit/s 的資料傳輸速率 (Data Rate)，而對於高速移動的用戶也能提供高達 100Mbit/s 的傳輸速率。其他關鍵的 特性包括具有高度的網路通用性，可與世界上其他存取網路，特別是 IMT 與固網系統 互通。具有高成本效率、廣泛支援各種服務和應用以及用戶終端設備的使用等。

　　國際電信聯盟(ITU)在世界無線電會議(World Radiocommunication Conference, WRC-07)通過了新的主要於在行動服務和國際行動通信系統 International Mobile Telecommunications(IMT)的分配在一個在特高頻／超高頻範圍，反映了蜂窩型系統頻 寬日益增長的需求。

在 WRC-07 前的無線電通信會議(RA-07)，國際電信聯盟核准了 ITU-R 第 56 決議，將它命名為 IMT-Advanced，這些系統支持 IMT-2000 系統的新功能。為接續現有的 IMT-2000(即 3G 無線通訊系統)而制定，以提高行動數據傳輸量為目標。此外，這項決議說明為何以 IMT 作為 IMT-2000 和 IMT-Advanced 的名稱。因此，在該決議中 IMT-Advanced 意味著至少定義超越 3G 系統的新功能。國際電信聯盟無線電通信部門(ITU-R)將著重於 IMT-Advanced 應用的可用頻譜，無線電界面技術(RITs)的發展建議。這項工作將與國際電信聯盟等組織的密切合作下完成。如圖 6.17 為 IMT 系統的發展過程[17]。

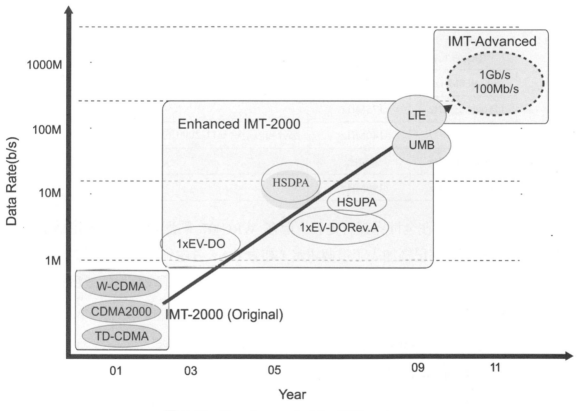

圖 6.17　Development of the IMT systems

在國際電聯無線電部門(ITU-R)規定，表 6.3 中所示的頻段是已確定為 IMT-2000 或其增強系統的，這是透過對過去世界無線電通信大會所決定的。表 6.3 的總頻寬約 750MHz。然而它顯然沒有足夠可實施給 IMT-Advanced 的頻段。此外 WRC-07 新確定的頻段如表 6.4。是已被確定為 IMT 的使用的總頻寬為 428MHz。在 ITU-R 之前的研究預測中，這可能無法容納到 2020 年給 IMT 的總頻譜要求，總頻譜的頻寬為現有的移動蜂窩系統的頻寬要求，包括 IMT-2000 和 IMT-Advanced 的。頻率 1GHz 以下的頻段一般用於廣大服務的覆蓋範圍。ITU-R 透過研究了解到，在 1GHz 以下的頻段是符合成本效益的頻率範圍，不論發展中國家和已開發國家，提供在人口稀少的地區 IMT 服務。另一方面，ITU-R 還指出，1GHz 以上的頻段也是可以拿來使用的，因爲它們可以提供未來無線通訊系統頻寬的區塊，如 IMT-Advanced。有足夠的頻譜區塊就能允許靈活應用，而且可以有效地利用頻譜。在這些頻段中，新發現的 3400-3600 MHz 頻段是最具有吸引力，因爲在 IMT 定義的頻段中，它爲 IMT-Advanced 的實施提供了一個廣大且連續的 200MHz 區塊。

表 6.3　在 WRC-07 之前確定給 IMT-2000 的頻譜

Frequency	Bandwidth	Remark
806-960MHz	154MHz	部分地區的此頻段並非給行動通訊所使用
1710-1885MHz	175MHz	
1885-2025MHz	140MHz	部分頻段是給 IMT-2000 的輔助元件所使用
2110-2200MHz	90MHz	
2500-2690MHz	190MHz	

雖然這頻段沒有在全世界都有定義，但在 WRC-07 熱烈討論後，確定爲定義給 IMT，大約 90 個國家已經加入了這個認定，如表 6.4。考慮到在某些地區的國家之中在這個頻段主要配置給的行動服務，可以說 3400-3600MHz 頻段有可能成爲在未來部署 IMT-Advanced 的主要依據。

表 6.4　在 WRC-07 確定給 IMT 的新頻譜區段

Frequency	Bandwidth	Remark
450-470MHz	20MHz	
790-862MHz	72MHz	
698-806MHz	108MHz	在 698-790MHz 某些國家認證給 IMT 所使用
2300-3600MHz	100MHz	
3400-3600MHz	200MHz	WRC-07 透過行動服務在此頻段認證給 IMT 所使用

　　IMT-Advancd 將爲行動裝置如智慧型手機、筆記型電腦、無線數據機等，提供一個全方位且安全的全 IP 行動寬頻的解決辦法。使用者可以使用設施如超行動寬頻(Ultra Mobile Broadband)來達到 IP 電話、博弈服務、串流影音、行動數位匯流等服務。IMT-Advanced 目的是滿足 QoS(Quality of Service)以及未來發展的應用所需的傳送速率的要求，如：視訊聊天、手機電視、行動存取、多媒體訊息服務(MMS)或更新的服務如高解晰度電視(HDTV)。4G 可以在無線區域網路中移動漫遊，也可以與數位視訊廣播系統互相作用。這些都超越原本指定給 3G 所使用的 IMT-2000 行動通訊系統。現在 LTE 之所以被稱做爲 4G 是因爲它採用了新的存取方式：如 OFDM。依照過去，新一代的行動通訊標準通常也會伴隨著新的存取技術(如 2G 使用分時多工／分頻多工(TDMA/FDMA)，3G 則使用分碼多工(CDMA))。

　　爲了建立可行的 IMT-Advanced，ITU 列舉了幾項關鍵技術如：高度的世界通用功能性同時保留靈活性，在有成本效益之下支持廣泛的服務和應用，與 IMT 及固定網絡服務兼容性，與其他無線存取系統有互通能力，有高品質的移動服務，適合在全世界使用的用戶設備、方便使用者的應用程序，服務和設備、全球漫遊能力、增強的峰值數據傳輸速率，以支持先進的服務和應用程序。LTE-Advanced 的第一組需求 3GPP 的核准於 2008 年 6 月。IMT-Advanced 指定的主要需求[18]如下：

1. 基於全 IP(Internet Protocol)的封包交換網路。

2. 可與現有的無線通訊標準互通。

3. 在高速移動下傳輸速率可達到 100Mbit/s，在低速移動或固定的位置時傳輸速率可達到 1Gbit/s。

4. 可動態的共享及使用網路資源，使每個單元可同時容納更多的使用者。

5. 可擴展的頻帶爲 5-20MHz，最佳可達 40MHz。

6. 下載鏈結時頻譜峰值效率可達到 15bit/s/Hz，而上傳鏈結時可達 6.75bit/s/Hz(也就是 1Gbit/s 的下載傳輸時，頻寬應小於 67MHz)。

7. 系統頻譜效率在下載鏈結時可達到 3bit/s/Hz/cell，在室內使用時可達到 2.25bit/s/Hz/cell。

8. 無縫的連結與可平穩的切換於全球漫遊及多種網路之間。

9. 可提供多媒體高品質的服務。

表 6.5 為 LTE(3GPP 第 8 版)，IMT-Advanced 和 LTE-Advanced 系統中的主要參數比較[19]。LTE(3GPP 第 8 版)並不能被稱做是正式的 4G，因為它並未達到 IMT-Advanced 的需求，所以被稱做為 3.9G，但已被當作 4G 前身。

表 6.5　LTE(3GPP 第 8 版)、IMT-Advanced 和 LTE-Advanced 系統中的主要參數比較

System aspect		E-UTRA/LTE (3GPP Rel-8)	IMT-Advanced requirements	IMT-Advanced (3GPP Rel-10)	IMT-Advanced feature set to exceed IMT-Advanced requirement
(Peak)data rate	DL	327.6Mbps (4x4 MIMO, 64 QAM)	1Gbps(low mobility) 100Mbps(high mobility)	1Gbps	Carrier aggregation, MIMO
	UL	86.4Mbps (64 QAM)	40MHz up to 100MHz	500Mbps	
Supportable bandwidth		Up to 20MHz	40MHz Up to 100MHz	100MHz	Carrier aggregation
spectral efficiency	Peak DL	15 bps/Hz (UE category 5)	15 bps/Hz (UE category 5)	30 bps/Hz	8×8 DL SU-MIMO
	Peak UL	3.75 bps/Hz (UE category 5)	6.75 bps/Hz (UE category 5)	15 bps/Hz	4×4 DL SU-MIMO
	Average DL	1.87 bps/Hz	2.2 bps/Hz	3.7 bps/Hz	CoMP, MIMO
	Average UL		1.4 bps/Hz	2.0 bps/Hz (2×4 MIMO)	MIMO, UL enhancements, CoMP
	Cell edge DL	0.06 bps/Hz (4×2 MIMO)	0.06 bps/Hz (4×2 MIMO)	0.12 bps/Hz (4×4 MIMO)	CoMP, MIMO
	Cell edge UL	0.03 bps/Hz (2×4 MIMO)	0.03 bps/Hz (2×4 MIMO)	0.07 bps/Hz (2×4 MIMO)	MIMO, UL enhancements, CoMP
U-plance latency		less than 30 ms	less than 10 ms	less than 10 ms	
C-plane latency		less than 100 ms	less than 100 ms	less than 50 ms	

6-7　4G 行動通訊技術

　　爲了因應未來下一代行動通訊的需求，目前通訊方式已由 3G 跨越到 4G 領域，3GPP 於 2004 年 12 月針對演進 UMTS 陸地無線存取(Evolved UTRA, E-UTRA)與演進 UMTS 陸地無線存取網路(E-UTRAN)等議題展開研究，揭開了 LTE 的標準制訂活動。此一技術製定的目的爲提供高資料傳輸率、低延遲與針對封包傳輸最佳化的無線接取技術架構。根據 3GPP TR 25.913 文件的定義，LTE 下載峰值速率(Downlink Peak Data Rate)爲 100Mbit/s，上傳峰值速率(Uplink Peak Data Rate)爲 50Mbit/s，較 WCDMA/HSPA 有大幅的演進。由於 LTE 的技術規格無法完全滿足 IMT-Advanced 的需求，LTE 曾被稱爲是 3.9G 的通訊技術，直至 2010 年 12 月 6 日國際電信聯盟把 LTE 正式稱爲 4G。

　　國際組織國際電信聯合會(International Telecommunications Union, ITU)爲接續現有 IMT-2000(3G 無線通訊系統)而制定 IMT-Advanced(4G 通訊標準的稱謂)，以提高行動數據傳輸量爲目標。ITU 對於 4G IMT-Advanced 關鍵需求條件爲，在高速移動中最高傳輸率能達到 100Mbps，在低速移動或靜止時最高傳輸率能達到 1Gbps。相較於 HSPA 等 3G 系統下行速率 20Mbps，4G 下行速率將高出 5 倍。ITU 亦定義 4G 爲全以 IP 網路爲核心的系統，從語音到多媒體皆走 IP 傳輸。此外，所採用的 4G 接取技術(Radio technology)將以 OFDMA 與 MIMO 爲主。

　　LTE 與 WiMAX，以及 3GPP2 的超行動寬頻(Ultra Mobile Broadband，UMB)技術常一起被稱爲 4G，過去的 3G 技術是指同一無線網路提供語音和數據通訊，但到了 4G 時代則變成爲全數據網路，LTE 估計最高下載速率 100Mbps 與上傳 50Mbps 以上，比目前已投入使用的部分 WiMAX 更快。WiFi、WiMAX 和 LTE 下下行鏈路的核心演算法是 DFT，現實中均採用快速傅立葉變換演算法。

　　相較於 WiMAX 的固定無線網路技術，二者都採用了正交頻分復用(OFDM)的訊號傳輸，也都採用了 Viterbi 和 Turbo 加速器。但 WiMAX 是來自 IP 的技術，而 LTE 是從 GSM/UMTS 的移動無線通信技術衍生而來，3GPP 計畫在 LTE 的下載鏈路使用 OFDMA，上傳鏈路採用 SC-FDMA(單載波 FDMA，也稱爲「DFT 擴展 OFDM」)，可以減少手機耗電。SC-FDMA 的優點是訊號具有更低的峰均比(PAPR)，因爲它採用了固有的單載波結構。由於結合 OFDMA/MIMO/HARQ，LTE 系統能隨著可用頻譜的不同，採用不同寬度的頻帶，因此 LTE 的移動能力比 WiMAX 先進。

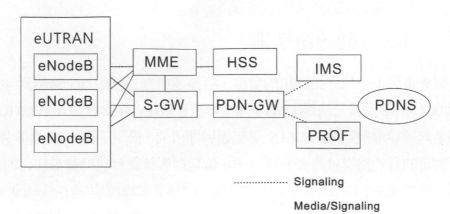

圖 6.18　LTE High-Level Network Architecture(3GPP 第 8 版)

一、LTE 系統架構

LTE 本意為長期演進(Long Term Evolution)，如圖 6.18 所示，以 IP 為基礎的核心網路架構，制定了「系統框架演進」(SAE：System Architecture Evolution)，以現有 GSM/WCDMA 為核心，LTE 系統支援 TDD/FDD 兩種雙工方式，採用 SC-FDMA/OFDM 新上/下行多址技術，支援最大 20MHz 的頻寬，使用扁平化的系統架構並簡化了網元，支援 MIMO 和智慧天線等先進技術，能夠提供高速率、低時延、低成本、多種類型和品質等級的服務的 4G 通訊標準。

SAE 是一個基於全 IP 網路的平坦架構，以支持系統的控制平面和用戶平面以數據包的形式流量。SAE 體系結構的主要組成部分是核心分組網演進(EPC，Evolved Packet Core)，也被稱為 SAE 核心。EPC 作用與 GPRS 網路相似，通過移動性管理組件(MME)，服務閘道器(SGW)和 PDN 閘道器(PDN Gateway)子組件實現。

1. E-UTRAN：Evolved Universal Terrestrial Radio Access，E-UTRA 為演進的 UMTS 陸面無線接入，屬於 3GPP LTE 的空中介面。與 HSPA 不同的是，LTE 的 E-UTRA 是一個全新的系統，絕不相容於 W-CDMA。它提供了更高的傳輸速率，低延遲和最佳化數據包的能力，利用 OFDMA 無線接入給下載連接，用 SC-FDMA 給上傳連接。在 E-UTRA 環境下可以提供四倍於 HSPA 的網路容量，並藉助 QOS 技術實現低於 5ms 的延遲。

　　E-UTRAN 中捨棄 RNC-NodeB 結構，eNodeB 除了強化原來 UTRAN 結構中 NodeB 的功能，還能完成 RNC 大部分的功能，eNodeB 彼此之間採用 Mesh 連接形式，底層以 IP 傳輸，在邏輯上通過 X2 接口互相連接，如圖 6.19 所示。這種網路結構支持 UE 在整個網路內的移動性，以保證用戶的無縫切換。

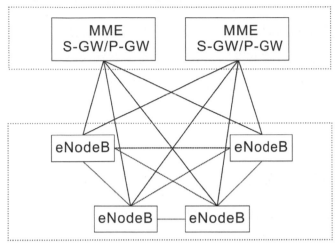

圖 6.19　E-UTRAN(Evoloved Universal Terrestrial Radio Access Network)(3GPP 第 8 版)

2. 移動性管理組件(MME)：MME 是 LTE 接入網路的關鍵控制節點。它負責空閒模式 UE(用戶設備)跟蹤和尋呼控制。這些內容也包括 UE 的註冊與註銷過程，同時幫助 UE 選擇不同 SGW，已完成 LTE 系統核心網(CN)節點切換。通過與用戶歸屬伺服器(HSS)的信息交流，MME 還能完成用戶驗證功能。其內部的非接入層(NAS)信令終端也負責生成和分配 UE 的臨時身份。它通過檢查 UE 內設置的公共陸地移動網(PLMN)，決定 UE 是否能接受當地服務提供商的服務並完成 UE 的漫遊限制。MME 是為 NAS 信令提供加密／完整性保護的網路節點，並且負責安全密鑰管理。MME 也支持合法的信令截取。MME 也通過 S3 埠提供 LTE 與 2G/3G 接入網路的控制面功能的移動性管理。MME 也支持通過 S6A 介面完成 UE 與家庭 HSS 之間的漫遊服務，圖 6.20 為 QoS Procedure。

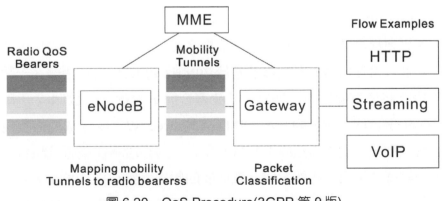

圖 6.20　QoS Procedure(3GPP 第 9 版)

3. 服務閘道器(SGW)：SGW 負責用戶數據包的路由和轉發，同時也負責 UE 在 eNode-B 之間和 LTE 與其他 3GPP 技術之間移動時的用戶面數據交換(通過端接的 S4 介面和完成 2G/3G 系統與 PGW 之間的中繼)。對於閒置狀態的 UE，SGW 作爲下載數據路徑極端的一個節點，並且下載數據到達時觸發尋呼 UE。SEW 管理和儲存 UE 的相關參數資料，例如 IP 承載服務的參數，網路內部的路由信息。在合法監聽的情況下，它還完成用戶傳輸信息的複製。

二、LTE-Advanced 系統架構

LTE-Advanced 是 3GPP 發展的 LTE 演進版本，旨在符合甚或超越國際電信聯盟的 IMT-Advanced 規範，建立眞正的 4G 通訊標準。LTE-Advanced 是 LTE 在 3GPP Release 10 及之後的技術版本，正式名稱爲 Further Advancements for E-UTRA，此項標準在 2008 年 3 月開始，2008 年 5 月確定需求，2012 年 1 月正式被國際電信聯盟認可爲 IMT-Advanced(即 4G 通訊標準)之一。它滿足 ITU-R 的 IMT-Advanced 技術徵集的需求，不僅是 3GPP 形成歐洲 IMT-Advanced 技術提案的一個重要來源，還是一個後向兼容的技術，完全兼容 LTE，是演進而不是革命。

其關鍵技術要求對包括固定式或是低移動性的用戶提供高達 1Gbit/s 的資料傳輸速率(Data Rate)；對於高速移動的用戶則能提供高達 100Mbit/s 的傳輸速率；支援最高使用頻寬爲 100MHz;具有高度的網路互通性，可以跟其他通訊系統合作(Inter-working)的功能；廣泛支援全球漫遊各項服務及應用等部分。特色在於針對室內環境進行優化、有效支持新頻段和大帶寬應用與峰值速率大幅提高，頻譜效率有限改進。

三、LTE-Advanced 關鍵技術：

1. 載波聚合(Spectrum aggregation)：當前 LTE 系統在頻帶利用率上已經接近 Shannon 極限，如果要提高系統呑吐量，就必須提高系統的帶寬或者信噪比，通過載波聚合的方式進行帶寬增強，即把幾個基於 20MHz 的 LTE 設計捆綁在一起，通過提高可用帶寬將帶寬擴展到 100M。載波聚合簡單說就是由數個成分載波(Carrier Component)聚合成一個大的載波。IMT-Advanced 規定成分載波最多爲三個，組合方式有三種，分別爲同頻段連續載波聚合、同頻段不連續載波聚合，以及不同頻段不連續載波聚合。此外，成分載波間的頻率差距須爲 300kHz 的倍數，差距須爲副載波(Subcarrier)頻寬(15kHz)以及信道柵(Channel Raster)100kHz 的倍數。如

果是不相鄰的頻段的成分載波，則多個收發機是必要的。同時成分載波必須符合 3GPP R7、R8 的頻段規定，因為 LTE-Advanced 的手機必須向下相容於 LTE 系統，也就是說在 LTE 系統裡，LTE-Advanced 的手機只支援一個成分載波。而最多五個成分載波，每個成分載波最多一百一十個無線區塊(Radio Block)。

2. 中繼(Relay)技術：Relay Station(RS)：中繼技術是 LTE 將在 Release 10 版本中開始引入的另一項重要功能，如圖 6.21 所示，傳統基站需要在網站上提供有線鏈路的連接以進行"回程傳輸"，而中繼站通過無線鏈路進行網路端的回程傳輸，因此可以更方便地進行部署。根據使用場景的不同，LTE 中的中繼站可以用於對基站信號進行接力傳輸，從而擴展網路的覆蓋範圍；或者用於減小信號的傳播距離，提高信號品質，從而提高熱點地區的資料輸送量。

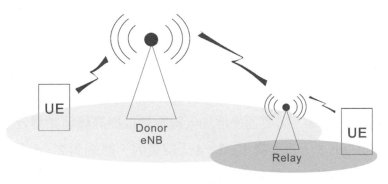

圖 6.21　中繼技術

3. 協同多點傳輸：CoMP，Coordinated Multiple Point Transmission and Reception，如圖 6.22 所示，是指包括服務社區和鄰社區在內的多個社區網站的天線以一種協作的方式進行接收/發射，改善 UE/eNodeB 的接收信號品質，降低社區之間的干擾，提升社區邊緣用戶輸送量以及社區平均輸送量，有以下三種方式，如圖 6.22 所示。

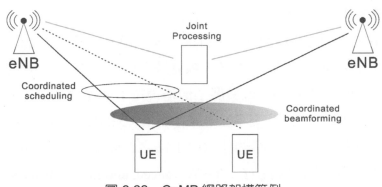

圖 6.22　CoMP 網路架構範例

(1) 是多個社區之間的協作動態調度/波束賦形(CS/CB)，如聯合波束賦形，多個社區下的多個 UE 通過調整各自的波束方向，以犧牲部分頻率選擇性增益為代價來減小對其他社區用戶的干擾。

(2) 聯合傳輸(Joint Transmission, JT)，一個 UE 的資料同時在多個點(CoMP 協作集合的一部分或全部點)進行傳輸，以改善接收信號品質或消除對其它 UE 的干擾。只有當 SINR 很低時，SINR 的提升才能帶來輸送量的大幅度提升，且超過 RB 資源的損失，提高單位 RB 的輸送量，獲得邊緣用戶的輸送量提升；而對社區中心用戶，其 SINR 提升帶來的輸送量提升不足以彌補 RB 資源的損失，因此不能獲得輸送量增益。因此，JT 只適用於社區邊緣用戶，而對社區中心用戶不適用。

(3) 動態社區選擇／靜默(DCS/Muting)，同一時間只使用一個點傳輸 UE 數據，DCS 可根據 UE 提供之 RSRP 進行快速小區選擇，使得 UE 一直能使用信號強的傳輸點，提高發射和接收性能。

4. 多天線增強(Enhanced Multiple Antenna Transmission)：要達到 LTE-Advanced 提出的目標數據傳輸速率，需要通過增加天線數量以提高峰值頻譜效率，即多天線技術。LTE Release 8 下行支持 1、2、4 天線發射，終端側 2、4 天線接收，下行可支持最大 4 層傳輸。上行只支持終端側單天線發送，基站側最多 4 天線接收。Release 8 的多天線發射模式包括開環(Openloop)MIMO，閉環(Closed loop)MIMO，波束成型(Beamforming，BF)，以及發射分集。除了單用戶 MIMO(single-userMIMO，SU-MIMO)，LTE-Advanced 還採用了另外一種譜效率增強的多天線傳輸方式，稱為多用戶 MIMO(Multi-User MIMO，MU-MIMO)，多個用戶復用相同的無線資源通過空分的方式同時傳輸。LTE-Advanced 中為提升峰值譜效率和平均譜效率，在上下行都擴充了發射／接收支持的最大天線個數，允許上行最多 4 天線 4 層發送，下行最多 8 天線 8 層發送，從而 LTE-Advanced 中需要考慮更多天線數配置下的多天線發送方式。

載波聚合通過已有帶寬的匯聚擴展了傳輸帶寬；中繼通過無線的接力，提高覆蓋；CoMP 通過小區間協作，提高小區邊緣吞吐量；MIMO 增強通過空域上的進一步擴展提高小區吞吐量。利用上述關鍵技術，LTE-Advanced 可以滿足並超過 LTE 與 IMT-Advanced 的需求。表 6.6 為 LTE, LTE-Advanced, and IMT-Advanced 效能比較[20]。

表 6.6　LTE, LTE-Advanced, and IMT-Advanced 效能比較

	WCDMA (UMTS)	HSPA HSDPA/HSUPA	HSPA+	LTE	LTEAdvanced (IMT-Advanced)
最下載速率	384k	14M	28M	100M	1G
最上傳速率	128K	5.7M	11M	50M	500M
Latency round trip time approx	150ms	100ms	50ms (max)	～10ms	小於 5ms
3GPP releases	Rel 99/4	Rel 5/6	Rel 7	Rel 8	Rel 10
Approx years of initial roll out	2003/4	2005/6 HSDPA 2007/8 HSUPA	2008/9	2009/10	
Access Methodology	CDMA	CDMA	CDMA	OFDMA/ SC-FDMA	OFDMA/SC-FDMA

習 題

1. 請畫出電信網路的相關發展圖。

2. 請畫出 GSM 的系統架構圖，並簡單說明每個子系統的功能。

3. 請說明基地台子系統(BSS)和交換機子系統(NSS)如何在 GSM 系統中運作。

4. 請說明從 GSM 演進到 2.5G GPRS，在系統架構上有哪些差異。

5. 請說明從 GSM 演進到 2.5G GPRS，實現了電信業者那些傳輸的方式。

6. 請比較 3G 與 2.5G GPRS 行動通訊網路在網路架構上的差異。

7. 請簡述 UMTS 網路架構及各網路元件之功能。

8. 請列出高速下載封包存取 HSDPA 的相關技術和對 HSDPA 的影響。

9. 在 HSDPA 中請敘述，將排程器移動到 Node B 所帶來的優點。

10. 請列出 IMT-Advanced 主要需求。

11. 請說明 LTE(3GPP 第 8 版本)為何無法正式被稱為 4G，而 LTE(3GPP 第 10 版本)可以。

12. 在 IMT-Advanced 最關鍵技術中，要求固定式或低移動性的資料傳輸速率可達多少？在 IMT-Advanced 最關鍵技術中，要求高移動性的資料傳輸速率至少要達到多少？

13. 請比較 LTE、LTE-Advanced 和 IMT-Advanced 的效能。

14. 請列出 4 項 LTE-Advanced 使用的新技術。

參考文獻

[1] http://zh.wikipedia.org/wiki/，行動電話系統。

[2] http://icritic.ru/2010/02/pochemu-v-ipad-net-wimax-ili-tumannoe-4g。

[3] Jorg Eberspacher, Hans-Jorg Vogel and Christian Bettstetter，2001，GSM：switching, services, and protocols，Wiley 出版社。

[4] 顏春煌，2008，行動與無線通訊，碁峰資訊股份有限公司。

[5] 古德曼，2000，無線個人通信系統，全華科技圖書股份有限公司。

[6] Jochen Schiller，2003，Mobile Communications，全華科技圖書股份有限公司。

[7] 禹帆編著，2002，無線通訊網路概論:GSM,GPRS,3G,WAP,Application，文魁資訊股份有限公司。

[8] Timo Halonen、Javier Romero and Juan Melero，2002，GSM,GPRS and EDGE performance:evolution towards 3G/UMTS，Wiley 出版社。

[9] 余兆棠等編著，2010，無線通訊與網路，滄海書局。

[10] 周錫增、賴薇如，2006，維科圖書有限公司，個人通訊服務網路。

[11] http://www.zwbk.org/zh-tw/Lemma_Show/5011.aspx，中文百科在線。

[12] 付景興、馬敏、陳澤強、周華林錦昌編訂，2008，WCDMA for UMT：第三代行動通訊系統的無線電存取技術與系統設計，五南圖書出版股份有限公司。

[13] 賴盈霖，2006，第三代行動通訊系統 W-CDMA for UMTS，儒林圖書有限公司。

[14] http://en.wikipedia.org/wiki/High-Speed_Downlink_Packet_Access，維基百科。

[15] 周錫增、賴薇如，2006，維科圖書有限公司，個人通訊服務網路。

[16] http:/www/…/faculty/ksu/edu/sa/…/3.5G.ppt，3.5G(HSDPA)。

[17] Akira Hashimoto, Hitoshi Yoshino, and Hiroyuki Hiroyuki Atarashi are with NTT DoCoMo Inc . "Roadmap of IMT-Advanced Development" IEEE MICROWARE magazine, Aug. 2008。

[18] http://www.itu.int/dms_pub/itu-r/opb/rep/R-REP-M.2134-2008-PDF-E.pdf。

[19] http://www.rohde-schwarz.com.tw/precompiledweb/BoxDetail.aspx?LibraryID=6 聚焦 LTE：4G 應用趨勢與測試應用發展 - LTE –Advanced。

[20] http://cp.literature.agilent.com/litweb/pdf/5990-6706EN.pdf，Introducing LTE-Advanced。

Chapter **7**

水下感測網路

7-1　水下感測網路簡介

　　地球表面超過 70%是海洋，但人類對海洋的認知卻很少。有鑑於陸地上能源及資源越來越少，人類也開始朝向未知的海洋領域進行探索與開發。然而，海洋環境不但廣闊，更有一些地方是人類無法輕易探索的。因此，若能利用水下感測器(Underwater Sensor)等設備來探索這些地方，收集與整合來自海裡的資料，便能協助人類探索與開發海洋，並進行更多有益的工作。

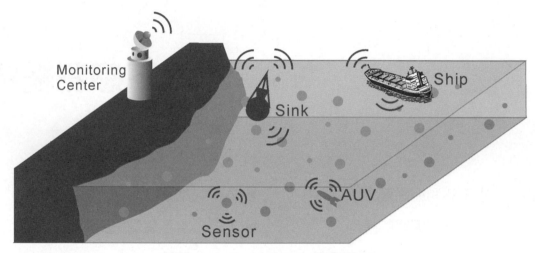

圖 7.1　水下感測網路的示意圖

　　與無線感測網路構成的方式相同，利用數顆水下感測器，便能夠組成水下感測網路(Underwater Acoustic Sensor Networks, UASNs)，用來對各種水下環境中我們所感興趣的資料進行感測，並進行許多的應用。圖 7.1 即為水下感測網路的示意圖，在圖中，水下感測器負責水中的感測工作，將人們有興趣的資料收集與回傳。除了水下感測器間的通訊外，水下感測器也可以透過水下無人載具(Autonomous Underwater Vehicle, AUV)、船艦或是水面的 Sink 進行溝通，以將資料傳遞至岸邊的監測中心。水下感測網路與無線感測網路的運作方式看似相同，但也存在許多有待克服的挑戰，等著人類去思考與克服。雖然陸地上無線感測網路的研究與發展已有很長的一段時日，但水下感測網路因水下環境的特性與無線感測網路大不相同，因此許多在陸地上已經研究與開發的運作方式，在水下感測網路中都必須重新調整與設計。

目前，水下感測網路並沒有規格的規範，因此無論是在名稱、感測器規格與傳送使用的頻率等，都沒有一定的標準。在名稱上，水下感測網路也有「水下無線感測網路」、「水下聲納感測網路」等稱呼。在傳送的方式與頻率上，亦沒有一定的方式。在早期的研究中，學者嘗試將無線感測網路直接移至水中使用，卻發現海水是天然的高頻濾波器。由於陸地上無線感測網路使用無線電波來進行傳輸，無線電波高頻率的傳送在海水中很快就會被吸收，因此若水下感測網路使用無線電波進行傳輸，不僅無法將資料傳至很遠的地方，反而在一至二公尺處就會因為海水的吸收與無線電波的衰減而消失殆盡。在經過各種傳輸媒介的嘗試後，發現聲音能夠適用於水下的環境，由於聲波可以以低頻的方式傳送，依照頻率的不同，聲音甚至最遠可以傳到 10 公里遠的地方。在海洋中，許多動物也使用聲音進行溝通，像是哺乳類鯨魚也會使用聲音，與 10 公里內的同伴進行溝通。因此，聲音雖然可以將資料傳至很遠的地方，但大自然許多的聲音來源，也是水下感測器在接收時的干擾來源之一。

除此之外，相較於陸地上無線感測網路使用無線電波進行傳播而言，聲音的傳播速度(Propagation Speed)很慢。無線電波的傳播速度與光速相同，即為每秒鐘 3×10^8 公尺，而聲音在水中的傳播速度大約只有每秒鐘 1500 公尺，因此，聲音的傳送並不能馬上抵達接收端，而是需要經過一段我們稱為傳播延遲的時間(Propagation Delay)。在受到傳播延遲的影響下，許多原先陸地上無線網路所設計的傳輸協定，都將因為傳播延遲而不能順利被使用，我們將在之後的章節一一做介紹。

7-2　水下感測網路的應用

感測網路的研究，大多伴隨應用而生。換句話說，先提出感興趣的應用項目，再因此應用設計出有效且合適的各式協定。水下感測網路的應用很多，像是天氣預報、汙染監測、災害預防與軍事防範等等，以下我們將分別介紹。

一、天氣預報

在天氣預報中，洋流的狀況與天氣息息相關，像是洋流與季風就有相當的關係。我們可以藉由水下感測網路來感測海水的溫度，並透過各處海水的溫度來了解洋流的流動方式與海洋的狀況。由於洋流的流動會影響大氣氣流的運作，因此透過水下感測網路來感測洋流的資訊，可以幫助我們在氣象預報中更加精準，也可以更早預測到即將變化的天氣。圖 7.2 即為水下感測網路運作於天氣預報的示意圖，水下感測器可感測水溫、洋流等資訊，同時也可以結合風向、風速來預測天氣。

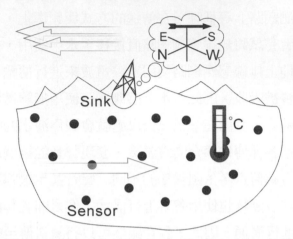

圖 7.2　水下感測網路可以用來監測洋流資訊與預測天氣狀況

二、汙染監測

感測器最大的功能，便是感測我們所感興趣的資訊。像是用來偵測各項海洋汙染情形的指標，如水中細菌的含量、化學物質的濃度等等。因此，我們可以使用水下感測網路來進行汙染的監測。例如過去常發生油輪翻覆的情形，傾洩而出的黑油不但對海洋造成汙染，更是海洋生態的浩劫。如圖 7.3 所示，透過在翻覆的油輪附近佈建水下感測器，形成的水下感測網路可以讓我們知道黑油的汙染區域，以便日後的清理工作。此外，像是核電廠排放至海洋的熱汙染、甚至工廠排放的化學汙染等，都可藉由水下感測網路的協助，使得汙染的情形得以控制。

圖 7.3　當油輪翻覆時，水下感測網路可以用來偵測汙染的範圍及汙染情況

三、災害預防

　　日本 311 大地震引發的海嘯令人震懾，也令人印象深刻。在海洋美麗的外觀下，亦隱藏可怕的危機。例如海底火山與海嘯，都可能對人類造成可怕的災害，因此我們必須密切注意其發展。海底火山的噴發，除了可能引發可怕的地震與海嘯外，火山灰造成的汙染與災害情形也很嚴重。然而，海底火山附近，不適合人類探勘，也不可能無時無刻在火山旁進行監測。因此，透過在海底火山附近佈建水下感測網路的方式，不但可以減少人力的監測，更能夠在第一時間掌握海底火山的情形，例如海底火山附近的溫度變化、酸鹼值變化可以判斷火山的活動情形是否穩定等等。在海嘯部分，如果不幸地震引發了海嘯，透過感測器間多躍(Multi-hop)的方式進行資訊的傳遞，在短時間內便可將發生海嘯的情形回報給在陸地上的人們，以便能提前發佈海嘯警報，並做好災前的準備。

四、軍事防範

　　如同無線感測網路一般，水下感測網路在軍事用途上，也佔有舉足輕重的地位。在重要的海域佈建水下感測器，便可以用來感測是否有敵方的軍艦或潛水艇入侵，以確保重要的海域或國家不被外敵侵入。圖 7.4 為在水中佈建水下感測器以偵測入侵潛鑑的示意圖。如圖所示，水下感測器的感測範圍形成一條無間隙的防線，當潛水艇欲入侵而經過此條防線時，便可由水下感測器偵測，並將入侵的資訊回傳給軍方，以做出後續的行動。

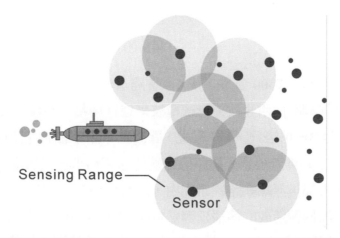

圖 7.4　潛水艇入侵時將被水下感測器的感測範圍所偵測

7-3　水下感測網路與無線感測網路的差異

　　由前面的章節，我們知道水下感測網路與陸地上的無線感測網路有些不同，但到底有哪些不一樣呢？表 7.1 整理了水下感測網路與無線感測網路的差異。

表 7.1　水下感測網路與無線感測網路的差異

	水下感測網路	無線感測網路
傳播媒體	聲波	無線電波
傳播速度	約 1500 公尺／秒	3 萬萬公尺／秒(30 萬公里／秒)
傳輸範圍	～10 公里	150 公尺
傳輸速度	約 10kbps	250kbps

一、傳播媒體

　　過去陸地上的傳輸中，常見的傳輸媒體有無線電波、光波等。因此，在水下感測網路形成的早期，無線電波與光波也被嘗試使用在水下感測網路中。然而，經過多方面的研究與測試後，發現無論是無線電波還是光波，都無法在水中有效率的使用。這是因為海水就像是高頻的濾波器，當無線電波在水中傳輸時，很快就會被海水所吸收，在衰減很快的情形下，無線電波在水中僅能傳送 1 至 2 公尺。而光波在水中更會受到折射與散射的影響，因此也無法用來傳輸。而聲波的物理特性使其最適合用在水下感測網路的傳輸上。

二、傳播速度

　　聲波的傳播速度約為 1500 公尺／秒，並會隨著海水的溫度、鹽度與壓力而變化。相較於陸地上的無線網路使用光波或無線電波來進行傳輸，無線電波與光波的傳播速度皆為光速，也就是 $3×10^8$ 公尺／秒。因此，聲波在水中傳輸會產生較長的傳播延遲，如圖 7.5 所示。圖 7.5(a)為無線感測網路傳送端傳送資料抵達接收端的情形，由於傳播延遲極小，因此在大部份無線網路的研究中，通常將傳播延遲忽略。然而，在水下感測網路中，使用聲波傳輸造成的傳播延遲是無線電波的 20 萬倍，除了在傳輸上會受到延遲的影響外，亦產生許多棘手的問題與挑戰。水下傳輸造成的傳播延遲如圖 7.5(b)所示。

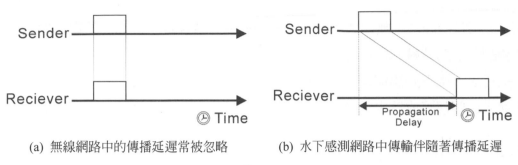

(a) 無線網路中的傳播延遲常被忽略　　　(b) 水下感測網路中傳輸伴隨著傳播延遲

圖 7.5

　　早在 15 世紀，水中聲學的研究就已經開始。聲音的特性被做了很深入的研究，包括聲速的計算方式、聲音在水中衰減的方式等等，都有一些學術理論的依據可以支持。在聲速的部分，大致可以分爲兩個部分的變化：一部分是在海水深度 1 公里之上，在海洋學中被稱爲斜溫層(Thermocline Layer)的區域。在這個區域中，海水的溫度變化很快，可以從水面平均的 18℃降至 1 公里處的 5℃，由於聲速與溫度的變化有關，因此此區域的聲速隨著溫度的降低而變慢，並在水深 1 公里處來到最慢的情況。而在海水深度 1 公里之下，則被稱爲深水層(Deep Water Layer)，此區域的溫度變化不大，皆維持在大約 4℃左右。但壓力卻有很明顯的變化，因此此區域的聲速主要隨著壓力改變，並隨著深度越深、壓力越大而越快。雖然聲速也會隨著鹽度改變，但鹽度在同一區域的海水中變化不大，因此常常被忽略。

三、傳輸範圍

　　在傳輸的範圍中，聲音的傳輸範圍會隨著傳送的頻率與電量不同而改變。聲波的傳輸範圍可有數公尺至數公里的變化，而無線感測網路在陸地上的傳輸範圍僅有 150 公尺。相較之下，雖然水下感測網路的傳輸範圍大上許多，但卻也代表能夠干擾更多的水下感測器，甚至更容易被來自其他感測器的傳輸所干擾。若在傳輸的電量固定的情況下，傳輸範圍主要隨著傳送的頻率而變化，由於頻率越高在海水中衰減的速度越快，因此可以想見使用越低的頻率，能夠將聲音傳的更遠。

四、傳輸速度

　　因爲波長與頻率成反比，因此當頻率越低時，波長也將變長，這將使得聲音能夠承載的資料量降低，也代表著載波每秒鐘能夠夾帶的資料量越少。因此，若要傳輸更多的資料，傳輸的頻率就不能不考量。一般來說，水下感測網路的傳輸速度只有大約

10kbps，相較於陸地上無線感測網路 250kbps 或者無線網路更高的傳輸速度而言，水下感測網路能夠傳輸的速度慢上許多。

綜言之，水下感測網路常見的特性有高傳播延遲、高傳輸範圍、受限的頻寬及傳輸速度。這些都將成為水下感測網路的挑戰，我們將在下一章節中一一說明之。

7-4　水下感測網路的挑戰

水下感測網路最大的特色，便是在於水下感測網路使用聲波進行傳輸，因此有些研究又將其稱為水下聲波感測網路。聲波造成我們在前面章節中所介紹到的傳播延遲，而傳播延遲又會造成什麼樣的問題與挑戰呢？在水下感測網路運作下，造成最主要的問題與挑戰可以歸納為下列兩個：

一、封包碰撞問題

我們知道由於無線感測網路使用無線電波進行資料的傳輸，無線電波的傳播速度如同光速，而收、送端之距離又不至於太遠(約數十公尺)，因此通常將傳播延遲時間忽略，並將傳送端傳送出去的資料，視為幾乎同時抵達接收端。在這種情況中，我們僅須確保鄰近的兩個傳送端彼此錯開發送資料的時間，封包便不會在接收端造成碰撞，如圖 7.6 所示。

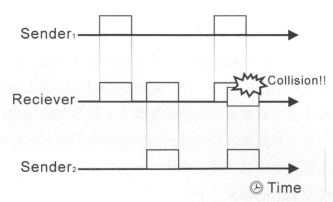

圖 7.6　在陸地上使用無線電波進行資料傳輸，僅需錯開傳送時間便不會造成碰撞

然而，在水下感測網路中，由於收、送端之間的距離可長達數公里之遠，聲波的速度又遠小於無線電波的速度，因此，使用聲波進行傳輸將造成不可忽略的傳播延遲，傳送端傳送的封包並不會立即抵達接收端。傳播延遲會隨著感測器間的距離遠近而有所變化，儘管當兩個鄰近的傳送端同時傳送資料時，只要兩個傳送端與接收端的

距離不同，便可能不會造成碰撞，如圖 7.7(a)所示，傳送端 A、C 同時進行資料的傳輸，然而因其對於接收端 B 的距離差異，因此沒有在接收端發生碰撞。相反的，若傳送端 A、C 與接收端 B 的距離相同或過於接近，則同時傳送必在接收端發生碰撞，如圖 7.7(b)所示。相同的例子可以延伸為圖 7.7(c)及(d)，當傳送端 A、C 於不同時間進行傳送時，則未必會在接收端發生碰撞，但亦有可能在接收端發生碰撞。

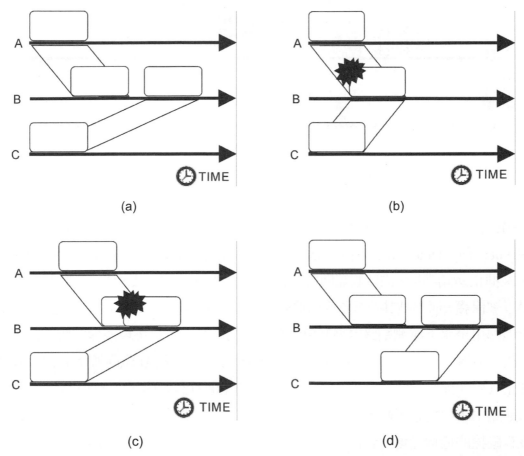

(a)

(c)

(b)

(d)

圖 7.7 水下感測網路的碰撞問題。在水下傳輸時：(a)同時傳輸不一定會造成碰撞；(b)同時傳輸亦可能造成碰撞；(c)不同時間傳輸仍有可能碰撞；(d)不同時間傳輸亦可能不發生碰撞

　　有鑑於此，我們可以發現在水中避免碰撞是件難事，因為無論兩個傳送端是否同時進行傳送，都有可能造成封包在接收端發生碰撞。在無線網路中，由於傳輸不像有線網路能夠藉由直接監聽的方式，來判斷封包是否發生碰撞。因此在無線網路中，僅能藉由封包抵達接收端後，判斷是否發生碰撞，再進行資料的重傳。如此一來一往的時間在陸地上無線網路中看似平常，但在許多諸如競爭的等待時間上，封包重傳又將

花費不少的延遲時間。而在水下感測網路中，封包來往的時間因為傳播延遲的關係變得相當嚴重，若封包不幸在傳輸中發生了碰撞，重新傳送將會花費許多時間在傳播延遲上。因此也造成了另外一個問題，即是頻道利用率低落的問題。

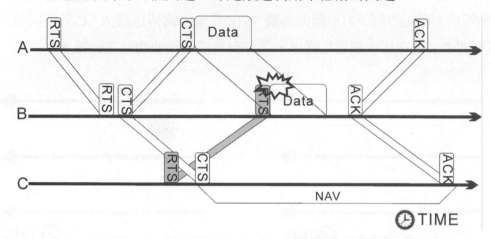

圖 7.8　水下感測網路中的四向交握機制的碰撞問題

　　過去在陸地上的無線網路中，提出了許多避免碰撞的方式，其中廣為人知的四向交握(Four-way handshake)機制，便能夠有效的避免資料封包的碰撞。藉由送端傳送 RTS 來抑止送端鄰居，同時收端回覆 CTS 抑止收端鄰居的方式，使得資料封包在傳送時得以被保護，而不被其他網路中的節點影響。然而，若我們將這個看似完美的機制，直接地挪用至水下感測網路中來避免資料封包的碰撞，可以發現碰撞問題並沒有真正被解決。如圖 7.8 所示，收到傳送端 A 的 RTS 後，接收端 B 也回傳了 CTS，同時希望抑止其鄰居節點。然而，B 的鄰居節點 C 可能在接收到 CTS 之前，便已發送了 RTS，由於節點 B 與 C 間傳播延遲的關係，使得兩者的控制封包錯開，因此當傳送端 A 認為沒有碰撞的危機而傳送資料封包時，卻發生了節點 C 的控制封包與節點 A 的資料封包發生碰撞的問題。

二、頻道利用率低落

　　由於傳播延遲的關係，使得資料在傳輸上需要經過傳播延遲的時間花費，但若傳送的資料不大，且又需要藉由控制封包的交換來避免碰撞，那又將花費更多的傳播延遲時間。如圖 7.9 所示，因為使用四向交握傳輸協定的關係，使得控制封包(如 RTS、CTS 與 ACK)都在傳播延遲上造成頻道的浪費。假設水下感測網路中的設定如下，讓我們試著算出頻道使用的利用率：

(1)傳輸範圍：3000m、(2)傳播速度：1500m/s、(3)收送端間的距離：3000m、(4)控制封包的大小：100bits、(5)資料封包的大小：2000bits、(6)傳輸速度：10kbps

若頻道利用率依照資料封包的傳輸時間占整筆傳輸所花費的時間來計算，可以發現依上述參數計算，頻道利用率僅達 2.43%。因此，如何提升頻道利用率，同時避免碰撞，是傳播延遲給水下感測網路的一道難題。

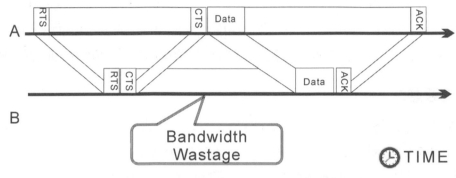

圖 7.9　水下感測網路頻道利用率低落的問題

除此之外，水下感測網路在海水中運作，也會面臨許多因環境因素所造成的挑戰。環境因素當然會在水下感測網路的運作上造成許多影響，例如水下感測器是否能夠承受水壓的問題、收音器是否夠靈敏而不受水中雜音的干擾等等。而其中較重大的挑戰又有下列兩種：

三、定位問題

在無線網路中，節點定位一直是個熱門的議題之一。在陸地上，我們可以利用全球衛星定位系統(Global Positioning System, GPS)來為網路節點定位。然而，在感測網路中，許多應用都需要動用數以百計的感測器來進行感測，而感測器造價便宜，但全球衛星定位系統卻是成本的一大負擔。因此，在許多研究中，通常只讓部分節點擁有全球衛星定位系統，而其他節點則透過與這些擁有位置資訊的網路節點溝通，進而得知自己的位置座標。除此之外，節點位置與感測網路息息相關，因為當感測器感測到事件發生時，若不知事件的位置，則感測網路將失去設計的意義。舉例來說，若我們在一片廣大的森林中佈建大量的感測器來偵測是否有森林火災。當森林發生火災時，若無法得知是森林何處發生火災，則將有失感測網路的作用。因此，定位問題絕對是感測網路中的不可忽視的重要問題。

　　雖然過去已有許多的研究文獻探討定位問題，定位問題在水下感測網路，仍然不是個難解的問題。若重新回想我們在前面章節所介紹的水下特性：海水是個天然的高頻濾波器，而全球衛星定位系統又仰賴無線電波的傳遞，因此，我們便可發現全球衛星定位系統並不適用於水下環境。除此之外，過去在陸地中，大部分的文獻皆探討感測器佈建於平面時的狀況，換句話說，是設計在二維空間中、2D 的環境下。而水下感測網路是將水下感測器佈建於水中，因此水中 3D 的環境也將是水下感測網路定位問題的一大挑戰。在目前的做法中，大多仍須藉由水面額外佈建的網路節點來接收全球衛星定位系統的訊息，並以這些網路節點為基準，使其他水面下的節點也附有位置資訊。

四、節點的移動性

　　在海水中，水下感測器受到洋流的影響，可能導致其位置不時改變。若傳輸在一瞬間完成，洋流的影響可能不大，但水下感測網路佈建在海中，可能隨應用而形成一個很大的網路。因此當在傳遞過程中，若因節點的移動，很可能會導致傳輸失敗。舉例來說，若繞徑(Routing)中起始點與終點的距離很遠，傳遞須花數秒完成，在這期間，路徑中的節點，便可能會因為節點的移動而離開代傳節點的傳輸範圍，此時便會造成傳輸失敗。同時，節點的移動性也對節點的定位及網路同步等問題造成一定的影響。

7-5　水下感測網路的通訊協定

　　目前，在水下感測網路中，已經提出了許多的通訊協定。其中最常被討論的領域分別為媒介存取控制層(Media Access Control Layer, MAC Layer)的媒介存取控制協定，以及網路層(Network Layer)的繞徑協定。接下來，我們將介紹幾個常被討論的通訊協定，並探討它們的優缺點。

一、媒介存取控制協定(MAC Protocol)

　　在前面的章節中，我們曾介紹水下感測網路的挑戰，其中一個重大的挑戰便是，由於水下感測網路使用聲波來進行資料的傳輸，而聲速在水下只有大約每秒鐘 1500 公尺，因此當資料在傳輸時，會產生較大的傳播延遲。當傳播延遲產生時，水下的傳輸很難預測是否會產生碰撞，因此媒介存取控制協定必須優先解決碰撞的問題。其中，在水下感測網路中，媒介存取控制協定大致可以分為下列幾種類型：

　　(1)Aloha-based、(2)CSMA-based、(3)Four-way handshaking based、(4)TDMA-based
我們將分別討論上述的四種媒介存取控制協定。

1. Aloha-based 媒介存取控制協定

　　Aloha-based 的媒介存取控制協定其運作方式很簡單,便是當網路節點有資料要傳輸時,便直接將資料傳送出去。此作法的想法很簡單,若傳輸沒有碰撞,則此種協定能夠創造最大的網路效能。然而,Aloha-based 的媒介存取控制協定沒有避免碰撞的機制,因此也無法達到最佳的網路效能。在過去的文獻中,為了避免碰撞,水下 Aloha-based 的媒介存取控制協定利用偷聽(Overhearing)的方式來避免碰撞,雖然不能完全避免碰撞,但在網路資料量不大時,卻也可以創造出不錯的網路效能。反之,一旦網路的資料量達到某個程度時,Aloha-based 的媒介存取控制協定便會常常發生碰撞,因而造成網路效能下降的情形發生。

2. CSMA-based 媒介存取控制協定

　　CSMA-based 的媒介存取控制協定是利用事先監聽網路是否處於忙碌狀態的方式,來決定是否要傳送資料。在陸地上的無線網路中,CSMA-based 的媒介存取控制協定能有效的避免傳輸時發生碰撞。但在水下感測網路中,由於傳播延遲的關係,使得即使傳送端在傳輸資料前先進行頻道的監聽,也無法避免資料碰撞。如圖 7.10 所示,若傳送端 2 事先傳送資料給收端,接著,傳送端 1 也想傳送資料,為了避免碰撞,傳送端 1 會事先進行頻道的監聽,以確認無人在進行傳輸。此時,在傳送端 1 監聽的過程中,傳送端 2 已順利將資料發出,但是對於傳送端 1 而言,此時網路仍是處於空閒,即沒有任何鄰居節點正在傳送,因此,傳送端 1 便會將資料送出。然而我們可以發現,在這個例子中,資料仍然在接收端發生碰撞。

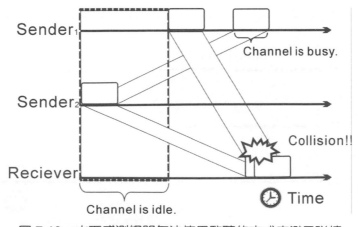

圖 7.10　水下感測網路無法使用監聽的方式來避免碰撞

上述的例子說明了在陸地上可以成功運作的 CSMA-based 媒介存取控制協定，用到水下的環境，即便在水下感測網路中藉由監聽來避免碰撞，也無法確保資料不會被碰撞。

為此，有文獻提出了解決的方法，稱為 Ordered-CSMA。在 Ordered-CSMA 中，節點的傳輸會依照一個規定的順序來傳輸。舉例來說，若網路中有編號為 1、2、3、4 的四個節點，它們傳輸的順序為 1→2→3→4 循環。網路的開始，便由網路節點 1 開始進行傳送，而其他網路節點則持續監聽，當節點 2 聽到來自節點 1 的封包後，便接著傳輸自己的資料，而節點 3 聽到節點 2 傳送的封包後，也接著傳送自己的封包，若收到順序外的節點傳送的封包時則不予理會。依此類推，便能避免封包的碰撞。圖 7.11 即為 Ordered-CSMA 的運作方式。左側節點連線間的數字表示傳播延遲的單位時間。如 B 要收到 A 的訊號，須等上 1 個單位時間。若節點傳送的順序為 A→B→C→D 循環，則節點傳送方式依右側時序圖所示。值得注意的是，不同的傳送順序會影響一次循環所須的時間。例如，圖 7.11 中，傳送順序 A→B→C→D 與 A→C→B→D 所須的時間不同，A→B→C→D 循環一次須耗 1＋3＋2＋4＝10 個單位時間，而 A→C→B→D 循環一次須耗 4＋3＋4.5＋4＝15.5 個單位時間，因此節點的傳輸順序不但會影響傳輸的總時間，更是影響整體網路效能的關鍵。除此之外，Ordered-CSMA 必須運作在一步(Single-hop)的網路環境中，所有節點皆須坐落於彼此的傳輸範圍內，才能進行資料的監聽，並使協定正常地運作。

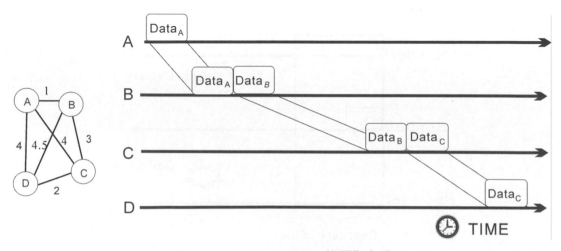

圖 7.11　Ordered-CSMA 的運作方式

過去陸地上雖常使用四向交握機制來避免碰撞，但當四向交握機制被直接挪至水中使用時，會受到傳播延遲的影響，使得四向交握機制無法順利地避免資料的碰撞。然而，四向交握機制仍常被用來改善水下感測網路的碰撞問題，許多的文獻提出利用改進四向交握機制來避免碰撞的媒介存取控制協定。

3. Four-way handshaking based 媒介存取控制協定

由前面的章節我們知道，即便是使用了四向交握機制，也無法確保在傳送端傳送資料封包前有效抑止收送端的鄰居，如圖 7.8 所示。因此，若能確保傳送端在傳送資料封包前，能夠讓收送端確實抑止其鄰居，便可以避免資料封包的碰撞。在過去的文獻中，提出了一篇稱為 Slotted FAMA[3]的作法，該作法藉由切割時槽(Slot)的方式來運作，其中，一個時槽的大小為最大的傳播延遲時間加上一個控制封包傳輸所需的時間。最大的傳播延遲時間指的是網路節點自傳送到其傳送範圍最遠的位置所需的傳播延遲時間。舉例來說，若網路節點的傳送範圍為 3000 公尺，而聲速為 1500 公尺／秒，則最大的傳播延遲時間為 3000/1500=2 秒。在 Slotted FAMA 中，為了確保時槽大小能有效地讓鄰居收到控制封包，所有節點僅能在時槽的開始進行封包的傳送。

圖 7.12 說明了 Slotted FAMA 的運作方式，假設節點 B 與 C 的距離恰好為節點的傳輸範圍。當節點 A 在時槽 1 傳送 RTS 後，經過了一段傳播延遲的時間，節點 B 便會聽到 A 傳送的 RTS。接著，因為節點僅能在時槽一開始進行封包的傳送，因此節點 B 會在時槽 2 的一開始傳送 CTS，此時，假設節點 C 也想競爭頻道，節點 C 也會在時槽 2 的開始發送 RTS。但結果節點 C 並沒有因此競爭成功，因為經過時槽 2 後，節點 C 便能收到節點 B 的 CTS，此時 C 便知道 B 已經回傳了 CTS，同時資料傳輸要開始了，於是節點 C 便會抑止自己，而 AB 便可順利進行資料的傳輸。從這個例子中我們可以發現，儘管 C 收到 B 的 CTS 須花上一段最大傳播延遲的時間，但是 C 仍然可以確實地被 B 的 CTS 抑止，因此資料封包的碰撞不會發生。此外，在 Slotted FAMA 中，若資料封包大於一個時槽的大小時，可以分配一個以上的時槽進行傳輸，如圖 7.12 中的時槽 3 與時槽 4。

Slotted FAMA 雖然可以完全避免碰撞，但由於時槽的大小大於最大傳播延遲的緣故，使得儘管從傳送端傳送到接收端所需的時間不及最大的傳播延遲，也必須等待最大傳播延遲的時間。因此，在頻道的利用度上，Slotted FAMA 的運作方式將會使得頻道的利用率十分低落。

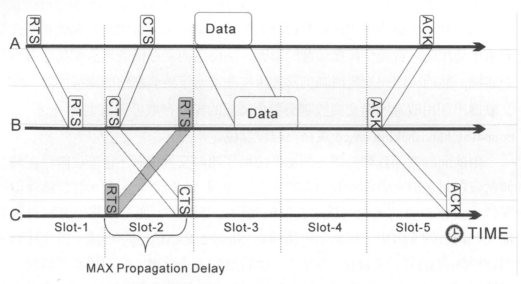

圖 7.12　Slotted FAMA 的運作方式

4.　TDMA-based 媒介存取控制協定

　　與前面介紹的媒介存取控制協定不同，TDMA-based 的媒介存取控制協定一定需要進行時間的同步，且利用時槽的方式進行傳輸。過去陸地上 TDMA-based 的媒介存取控制協定，將時槽設為一個封包傳輸所需的時間，然而，在水下感測網路中，因傳播延遲的緣故，使得時槽若設為一個封包傳輸所需的時間必然不夠，必須再加上一個最大的傳播延遲時間才能夠避免因時槽間的相互影響而造成碰撞。雖然 TDMA-based 的媒介存取控制協定在前置條件與設定上較為嚴苛，但若經過巧妙的排程，並利用傳播延遲造成的延遲時間，便可能使用並行傳輸來增加頻道的利用率。

二、繞徑協定(Routing Protocol)

　　在水下的繞徑協定中，可依照陸地上原有的 Table-driven Routing 與 On-demand Routing，再增加 Per-contact Routing 與 Per-hop Routing 兩類。在 Table-driven Routing 的作法中，網路節點平時便會不斷維護所有節點的資訊，如鄰居資訊或與各節點間的距離步數(Hop Count)。當有資料要傳輸並需建立繞徑路徑時，便會藉由查表的方式來找尋路徑。然而此種方法平時須不斷廣播以維護網路節點的資訊，尤其當水下感測網路的場景大時，便須耗費相當多的資源。除此之外，若考量節點的移動性，則很可能發生查表錯誤的情形，即節點的位置、步數與記錄有所差異，此時便會造成繞徑無法順利完成。而 On-demand Routing 的作法，是當有傳輸需求時，才由來源點(Source)經由泛流(Flooding)的方式找到至終點端(Destination)的路徑，然而，先找到路徑再傳資料會花費兩次路徑的傳輸時間，同時每步傳輸都會花費一段傳播延遲的時間，因此將會使得整個傳輸的時間變得相當漫長。除此之外，當再度考慮節點的移動性時，由於找到路徑與真正傳輸資料的時間已有落差，因此很可能造成路徑改變，使得繞徑錯誤，因而無法順利完成傳輸。因此，在水下感測網路的繞徑中，衍伸了兩種新的繞徑方式，即 Per-contact Routing 與 Per-hop Routing。接下來我們將分別介紹它們。

首先，值得注意的是，由於 Per-contact Routing 與 Per-hop Routing 是針對感測網路所衍伸的繞徑協定，在大部分感測網路的應用中，感測器都會將資料往終點端或者 Sink 的方向進行傳送。因此，在 Per-contact Routing 與 Per-hop Routing 的研究中，通常假設終點端的座標為已知，換句話說，感測器僅須將資料往終點端的方向傳送即可。然而，陸地上無線傳輸已廣泛使用的 Table-driven Routing 與 On-demand Routing，卻不一定被使用在感測網路中。因此，在兩種繞徑協定的設計之初，假設終點端並非是固定的一個網路節點，換句話說，即使終點端的位置未知也沒關係。在這種情形下，為了順利將資料傳送至終點端，Table-driven Routing 與 On-demand Routing 會使用泛流的方式來尋找終點端或者維護繞徑表，才能將資料順利地送往目的地。了解這些繞徑協定在假設上的差異後，讓我們更進一步來認識 Per-contact Routing 與 Per-hop Routing。

1. Per-contact Routing

Per-contact Routing 的運作方式與 Table-driven 或 On-demand 極不相同，除了無須事先建立繞徑表外，亦不需要等待整條路徑的建立。因此，節點的移動性對 Per-contact Routing 的影響較少。Per-contact Routing 的運作方式，是當來源點有資料進行傳送時，會先利用廣播控制封包的方式與鄰居節點溝通，收到控制封包的鄰居節點，會根據來源點的要求進行回報。收到鄰居的回報訊息後，來源點會根據鄰居節點的回報內容作判斷，來決定幫忙代傳的節點，並將資料封包傳送給該鄰居。而該鄰居收到資料封包後，會遵循相同的方式，首先詢問自己的鄰居節點，再將封包傳送給適當的節點協助代傳。依此類推，直到資料封包傳遞至終點端為止。

舉例來說，來源點可以要求鄰居節點回報自己與終點端間的距離，因此當收到來源點的控制封包後，鄰居節點會各自計算自己與終點端間的距離，並將此資訊回傳給來源點。接著來源點便可挑選距離終點端最近的鄰居節點，來減少整個傳送所需的路徑長度。這種方式不但不需要有鄰居的位置資訊，同時也不必先將來源點至終點端的完整路徑找出來，因此可以有效的減少傳輸所須花費的傳播延遲時間，並減少因節點移動性而造成傳送失敗的可能性。然而，來源點或代傳點與其鄰居進行溝通的方式，需要花費三個傳播延遲的時間，其一是廣播控制封包時的傳播延遲時間，其二是其鄰居節點回報要求的訊息所需的傳播延遲時間，其三是真正傳遞資料封包所需的傳播延遲時間。當網路場景夠大時，花費在傳播延遲上的時間將更為可觀，因此，衍伸出了 Per-hop Routing 的繞徑方式。

2. Per-hop Routing

　　Per-hop Routing 的作法，是不需要先進行控制封包的溝通。換句話說，當一個來源點有資料要進行傳輸時，便會直接將資料封包藉由廣播的方式傳遞出去，接著，接收到該筆資料封包的鄰居節點，便會自行判斷自己是否符合、適合進行資料的代傳，如滿足條件的鄰居節點，便會自動將封包代傳下去，直到資料封包抵達終點端為止。舉例來說，是否進行資料代傳的門檻可能為：當鄰居節點們收到廣播的資料封包時，會決定一個 Random Backoff 的值，並採用競爭的方式來成為代傳點。其中，Random Backoff 的值主要是依照自己與終點端的距離來產生。當 Backoff 的時間歸零時，便將資料封包傳送出去。然而這個方式最終所有鄰居節點都會將資料封包傳送出去，可能會造成網路封包壅塞、廣播風暴(Broadcast Storm)的情形發生。因此，通常會再加上若聽到其他節點代傳相同封包時，則取消此筆資料封包的代傳。然而，因為不保證所有鄰居節點都坐落在彼此的傳輸範圍內，因此仍可能有多個節點協助此筆資料封包的代傳。雖然如此，多個節點進行資料封包的代傳並不一定是壞事，因為多個節點代傳可能造就多條的傳輸路徑，有增加資料傳遞成功率的可能。

　　由於在水中進行資料傳輸時，傳播延遲時間相對於資料封包來說要長上許多，因此在傳送資料前，若透過交換控制封包的方式來決定代傳節點，在時間的花費上相對不划算，並會使得封包在傳輸時的延遲時間加倍。因此，在考量應用的層面上，越來越多繞徑協定選擇以 Per-hop Routing 取代 Per-contact Routing 的方式。在近年的文獻中，VBF(Vector-Based Forwarding)、HH-VBF(Hop-by-Hop Vector-Based Forwarding)與 DFR(Directional Flooding-based Routing)都是 Per-hop Routing 的一種，以下我們將介紹它們運作的原理。

　　在 VBF 中，為了減少水下感測器資源的浪費，使用了管狀的資料傳輸區域，來限制與避免過多不必要的資料傳輸。在運作方面，VBF 不需額外收集鄰居的資訊，並可直接透過廣播的方式，將資料封包一步步代傳到水面上的 Sink。以圖 7.13 為例，若有一個來源點欲將收集的資料傳送到水面的 Sink 時，便會透過廣播的方式將資料封包傳送出去。收到此筆資料封包的鄰居節點，會以自己距離 Sink 的遠近作為考量，並將此距離透過比例轉換為時間，再以此時間進行倒數。當時間歸零時，此鄰居節點便會將資料封包廣播出去。相反地，若在倒數中，收到來自其他鄰居節點廣播此筆封包時，便會捨棄該筆封包，以避免不必要的傳輸。除此之外，當收到來源點廣播的資料封包時，鄰居節點會根據封包內夾帶的資訊，來計算來源點及終點端所形成的管狀傳輸區域，並判斷自己是否位於此傳輸區域內。若是，鄰居節點才會進行倒數，並在倒數結束後將資料封包廣播出去；若否，鄰居節點會直接將封包丟棄以節省能源。如此，資料封包便可藉由上述步驟，以代傳的方式傳遞至終點端。在此例子中我們可以發現，如同先前在 Per-hop Routing 的介紹，VBF 在每一步的代傳中，可能有超過一個以上的代傳點進行資料的代傳。因此 VBF 可能會有多條傳輸的路徑，也可能造就較高的資料傳遞成功率。

　　然而當網路上因節點分佈或感測器電量耗盡而死亡，使得沒有足夠的代傳節點座落於管狀的資料傳輸區域時，在管狀區域內便會形成空洞，使得資料封包無法成功傳送到 Sink。為此，HH-VBF 以 VBF 做為參考來改善空洞的問題。

　　如圖 7.14 所示，HH-VBF 為了改善空洞問題，會將資料傳輸區域進行動態的調整，使傳輸區域不再固定。在 VBF 中，由於管狀的傳輸區域是固定由來源點至終點端所形成的區域，當這區域內本身節點數量就不足時，便無法順利找到一條繞徑，使得資料無法順利傳遞至終點端。因此，在 HH-VBF 中，改善了固定的管狀傳輸區域，透過每個代傳點與終點端所形成的資料傳輸區域，使得代傳點有更多的機會，繞過原先存在VBF 管狀傳輸區域內的空洞。因此，HH-VBF 的做法為，當來源端有資料要進行傳輸時，會直接將資料廣播出去。接收到此筆資料封包的鄰居節點，首先必須判斷自己是否坐落於來源點與終點端所形成的管狀傳輸區域內，如果是，則藉由自己與終點端的距離來換算一段等待的時間並進行倒數，直到時間到時再將資料代傳出去。若在等待時間內，接收到其他鄰居節點已進行此筆資料封包的代傳，則該點鄰居便會停止等待時間的倒數，並直接丟棄此封包。相反地，若無其餘鄰居節點協助代傳此資料封包，則該鄰居會在等待時間結束後，將此封包廣播出去。與 VBF 不同的是，當此代傳點順利將資料封包代傳出去後，其鄰居節點會以此代傳點與終點端所形成的管狀資料傳輸區域為基準，並判斷自己是否坐落於此傳輸區域內。若是，則具有成為代傳點的資格，若否，則直接丟棄封包，並不協助此筆資料封包的代傳工作。如此，HH-VBF 藉由不斷改變管狀的傳輸區域，便能得到較多的機會來繞過存在的空洞。然而，當某個管狀傳輸區域也缺乏代傳的節點時，HH-VBF 仍會因為空洞問題而無法順利將資料傳遞至終點端。

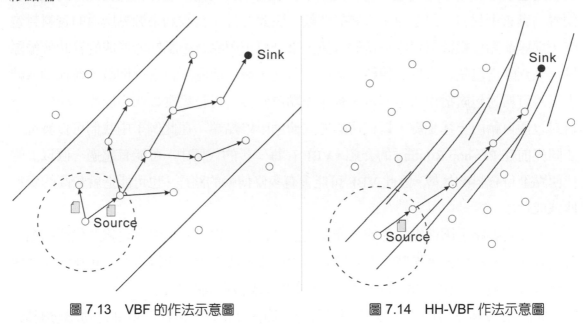

圖 7.13　VBF 的作法示意圖　　　　圖 7.14　HH-VBF 作法示意圖

　　　DFR 也是屬於 Per-hop Routing 的協定。在 DFR 的做法中有幾項假設，像是所有節點必須知道自己的位置資訊、一步鄰居的位置資訊、Sink 的位置資訊，以及所有節點可以藉由量測來得到鄰居間的鏈結品質(Link Quality)。DFR 的主要概念如下，當節點有資料封包要傳送時，會將此筆封包朝向 Sink 進行有限制的泛流(Flooding)，參與代傳的節點會被限制在一範圍內，此範圍稱作泛流區域(Flooding Zone)。如圖 7.15 所示，泛流區域是根據來源端 S、代傳點 F 以及目的端 D 連線所形成的角度來決定。代傳點 F 會藉由比較∠SFD 與來源端 S 預先訂定的角度(BASE_ANGLE)作比較，來決定是否代傳封包。

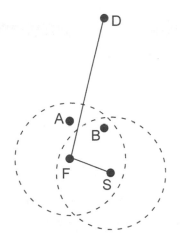

圖 7.15　DFR 的作法示意圖

　　如上述所提到的，爲了保證較高的可靠性，來源端會將資料封包以泛流的方式朝目的端傳送。然而，代傳節點是否要泛流此筆封包，須根據來源端、節點本身、與目的端形成的夾角(CURRENT_ANGLE)來決定。當來源端有一筆資料封包要傳送時，會直接廣播此筆封包，並在封包中夾帶自己的位置資訊與 BASE_ANGLE 的資訊，網路初始時，BASE_ANGLE 主要是根據網路密度被設定成一最小角度(A_MIN)，每個節點收到來源端廣播的封包後，會比較自己的 CURRENT_ANGLE 和夾帶在代傳封包內的 BASE_ANGLE。若 CURRENT_ANGLE 大於 BASE_ANGLE，則代傳點會根據周圍節點的平均鏈結品質來調整 BASE_ANGLE，並將新的 BASE_ANGLE 夾帶在封包中泛流出去。反之，則捨棄掉這筆封包，因爲該節點已經超過泛流的範圍。爲了避免過多的節點代傳封包造成浪費，每個代傳節點都會透過 BASE_ANGLE 的調整來限制泛流範圍的大小。BASE_ANGLE 的調整，是藉由比較鄰居節點的平均鏈結品質和預先訂定的門檻值。若平均鏈結品質較門檻值差，節點會將 BASE_ANGLE 減去 A_DCR(預先訂定的減少值)，並將封包夾帶調整後的 BASE_ANGLE 和來源端位置資訊傳送出去，此舉代表需要更多的節點參與此筆封包的泛流。反之，若平均鏈結品質較門檻值佳，代傳節點會將 BASE_ANGLE 加上 A_ICR(預先訂定的增加值)，如此，將有較少的節點參與此筆資料封包的泛流。

　　雖然 DFR 藉由一步一步地改變 BASE_ANGLE 來反應鏈結品質，但若 BASE_ANGLE 因此持續增加，遲早會造成沒有節點可以代傳的情形。因此，爲了解決這個問題，DFR 設定了一個角度最大值(A_MAX)，也就是在每一步的代傳中，BASE_ANGLE 的調整不可超過 A_MAX，此角度的值爲鄰居中最大之

CURRENT_ANGLE，因此可以確保至少有一個鄰居參與資料封包的泛流。藉由有限制的泛流，DFR 也可能有多條的傳輸路徑，因此也可能造就較高的資料傳遞成功率。

7-6 結論

　　雖然陸地上無線感測網路的發展日趨成熟，已有許多的研究與應用，然而水下感測網路與無線感測網路的環境不同，傳輸媒體與特性也不同，使得水下感測網路面臨許多挑戰。現今，水下感測網路不論在學術界與業界都被熱烈的討論著，許多水下感測網路的研究與應用也逐漸增加。然而，水下感測網路仍有一段路要走，因為大自然環境的種種變化，以及多個挑戰同時考量的情況下，水下感測網路的問題既困難又棘手。在未來的世界中，海洋的世界將漸漸被人類所認識，要探索這神秘又廣闊的海洋，水下感測網路絕對是人類不可或缺的一大助手！

習　題

1.　水下感測網路中使用聲波進行傳輸，主要的原因爲何？

2.　請描述何謂傳播延遲以及其對水下感測網路的影響。

3.　水下感測網路與無線感測網路有哪些特性上的不同？

4.　試描述水下感測網路的碰撞問題及解決方法。

5.　請描述四向交握(Four-way handshaking)機制無法避免水下感測網路傳輸碰撞的原因。

6.　請說明 CSMA 是否可以避免水下感測網路的碰撞問題，原因爲何？

7.　試描述水下感測網路頻道利用率的問題。

8.　請簡單說明水下感測網路所遭遇的問題與挑戰。

9.　試描述水下感測網路中常見的兩種繞徑，以及它們運作的方式。

10.　試描述一種可以避免碰撞的媒介存取控制協定與其運作方式。

參考文獻

[1] N. Chirdchoo, W.-S. Soh, and K. C. Chua, "Aloha-based MAC protocols with collision avoidance for underwater acoustic networks," in Proceedings of the IEEE INFOCOM, the Annual Joint Conference of the IEEE Computer and Communications Societies, May 2007, pp. 2271–2275.

[2] Y.-J. Chen and H.-L. Wang, "Ordered CSMA : A collision-free MAC protocol for underwater acoustic networks," in Proceedings of the IEEE OCEANS, Oct. 2007, pp. 1–6.

[3] M. Molins and M. Stojanovic, "Slotted FAMA : A MAC protocol for underwater acoustic networks," in Proceedings of the IEEE OCEANS, Sep. 2006, pp. 1–7.

[4] P. Xie, J.-H. Cui, and L. Lao, "VBF : Vector-based forwarding protocol for underwater sensor networks," in Proceedings of the IFIP Networking, May 2005, pp. 1216–1221.

[5] N. Nicolaout, A. Seet, P. Xie, J.-H. Cui, and D. Maggiorini, "Improving the robustness of location-based routing for underwater sensor networks," in Proceedings of the IEEE OCEANS, Jun. 2007, pp. 1–6.

[6] D. Hwang and D. Kim, "DFR : Directional flooding-based routing protocol for underwater sensor networks," in Proceedings of the IEEE OCEANS, Jun. 2008, pp. 1–7.

[7] Tolstoy and C. S. Clay, Ocean Acoustics : Theory and Experiment in Underwater Sound, 1st ed., McGraw-Hill, 1987.

WNMC

Chapter 8

無線體域網路

01 011 010110 101 01011
11 010110 101 01011   01 110 10 011 010110 101 010
1 01 110 101 011 010110 101 01011   01 110 101 011 010110 101 010
110 101 01011
011 010110 101 01011

8-1 無線體域網路(Wireless Body Sensor Network, WBSN)概述

　　目前的衛生保健系統使得人口迅速增長與老化，全球現有 10%以上的人口是 65 歲以上的老年人，老年人口和不斷上升的醫療支出，這種全球性的趨勢預估到 2050 年每 1 個老人需要 1.4 位年輕人來負擔照顧的成本，將對經濟造成致命性衝擊。除了老年人口的問題外，隨著國人生活條件的富裕及健康觀念的改變，人們對自身健康問題越來越重視，所以「定期健康檢查」的觀念已逐漸在一般大眾心中形成，其目的是希望當疾病發生時，可以「早期發現，早期治療」以降低疾病對健康的損害。然而大部份的人都是感到身體不適時，才到醫院進行詳細之檢查與診斷，現在的醫學儀器與技術可以診斷出身體的疾病，但為時已晚，必須花費龐大之醫療照護資源或是長期忍受身體上的病痛。這樣的模式對於個人健康、生活品質以及社會醫療資源都不是正面的。所有這些統計數據表明，醫療保健需求的重大轉變，促使我們必須朝著更具擴展性和更經濟實惠的解決方案[7]。隨著無線網路與感測設備技術的成熟，使得無線感測設備的體積可以縮小並使用在無線體域網路上，這些無線感測器被裝置在衣服或皮膚上，甚至於有些特殊的感測器被植入在皮膚下。如圖 8.1 所示，可穿戴式健康監測系統，允許個人在他或她的生命體徵的變化密切監察，並提供反饋，以幫助維持最佳的健康狀態。如果這些系統集成到一個遠程醫療系統，甚至可以提醒醫務人員會發生危及生命的訊息，及時的處理。藉由無線體域網路創新的應用，長期記錄各種生理訊號與活動紀錄以提高醫療保健和生活質量[1]。在無線體域網路中的感測器可以量測多種的生理訊號，例如：心跳、血壓、血氧、血糖、體溫和心電圖。亦有學者研發各種不同的感測應用，例如：由雙加速規組合成之腰帶，雙加速規的位置位於髖關節的左右兩側，於運動時量測雙腳的步態訊號，並藉由藍芽方式傳輸至智慧型手機；步態辨識演算法能根據加速規的訊號計算出左右腳的步態參數，藉由分析可以評量運動量、運動姿勢是否正確，或提供運動教練檢測結果來制定運動健身計畫[8]。另外在我國長庚醫院養生村的 U-care 系統中，老人隨身佩戴 WiFi 收發器可隨時掌握老人進出各種社交場合與活動時間的紀錄，藉由適當輔導提升他們達到身、心、靈平衡的健康狀態；當老人發生緊急事件時，更可藉由定位系統通知附近工作人員，提供即時的急救與照護[9][10][11][12]。

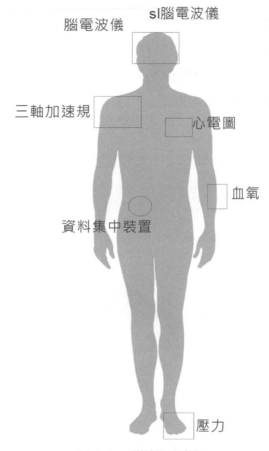

腦電波儀　sl腦電波儀

三軸加速規

心電圖

血氧

資料集中裝置

壓力

圖 8.1　感測器示意圖

　　在本章節中將會針對無線體域網路中的通訊架構、媒介存取控制層、網路層和無線傳輸技術等做詳細的介紹。通訊架構中分成內部跟外部，內部為無線感測器與資料集中裝置(Gateway)的通訊，外部為資料集中裝置與外部伺服器的通訊。媒介存取控制層將探討分時多重存取(TDMA)與載波偵測多重存取(CSMA)兩種。網路層將探討各種不同的路由方法。無線傳輸技術中將探討各種不同應用在無線體域網路的傳輸技術。

8-2　通訊架構

　　如圖 8.2 所示[2]，在無線體域網路中感測器的資料集中方式分成三個階段，第一個階段為感測器與資料集中裝置通訊(使用無線個人區域網路技術 Wireless personal area network, WPAN)，感測器會依不同的功能與運作方式收集參數，並直接傳送至資料集中裝置。若具備運算能力之感測器會經過計算再傳送回資料集中裝置，這些感測器的計算能力會依不同的需求及情況改變。第二階段為資料集中裝置與外部伺服器(可使用無線個人區域網路 WPAN，或無線區域網路 Wireless Local Area Network, WLAN)，在資料集中裝置收集一段時間後，會將訊息傳送至外部伺服器。第三階段為外部伺服器透過網際網路轉送至醫療中心，資料作為醫療的參考或是健康狀況的監測，而在緊急情況發生時資料集中裝置會傳送訊息至外部伺服器，透過網際網路將緊急的訊息第一時間傳遞出去。本節以下內容將會針對第一與第二階段做詳細的介紹。

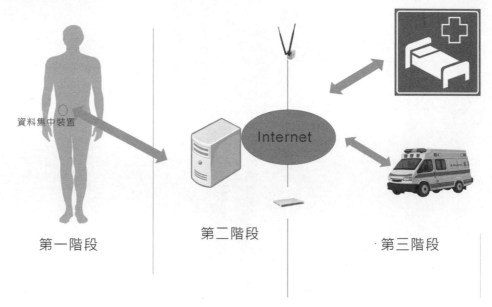

圖 8.2　無線體域網路架構

一、感測器與資料集中裝置通訊

如圖 8.3 所示，各種不同的感測器會收集資料，根據不同的功能傳輸的頻率不一樣，因為感測器為了省電通常不具備太高的計算能力，因此資料傳輸至資料集中裝置時，資料集中裝置會再經過計算並將資料儲存，具備計算能力的感測器回傳資料就不會再經過處理。資料集中裝置必須具備分析感測器數值之能力，才能判斷緊急事件的發生。在緊急事件發生時，資料集中裝置會優先處理疑似緊急事件感測器之訊號，並立即將求救訊號發送至外部伺服器尋求協助。若外部伺服器不在通訊範圍時，資料集中裝置會使用另一種的網路架構(如 3G、4G 等通訊技術)，將資料傳送至緊急救援中心。資料集中裝置也依使用上的不同，而具備不同的硬體與通訊架構，目前常用智慧型手機來當資料集中裝置。

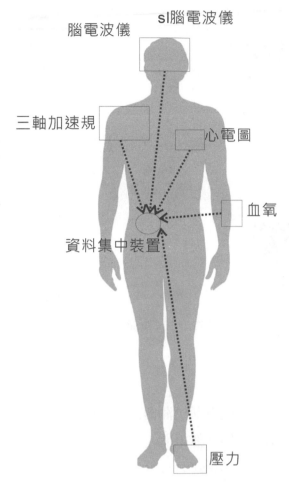

圖 8.3　資料集中裝置收集感測器資料

二、與資料集中裝置與外部伺服器通訊

　　當資料集中裝置收集到一定量的感測資訊後，先經過計算處理，再將資料上傳至
外部伺服器，若資料沒有經過處理就傳上外部伺服器，此資料傳輸將會相當的頻繁，
也會耗損相當多的電力，因此資料集中裝置必須具備儲存空間以及相當的計算能力。
外部伺服器除了提供儲存資料外，另一個更重要的功能為，透過網際網路傳送資料至
緊急救援中心或是醫療中心，經由這樣的一個架構，如圖 8.4 所示，使遠距照護變得
是一件相當容易的事。

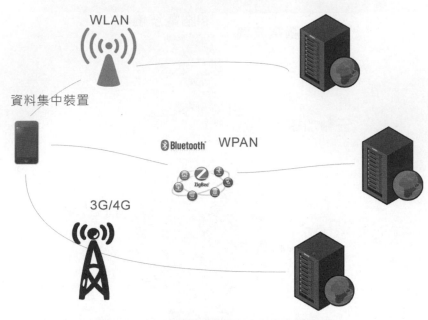

圖 8.4　資料集中裝置與外部伺服器架構

8-3　無線通訊技術

　　無線體域網路中資料集中裝置與感測器之間的傳輸範圍較短，故常使用的通訊技術通常都屬於無線個人區域網路。無線個人區域網路提供了一種小範圍內無線通信的手段，並且跟 IEEE 802.11 系列相比有較低功耗。無線個人區域網路的特點有無線的覆蓋範圍較小，較低的設備功耗，這些特點符合無線體域網路中的需求，以下舉三種無線通訊技術做介紹，Bluetooth(IEEE 802.15.1)與 ZigBee(IEEE 802.15.4)為目前常用的標準，IEEE 802.15.6 為正在製定中的標準。

圖 8.5　IEEE 802.15 家族 Logo

一、IEEE 802.15.1(Bluetooth)

藍牙(Bluetooth)技術最初由易利信創製。技術始於易利信公司的 1994 方案，它是研究在行動電話和其他配件間進行低功耗、低成本無線通訊連線的方法。發明者希望為裝置間的通訊創造一組統一規則(標準化協議)，以解決使用者間互不相容的移動電子裝置。

藍牙技術聯盟(Bluetooth Special Interest Group, SIG)在 1999 年 7 月 26 日正式公布 1.0 版，確定使用 2.4GHz 頻譜，最高資料傳輸速度 1Mbps，同時開始了大規模宣傳。和當時流行的紅外線技術相比，藍牙有著更高的傳輸速度，而且不需要像紅外線那樣進行介面對介面的連線，所有藍牙裝置基本上只要在有效通訊範圍內使用，就可以進行隨時連線。當 1.0 規格推出以後，藍牙並未立即受到廣泛的應用，除了當時對應藍牙功能的電子裝置種類少，藍牙裝置也十分昂貴。2001 年的 1.1 版正式列入 IEEE 標準，Bluetooth 1.1 即為 IEEE 802.15.1。同年，SIG 成員公司超過 2000 家。過了幾年之後，採用藍牙技術的電子裝置如雨後春筍般增加，售價也大幅回落。為了擴寬藍牙的應用層面和傳輸速度，SIG 先後推出了 1.2、2.0 版，以及其他附加新功能，例如 EDR(Enhanced Data Rate，配合 2.0 的技術標準，將最大傳輸速度提高到 3Mbps)、A2DP(Advanced Audio Distribution Profile，一個控音軌分配技術，主要應用於立體聲耳機)、AVRCP(A/V Remote Control Profile)等。Bluetooth 2.0 將傳輸率提升至 2Mbps、3Mbps，遠大於 1.x 版的 1Mbps(實際約 723.2kbps)。2010 年藍牙在新提出的 v4.0 技術規格中改善過去的缺點，讓裝置可以用較少的電力損耗運作，卻同樣可透過較高的傳輸速率傳送資料內容。另外新的技術規格底下，藍芽裝置可透過兩種模式運作：雙工模式(dual mode)及單工模式(single mode)。在雙工模式運作時，裝置可以根據不同對應裝置切換高速或低耗電運作方式。單工模式則會以最低耗電模式運作，因此裝置可以長時間的連結[3]。

圖 8.6　Bluetooth Logo

因為藍牙的普及使得在無線體域網路可以連接上我們常使用的設備，不必因為硬體上的限制而多出成本，在越來越多感測器提供藍牙的連線方式，及藍牙通訊技術持續的發展下去，藍牙在無線體域網路中將佔有一定的地位。

二、IEEE 802.15.4

ZigBee 為 IEEE 802.15.4 中常用的標準。主要由 Honeywell 公司組成的 ZigBee Alliance 制定，從 1998 年開始發展，於 2001 年向電機電子工程師學會(IEEE)提案納入 IEEE 802.15.4 標準規範之中，自此將 ZigBee 技術漸漸成為各業界共同通用的低速短距無線通訊技術之一[4]。ZigBee 已被廣泛應用在無線感測網路中，無線感測網路與無線體域網路在某些情況中屬於類似的情況，差異較大的地方為無線體域網路的感測器必須配戴於人體上，以致於體積必須要很小，在設計上就會不同於無線感測網路中的設計，目前在無線體域網路中使用的頻率最高。

圖 8.7　ZigBee Logo

三、IEEE 802.15.6

研究小組在 2006 年開始的研究與產業化在 WBANs 的興趣和動機，IEEE 標準協會決定成立 IEEE 802.15.6 工作組於 2007 年 11 月。在其團隊對此描述「IEEE 802.15 工作組 6(BAN)正在開發一種優化的低功率器件和操作，或周圍人的身體(但不僅限於人類)，可滿足各種應用，包括醫療，消費電子／個人娛樂和其他通信標準」，此標準將會針對無線體域網路等做設計，將來很可能成為無線體域網路中主要的傳輸技術。

8-4　媒介存取控制層(Medium Access Control, MAC layer)

在無線體域網路中媒介存取控制層可以分成兩大類，一種是基於排程的方式，另一種為相互競爭的。在本節中將舉兩個種類中的代表性方法加以解釋描述，並分析兩種的方法的使用時機。

一、分時多重存取(TDMA)

分時多重存取[5](Time division multiple access, TDMA)是一種為實現共用的無線電頻段或者網路的通訊技術，允許多個感測器在不同的時間來使用相同的頻率。每個感測器使用他們自己的時間區間來傳輸資料，在資料開始傳輸前，所有感測器與資料集中裝置必須要先經過時間的同步，確保所有通訊裝置的時間皆相同，而資料集中裝置負責協調分配不同的時間給不同的感測器，如圖 8.8、8.9 所示，使得每一個感測器在傳輸的時候不受其它感測器之干擾，為了避免長時間運作造成時間差，所以每隔一段時間就必須要再同步，但同步頻率不宜過高，以免造成電源不必要的消耗。分時多重存取適合使用在較固定的傳輸模式中，也就是感測器傳輸的頻率與數量不會改變，然而時間同步對於感測器與資料集中裝置不是件容易的事，必須要不斷的調整，若時間同步的不夠精準，就會造成碰撞，使得所有資料皆無法被傳送到。而在 HMAC 中[6]提出利用心跳來做時間的同步，用心跳來同步時間的好處為不必為了同步額外增加傳輸次數，但要利用心跳來同步的前提是每個感測器必須有偵測心跳的功能，這也是一個額外的成本。

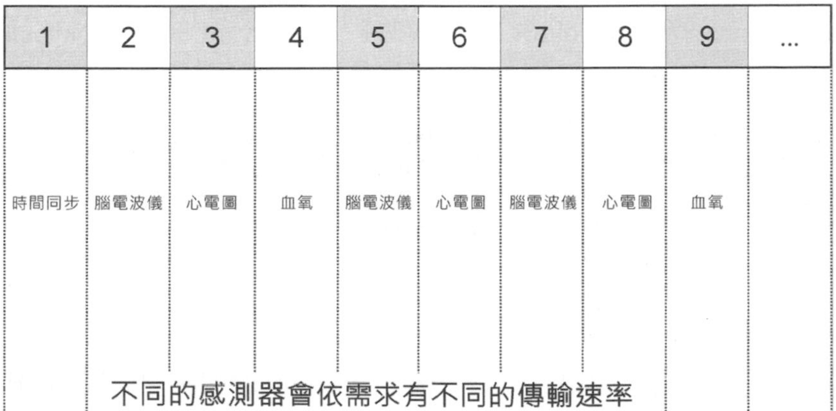

1	2	3	4	5	6	7	8	9	...
時間同步	腦電波儀	心電圖	血氧	腦電波儀	心電圖	腦電波儀	心電圖	血氧	

不同的感測器會依需求有不同的傳輸速率

圖 8.8　TDMA 資料傳送示意圖

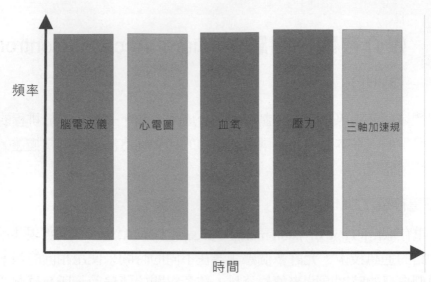

圖 8.9　使用 TDMA 傳送時，感測器使用他們自己的時間區間所有系統頻寬來傳輸資料

二、載波偵測多重存取(CSMA/CA)

如圖 8.10 所示，每個感測器在傳輸前會先偵測是否有資料正在同一通道中傳輸，若沒有任何感測器傳輸中，則傳輸資料至資料集中裝置，若有人在同時間傳輸，則停止傳送並等待一段隨機的時間後，再次進行偵測通道的傳輸情況，直到通道上沒有被其它感測器使用，才做資料的傳輸。

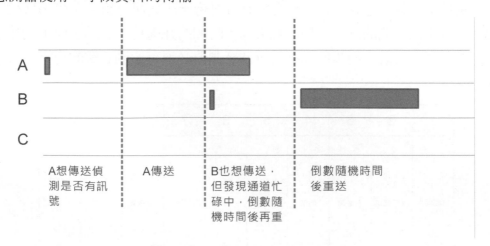

圖 8.10　CSMA/CA 傳送示意圖

載波偵測多重存取的最大優點就是不需要做時間的同步，不過在通道上相當多感測器要傳輸時就會造成效能的低落，並且因為不斷的碰撞，如圖 8.11 所示，造成較多能源的消耗。

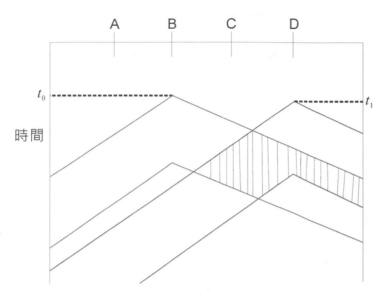

圖 8.11　CSMA/CA 傳送時序圖，封包碰撞產生在虛線面積內

8-5　網路層

　　因為具體的無線環境的特點，在無線體域網路中發展高效率的路由協議是一個困難的任務。首先，可用的頻寬是有限的，會因為共享(sharing)、衰落(fading)、噪音(noisy)和干擾(interference)等，使通訊協議的資訊應用遭到限制。其次，構成網路的節點可用能源或計算能力方面相當有限，因此在無線區域網路中的路由方式不見得適合套用在無線體域網路中，以下針對無線體域網路之特性介紹傳輸之路由方式。

一、感測器回傳資料之路由方式

　　感測器回傳至資料集中裝置可依傳輸型態分成兩種，單跳躍(single-hop)直接回傳(如圖 8.12)與多跳躍(multi-hop)透過其它感測器回傳(如圖 8.13)。單跳躍的條件為，感測器之無線通訊範圍必須要直接可以達到資料集中裝置，若有感測器無法直接傳輸，則必須透過多跳躍幫忙回傳資料。單跳躍的路由架構相當容易實現，適合在小範圍的區域中。而多跳躍的傳輸方式可以應用到感測器分佈較廣的情形中，其運作的模式就比單跳躍複雜許多。在多跳躍路由常用的方法可分為兩類：主動式路由協定(pro-active routing protocol)及回應式路由(reactive routing protocol)。主動式路由方法先為網路中任意的兩節點建立路由資訊，因此當有新連線要建立時(來源節點傳送封包到目的節點)，便能夠及時得到路由資訊，將封包送到目的地。回應式路由策略與主動式路由策略的概念不同，在回應式路由的策略中，節點只會尋找和維護有需要的路由，一般指會被使用的路由。主動式路由策略中,所有的路由資訊都必需維護,無論路徑是否會被使用;而回應式路由策略的優點是只會尋找和維護有需要的路由,而不理會不需要的路由,因而省下了這些成本。回應式路由較適合網路流量偶然發生、只涉及少數的節點且流量大的情況。而缺點則是首次溝通時須耗費較多的時間尋找路徑,因此封包會有較多延遲。主動式路由常用的演算法有 Destination-sequenced distance-vector (DSDV)[14],回應式路由常用的演算法有 AODV(Ad hoc On-Demand Distance Vector Routing)[13][15]、DSR(Dynamic Source Routing)[13][17]及 Temporally Ordered Routing Algorithm(TORA)[13][17]等。

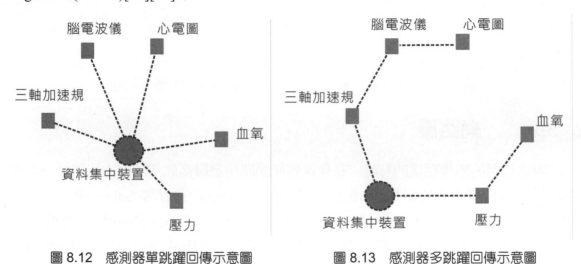

圖 8.12　感測器單跳躍回傳示意圖　　　　圖 8.13　感測器多跳躍回傳示意圖

8-6　6LoWPAN(IPv6 低功耗無線個域網)

近 10 年來,隨著微機電感測器製造技術及無線感測網路通訊技術的快速發展,有許多無線感測網路相關的應用問世,例如個人健康醫療照護、先進電表系統架構(Advanced Metering Infrastructure, AMI)、家庭能源管理系統(Home Energy Management Systems, HEMS)等。然而,隨著感測器節點的增加,讓原有的無線感測網路架構也面臨極大的挑戰。

IEEE 802.15.4 是低速率無線個域網(LR-WPAN)的典型代表,然而,IEEE 802 15.4 只規定了實體層(PHY)和媒體存取控制(MAC)層標準,沒有涉及到網絡層以上規範,而 IEEE 802.15.4 設備密度很大,迫切需要實現網絡化。同時為了滿足不同設備製造商的設備間的互聯和互操作性,需要製定統一的網絡層標準。早期的無線感測網路缺乏一個共通的通訊協定標準,為了讓這些不同的感測網路裝置能夠互通,網際網路工程任務小組(IETF)以 IPv6 協定為基礎，於 2004 年 11 月正式成立了 IPv6 over LR-WPAN(簡稱 6LowPan)工作組，制定專屬於這些低功率、低可靠度、網路規模極大網路裝置的互連通訊協定，即 IPv6 over IEEE 802.15.4。迄今為止，無線網路只採用專用協議，因為 IP 對內存和帶寬要求較高，要降低它的運行環境，要求以適應微控制器及低功率無線連接是比較難辦的事。而 6LowPan 協議的制定提供了可能性。

一、6LoWPAN 技術概述

IETF 從 2005 年開始為了因應此挑戰，陸續成立兩個工作團隊(Working Group, WG)：6LoWPAN 工作組(WG)及 ROLL(Routing Over Low power and Lossy networks) 工作組(WG)。以 IPv6 通訊協定為基礎，開始訂定針對 IEEE 802.15.4 的低功率、低可靠度網路裝置的互通網際網路協定。其中，6LoWPAN WG 負責制定有關網路連結建立、封包分割及封包壓縮的協定。而 ROLL WG 負責針對這樣的網路環境提出合適的路由演算法通訊協定。6LowPan 技術具有以下優勢：

1. 普及性：IP 網絡應用廣泛，作為下一代互聯網核心技術的 IPv6，也在加速其普及的步伐，在 LR-WPAN 網絡中使用 IPv6 更易於被接受。

2. 適用性：IP 網絡協議棧架構受到廣泛的認可，LR-WPAN 網絡完全可以基於此架構進行簡單、有效地開發。

3. 更多地址空間：IPv6 應用於 LR-WPAN 最大亮點就是龐大的地址空間。這恰恰滿足了部署大規模、高密度 LR-WPAN 網絡設備的需要。

4. 支持無狀態自動地址配置：IPv6 中當節點啟動時，可以自動讀取 MAC 地址，並根據相關規則配置好所需的 IPv6 地址。這個特性對傳感器網絡來說，非常具有吸引力，因為在大多數情況下，不可能對傳感器節點配置用戶界面，節點必須具備自動配置功能。

5. 易接入：LR-WPAN 使用 IPv6 技術，更易於接入其他基於 IP 技術的網絡及下一代互聯網，使其可以充分利用 IP 網絡的技術進行發展。

6. 易開發：目前基於 IPv6 的許多技術已比較成熟，並被廣泛接受，針對 LR-WPAN 的特性對這些技術進行適當的精簡和取捨，簡化了協議開發的過程。

由此可知，IPv6 技術在 LR-WPAN 網絡上的應用具有廣闊發展的空間，而將 LR-WPAN 接入互聯網將大大擴展其應用，使得大規模的傳感控制網絡的實現成為可能。

IEEE 802.15.4 網路連結技術與先前 IPv6 常用的網路連結技術，如 IEEE 802.11 和
乙太網路(Ethernet)，有著極大不同的特性。舉例來說，最大傳輸單位(MTU)，IEEE
802.15.4 只能支援 127 位元組(Bytes)，遠小於 IEEE 802.11 與 Ethernet 所能支援的 1,500
位元組。除此之外，IEEE 802.15.4 受限於其無線傳輸技術，無法具備讓所有網路節點
都接收到訊息的廣播能力，資料的傳輸會受限於無線射頻天線的最大傳輸範圍。因
此，IETF 於 2005 年開始成立 6LoWPAN WG，著手制定適用於 IEEE 802.15.4 的 IPv6
適配技術。此工作組的重點分類為兩大項工作項目：一是如何能讓 IEEE 802.15.4 的網
路連結技術，攜帶 IPv6 的資料封包；二是如何在 IEEE 802.15.4 的無線環境下，運行
必要的 IPv6 鄰居尋找功能，以建立起網路拓樸。

二、6LoWPAN 關鍵技術

6LoWPAN 為實現 IPv6 網路層與 IEEE 802.15.4 MAC 層的連接，在兩者之間加入
了適配層(adaptation layer)以實現屏蔽底層硬件對 IPv6 網絡層的限制。適配層是 IPv6
網絡和 IEEE 802.15.4 MAC 層間的一個中間層，其向上提供 IPv6 對 IEEE 802.15.4 媒
介存取層支持，向下則控制 LoWPAN 網絡構建、拓樸及 MAC 層路由。6LoWPAN 的
基本功能，如鏈路層的分片(fragment)和重組、頭部壓縮、群播(multicast)支持、網絡
拓樸構建和地址分配等均在適配層實現。圖 8.14 為 ROLL WG 提出的通訊協定堆疊與
TCP/IP 堆疊比較。

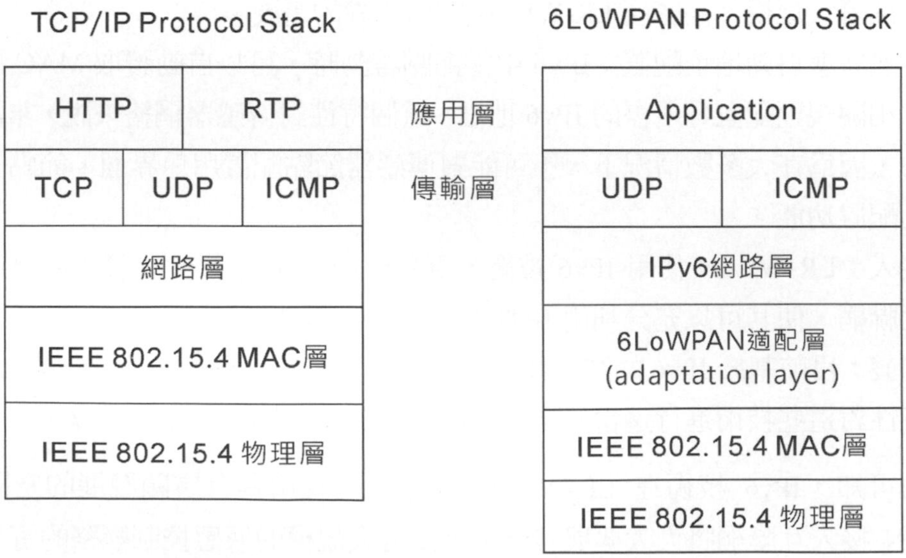

圖 8.14　6LoWPAN 堆疊與 TCP/IP 堆疊比較

　　適配層是整個 6LowPAN 的基礎框架，6LowPAN 的其它一些功能也是基於該框架實現的，適配層功能模塊的示意圖，如圖 8.15 所示。

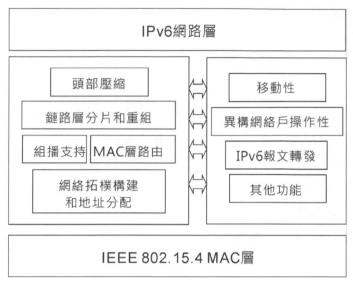

圖 8.15　適配層功能模塊

1. 適配層基本功能：

　　鏈路層的分片和重組：IPv6 通訊協定的標準裡，網路連結層必須要具備傳輸 1,280 位元組資料封包的能力，而這是 IEEE 802.15.4 所辦不到的(其最大封包大小為 127 位元組)，對於不支持該 MTU 的鏈路層，協議要求必須提供對 IPv6 透明的鏈路層的分片和重組。因此，適配層需要通過對 IP 封包進行分片和重組來傳輸超過 IEEE 802.15.4MAC 層最大幀長(127 字節)的封包。6LoWPAN WG 在 2008 年發布 RFC 4944，以支援與 IPv6 層的封包相容性，並定義封包分割的格式，在此 RFC(Request For Comments)中並沒有包含已分割封包遺失的回復機制，而是定義封包傳輸時，收到資料封包的一方，必須要回覆 ACK 封包，以此確保可以達到足夠高的成功率。

　　群播支持：群播在 IPv6 中有非常重要的作用，IPv6 特別是鄰居發現協議 (Neighbor Discovery, ND)的很多功能都依賴於 IP 層群播。此外，WSN 的一些應用也需要 MAC 層廣播的功能。IEEE 802.15.4 MAC 層不支持群播，但提供有限的廣播功能，適配層利用可控廣播共泛的方式來在整個 WSN 中傳播 IP 群播封包。6LoWPAN WG 為此也制定了新的 ND 協定，並發布尚在討論中未正式定案的 RFC 草案：draft-ietf-6lowpan-nd-21。在此協定中，依然使用與 IPv6 ND 相同的 Router Advertisement 及 Router Solicitation 封包來讓新加入網路的節點找到已在網路上的鄰居,藉此成功加入網路中。與先前 ND 機制的不同點在於,此協定假設 Link-local 的 IPv6 位址會來自於裝置原來的媒體存取控制(MAC)位址,因此 6LoWPAN 的網路節不再須要使用群播來解譯未知的連結層位址,並能利用此位址建立出 IPv6 位址。

頭部壓縮:在不使用安全功能的前提下,IEEE 802.15.4 MAC 層的最大 payload 為 102 字節,而 IPv6 封包頭部為 40 字節,再除去適配層和傳輸層(如 UDP)頭部,將只有 50 字節左右的應用數據空間。為了滿足 IPv6 在 IEEE 802.15.4 傳輸的 MTU,一方面可以通過分片和重組來傳輸大於 102 字節的 IPv6 封包,另一方面也需要對 IPv6 封包進行壓縮來提高傳輸效率和節省節點能量。為了實現壓縮,需要在適配層頭部後增加一個頭部壓縮編碼字段,該字段將指出 IPv6 頭部哪些可壓縮字段將被壓縮,除了對 IPv6 頭部以外,還可以對上層協議(UDP、TCP 及 ICMPv6)頭部進行進一步壓縮。

網絡拓樸構建和地址分配:IEEE 802.15.4 標準對物理層和 MAC 層做了詳盡地描述,其中 MAC 層提供了功能豐富的各種原語(primitive),包括信道掃描、網絡維護等。但 MAC 層並不負責調用這些原語來形成網絡拓樸並對拓樸進行維護,因此調用原語進行拓樸維護的工作將由適配層來完成。另外,6LowPAN 中每個節點都是使用 EUI-64 地址標識符,但是一般的 LoWPAN 網絡節點能力非常有限,而且通常會有大量的部署節點,若採用 64-bits 地址將佔用大量的存儲空間並增加封包長度,因此,更適合的方案是在 PAN 內部採用 16-bits 短地址來標識一個節點,這就需要在適配層來實現動態的 16-bits 短地址分配機制。

MAC 層路由:現網絡拓樸構建和地址分配相同,IEEE 802.15.4 標準並沒有定義 MAC 層的多跳路由。適配層將在地址分配方案的基礎上提供兩種基本的路由機制——樹狀路由和網狀路由。

2. 封包格式

由於 LowPAN 網絡有封包長度小、低帶寬、低功耗的特點,為了減小封包長度,適配層幀頭部分為兩種格式,即不分片和分片,分別用於數據部分小於 MAC 層 MTU(102 字節)的封包和大於 MAC 層 MTU 的封包。當 IPv6 封包要在 802.15.4. 鏈路上傳輸時,IPv6 封包需要封裝在這兩種格式的適配層封包中,即 IPV6 封包作為適配層的負載緊跟在適配層頭部後面。特別地,若 "M" 或 "B" bit 被置為 1 時,適配層頭部後面將首先出現 MB 或 Broadcast 字段,IPv6 封包則出現在這兩個字段之後,如圖 8.16 所示。

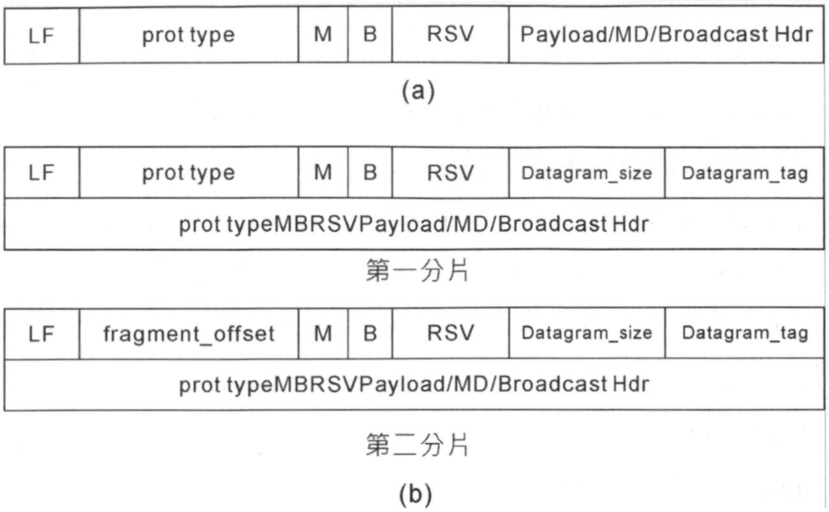

LF	prot type	M	B	RSV	Payload/MD/Broadcast Hdr

(a)

LF	prot type	M	B	RSV	Datagram_size	Datagram_tag
prot typeMBRSVPayload/MD/Broadcast Hdr						

第一分片

LF	fragment_offset	M	B	RSV	Datagram_size	Datagram_tag
prot typeMBRSVPayload/MD/Broadcast Hdr						

第二分片

(b)

圖 8.16　適配層封包格式

不分片頭部格式如圖 8.16(a)，各個字段含義如下：

(1) LF：鏈路分片(Link Fragment)，佔 2bits。此處應為 00，表示使用不分片頭部格式。

(2) prot_type：協議類型，佔 8bits。指出緊隨在頭部後的封包類型。

(3) M：Mesh Delivery 字段標誌位，佔 1 bit。若此位置為 1，則適配層頭部後緊隨著的是"Mesh Delivery"字段。

(4) B：Broadcast 標誌位，佔 1 bit。若此位置為 1，則適配層頭部後緊隨著的是"Broadcast"字段。

(5) rsv：保留字段，全部置為 0。

分片頭部格式如圖 8.16(b)，各個字段含義如下：

(1) LF：鏈路分片(Link Fragment)，佔 2bits。當該字段不為 0 時，指出鏈路分片在整個封包中的相對位置，其中具體定義，如表 8.1 所示。

表 8.1　鏈路分片定義

LE	鏈路分片位置
00	不分片
01	第一個分片
10	最後一個分片
11	中間分片

(2) prot_type：協議類型，佔 8 bits，該字段只在第一個鏈路分片中出現。

(3) M：Mesh Delivery 字段標誌位，佔 1 bit。若此位置為 1，則適配層頭部後緊隨著的是”Mesh Delivery”字段。

(4) B：Broadcast 標誌位，佔 1 bit。若此位置為 1，則適配層頭部後緊隨著的是 ”Broadcast”。若是廣播幀，每個分片中都應該有該字段。

(5) datagram_size：負載封包的長度，佔 11 bits，所以支持的最大負載封包(payload)長度為 2048 字節，可以滿足 IPv6 封包在 IEEE 802.15.4 上傳輸的 1280 字節 MTU 的要求。

(6) datagram_tag：分片標識符，佔 9 bits，同一個負載封包的所有分片的 datagram_tag 字段應該相同。

(7) fragment_offset：封包分片偏移，8 bits。該字段只出現在第二個以及後繼分片中，指出後繼分片中的 payload 相對於原負載封包的頭部的偏移。

3. 分片與重組

當一個負載封包不能在一個單獨的 IEEE 802.15.4 幀中傳輸時，需要對負載封包進行適配層分片(fragment)。此時，適配層幀使用 4 字節的分片頭部格式而不是 2 字節的不分片頭部格式。另外，適配層需要維護當前的 fragment_tag 值並在節點初始化時將其置為一個隨機值。當上層下傳一個超過適配層最大 payload 長度的封包給適配層後，適配層需要對該 IP 封包分片進行發送。適配層分片的判斷條件為：負載封包長度+不分片頭部長 + Mesh Delivery(或 Broadcast)字段長度 > IEEE 802.15.4 MAC 層的最大 payload 長度。在使用 16-bits 短地址並且不使用 IEEE 802.15.4 安全機制的情況下，負載封包的最大長度為 95(127 -25(MAC 頭部) -2(不分片頭部) -5(MD 的長度))字節。

而當適配層收到一個分片後，會根據源 MAC 地址和適配層分片頭部的 datagram_tag 字段來判斷該分片是屬於哪個負載封包。如果是第一次收到某負載封包的分片，節點會記錄下該被分片的源 MAC 地址和 datagram_tag 字段以供後繼重組使用。若已經收到該封包的其它分片，則根據此分片幀的分片偏移量 (fragment_offset)字段進行重組。若發現收到的是一個重複但不重疊的分片，應該使用新收到的分片進行替換。若本分片和前後分片有重疊，則應該丟棄當前分片。若成功收到所有分片，則將所有分片按 offset 進行重組，並將重組好的原始負載封包遞交給上層。重組一個分片的負載封包時，需要使用一個重組隊列來維護已經收到的分片以及其他一些信息(源 MAC 地址和 datagram_tag 字段)。同時，為了避免長時間等待未達到的分片，節點還應該在收到第一個分片後啟動一個重組定時器，重組超時時間為 15s，定時器超時後，節點應該刪除該重組隊列中的所有分片及相關信息。

4. 路由演算法標準

由於訂定在 6LoWPAN 網路下之路由演算法的標準，已經超出 6LoWPAN WG 原來的目標，原先網路上常用的路由演算法，也不能滿足 6LoWPAN 網路的需求，所以 IETF 在 2008 年另外成立 ROLL WG 來制定相關的路由演算法標準。

由於 6LoWPAN 所使用的網路環境最佳化定義，常會因應用情境而有所不同。所以，ROLL WG 在考量路由的最佳化會因環境有所差異的情境下，訂定一個可以通用的路由演算法 IPv6 Routing Protocol for LLNs(RPL[RFC6550])。並且定義此演算法可支援的三種傳輸模式，包括 Point-to-point Traffic、Point-to-multi-point Traffic 及 Multi-point-to-point Traffic。圖 8.17 表示 6LoWPAN routing 在網路堆疊架構中，mesh-under 與 route-over 的位置比較，這裡的 Routing 包含 IP 路由及在 IP 層中路徑計算和轉發的功能。

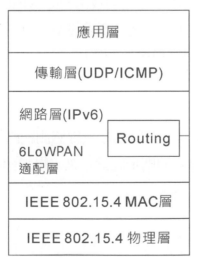

圖 8.17　6LoWPAN routing 在堆疊架構中的位置比較

此路由演算法與典型常用路由演算法有不同之處。典型的連結狀態路由演算法，在傳遞路由狀態資訊時，經常須要用到一定範圍的氾洪式(flooding)資訊傳送，並且必須週期性的傳送這些封包，以保持最新的網路路由狀態。但在 6LoWPAN 這種低功率、大量節點的網路環境下，這樣須發出大量控制封包的演算法並不實際，因此在 RPL 中利用了有名的 Trickle 演算法[RFC6206]來滿足此需求。使用 Trickle 演算法，可以藉由偷聽鄰居封包，減少路由資訊交換封包的特性，使得 RPL 可以用極小封包交換，讓網路的路由資訊保持在最新的狀態。此外，在 6LoWPAN 網路環境下，節點可能會常變化(突然消失)，所以 RPL 也納入空間多樣化的特性，讓一個節點同時有機會選擇多個不同節點做資料封包的轉傳。

如先前所述，6LoWPAN 常會因不同的應用情境，而有不同的路徑繞送最佳化因素(例如有些考慮最少的轉傳節點，有些則考慮較穩定的傳送品質，其他也可能都要考慮)，而這卻是典型使用單純成本計算方式的路由演算法所無法達到的。所以，在 RPL 中會在路由資訊封包資訊交換時，帶進 Objective Functions(OFs)的資訊，讓 RPL 路由演算法在計算最佳化路徑時，根據不同的 OFs，計算出最符合實際網路應用需求的路徑。

三、6LoWPAN 後續發展

作為短距離、低速率、低功耗的無線個域網領域的新興技術，6LowPan 以其廉價、便捷、實用等特點，向人們展示了廣闊的市場前景。凡是要求設備具有價格低、體積小、省電、可密集分佈特徵，而不要求設備具有很高傳輸率的應用，都可以應用 6LowPan 技術來實現。比如：建築物狀態監控、空間探索等方面。因此，6LowPan 技術的普及，必將給人們的工作、生活帶來極大的便利。

目前關於 6LoWPAN 網路協定較有名的實作，分別為在無線感測網路上常用的作業系統 TinyOS，實作的 Blip 及 TinyRPL。另一個則是在近年來，慢慢興起專為 IoT 所發展的 Contiki 作業系統。

1. Blip

Blip 專案的目的，是想在 TinyOS 系統上發展出一個適合使用者開發實際無線感測網路應用的通訊協定，後來為了因應 IoT 的發展，更加入了 6LoWPAN 相關的通訊協定，發布了 Blip 2.0。目前其所支援的協定標準分別為 Draft-6lowpan-hc-06、Draft-roll-rpl-17 及 RFC1661(Complient PPP Daemon for

Communicating with External Networks)。雖然此專案尚未更新到最新的協定標準，但也已經可以滿足大多數的實際應用情景。根據文獻，Blip 可以在只有極小 48kbytes 唯讀記憶體(ROM)及 10kbytes 隨機存取記憶體(RAM)的 MSP430F1611 上運作，並且也已有實際布建的網路在運作中。

2. Contiki

Contiki 專案是由瑞典資訊科學院專為 IoT 所發展出的作業系統，並且得到許多國際大廠，如愛特梅爾(Atmel)、思科(Cisco)的支持，目前已經發展出一套從應用層 CoAP(Constrained Application Protocol)到網路層符合 6LoWPAN 協定的軟體架構，並且也包含完整的軟體開發環境及網路模擬測試環境。此專案已經相當成熟，也在許多硬體平台，如德州儀器(TI)MSP430x、愛特梅爾 AVR、愛特梅爾 Atmega128RFA1、飛思卡爾(Freescale)MC1322x 及意法半導體(STMicroelectronics) STM32w 等，皆可成功移植。

在 6LoWPAN 的相關規範不斷推出之際，其與 Internet 互聯互通的方法和規範，尚處於研究的階段。6LoWPAN 子網內部能夠採用壓縮地址的模式，並有單獨優化的路由方法，如何實現與 Internet 上標準 IPv6 協議及現有協議的無縫對接與互聯，成為 6LoWPAN 技術發展的重要問題。此外，現有 Internet 尚處於 IPv4 向 IPv6 的過度階段，各種網絡結構和網絡運行方式並存，而 6LoWPAN 規範使傳感器網絡直接過渡到 IPv6 技術。如何實現基於 IPv6 技術的傳感器網絡節點與 IPv4/IPv6 並存下的 Internet 終端的端到端的數據通訊，成為制約 6LoWPAN 應用的關鍵瓶頸問題之一。開展對 6LoWPAN 網絡與 Internet 互聯網技術和規範的研究，有助於推進 IPV6 無線傳感器節點的產業化進程，促進網聯網與 Internet 之間的融合，為 6LoWPAN 網絡的大規模應用奠定標準和規範。

習 題

1. 在無線體域網路中的通訊架構可以分成哪幾種？
2. 請比較 WPAN 與 WLAN 的差別？
3. 資料集中至少具備哪些通訊技術？至少列舉兩種。
4. 請描述 TDMA 方法。
5. 請描述 CSMA/CA 方法。
6. 比較 TDMA 與 CSMA/CA 之差異。
7. 試問在何種情況適合使用 TDMA 方法。
8. 試問在何種情況適合使用 CSMA/CA 方法。
9. 單跳躍傳輸的優點爲何？
10. 多跳躍傳輸的優點爲何？
11. 6LoWPAN 有哪些特性與優勢？
12. 簡述 6LoWPAN 適配層的基本功能。

參考文獻

[1] B.Latre, B.Braem, I.Moerman, C.Blondia and P.Demeester "A survey on wireless body area network " Wireless Networks Volume 17 Issue 1, Pages 1-18, January 2011.

[2] M.Chen, S.Gonzalez, A.Vasilakos, H.Cao, V.C.M Leung, "Body area networks：a Survey MOBILE NETWORKS AND APPLICATIONS" Volume 16, Number 2, 171-193, 2011.

[3] http：//zh.wikipedia.org/wiki/ Bluetooth

[4] http：//zh.wikipedia.org/wiki/ ZigBee

[5] H.Li and J.Tan, " Medium Access Control for Body Sensor Networks " , International Conference on Computer Communications and Networks, 13-16 August 2007.

[6] H.Li, J.Tan, "Heartbeat-Driven Medium-Access Control for Body Sensor Networks ", IEEE Transactions on Information Technology in Biomedicine, 44-51, January 2010.

[7] Milenković,C.Otto,E.Jovanov, "Wireless sensor networks for personal health monitoring：Issues and an implementation", Wirelsess Senson Networks and Wired/Wireless Internet Communications, Volume 29, Issues 13–14, 21 August 2006, Pages 2521–2533.

[8] 劉安邦, 謝萬雲, "應用行動計算技術於隨身步態系統之研究", 17th Mobile Coumputing Workshop, August 29-30, 2012.

[9] S.-L. Wu, Y.-L. Yeh, and C.-F. Lin, "An Indoor Calibration-free Location Estimation for Dynamic Radio Frequency Environments", The 1st International Symposium on Bioengineering (ISB 2011), Singapore, 18-19, January 2011.

[10] C. Lin, W. Kong, C. Chung, C. Ma, S.-L. Wu, C. Lin, W. Shieh, C. Lee, C. Lee Cheng, S. Chi, Y. Chou, "An Important Requisite for Personalized Health Services from the U-care Project for the Aged：A Questionnaire Survey", Journal of the American Medical Directors Association, Volume 11, Number 3, March 2010.

[11] 鍾乾癸、馬成玉民、吳世琳、林仲志、謝萬雲、李春良,"個人化銀髮族健康照護服務", 生物醫學工程科技研討會, p.51, Dec.12-13, 2008.

[12] 鍾乾癸、馬成玉民、吳世琳、林仲志、謝萬雲、李春良, "銀髮族優質照護服創新計畫以長庚養生村爲例", 生物醫學工程科技研討會, p.185,Dec.12-13, 2008.

[13] Y.-C.Tseng; S.-L.Wu ; W.-H.Liao; C.-M.Chao "Location awareness in ad hoc wireless mobile networks" Computer, P.46-52, 2001.

[14] C. E. Perkins, "Highly Dynamic Destination-Sequenced Distance-Vector Routing (DSDV) for Mobile Computers,"ACM SIGCOMM,pp.234-244, 1994.

[15] D. B. Johnson , D. A. Maltz, "Dynamic Source Routing in ad hoc wireless networks," The Kluwer International Series in Engineering and Computer, Volume 353, pp.153-181, 1996.

[16] C. E. Perkins, E. M. Royer, "Ad-hoc on-demand distance vector routing", IEEE Workshop on Mobile Computing Systems and Applications, 1999.

[17] D. Park, M. S. Corson, "A Highly Adaptive Distributed Routing Algorithm for Mobile Wireless Networks", Sixteenth Annual Joint Conference of the IEEE Computer and Communications Societies, volume 3, pp.1405-1413, Apr. 1997.

[18] http：//datatracker.ietf.org/wg/ 6lowpan/.

[19] http：//en.wikipedia.org/wiki/ 6LoWPAN.

[20] IEEE Computer Society, "IEEE Std.802.15.4-2003", October 2003.

WNMC

Chapter

9

車載資通訊網路

01 011 010110 101 01011
1 010110 101 01011
01 110 101 011 010110 101 0101
110 101 01011
1 011 010110 101 01011

9-1 車載資通訊網路簡介[1]

　　車載資通訊(Telematics)系統是指裝載在車輛上的通訊(Telecommunications)與資訊(Information)系統,讓車輛可以透過車載通訊系統取得資訊,並利用資訊系統處理蒐集到的資訊後做出最佳的回應。隨著通訊與半導體技術的進步,目前許多車輛上都已安裝了通訊與資訊系統,以提昇行車的效率與安全,讓車輛的駕馭變得更爲便捷。車載資通訊系統在智慧型運輸系統(Intelligent Transportation System)中扮演了重要的角色,包含交通管理系統、旅行者資訊系統、車輛控制安全系統與緊急事故支援系統等,都需要靠車載資通訊系統的支援才得以順利的運作,因此,各國都十分重視車載資通訊系統的發展,如日本的 Smartway、美國的 VII Initiative 與歐洲的 eCall Activity 都是利用車載資通訊系統來提昇行車效率與安全,避免行車事故爲主要目標。

　　我國在全球 ICT(Information Communication Technology)產業扮演重要且關鍵的角色,利用我國在 ICT 產業的優勢,我國已成爲車載產業的供應國,包括許多的 IT 廠商、汽車零件廠與工業電腦廠商都已投入車載設備的研發與生產,另外還有一些業者提供應用服務與服務的資料與內容(如目前已使用在 NISSAN 汽車上的 TOBE)。期望將來我國可以成爲全球車載產業的重要供應國,可將整體方案輸出國外。發展策略包括以應用服務帶動 Telematics 產業鏈之建構、建置智慧交通基礎環境,以利新興應用及前瞻技術發展、發展前瞻技術、參與標準制定、放眼新興市場與國際結盟共構國際化之車載產業鏈。圖 9.1 所示爲車載產業的生態系統,包括內容與服務提供者(content/service provider)、系統整合者、晶片與設備製造商、車輛製造商與網路操作者(network operator),至於車載資通訊服務的提供者則需整合車載硬體、交通資訊與道路基礎設施。

　　車載資通訊網路包含車輛內部的網路以及車輛與車輛之間的通訊網路。圖 9.2 所示爲智慧型車輛的配備,包含前向與後端的雷達(Forward and rear radar)、行車記錄器(Event data recorder)、定位系統(Positioning system)、通訊裝置(Communication facility)、計算平台(Computing platform)與顯示器(Display),這些裝置透過車輛內部的有線網路相互連結,將搜集到的資訊送到計算平台做運算與決策,另外也可透過通訊裝置以無線的方式,將訊息傳送至其他的車輛,所有的資訊都可在顯示器呈現。至於車輛與車輛之間的通訊,則是透過車載隨意網路(Vehicular Ad-Hoc Network 簡稱爲 VANET)。

VANET 包含了兩種重要的通訊模組，即車輛上的 On-Board Unit(OBU)，與路邊基地台(Roadside Unit 簡稱爲 RSU)。如圖 9.3 所示，車載隨意網路包含了車輛與車輛間的通訊(Inter-Vehicle Communications 簡稱爲 IVC)以及路邊基地台與車輛間的通訊(Roadside-Vehicle Communications簡稱爲RVC)，車輛的緊急事件可以透過IVC與RVC告知鄰近的車輛與行車控制中心。IVC 是沒有基地台的通訊方式，類似行動隨意網路(Mobile Ad Hoc Network)的通訊方式車輛只要安裝 OBU 便可相互通訊。RVC 則是在路邊基礎設施的 RSU 與車輛上的 OBU 之間進行通訊。

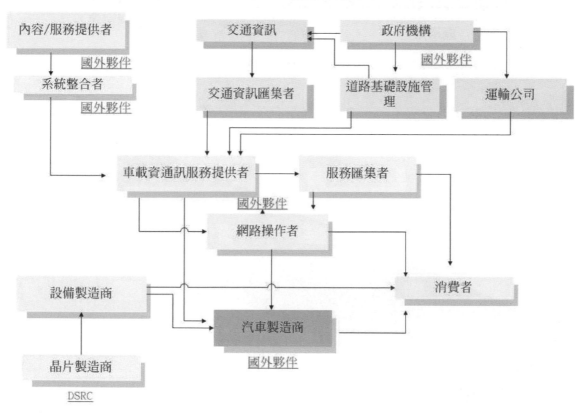

圖 9.1　車載產業生態系統(資料來源：資策會)

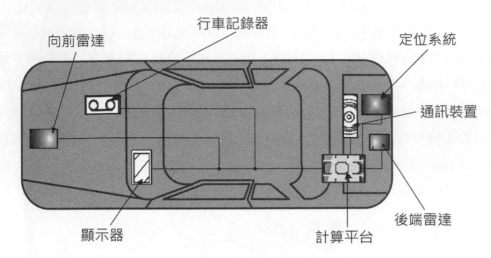

向前雷達

行車記錄器

定位系統

通訊裝置

顯示器

計算平台

後端雷達

圖 9.2　智慧型車輛

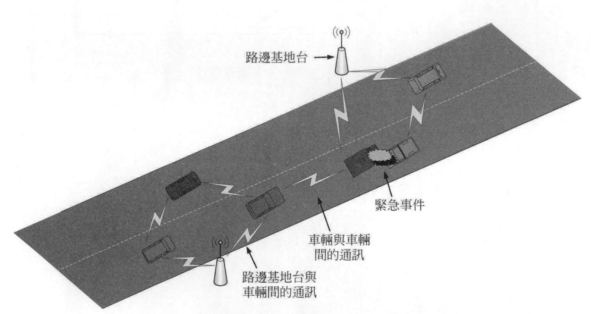

路邊基地台

緊急事件

車輛與車輛
間的通訊

路邊基地台與
車輛間的通訊

圖 9.3　車載隨意網路(Vehicular Ad Hoc Network)[2]

　　本章接下來將介紹車載隨意網路、車載隨意網路之媒體存取控制協定、路由協定、群播協定、廣播協定、地理位置群播(geocast)協定以及換手協定等。

9-2　車載隨意網路[2] [3]

車載隨意網路(Vehicular Ad-Hoc Networks 簡稱為 VANETs)類似行動隨意網路 (Mobile Ad-Hoc Networks 簡稱為 MANETs)，是由許多配備通訊裝置的車輛所構成的。 然而車載隨意網路與行動隨意網路也有些不同之處：一、在車載隨意網路中，車輛必 須沿著道路行進並遵守交通規則，而在行動隨意網路中行動主機則可以任意移動。 二、在車載隨意網路中，由於車輛的移動速度較在行動隨意網路中的行動主機快，因 此，車載隨意網路的拓樸變化得比較快速。三、車輛本身具備發電的功能，因此，省 電對於車載隨意網路而言，較不重要。四、車載隨意網路中除了車輛外，也包含了路 邊的簡易基地台(Roadside Unit)，因此，在車載隨意網路中除了車間通訊外，也包含了 車輛與路邊基地台的通訊。

在車輛上的資通訊系統稱為 On-Board Unit(OBU)，OBU 包含了一個中央處理單元 (CPU)，負責執行應用程式與通訊協定；一組傳送接收器(Transceiver)，負責與鄰近的 車輛與路邊基地台傳送與接收資料；一個全球定位系統(GPS)的接收器，可以提供較 為精確的位置以及同步資訊；適當數量的感測器，負責感測許多行車的數據；一組輸 入輸出介面，讓使用者可以與系統互動。

車載隨意網路的應用包含公共安全(Public safety)、交通管理(Traffic management)、交通的協調與協助(Traffic coordination and assistance)、旅行者資訊的支 援(Traveler information support)與其他一些讓使用者覺得便利舒適的應用(Comfort applications)，茲將各項應用詳細說明如下：

1. 公共安全(public safety)：在公共安全上的應用是以避免行車意外事件與乘客的生 命的損失為主，碰撞偵測系統有很大的潛力可以減少車輛碰撞事故的發生。在交 通安全上的應用是即時性的，訊息必須在失去時效之前告知駕駛者，這些訊息可 以透過車輛與車輛間或車輛與 RSU 間的通訊來傳遞，而這些訊息通常需要傳遞到 某個區域的所有車輛。

2. 交通管理(traffic management)：在交通管理上的應用主要著重於改善交通流量， 因而降低交通壅塞以及因為壅塞而造成的交通事件，並進而降低交通旅行所要花 的時間，重要事項包含了交通的監控以及交通號誌的排程。

3. 交通的協調與協助(traffic coordination and assistance)：當車輛穿越或變換車道時， 透過感測器以及車間通訊的協助可以降低風險，減少嚴重事故的發生。當車輛在公路上行走時，可透過車間通訊協調車輛按照特定的隊形前進，以減少不必要的超車與車道變換，因而降低事故發生的可能性。

4. 旅行者資訊的支援(traveler information support)：當地資訊像是當地地圖的更新、當地的加油站、停車場以及當地博物館的時程等，都可以從特定的基礎設施或是其他鄰近的車輛獲得，也可主動將當地汽油以及漢堡的價格廣播告知靠近的車輛。此外，道路狀況的資訊，如道路結冰、有坑洞或路面溼滑等資訊都可以透過事先佈建的信標器告知路過的車輛。

5. 讓使用者覺得便利舒適的應用(comfort applications)：這類應用主要是因為旅客想要與其他車輛或其他陸地上的目的地，如網際網路或公眾電話網路上的使用者通訊而產生的。執法車輛可以結合感測與通訊技術，更有效率的取締違規車輛，減少違規事件的發生。車輛上的乘客可以採用多跳(multi-hop)的車間通訊方式與其他車輛上的乘客傳遞語音或即時訊息，但是此種應用不適用於大型網路。車輛與其他陸地上目的地的通訊可以帶動包含在車上收發電子郵件、多媒體串流、網頁瀏覽以及網路電話等應用。另外，包含過路費、過橋費與停車費的自動扣繳，維修與保養記錄的取得，以及當車輛在車庫時可以預先下載多媒體檔案，如 DVD、音樂、新聞、預錄的節目等到車輛上的娛樂系統。

要達成上述的應用，車間通訊(IVC)可說是最為關鍵的技術，車間通訊包含了短距離通訊技術、網路存取、網路層、傳輸層的通訊協定、資訊安全、效能模型等議題值得探討，茲將各項議題詳細說明如下：

1. 短距離通訊技術：有些應用，如合作駕駛、協調駕駛或車輛編隊，都需要短距離的通訊，這些應用只需要很簡單的實體層與媒體存取層通訊協定便可達成目的，例如目前的無線區域網路技術(IEEE 802.11)。

2. 網路存取：目前車間通訊存取網際網路在實體層與資料鏈結層的技術包括 IEEE 802.11p、DSRC(Dedicated Short-Range Communication)、藍牙與蜂巢式通訊標準(如 2G, 3G)等。

3. 網路層：網路層主要是負責定址、路由(找尋好的傳送路徑)以及在來源與目的之間轉送資料。在定址方面，如果在車間通訊所使用的是固定位址(如車牌號碼與 IP 位址)，則詢問的訊息會被散佈到目標區域，目標區域內的任何車輛收到詢問訊息會以自己的固定位址回覆訊息，當收到回覆訊息後，來源端便可依據收到的固定位址與車輛作一對一的通訊(unicast)甚至是進行群播(multicast)。如果所採用的是地理位址，則可記錄車輛與某已知位址車輛的相對位址。一對一通訊可針對固定位址的車輛，也可針對地理位址的的車輛，針對地理位址的路由協定(如以 GPSR 為基礎的路由協定)通常比針對固定位址的路由協定(如以 AODV 為基礎，或是以叢集架構為基礎的路由協定)還要有效率，有些應用則是針對地理位址，對特定區域作群播協定(Geocast)，讓這個區域內所有的車輛或某些特定車輛都可以收到傳送的資料，這個特定區域(通常稱為 zone of relevance (ZOR))通常是長方形或圓形的。車載資通訊有許多應用都需要作資料散佈(data diffusion)的動作，首先車輛會蒐集鄰近車輛的資訊，經過彙整(aggregation)之後，再將彙整的資訊散佈到車載網路中，以讓網路中的車輛掌握最新的交通狀況，表 9.1 所示為車間通訊路由協定之比較。

4. 傳輸層的通訊協定：傳輸層的通訊協定主要是針對端點對端點的通訊，目前常用的傳輸層協定有 TCP(Transmission Control Protocol) 與 UDP(User Datagram Protocol)，在不穩定的無線通訊環境中，TCP 協定表現得非常不好，因此如何做更佳的錯誤、流量以及壅塞控制便成為重要的議題。

表 9.1 車間通訊路由協定之比較

通訊協定	定址模式	單/群播	路徑狀態	鄰居狀態	階層式	容易 IP 整合
AODV	固定式	單播	需要	需要	是	是
Cluster	固定式	單播	需要	需要	是	是
GPSR	地理的	單播	不需要	需要	否	是
Geocasting	地理的	群播	不需要	不需要	否	否

5. 資訊安全：無線網路相較於有線網路更為不安全，因此如何做好存取控制，讓只有經過授權的使用者可以參加系統，資訊必須經過認證並檢查一致性，並防範各種可能的攻擊。

6. 效能模型：因為車載網路十分龐大而且車輛十分昂貴，因此，不太可能去建構一個可以實際測試的環境，所以，要衡量車載資通訊系統的效能，通常只能透過模擬的方式，而模擬的結果則與移動模型、通訊模型有很大的關聯。

　　表 9.2 所示為車載資通訊網路的應用與其特性，其中第 1～8 項應用是用來增進運輸的安全，這些應用大部分是透過 V2V(Vehicle to Vehicle 車輛對車輛)的通訊來達成的，而且對於時間延遲的要求較高，因此，通訊時會給予較高的優先等級。有些增進運輸安全的應用，如車道變換警告(Lane change warning)與合作向前碰撞警告(Cooperative forward collision warning)等應用都需要精確的定位。第 9～12 項應用則與運輸的效率有關，這些應用可能透過 V2V 或 V2I(Vehicle to Infrastructure 車輛對基礎設施)的通訊來達成的，所謂的基礎設施是指 RSU 或是特殊的設施(如過路費收費設施)。這類應用可容許較長的時間延遲，而通訊方式除了廣播之外，有時也要倚賴單點傳送(Unicast)，有時可能還會用到蜂巢式(Cellular)的通訊系統。第 13～16 項應用則是提供服務給使用者(包含乘客與駕駛)，這些應用主要是靠 V2I 的通訊來達成的，而且車輛必須要能夠存取網際網路與 IP 定址，線上的伺服器可以透過 V2I、蜂巢式網路或是其他的網路來存取。對於延遲的要求是最低的，可容許長時間的延遲。

表 9.2　車載資通訊網路的應用與其特性[4]

應用名稱		應用特性				
		通訊類型	訊息型態	訊息期間	延遲	其他需求
1	緊急電子煞車燈號	V2V	事件驅動、時間限制的廣播	100ms	100ms	範圍：300m，高優先權
2	慢車警告	V2V	週期而持續的廣播	500ms	100ms	高優先權
3	交叉路口碰撞警告	V2V，V2I	週期而持續的廣播	100ms	100ms	在電子地圖上準確的定位、高優先權
4	危險區域警告	I2V，V2V	事件驅動、時間限制的地理群播	100ms	100ms	高優先權
5	交通號誌違規警告	I2V	事件驅動、時間限制的廣播	100ms	100ms	範圍：250m，高優先權
6	車道變換警告	V2V	週期性的廣播與單點傳送	100ms	50ms	範圍：50m，高/中優先權
7	車道變換警告	V2V	週期性的廣播	100ms	100ms	定位準確性：<2m，範圍：150m
8	合作向前碰撞警告	V2V	週期性、事件驅動的廣播與單點傳送	100ms	100ms	定位準確性：<1m，範圍：150m

表 9.2　車載資通訊網路的應用與其特性(續)

應用名稱		應用特性				
		通訊類型	訊息型態	訊息期間	延遲	其他需求
9	交叉路口管理	V2I，V2V	週期性的廣播與單點傳送	1000ms	500ms	定位準確性：<5m
10	限制存取繞道警告	I2V	週期性的廣播	100ms	500ms	中/低優先權
11	合作調適巡航控制	V2V	廣播與單點傳送	500ms	100ms	中優先權
12	電子收費	V2I，Cellular	週期性的廣播與單點傳送	1000ms	200ms	CEN DSRC
13	遠距診斷	V2I，V2V，Cellular	單點傳送、廣播、事件驅動	N/A	500ms	網際網路存取服務
14	媒體下載	V2I，Cellular	單點傳送、廣播、依照要求	N/A	500ms	網際網路存取服務
15	地圖下載與更新	V2I，V2V，Cellular	單點傳送、廣播、依照要求	1000ms	500ms	網際網路存取服務
16	生態駕駛協助	V2I，V2V，Cellular	單點傳送、廣播、依照要求	1000ms	500ms	網際網路存取服務

9-3　車載資通訊網路的媒體存取控制協定[4][5]

　　表 9.3 所示為常見車間通訊的媒體存取控制(Medium Access Control，簡稱為 MAC)協定之比較，其中 802.11p(Wireless Access in Vehicular Environments，簡稱為 WAVE)被認為是最可能被採用的標準之一，因此，接下來我們將對 IEEE 802.11p 作比較詳細的介紹。圖 9.4 是 802.11p WAVE 的通訊協定堆疊(Protocol stack)，IEEE 802.11p 定義的是實體(PHY)層與媒體存取(MAC)層的標準，採用類似 IEEE 802.11a 的正交分頻多工(Orthogonal Frequency-Division Multiplexing，簡稱為 OFDM)的調變方式，MAC 層支援 IPv6 與 WSMP(WAVE Short Message Protocol)兩種堆疊，IPv6 只支援服務頻道(不支援控制頻道)，而 WSMP 則可在任何頻道使用，允許應用程式直接控制實體特質(頻道號碼與傳輸功率)，MAC 傳送的優先權是依據 IEEE 802.11e 的 EDCA。IEEE 1609 則定義 WAVE 的結構、通訊模型、管理結構、安全與實體管理，主要的結構元件包含 OBU、RSU 與 WAVE 介面。IEEE 1609.1 是資源管理者(Resource manager)的標準，

描述了 WAVE 的系統結構並定義資料流、資源、命令訊息格式與資料儲存格式,列舉可被 OBU 支援的裝置。IEEE 1609.2 是應用與管理訊息的安全服務(Security services for applications and management messages)標準,定義了安全訊息格式、處理與使用安全訊息交換的環境。IEEE 1609.3 是網路服務(Network services)的標準,定義網路與傳輸層的服務,包含定址與路由,支援安全的 WAVE 資料交換,也定義 WAVE 短訊息(Short message)。IEEE 1609.4 是多頻道運作(Multi-channel operations)的標準,提供在媒體存取層頻道的協調與管理。

表 9.3 常見車間通訊的媒體存取控制協定之比較

象徵的無線資料鏈結特性	科技			
	802.11p WAVE	Wi-Fi	蜂巢式	紅外線
資料傳輸率	3-27Mb/s	6-54Mb/s	<2Mb/s	<1Mb/s
通訊半徑	<1000m	<100m	<15km	<100m(CALMIR)
行動裝置傳輸功率最大功率	760mW(US) 2W EIRP(EU)	100mW	380mW(UMTS) 2000mW(GSM)	12800W/Srpulse peak
頻寬	10MHz 20MHz	1-40MHz	25MHZ(GSM) 60MHZ(UMTS)	N/A(opticalcarrier)
頻譜配置	75MHz(US) 30MHz(EU)	50MHz@ 2.5GHz 300MHz@ 5GHz	(Operator-dependent)	N/A(opticalcarrier)
適用的移動性	高	低	高	中
頻帶	5.86-5.92GHz	2.4GHz 5.2GHz	800MHz, 900MHz 1800MHz 1900MHz	835-1035mm
標準	IEEE, ISO, ETSI	IEEE	ETSI, 3GPP	ISO

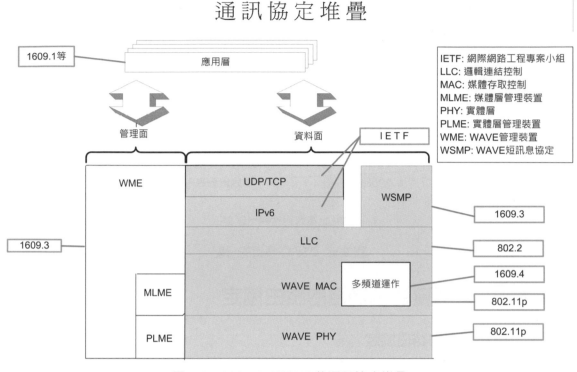

圖 9.4　802.11p WAVE 的通訊協定堆疊

　　WAVE 的安全與隱私機制如下：OBU 採用亂數的位址，以避免攻擊者利用此資訊追蹤車輛；RSU 發佈通知時必須經過認證，以避免車輛收到假的訊息；所有鏈結層的訊息必須加密以避免竊聽；透過公鑰基礎設施來認證。

　　IEEE 802.11p 定義了 IEEE 802.11 裝置在 DSRC(Dedicated Short Range Communications)頻帶(5.9GHz)運作的模式。DSRC 運作的頻帶是 5.850～5.925GHz，共分割為 7 個 10Mhz 的頻道，支援 IVC 與 RVC。圖 9.5 所示為 DSRC 的頻道分配，其中第 172 頻道為高可用性低延遲(High Availability and Low Latency 簡稱為 HALL)的頻道，RSU 利用第 172 頻道發佈訊息給車輛上的 OBU，OBU 會傾聽第 172 頻道並認證 RSU 的數位簽章，第 174、176、180、182 頻道為服務頻道，優先執行安全相關的服務，然後才能執行一般的服務，第 178 頻道為控制頻道，用來傳送控制訊息。

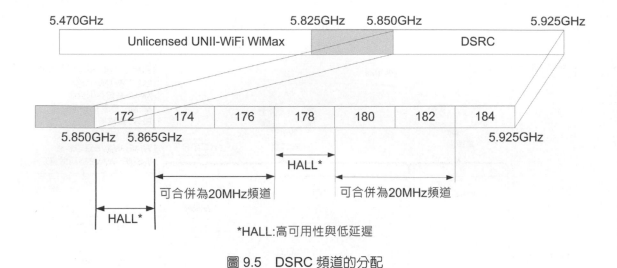

圖 9.5　DSRC 頻道的分配

9-4 　車載資通訊網路的路由協定

一、以位置為基礎的路由協定

　　由於車輛大多配置有 GPS，因此以位置為基礎的通訊協定便成為車載網路最常使用的路由協定。現存以位置為基礎的路由協定，通常是挑選最靠近目的節點的鄰居當做下一步的轉送目標，這種策略我們稱為貪婪轉送(greedy forwarding)。這類路由協定通常假設節點擁有自己本身、鄰居節點以及目的節點的位置資訊。因為貪婪轉送法只使用區域的資訊，因此，資料有可能被轉送到區域最佳的節點(local optimum)，即沒有鄰居比這個節點更靠近目的節點，為了逃離區域最佳的節點，一些修正的策略被提出來，其中最具代表性的方法便是 GPSR(Greedy Perimeter Stateless Routing)，但是研究指出這個方法在都市的環境表現得並不好，因此，稱為 GPCR(Greedy Perimeter Coordinator Routing)的改良方法被提出來。

　　GPCR 利用街道與交叉路口自然構成平面圖，而其不需要使用任何全域或外在的資訊。GPCR 包含兩個策略，一個是限制性的貪婪轉送策略，另一個則是依據真實世界的街道與交叉路口訂定的修正策略，而不需要平面化的演算法。當封包被轉送到交叉路口時才需要作路徑的決擇，因此，封包通常都會被轉送到位於交叉路口的節點，而不會穿越交叉路口。如圖 9.6 所示，比較貪婪轉送與限制性的貪婪轉送策略，如果採用貪婪轉送策略，節點 u 會將封包轉送至節點 1a，然後再轉送至節點 1b，而後陷入區域最佳點，反之如果採用的是限制性的貪婪轉送策略，節點 u 會將封包轉送至節點 2a 然後再轉送至節點 2b 而後轉送到目的節點 D。

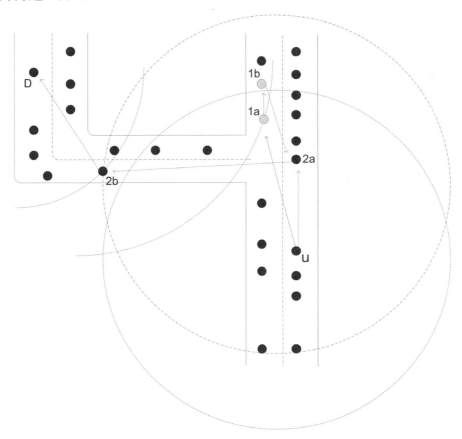

圖 9.6　在交叉路口貪婪轉送與限制性的貪婪轉送策略之比較

二、VADD(Vehicle-Assisted Data Delivery)[7]

　　通常路由協定的目的是要將封包沿著傳輸延遲最短的路徑傳送，例如 GPSR 便會將封包送到離目的地最近的節點，然而這種策略並不適用於連結稀疏的車載網路。要在連結稀疏的車載網路快速的將封包送到目的節點，封包要儘可能利用無線頻道傳送，如果封包無法透過無線頻道傳送，則應儘可能挑選車速較高的路徑來傳送。由於車載隨意網路具有不可預期的特性，我們不能期望封包可以成功的沿著事先計算好的最佳路徑傳送，因此在封包轉送的過程中，應該持續的採用動態的方式來選擇路徑。VADD 包含了三種模式，交叉路口模式(Intersection mode)、直線路徑模式(Straight way mode)與目的地模式(Destination mode)。如圖 9.7 所示，當車輛進入交叉路口的半徑時會進入交叉路口模式，在交叉路口模式時，會依據各向外路徑的預期延遲時間，決定各向外路徑的優先權，預期延遲時間愈短者優先權愈高。有三種協定包括位置優先探測(L-VADD(Location First Probe))、方向優先探測(D-VADD (Direction First Probe))與混合探測(H-VADD (Hybrid Probe))協定可用來決定轉送的方向。使用 L-VADD 會有最短的轉送路徑，但可能會造成迴圈，使用 D-VADD 可以避免形成迴圈，但是會有較長的轉送路徑與延遲時間。H-VADD 則綜合兩種協定，在交叉路口時採用 L-VDD 協定，當偵測到迴圈時則改成採用 D-VADD 協定。當車輛離開交叉路口的半徑且未進入目的地區域時會進入直線路徑模式，在直線路徑模式時，會依據地理性的貪婪轉送策略來將封包傳送到下一個交叉路口。當車輛進入目的地區域時會進入目的地模式，在目的地模式時是以廣播的方式將封包傳送到目的地。

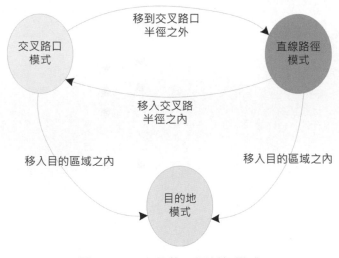

圖 9.7　VADD 的三種封包模式

三、CAR(Connectivity-Aware Routing)[8]

CAR 協定包含了四個主要的部分：目的地位置與路徑的發現、資料封包沿著發現的路徑轉送、藉由衛兵(guard)的協助維護路徑以及錯誤的復原。CAR 採用適應性的信標(adaptive beaconing)，HELLO 信標內容包括位置、移動方向與速度等資訊，信標的週期會依據記錄到的鄰近鄰居個數來調整，如果記錄到的鄰居個數比較少，則節點就會更佳頻繁的傳送 HELLO 信標。衛兵所代表的是狀態資訊與地理區域結合，而不是某個特定節點。在此區域內的節點會讓衛兵活著，衛兵是一個節點 HELLO 信標的入口(存取點)，這個入口包含識別代號、存活時間(Time to Live (TTL))、警戒位置與半徑，一個具有衛兵的節點可以過濾或將封包重新導向，或增加資訊到封包，當 TTL 為 0 時，衛兵會從節點的 HELLO 信標移除。旅行衛兵(traveling guard)除了位置與半徑外，還包含了速度向量，當下一個信標週期到來時，節點會依據舊衛兵的位置與速度向量還有經過的時間來計算新衛兵的位置。旅行衛兵允許資訊由衛兵以特定的速度沿著道路攜帶。以下將詳細說明 CAR 協定的運作方式：

1. 目的地位置資訊的發現：來源節點起始時發送一個 PGB(Preferred group Broadcasting)發現路徑的請求，路徑發現封包包含封包識別碼、目的地、前一個轉送者的座標、速度向量、旅行時間與連結性。為了估計旅行路徑的連結性，每一個轉送者會改變封包的三個欄位：平均鄰居個數、最小的鄰居個數與跳躍的步數。如果目前的速度向量與前一個速度向量的夾角大於 18 度，便會設定定位點(anchor)。

2. 路徑的回覆：路徑回覆的封包會從目的節點送到來源節點，路徑回覆的封包是以 unicast 的方式傳遞，內容包含了目的節點的座標與速度向量，以及在路徑上所蒐集到的資訊。路徑回覆的封包會經由定位點傳回來源節點，資料封包也會經由定位點傳送至目的節點，資料封包會被送到較為靠近下一個定位點的鄰居，而不是較為靠近目的節點的鄰居，傳送會一直持續直到送達目的節點為止。

3. 路徑的維護：如果終端節點(來源或目的節點)改變了位置或方向，常備的衛兵會啟動來維護路徑，常備衛兵與地理區域結合而不是與特定的節點結合，當衛兵啟動後，節點會送一個通知訊息給來源節點，如果終端節點改變移動方向且方向與通訊方向相反，則旅行衛兵(traveling guard)會被啟動。旅行衛兵包含速度向量、位置與半徑，會將封包重新導回目的節點。

4. 路由錯誤的復原：因為暫時性分隔或干擾造成兩輛車之間無法通訊，或是封包到達預定位置但卻無法發現目的節點便發生了路由錯誤。當節點發現路由錯誤時，會告知其他節點發生斷線，而且會暫存要轉送的封包，然後嘗試著尋找下一步的節點，然而如果失敗了。節點會報告來源節點而且開始發現區域目的節點位置的程序。

圖 9.8 所示為使用使用旅行衛兵作路徑維護的例子，其中節點 S 為來源節點，節點 D 目的節點，站立的是常備衛兵，騎馬的則是旅行衛兵，錨為定位點，一開始會嘗試最短的路徑(路徑 1)，如果最短路徑不通，則會嘗試次短的路徑(路徑 2)，直到找到可以連通的路徑為止(路徑 3)，封包會從來源節點朝著定位點傳送，直到到達目的節點

的通訊半徑，當目的節點改變移動方向或是速度時，旅行衛兵會記錄速度向量與新的位置，以便將封包導到新的目的位置。

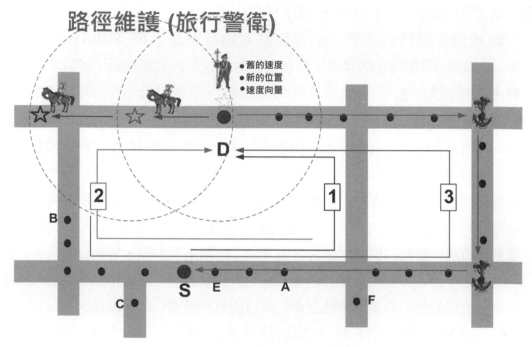

圖 9.8　CAR 使用旅行衛兵作路徑維護的例子

四、Delay-Bounded Routing in Vehicular Ad-hoc Networks[9]

傳統的路由協定以降低封包傳送延遲為主要目標，然而不同的訊息有不同的優先等級，因而有不同的延遲需求，因此，使用者可依據本身的需求來定義傳輸延遲的界限值(threshold 或 time to live 即 TTL)。Delay-bounded routing 與傳統路由協定不同之處便是要儘量減少無線頻譜的使用，於延遲的界限值之前將訊息送達到目的地。為了減少無線頻譜的使用，訊息除了可以採用無線轉送(forwarding by radio 簡稱為 forwarding)的方式傳送外，也可由擁有此訊息的車輛攜帶此訊息(carried by vehicle 簡稱為 muling)，目的地為可連線至網際網路最靠近車輛的存取點(Access Point)。本論文提出了兩種傳遞訊息的策略，一種是分散式的 D-Greedy 策略，另一種則是集中式的 D-MinCost 策略。D-Greedy 策略只有下一個路段的車速資訊，會挑選至存取點最短路徑來當做訊息的傳遞路徑，可用的時間額度會依據路段的長度來平均分配。每次到達交叉路口時，攜帶訊息的車輛會依據可用的時間配額與下一個路段的車速(假設為 u)來決定傳遞的方式，如果假設由目前訊息所在位置到達目的 AP 路徑長度為 $disToAP$，

到達下個交叉路口的路徑長度為 *disToInt*，則下一個路段的可用時間配額為 *TTL* ×
disToInt/disToAP，下一個路段由車輛攜帶所需時間為 *disToInt/u*，若下一個路段的可用
時間配額大於等於車輛攜帶所需時間，則在下一個路段訊息可用 muling 的方式來傳
遞，以減少無線頻譜的使用。相反的，若下一個路段的可用時間配額小於車輛攜帶所
需時間，則在下一個路段訊息要用 forwarding 的方式來傳遞。D-MinCost 策略則需蒐
集所有路段的平均車速，然後採用動態規劃(dynamic programming)的方式計算出花費
(cost)最小的路徑，在這邊花費所指的是 forwarding 的次數。

9-5　車載資通訊網路的位置服務協定

在車載資通訊網路，有許多的應用都是以位置為基礎(location-based)或是假設具
有位置知覺(location-aware)，如以位置為基礎的路由、以位置為基礎的群播與車輛管
理等，都需要知道車輛的位置資訊，全球定位系統(GPS)的普及固然讓許多車輛可以
知道自己的位置資訊，但卻無法讓車輛知道其他車輛的位置資訊，因此，如何設計位
置資訊服務協定(location service protocol)，讓車輛可以有效而快速的知道所欲通訊車
輛的位置資訊，便成了重要的研究議題。

一、Cache-Based Routing for Vehicular Ad-Hoc Networks in City Environments[10]

這篇論文的方法是先把整個網路劃分成整齊的格子狀，每個格子代表每一個交叉
路口，而每輛車子只要經過交叉路口就會互相交換彼此的資訊(包含時間、速度、方向、
時戳(timestamp)等)，以及表格內其他車輛的詳細資訊，經過一段時間後，具備某特定
車輛資訊的車輛就會散佈成菱形的格子狀，如圖 9.9 所示。圓圈裡面所代表的數字是
資訊的時戳，數字越大的代表位置資訊愈新。當要詢問車輛位置的時候，因為本身不
一定有想要詢問車輛的歷史資料，就會先以洪水氾濫式的廣播(flooding)發送詢問封
包，當詢問封包傳送到擁有目的車輛位置資訊的車輛時，此車輛便會將詢問封包轉送
到資訊時戳較大的相鄰車輛，如此，詢問封包便可逐漸逼近目的車輛，如圖 9.10 所示，
這樣方式可以不必週期性的更新位置資訊，避免嚴重的 overhead，可是相對的來說，
每輛車就必須挾帶著許多其他車輛的位置訊息。

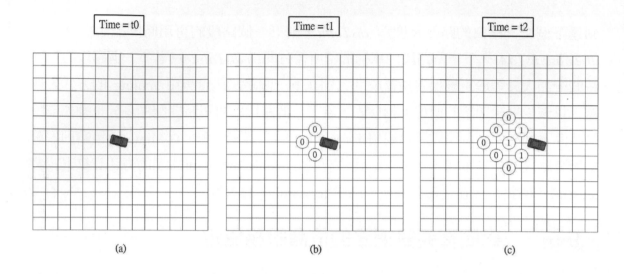

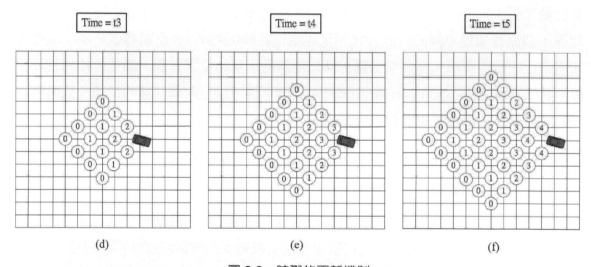

圖 9.9　時戳的更新機制

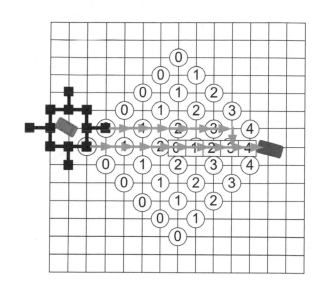

圖 9.10　詢問位置資訊

二、VLS：A Map-Based Vehicle Location Service for City Environments[11]

　　VLS 的作法是把整個網路拓樸切割成正方型的區域(grid)，然後把道路劃分等級，車流量越多的道路，等級越高。每輛車在每個格子內都有一個位置資訊伺服器，以記錄車輛的位置資訊。位置資訊伺服器所在的位置是根據車輛的 ID 經過雜湊函數計算之後得到對應的座標(雜湊的位置 Hashed position)，然而，該座標所在的位置可能沒有任何車輛，因此，還要考慮道路的等級，位於主要道路最靠近所對應到座標的車輛，就當作是該輛車的位置資訊伺服器(Location server)。因此，如圖 9.11 所示，如果 A 車要詢問 B 車的位置，A 車先根據 B 車的 ID 算出 B 車在每個方格內位置資訊伺服器的位置，然後 A 車再將詢問封包傳向最靠近自己的位置資訊伺服器，至於 B 車要更新自己的位置資訊，則會先將更新位置資訊的封包送往最靠近自己的位置資訊伺服器，然後再透過最小生成樹(minimum spanning tree)將位置資訊更新的封包送往其他的位置資訊伺服器。

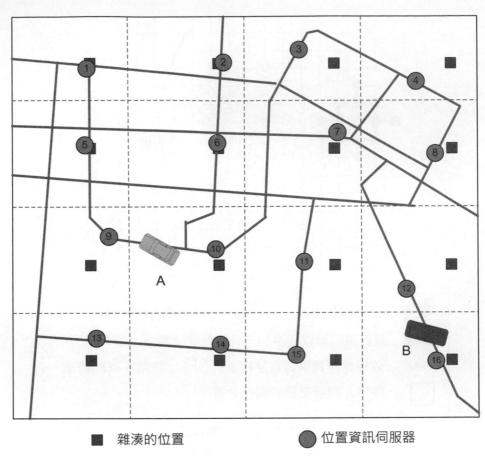

■ 雜湊的位置　　　　　● 位置資訊伺服器

圖 9.11　VLS 的例子

三、RLSMP：Region-Based Location-Service-Management Protocol for VANETs[12]

　　RLSMP 的作法是把整個網路拓樸劃分成整齊的正方形格子，每個小格子為一個細胞(Cell)，每個細胞內會有一個細胞領導者(Cell Leader 簡稱為 CL)來負責蒐集細胞內車輛的資訊，若干個細胞(Cell)會構成一個叢集(圖 9.12 中的例子是 25 個細胞構成一叢集)，位於叢集中央的細胞稱為位置資訊服務細胞(Location Service Cell 簡稱為 LSC)，LSC 內的節點會負責蒐集與記錄叢集內所有車輛目前的位置資訊，如圖 9.12(a)所示。每個 CL 會先將蒐集到的車輛資訊(包含車輛的 ID、細胞的 ID、速度、方向)進行整合，然後再傳送這個細胞內所有車輛的資訊(CL 的 ID 與車子的 ID)到下一個 CL，直到傳到 LSC 為止，傳遞的方向如圖 9.12(a)所示。當 CL 收到上一個 CL 的位置資訊時，會一併把搜集到的資訊與屬於自己細胞內的車輛資訊整合在一起成為一個封包，再傳到下一個 CL，一直傳達到 LSC 為止。由於所傳送的只是車輛所屬細胞的 ID 而不是真實位置，而且採用彙整的方式，因此可以減少位置更新的資料量。如果要詢問位置資訊時，會先詢問自己所屬的 LSC，如果詢問的車輛不在這個叢集內，則會以螺旋狀的路徑傳遞詢問封包，直到詢問到為止，如圖 9.12(b)所示。為了減少詢問的資料量，LSC 會等待一段時間，然後才將彙整的詢問封包傳送出去。這篇論文提出的方法雖然降低了要傳遞的訊息量，但是其位置資訊詢問的方式大大的增加了回應的時間，導致延遲的時間過長。

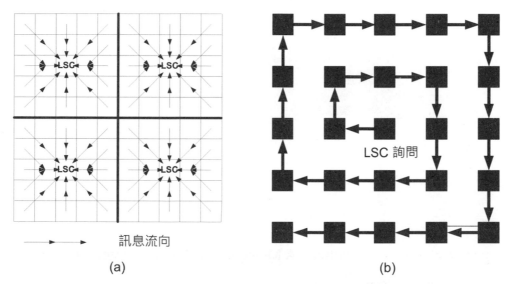

(a)　　　　　　　　　　　　　　　(b)

圖 9.12　(a)RLSMP 傳遞位置資訊以及(b)位置詢問封包的方式

9-6　車載資通訊網路的群播協定[13]

　　在車載資通訊網路有時需要將緊急訊息告知特定區域內的所有車輛，有時則需要將重要訊息告知網路上所有的車輛，因此，如何設計有效率的群播與廣播協定，尤其是對特定地理位置的群播(geocast)協定便成為重要的議題。

一、A multicast protocol in ad hoc networks：Inter-vehicles geocast (IVG)[14]

　　在車載資通訊網路，通常會利用 geocast 協定來將路況或事件等緊急訊息告知特定區域的車輛，此區域稱為危險區域(risk area)是依據車輛的位置與行駛方向決定的，在危險區域內的車輛會形成一個群播的群體，此群播的群體是依據車輛的位置與行駛方向來動態的調整，訊息轉送的延遲時間與距離成反比，藉此降低轉送的跳躍數

(hops)，為了克服網路斷裂的問題，車輛會定期重複廣播，廣播的週期是依據最大車速決定。圖 9.13 所示為 IVG 協定的例子，車輛 V_A 故障了，因此，送出警告訊息給所有在危險區域的車輛，車輛 V_B、V_C 與 V_D 構成了群播的群體，車輛 V_C 會先轉送警告訊息，因為 V_C 在 V_A 的通訊範圍且距離 V_A 最遠，車輛 V_B 則不會轉送此訊息。

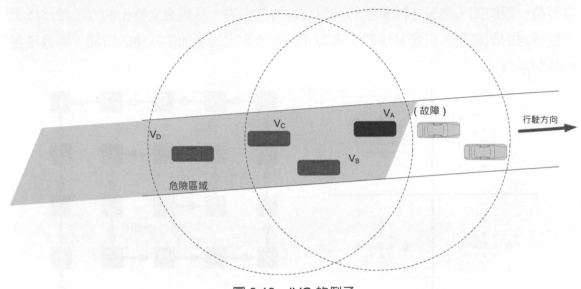

圖 9.13　IVG 的例子

二、Distributed Robust Geocast：A Multicast Protocol for Inter-Vehicle Communication [15]

由於車輛移動的速度非常快速，網路的拓樸經常的變動，因此，在車載資通訊網路的地理位置群播(geocast)協定必須具備下列之特質：

1. 可靠(reliability)：應該要能夠可靠的將封包送達預期的接收者。

2. 低延遲(low delay)：封包應該要符合服務品質(quality of service (QoS))的最低延遲需求，尤其是一些緊急的安全訊息，必須在時限內送達接收者。

3. 高吞吐量(high throughput)：要設法減少不必要的傳輸的次數，以降低無線媒介阻塞的機會，進而提昇網路的吞吐量。

4. 強固的結構(robust architecture)：通訊協定應該要足夠強固，能夠在高移動性拓樸經常改變的環境中運作。

圖 9.14 所示為 distributed robust geocast 的結構，以下將詳細說明：

1. 相關區域(Zone of relevance(ZOR))：一組地理上的標準(如位置座標，移動方向等)，滿足此標準的節點便可接收與此地理相關的資訊，類似於「地理群播區域」(Geocast region)或「群播區域」(Multicast region)。

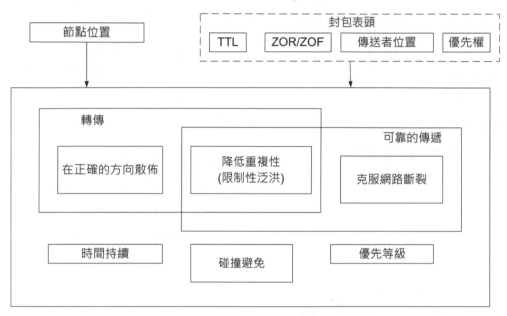

圖 9.14　distributed robust geocast 的結構

2. 轉送區域(Zone of forwarding(ZOF))：一組地理上的標準(如位置座標，移動方向等)，滿足此標準的節點需轉送與此地理相關的資訊，類似於「轉送區域」(Forwarding region)。

3. 轉送與傳遞的功能(Forwarding and delivering)：轉送訊息經由轉送區域到達相關區域，再經由相關區域到達相關區域的邊界，即將訊息往正確的方向散佈。可靠的傳遞訊息到達相關區域內的所有節點。藉由限制性的泛洪(Flooding)，這些功能可以用最少的傳送達成。

4. Geocast 封包的表頭(Packet header)：包含傳送者的位置、相關區域、轉送區域，這些資訊與節點目前的位置可以限制泛洪的範圍，減少不必要的傳送。當節點收到訊息時會依據節點與最後傳送者之間的距離來設定轉送的延遲時間(backoff time)，距離愈遠者，延遲時間愈短會愈早轉送，若延遲時間尚未結束而已收到鄰近節點的轉送訊息，則會放棄轉送以減少不必要的傳送。

5. VANETs 常常會有網路斷裂的情況發生，即使只是暫時性。因此，三個方法被提出來克服網路斷裂的問題，包括週期性重傳、找新的鄰居以及車輛自己運送。每台車維持一個鄰居節點清單和每個 geocast 訊息的傳送者清單。當一台車收到 geocast 訊息，會以傳送者的 ID 對照傳送者清單。如果有鄰居存在鄰居清單中但不在傳送者清單中，便會發送訊息給這些鄰居。在網路斷裂邊界上的最後一個節點，會週期性重傳訊息，當經過一定數目(MaxReTx)的重傳數後，會改採用一個長的延遲等待時間(LongBO$_d$)，以減少重傳的次數。另外一個克服網路斷裂的方法是採用反方向車道的車輛攜帶訊息來連接斷裂的網路。例如在圖 9.15 中，G 車是網路斷裂邊界上的最後一輛車，G 車會週期性重傳訊息，當發現有新的鄰居節點時會再傳送訊息或是利用 P 車來向後傳送訊息給 H 和 I 車。

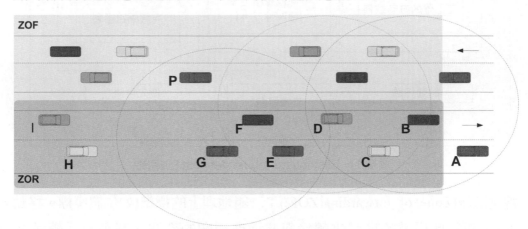

圖 9.15　解決網路斷裂的問題

6. 在二維的的場景中，為了要以最少的轉送將訊息散佈到二維的相關區域(two-dimensional zone of relevance)，因此，轉送節點的選擇不能只是考慮距離，要選擇能夠涵蓋最多新的相關區域的節點來轉送，如果節點發覺本身大部分的涵蓋區域已被其他的轉送節點所涵蓋，則此節點可以放棄轉送訊息，以減少不必要的傳送，轉送節點可以依據角度距離(angular distance)與涵蓋率(coverage ratio)來決定是否要轉送訊息。

三、Mobicast protocol in VANETs[16]

　　Mobicast 也是一種群播(或對特定區域的群播)，但是 mobilcast 有將時間的因素列入考慮，傳送的目的節點是所有在特定時間位於特定區域內的所有節點。因此，

mobicast 被稱為具有空間與時間性的群播(Spatiotemporary multicast)，必須於時間 t 將 mobicast 的訊息轉送至位於特定地理區域內的的車輛，這個特定的地理區域表示為 ZOR_t。有許多在車載網路上的應用，如告知緊急事件、線上遊戲與視訊的廣告等都需要藉由 mobicast 協定來達成。

　　為了確保 mobicast 訊息在時間 t 可送到所有在 ZOR_t 的車輛，在 ZOR_t 的車輛在時間 t 時必須保持連通，以維持在 ZOR_t 的車輛可以即時通訊，但是車輛突然的加速與減速可能會造成暫時性的網路斷裂，造成部分車輛無法成功的收到 mobicast 訊息。為了解決這個問題，本文提出一個稱為轉送區域(Zone of forwarding，簡稱為 ZOF_t)的特殊地理區域，在 ZOF_t 中的車輛要負責將 mobicast 訊息轉送到在 ZOR_t 中的車輛。如果 ZOF_t 太大，則一些車輛會做出不必要的轉傳，如果 ZOF_t 太小，則暫時性網路斷裂的問題將無法被完全解決。為了解決此問題，本篇論文提出了接近區域(zone of approaching($ZOA^{V_i}_t$)的觀念來動態而精確的預估 ZOR_t。例如，在圖 9.16 中，在時間 t 時車輛 V_1、V_2、V_3 與 V_4 都在 ZOR_t 中，可以從車輛 V_e 收到 mobicast 的訊息，但是在時間 t + 1 時，因為車輛移動的關係，車輛 V_2 與 V_4 無法直接從車輛 V_e 收到 mobicast 的訊息，因此，車輛 V_e、V_5 與 V_1 偵測到此狀況便會啟始接近區域 $ZOA^{V_e}_{t+1}$、ZOA^{V_5} 與 $ZOA^{V_1}_{t+1}$ 來將 mobicast 訊息轉送給車輛 V_2 與 V_4，在此種情形下 $ZOF_t = ZOR_t \cup ZOA^{V_e}_{t+1} \cup ZOA^{V_5}_{t+1} \cup ZOA^{V_1}_{t+1}$。

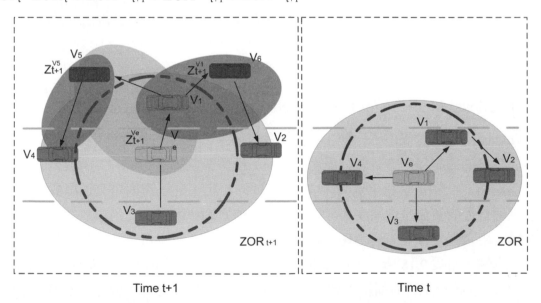

圖 9.16　Mobicast 協定在 VANETs 中運作的例子

四、DV-CAST：Broadcasting in VANETs[17]

在本文中作者針對 VANETs 提出了分散式車輛的廣播協定(Distributed Vehicular Broadcast Protocol 簡稱為 DV-CAST)，這個廣播協定針對了包含高密度的交通、稀疏的交通以及一般的交通情境來設計。在 DV-CAST 每輛車會監控鄰居車輛的狀態來做廣播的決定，如果車輛 V_i 接收到一個新的廣播訊息，V_i 會先檢查車輛是否後來才出現，如果是則會執行廣播抑制(broadcast suppression)的機制來轉送廣播的訊息，否則 V_i 會將訊息廣播至反方向行進的車輛。當訊息廣播出去後，如果 V_i 的行進方向與來源車輛不同，V_i 會傾聽訊息是否已成功的廣播出去。如圖 9.17 所示，廣播的訊息是由車輛 V_s 所開始發送，然後從群組一(Group 1)轉送到群組二(Group 2)，雖然群組一、二、三都是高密度的群組，但是群組一、二卻面臨著暫時性的網路斷裂問題，群組一無法直接轉送訊息至群組二。在此種情形之下，車輛 V_a 可以先將訊息轉送至相反行進方向的群組三，然後再由車輛 V_b 將訊息轉送至群組二。

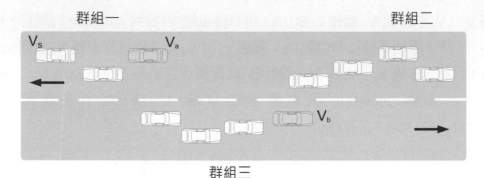

圖 9.17　DV-CAST 廣播協定的例子

五、Broadcast Methods for Inter-vehicle Communications System[18]

Fukuhara 等作者提出了一個在車輛間散佈緊急訊息的廣播協定，其目的在於將緊急事件訊息透過廣播的方式告知周圍的車輛。根據緊急訊息的目的，所提出的廣播協定分為兩類：一類是緊急車輛(如救護車)接近的資訊，另一類則是交通事故的資訊。緊急車輛接近的資訊是向前廣播，用來通知在前方的車輛，而交通事故的資訊則是向後廣播，用來通知在後方的車輛。藉由限制廣播的方向可以避免將資訊告知不需要此資訊的車輛。如圖 9.18 所示，救護車 V_A 會將緊急資訊告知前方的車輛 V_B，收到資訊後車輛 V_B 會將資訊再廣播給車輛 V_C，車輛 V_D 位於相反方向，因此什麼事都不作，車輛 V_C 收到緊急資訊後並不會再廣播，因為車輛 V_C 已經超過轉送的範圍。

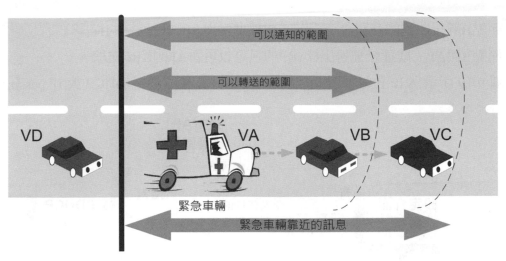

圖 9.18　緊急訊息的廣播區域

9-7　車載資通訊網路的換手協定

由於車輛移動的速度很快，通訊者可能在很短的時間便可以從一個基地台移動到另一個基地台(或從一個網段移到另一個網段)，因此，如何降低換手的延遲，以維持網路通訊不斷線，便成為一個重要的課題。換手的延遲包含了網路第二層(取得存取的媒介)以及第三層(取得 IP 並將連線從新導向)的延遲，其中第三層的延遲佔了比較大的比重，因此，一些研究便設法利用車載資通訊網路中的車間通訊來降低取得 IP 的時間，分別介紹如下：

一、IP Address Passing for VANETs[19]

傳統網路通常是透過 DHCP 的機制來取得 IP 位址，這個機制至少需要傳送包含發現(Discover)、提供(Offer)、要求(Request)與釋出(Release)四個訊息，因此，節點要花費許多時間才能取得新的 IP 位址，為了縮短取得新 IP 位址的時間，作者提出了傳遞 IP 位址(IP Address Passing)的機制。在 VANETs 中，若 A 車要離開原來服務的 AP(或基地台)需要釋出 IP 位址，此時，如果剛好 B 車要進入這個 AP 的通訊範圍，需要取得新的 IP 位址，A 車便可將自己要釋出的 IP 位址傳遞到 B 車便可節省 B 車取得 IP 位址的時間。傳遞 IP 位址的機制包含了四個步驟：

1. 節點A連結(Associate)並執行傳統DHCP的要求程序。
2. 節點A繼續旅行直到不再需要他的IP，此時，節點B剛好要進入AP的通訊範圍，但還未執行連結的程序，節點A可將自己的IP傳遞給節點B。

3. 節點B解析收到的資訊設定相關的組態準備與AP執行連結的程序。

4. 節點B與AP完成連結並送出GARP的訊息以更新AP的ARP快取。

圖 9.19 所示為 IP 位址傳遞的流程圖，表 9.4 比較了傳統 DHCP 與 IP passing。

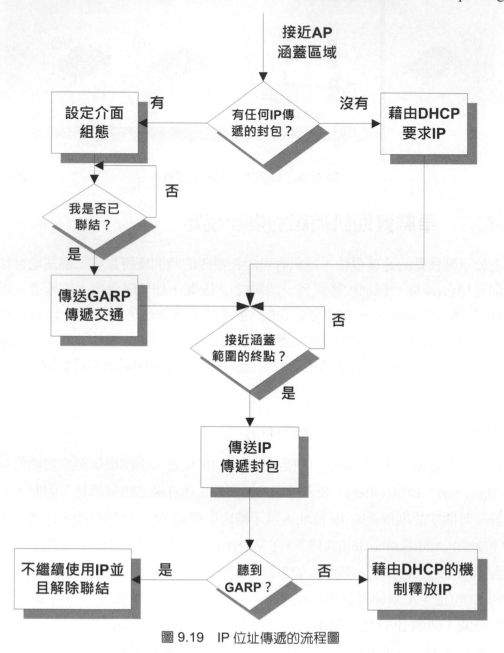

圖 9.19　IP 位址傳遞的流程圖

表 9-4　傳統 DHCP 與 IP passing 之比較

實施方法	時間	位元組	訊息個數
傳統的 DHCP	2.5s	2096	7
IP 傳遞	0.09s	296	2

二、Network Mobility(NEMO) Protocol for Vehicular Ad-Hoc Networks[20]

　　傳統透過 DHCP 伺服器取得 IP 的方式，並不適用於高速移動的 VANETs，本文結合了 IP 傳遞以及行動路由器(Mobile Router 簡稱為 MR)間的合作協助執行在第三層的事先換手機制，來取得 IP 位址與事先執行 HA(home agent)結合更新的程序。將進入服務基地台(Serving base station)通訊範圍的車輛可以從同向車輛以 IP 傳遞的方式取得 IP，或與對向即將離開服務基地台通訊範圍的車輛交換 IP。行動路由器間的合作是藉由形成虛擬巴士(Virtual Bus)來達成的，虛擬巴士是由兩輛(或以上)可互相連通的車輛所構成的，每輛車都配置有一部行動路由器，當位於虛擬巴士後端的車輛快要離開目前服務基地台的通訊範圍，快要進入鄰近基地台的通訊範圍，此時，位於虛擬巴士後端的車輛可以送出事先換手的請求訊息給位於虛擬巴士前端的車輛，由於位於虛擬巴士前端的車輛已進入鄰近基地台的通訊範圍，因此，可執行事先換手的程序，來為位於虛擬巴士後端的車輛先取得 IP 位址，因而降低了換手的延遲與網路斷線的機會。如果在即將進入的基地台有同向的車輛即將離開此基地台，則可透過 IP 傳遞的方式來取得 IP 位址，如果在即將進入的基地台有反向的車輛即將進入目前服務的基地台，則可透過 IP 交換的方式來互相取得所需的 IP 位址。如果前述的辦法都無法取得 IP 位址，則仍可透過 DHCP 的伺服器來取得 IP 位址。當 IP 位址取得之後，便可執行事先 HA 結合更新的程序，然後將資料導向新的基地台。圖 9.20 所示為 VANETs 中虛擬巴士 NEMO 方案的資料流向圖。

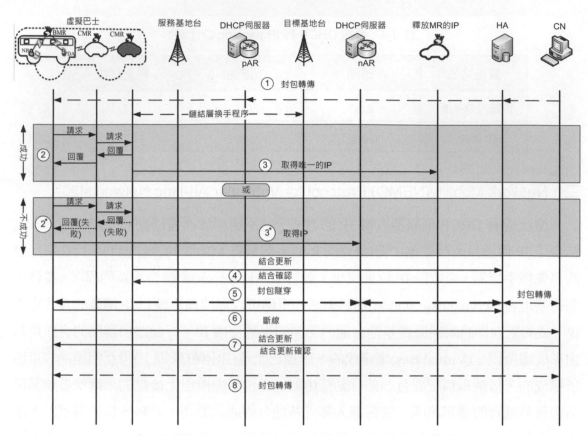

圖 9.20　VANETs 中虛擬巴士 NEMO 方案的資料流向圖

9-8　結論

　　在這一章我們介紹了何謂車載資通訊網路，車載資通訊網路的發展與應用以及車載資通訊網路在智慧型運輸系統(ITS)扮演的角色。車載資通訊網路包含車輛內部的網路以及車輛與車輛之間的通訊網路。在車載資通訊網路中車載隨意網路(VANETs)扮演了十分重要的角色，因此，近年來有許多的研究者投入關於 VANETs 的相關研究，以提升 VANETs 通訊的效能與安全為主要目標。本章也介紹了車載資通訊網路相關的通訊協定，包括了媒體存取控制協定、路由協定、位置服務協定、群播協定、廣播協定與換手協定等。由這些通訊協定的研究可以預期，車載資通訊網路將變得更加成熟與普遍。在車載資通訊網路的支援下智慧型運輸系統，將使得行車變得更加的快捷、便利與安全。

習　題

1. 請說明何謂車載資通訊系統？請列舉出車載資通訊系統三種可能的應用。

2. 請說明車間通訊的重要研究議題。

3. 請比較 IEEE 802.11p 與 Cellular 兩種車間通訊的媒體存取控制協定。

4. 請說明何謂 GPCR、VADD 與 CAR。

5. 請說明 Cache-based, VLS 與 RLSMP 的優缺點。

6. 請解釋下列之名詞：ZOR, ZOF, Geocast, Mobicast。

7. 請說明 IP passing 協定的四個步驟。

8. 何謂 Virtual bus？如何利用 virtual bus 來降低換手的延遲？

參考文獻

[1] 車載資通訊教學推動聯盟中心教材。

[2] Mihail L. Sichitiu and Maria Kihl, "Inter-Vehicle Communication Systems：A Survey," IEEE Communications Surveys & Tutorials, Vol. 10, No. 2, 2nd quarter 2008, pp. 88-105.

[3] Anis Laouiti, Arnaud Dela Fortelle, Paul MÜhlethaler, and Yasser Toor, "Vehicle Ad Hoc Nerworks：Applications and Related Technical Issues," IEEE Communications Surveys & Tutorials, Vol. 10, No. 3, 3rd quarter 2008, pp.74-88.

[4] P. Papadimitratos, A. d. L. Fortelle, K. Evenssen, R. Brignolo, and S. Cosenza, "Vehicular Communication Systems：Enabling Technologies, Applications, and Future Outlook on Intelligent Transportation", IEEE Communications Magazine, Nov. 2009, pp. 84-95.

[5] Michele Weigle, "Standards：WAVE / DSRC / 802.11p", Old Dominion University CS795/895 Vehicular Networks, 2008

[6] C. Lochert, M. Mauve, H. Fera, and H. Hartenstein, "Geographic routing in city scenarios," ACM Mobile Computing and Communications, Vol. 9, 2005, pp. 69-72.

[7] J. Zhao and G. Cao, "VADD：vehicle-assisted data delivery in vehicular ad hoc networks," IEEE Computer Communications, 2006, pp. 1-12.

[8] V. Naumov and T. Gross, "Connectivity-aware routing (CAR) in vehicular ad hoc networks," in Proceedings of IEEE International Conference on Computer Communications, 2007, pp. 1919-1927.

[9] Skordylis and N. Trigoni, "Delay-bounded routing in vehicular ad-hoc networks," ACM International Symposium on Mobile Ad hoc Networking and Computing, 2008, pp. 3017-3021.

[10] G. Y. Chang, J.-P. Sheu, T.-Y. Lin, and K.-Y. Hsieh, "Cache-Based Routing for Vehicular Ad Hoc Networks in City Environments," IEEE Wireless Communications and Networking Conference (WCNC), April 2010, pp. 1-6.

[11] X.-Y. Bai, X.-M. Ye, J. Li, and H. Jiang, "VLS： A Map-Based Vehicle Location Service for City Environments," IEEE International Conference on Communications, 2009, June 2009, pp. 1-5.

[12] H. Saleet, O. Basir, R. Langar, and R. Boutaba, "Region-Based Location-Service-Management Protocol for VANETs," IEEE Transactions on Vehicular Technology, Vol. 59, No. 2, February 2010, pp. 917-931.

[13] Y.-W. Lin, Y.-S. Chen, and S.-L. Lee, "Routing Protocols in Vehicular Ah Hoc Networks：A Survey and Future Perspectives," Journal of Information Science and Engineering, Vol. 26, No. 3, May 2010, pp. 913-932.

[14] Bachir and A. Benslimane, "A multicast protocol in ad hoc networks inter-vehicle geocast," in Proceedings of IEEE Semiannual Vehicular Technology Conference, Vol. 4, 2003, pp. 2456-2460.

[15] H. P. Joshi, M. Sichitiu, and M. Kihl, "Distributed robust geocast multicast routing for inter-vehicle communication," in Proceedings of WEIRD Workshop on WiMax, Wireless and Mobility, 2007, pp. 9-21.

[16] Y. S. Chen, Y. W. Lin, and S. L. Lee, "A mobicast routing protocol for vehicular ad hoc networks," ACM/Springer Mobile Networks and Applications, 2010, pp. 20-35.

[17] Tonguz, N. Wisitpongphan, F. Bai, P. Mudalige, and V. Sadekar, "Broadcasting in VANET," in Proceedings of IEEE Mobile Networking for Vehicular Environments, 2007, pp. 7-12.

[18] T. Fukuhara, T. Warabino, T. Ohseki, K. Saito, K. Sugiyama, T. Nishida, and K. Eguchi, "Broadcast methods for inter-vehicle communications system," in Proceedings of IEEE Wireless Communications and Networking Conference, Vol. 4, 2005, pp. 2252-2257.

[19] W. L. T Arnold, J. Zhao, "IP Address Passing for VANETs" IEEE International Conference on Pervasive Computing and Communications (PERCOM), Hong Kong 2008, pp. 70-79.

[20] Y.-S. Chen, C.-H. Cheng, C.-S. Hsu, G.-M. Chiu, "Network Mobility Protocol for Vehicular Ad Hoc Networks" Wireless Communications and Networking Conference (WCNC) , 2009, pp. 1-5.

WNMC

Chapter 10

感知無線電網路

10-1　感知無線電網路簡介[1]

　　無線頻譜是珍貴的資源，然而不必使用執照的頻段已十分擁擠，例如 2.4GHz 的 ISM (Industrial, Scientific, and Medical)頻段已有包含 WiFi、藍牙、Zigbee 與微波爐等使用，而需要執照的頻段使用率又不高。因此，如何提昇頻譜的使用率並提升通訊的品質與效能便成為重要的議題，而具備感知頻譜能力的感知無線電網路(Cognitive Radio Network)，便成為此議題目前的最佳解決方案。

　　如圖 10.1 所示，感知無線電網路包含基地台、有執照的主要使用者(Primary User 或稱為 licensed user 簡稱為 PU)與沒有執照的次要使用者(Secondary User 或稱為 unlicensed user，簡稱為 SU)所組成，感知無線電網路分為有基礎設施(即基地台)與沒有基礎設施的隨意感知無線電網路(Cognitive Radio Ad Hoc Networks 簡稱為 CRAHNs)。

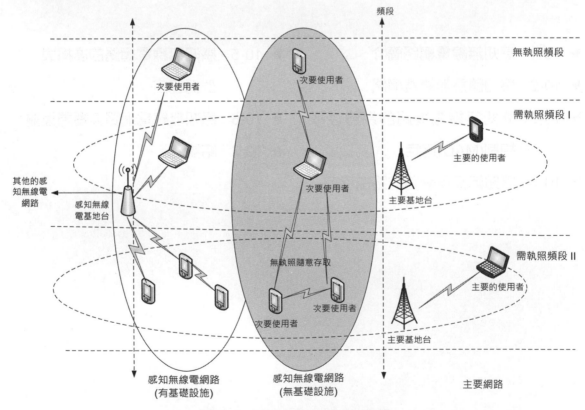

圖 10.1　感知無線電網路的架構

感知無線電網路具有感知能力(Cognitive capability)與重新組態的特性(Reconfigurability)。SU 會主動的感測目前頻道的使用狀態，然後動態的挑選沒有被 PU 佔用的頻道來使用，因而提昇頻譜的使用率與效率，並降低干擾。要注意的是，SU 在使用需要執照的頻段時不可以干擾 PU 使用需要執照的頻段。

在有基礎設施的感知無線電網路中，SU 可以將感測到的頻譜資訊匯集到基地台，基地台可以根據本身所感測到，以及搜集到的頻譜資訊來做頻譜分配的決策，因為基地台搜集到的資訊更為精確，所以可以做出更佳的頻譜分配決策，提昇頻譜的使用率，並避免造成 PU 的干擾。至於在 CRAHNs 中，SU 扮演類似行動隨意網路(Mobile Ad Hoc Networks 簡稱 MANETs)中的行動節點(Mobile node)，SU 除了自行感測頻譜使用狀態外，還須與其他相鄰的 SU 合作交換資訊，才能搜集到鄰近頻譜的使用狀態，避免對 PU 與其他 SU 造成干擾。

在本章節我們將介紹感知無線電隨意網路、感知無線電網路的媒體存取控制協定、路由協定、廣播與群播協定以及賽局理論(Game theory)在感知無線電網路上的應用。

10-2　感知隨意無線電網路[2]

感知隨意無線電網路(CRAHNs)與行動隨意網路(MANETs)十分相似，都是沒有基礎設施與固定拓樸的網路，網路的成員都可任意移動，並且以隨意的模式直接通訊。然而，CRAHNs 與 MANETs 也有許多不同之處，說明如下：

1. SU 需要選擇使用的頻譜：由於可用的頻道分散在寬廣的頻帶，而且會隨著時間與空間而改變，因此，每個 SU 的可用頻譜都不太相同，而 PU 的傳輸必須受到保護而不被干擾。相較之下，傳統的 MANETs 通常是在事先決定好的頻道運作，而且頻道不會隨著時間而改變。

2. 拓樸的控制：傳統的 MANETs 只要節點定期的廣播信標(Beacon)訊息，便可很容易的搜集到網路拓樸的相關資訊，然而在 CRAHNs，由於可用的頻道分散在寬廣的頻帶，將信標訊息在每個可用頻道上廣播並不是一個可行的方法，因此，在 CRAHNs 中 SU 通常搜集到的拓樸資訊是不完整的，因此容易造成傳送訊息時的碰撞。

3. 多跳(Multi-hop)／多頻譜(Multi-spectrum)式的傳送：在 CRAHNs 中，端點對端點的路徑可能需要許多步的跳躍，而每一步所採用的頻道是依據頻譜的可用性來決定的，因此，在 CRAHNs 中建立路由的路徑時必須結合頻譜的配置。相對於傳統的 MANETs，符合服務品質的路由，除了路徑的交通負荷外，還須考慮頻道的穩定性。

4. 區別移動性與 PU 活動所造成的斷線：在傳統的 MANETs，可能會因為節點的移動性而造成路徑的斷裂，這個現象可以藉由沒有收到下一步節點的回覆，且已超過重傳次數來感測。但是在 CRAHNs，沒有收到下一步節點回覆的原因可能是因為節點的傳輸頻道被 PU 佔用，因而無法回覆訊息。因此，在 CRAHNs 要先正確的判斷路徑斷裂的原因，才能採用適當的復原機制。

為了適應動態的頻譜環境，CRAHN 需要有一些頻譜感知的作業，以下列出頻譜管理的主要功能：

1. 頻譜感測(spectrum sensing)：SU 只能分配沒有被使用的頻譜，因此，SU 必須監控頻譜使用狀態，找出可用的頻譜，頻譜感測可說是 CR 網路最基本的功能。

2. 頻譜決定(spectrum decision)：一旦可用的頻譜被感測出來，SU 便要依據本身的 QoS 需求挑選最適當的頻道。找出無線電環境的特性與 PU 的行為模式對於設計頻譜決定的演算法是很重要的。此外，頻譜的決定與路徑的挑選必須合併一起考慮。

3. 頻譜分享(spectrum sharing)：因為有許多的 SU 要存取頻譜，因此，必須協調這些使用者的傳輸避免碰撞的發生，頻譜的分享提供了許多 SU 共用頻譜的機會，但必須避免影響 PU。因此，賽局理論(game theory)被用來分析一些自私的 SU 的行為。頻譜的分享是 CR 媒體存取控制(MAC)協定的必要功能，能將感測的工作分配給相互合作的節點同時，也決定頻譜的分配與傳輸的時機。

4. 頻譜移動性(spectrum mobility)：如果感測到 PU 在使用特定的頻譜，SU 應該立刻騰出這個頻譜，轉換到其他沒被佔用的頻譜繼續通訊。頻譜的移動性需要頻譜的換手機制來偵測鏈結的失敗，然後將目前的通訊轉換到新的路徑或新的頻譜，而只造成最小的通訊品質下降。要達成這個目的需要頻譜感測、發現鄰居以及路由協定之合作。這項功能需要透過連線管理機制來降低頻譜轉換對於效能的影響。

頻譜管理的架構圖，如圖 10.2 所示，以下我們將詳細介紹頻譜管理的各項功能：

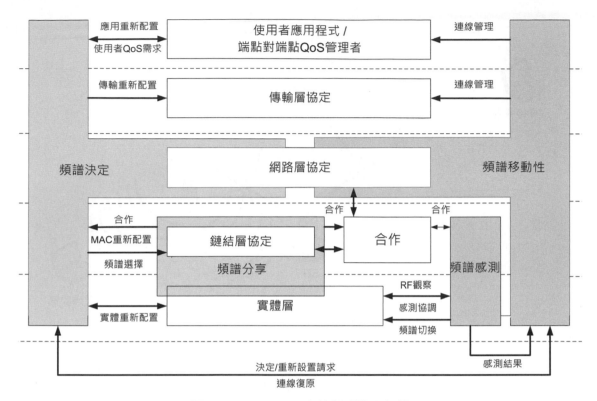

圖 10.2　CRAHNs 上的頻譜管理架構

一、頻譜感測(Spectrum sensing)：

頻譜感測主要有傳送者感測與接收者感測兩種技巧，如圖 10.3(a)所示，傳送者感測是依據 SU 感測到主要傳送者的信號，來感測可用的頻譜，而接收者感測則是用來感測是否有 PU 正在 SU 的通訊範圍內接收資料，如圖 10.3(b)所示，藉由感測主要接收者(即PU 接收者)從局部震盪器(Local Oscillator簡稱為LO)洩漏出來的能量來判斷是否有 PU 正在接收資料，此能量會從無線頻道發射出來，然而訊號非常的微弱，SU 通常很難判斷到底是雜訊干擾，還是 PU 接收資料所洩漏出來的訊號，因此，目前大部分的研究還是專注於傳送者的感測。

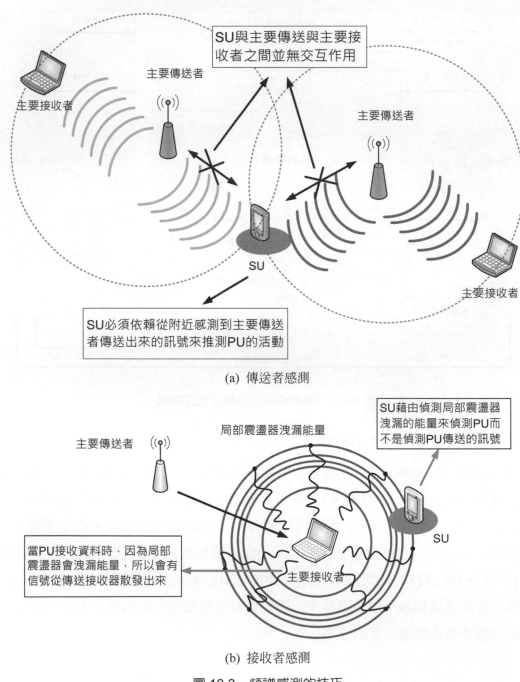

(a) 傳送者感測

(b) 接收者感測

圖 10.3 頻譜感測的技巧

　　傳送者感測主要包含匹配濾波器檢測(Matched filter detection)、能量檢測(Energy detection)與特徵檢測(Feature detection)等三種方案，分別說明如下：

1. 匹配濾波器檢測：當匹配濾波器輸出的取樣值大於界限值(Threshold)時，則可判定頻譜被 PU 佔用，此方案雖然檢測快速，但是 SU 需要知道 PU 訊號的特性，而且還必須與 PU 同步，當有許多不同類型的 PU 時，SU 需要安裝多組匹配濾波器才能檢測這些 PU 的訊號，因而增加了硬體的成本。

2. 能量檢測：SU 採用能量感測法時會依據接收到訊號的訊雜比(Signal Noise Ratio 簡稱為 SNR)來感測 PU 是否出現，然而當雜訊的強度不確定，且 SNR 值低於界限值時，能量感測法將無法可靠的檢測訊號。此外能量感測法只能檢測訊號是否出現，而無法辨識訊號的類型，因此有時候會誤把 SU 的訊號當做是 PU 的訊號。

3. 特徵檢測：特徵檢測藉由擷取信號的特徵如導頻信號(Pilot signal)、循環前置碼(Cyclic prefix)、符號傳輸率(Symbol rate)、展頻碼(Spreading code)或調變的類型(Modulation type)來判斷 PU 的訊號是否出現，這個方法即使在雜訊的強度不確定的情形下也能可靠的感測訊號，而且還能區分不同的訊號類型，SU 不必與其他的鄰居同步便能獨立的運作，特徵檢測主要的缺點在於需要複雜的運算，因此需要比較長的時間來感測頻譜。

二、頻譜決定(Spectrum decision)：

CRAHMs 必須具有從所有可用的頻帶挑選能夠滿足 QoS 需求的最佳頻道的能力，這個能力稱為頻譜決定。頻譜決定包含兩個步驟：第一、依據附近 SU 蒐集到的資訊，以及 PU 網路的統計資訊找出每個頻帶的特性。第二、根據頻譜的特性挑選最適當的頻道。頻譜決定的主要功能如下：

1. 頻譜特質的掌握(Spectrum characterization)：根據觀察的結果，SU 不只要了解每個可用頻道的特質，還要掌握 PU 在這些頻道的活動模式。

2. 頻譜的選擇(Spectrum selection)：SU 必須找出端點對端點路徑上每一步的最佳頻道，以滿足端點對端點通訊 QoS 的需求，因此，在 CRAHNs 中，路徑的挑選必須與頻譜的選擇結合在一起。

3. 重新組態(Reconfiguration)：SU 應該依據無線頻道的狀況與 QoS 的需求，來調整通訊協定、通訊硬體與無線射頻的前端處理。

SU 在開始傳輸之前必須決定使用的頻譜，如圖 10.4 所示，SU 藉由觀察接收到的訊號強度、干擾以及目前使用此頻譜的使用者個數，來決定使用的頻譜，SU 應挑選最適合的可用頻道來滿足 QoS 的需求，當傳輸的品質下降時，便應再次啓動頻譜決定的機制來挑選合適的頻道，以維護傳輸的品質。

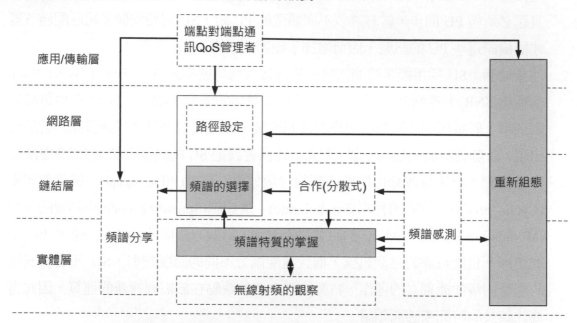

圖 10.4　感知隨意無線電網路中頻譜決定的結構圖

三、頻譜分享(spectrum sharing)：

頻譜分享必須在無線頻譜變動的環境中，分配通訊資源並協調 SU 的多重存取(Multiple access)，以滿足 QoS 的需求而不能干擾 PU 的通訊。頻譜分享包含了許多媒體存取控制(MAC)協定和資源分配的功能。在 CRAHNs 因爲缺乏中控者，頻譜分享必須由 SU 以分散式的方式決定。

圖 10.5 所示爲頻譜分享的功能區塊圖，分別說明如下：

1. 資源配置(Resource allocation)：SU 會挑選適當的頻道(頻道配置)與調整傳輸的功率(功率控制)來滿足 QoS 的要求與資源分配的公平性。尤其是功率的控制，要避免干擾到 PU。

2. 頻譜存取(Spectrum access)：藉由決定誰可以存取頻道或何時可以存取頻道來讓多位 SU 可以分享頻譜的資源，因爲同步的困難，大多採用隨機存取(Random access)的方式。

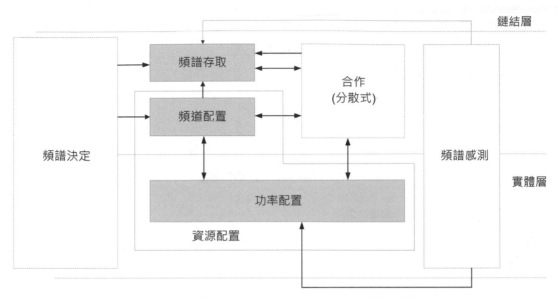

圖 10.5　感知隨意無線電網路中頻譜分享的結構圖

　　一旦適當的頻帶藉由頻譜決定挑選後，在該頻帶的通訊頻道便可分配給 SU，同時要決定適當的傳輸功率(功率配置)以避免干擾 PU，接下來 SU 要決定何時可以存取該頻帶以避免傳輸時與其他 SU 發生碰撞(頻譜存取)。

四、頻譜移動性(Spectrum mobility)

　　SU 通常被當做是頻譜的訪客(visitor)，因此，如果 PU 需要 SU 使用的頻譜，SU 必須切換到另一個閒置的頻譜來繼續通訊，這就稱為頻譜移動性。為了達到頻譜移動性，SU 必須轉移連線到沒被使用的頻帶，這種頻譜轉移稱為頻譜換手(Spectrum handoff)。當(1)偵測到 PU 頻譜，(2)SU 因為移動性而造成進行中的通訊中斷，(3)目前的使用的頻帶無法滿足 QoS 的要求，此時頻譜換手便會發生。

　　頻譜移動性的主要功能如下：

1. 頻譜換手(Spectrum handoff)：SU 轉換使用的頻帶，並將連線的參數重新設定(如運作的頻率與調變方式)。

2. 連線管理(Connection management)：頻譜切換必須與各層的協定結合，以最小化頻譜切換所造成的通訊品質下降。

　　圖 10.6 所示為頻譜移動性的功能區塊圖，藉由結合頻譜決定，SU 可在選定的路徑上決定要轉換的頻帶，並將目前進行中的通訊切換至新的頻帶，SU 必須注意維護目前的傳輸品質，避免被切換的延遲所影響。

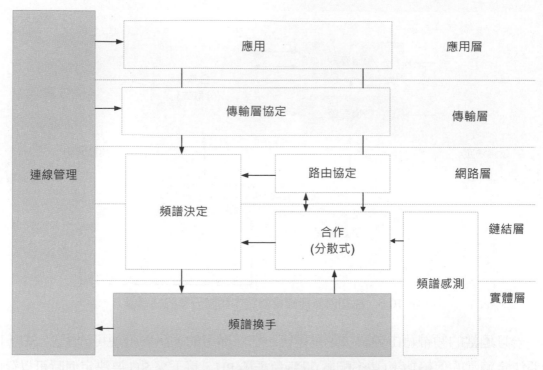

圖 10.6　感知隨意無線電網路中頻譜移動性的結構圖

10-3　感知無線電網路的媒體存取控制(MAC)協定[3]

由於 SU 在感知無線電網路中可用的頻譜並不確定，因此，設計感知無線電網路的媒體存取控制(MAC)協定將更具挑戰性。如圖 10.7 所示，依據感知無線電網路的架構不同可分為有基礎設施的中控型 MAC 以及隨意網路的 MAC，而依據存取頻道方式的不同，感知無線電網路的媒體存取控制協定可分為隨機存取(Random access)、時槽式(Time-slotted)與混合式(Hybrid)三種，以下分別詳細說明之：

一、有基礎架構的 MAC 協定(MAC protocol for CR Infrastructure-based networks)

這種架構中通常有個中控的裝置(如基地台)負責管理網路的活動、同步與協調節點間的運作。但是，這個中控裝置通常是靜態的，而且與涵蓋範圍內的 SU 形成一步的鏈結。這個架構可以幫助並協調 SU 蒐集網路環境的資訊，以便決定頻譜。以下依據存取頻道方式的不同分別介紹此架構下的 MAC 協定：

1. 隨機存取(Random access)協定：

參考文獻[4]中提出了一個以載波偵測多重存取(Carrier Sense Multiple Access 簡稱為 CSMA)為基礎的 MAC 協定。這個協定藉由調整傳送功率與傳送速度來確保 SU 與 PU 可以共存。SU 與 PU 的基地台是分開的，但涵蓋範圍可能有所重疊，SU 與 PU 和他們所屬的基地台建立起直接的鏈結。這個 MAC 協定允許 SU 與 PU 同時傳送資料，只要 SU 對 PU 的干擾值沒有超過預設的界限值。此協定的運作方式如下：PU 主要依循傳統 CSMA 的機制運作，PU 在傳送 RTS(request to send)到基地台之前會先感測媒體，如果資料可以傳輸，主要基地台(primary base station)會回覆 CTS(clear to send)給 PU。SU 也以類似的機制傳送資料，但是 SU 需要做較長時間的載波偵測，然後才能傳送 RTS，因此，PU 可以有較高的優先等級來存取無線頻譜。SU 的基地台會依據 SU 與基地台的距離，以及雜訊的功率來決定目前傳輸的功率與資料傳輸率。SU 一次只允許傳輸一個封包以便降低對於 PU 的干擾。

圖 10.7　感知無線電網路的媒體存取控制協定之分類

2. 時槽式(Time-slotted)協定：

　　IEEE 802.22[5]是一個中控式的標準，利用基地台來控制頻譜的存取與分享，基地台負責管理自己所屬的細胞(cell)以及相關的 SU。IEEE 802.22 的 MAC 協定，下載(Downstream 簡稱為 DS)是採用分時多工(Time division multiplexing)的機制，上傳(Upstream 簡稱為 US)則是採用依據要求而分配時槽的 TDMA(Time Division Multiple Access)機制。訊框的階層式架構如圖 10.8 所示，最上層的是超級訊框(Superframe)，每個超級訊框包含了好幾個由前導訊號(Preamble)帶頭的 MAC 層訊框所組成，每個超級訊框的開始控制表頭包含 SU 目前可用的頻道、不同頻寬的支援以及未來可存取頻譜的時間等資訊。MAC 層的訊框包含 DS 與 US 子訊框，DS 子訊框包含一個 SU 的封包資料，而 US 子訊框包含多個不同 SU 的封包資料，DS 子訊框的前導訊號會處理同步以及頻道的評估，訊框的控制表頭包含 DS-MAP 與 US-MAP 的大小、頻道描述以及排程的資訊。IEEE 802.22 的主要特色為廣泛的支援頻譜感測、頻譜復原並允許不同的使用者共存。

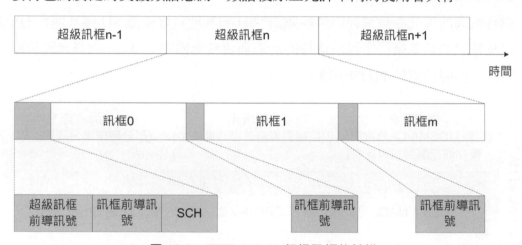

圖 10.8　IEEE 802.22 超級訊框的結構

3. 混合式(Hybrid)協定

　　參考文獻[6]中提出了一個賽局理論的動態頻譜存取(Dynamic spectrum access 簡稱為 DSA)協定，資料傳輸是在預先決定的時槽，而控制訊息則是採用隨機存取的機制，所以歸類為混合式的協定。本協定採用叢集式的架構，賽局的策略是由位於叢集內的中控裝置管理。此 MAC 協定有高的頻譜使用率、無碰撞的頻譜存取而且能符合 QoS 的需求確保公平性。這個協定的框架包含了 DSA 演算法、叢集演算法、協商機制以及碰撞避免等四個元件。DSA 演算法利用賽局理論來讓 SU 可以避免碰撞、存取頻道並滿足 QoS 與公平的需求。叢集演算法採用了六角形的叢集，每個叢集以位置當做識別代號(identity)，節點通常會加入叢集中心離自己最近的叢集，本協定採用虛擬叢集頭(Virtual head 簡稱為 VH)的觀念，帶有權杖(token)的封包為 VH，VH 會輪流傳遞給叢集內的節點以進行賽局。

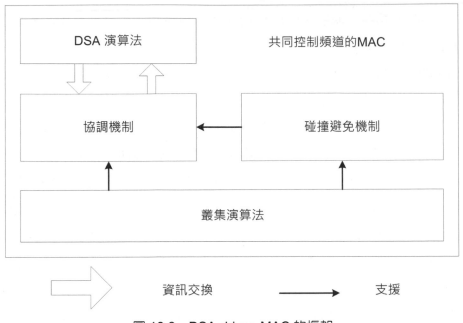

圖 10.9　DSA-driven MAC 的框架

二、CR 隨意網路的 MAC 協定(MAC protocol for CR ad hoc networks)

　　這類的協定通常沒有中控的裝置，所以有較佳的延展性(scalable)與佈署上的彈性，但是必須依靠鄰近節點的協調與交換資訊，才能達成分散式的頻譜感測、共享與存取。在設計 CR 隨意網路的 MAC 協定時，必須考慮以最小的額外負擔，來維持整個網路的時間同步以及從鄰近的節點獲取資訊。以下依據存取頻道方式的不同分別介紹此架構下的 MAC 協定：

1. 隨機存取(Random access)協定：

　　　這個類別的 MAC 協定節點間通常不需要時間同步，而且通常是以 CSMA/CA 為基準。有些協定支援多重傳送接收器，有些則適用於單一的傳送接收器，分別介紹如下：

　　　第一種為 Dynamic open spectrum sharing(DOSS)MAC[7]，大部分的研究都假設給定一組固定沒有重疊的頻譜，而且一個節點一次只能使用其中一個頻段。如果允許節點動態的結合可用的頻段，則便可提昇網路傳輸的效能。動態開放頻譜共享(Dynamic Open Spectrum Sharing 簡稱為 DOSS)MAC 協定提供一個新的解決方案來處理隱藏與暴露節點的問題。三個無線傳送接收器分別負責控制、資料與忙碌聲調(Busy tone)的頻段。資料傳輸所用的頻帶會對應到忙碌聲調的頻帶，因此，當一個節點在一個給定的頻道傳送或接收資料時，其所對應的忙碌聲調頻帶也會發送忙碌的訊號。

DOSS MAC 協定包含下列的步驟：(1)PU 偵測：因為 SU 只能使用 PU 沒有佔用的頻帶，因此 SU 必須持續監控附近頻譜的使用狀況。(2)設定三個運作的頻帶：首先決定資料傳輸所用的頻帶，這個頻帶可以是非連續的頻率。接著決定共同控制頻道(Common Control Channel 簡稱為 CCC)來傳送控制訊號。這個協定提出了限制傳輸量、設定頻寬比例與轉移控制頻道等技巧，來減輕控制頻道飽和的問題。(3)頻譜協調：傳送者送出請求(REQ)的封包內含傳送端可用的頻帶，接收者收到後回覆 REQ-ACK 的封包，內含彼此都可使用的頻帶資訊，當傳輸的頻帶選定之後也會在忙碌聲調頻帶發出對應的忙碌信號，告知鄰居不要使用此頻帶。(4)資料傳輸：當封包被正確的接收，接收者會回覆 DATA-ACK 的封包而且關閉忙碌聲調(busy tone)。傳送者收到 DATA-ACK 便知道封包傳送成功，否則逾時後，會重傳資料封包。

這個協定主要的缺點是使用了分開的忙碌聲調頻帶與共同控制頻帶，因而降低了頻帶的使用效率，此外，使用多個的傳送接收器，而其中兩個卻沒有用來傳送資料。

第二種為 Distributed channel assignment(DCA)based MAC[8]，本篇論文擴充 IEEE 802.11 的 CSMA/CA 協定，提出了分散式頻道配置(Distributed Channel Assignment 簡稱為 DCA)的協定。此協定使用多個傳送接收器，並且有專屬的共同控制頻道用來發射訊號，此協定的作業如下：(1)維護頻譜資訊：每個節點會維護目前使用頻道列表(Current Usage List 簡稱為 CUL)以及空閒頻道列表(Free Channel List 簡稱為 FCL)等兩個資料結構，每個節點的 CUL 記錄了鄰居的位址、使用的頻道以及預期使用的時間，FCL 則需持續的更新來決定可用的頻譜以及使用的時機。(2)資料傳輸：採用 RTS-CTS 的握手機制。

第三種為 Single radio adaptive channel MAC(SRAC)protocol[9]，單一無線電調適頻道(Single Radio Adaptive Channel 簡稱為 SRAC)協定可以依據 SU 的需求動態的結合頻段。此協定採用類似分頻多工(Frequency division multiplexing)的機制，稱為跨頻通訊(Cross-channel communication)，SU 可用一個頻段傳送資料，而用另一個頻段接收資料。此協定的特色分別說明如下：(1)動態的配置頻道

(Dynamic channelization)：首先決定頻譜的基本配置單位(假設為 b)，實際使用的頻段則為此基本單位的倍數(假設為 mb)。依據傳輸的需求可將 m 個基本頻段結合起來使用，因此，使用的頻段可以動態的調整。(2)跨頻通訊：為了避免頻道的擁塞以及 PU 活動造成的干擾，SU 可以分別使用不同的頻段來傳送與接收資料，SU 可保留較大的頻段來傳送資料，而只保留較小的頻段來接收確認(acknowledge)的封包，因此可以更有效率的使用頻譜。

　　第四種為 Hardware constrained MAC(HC-MAC)[10]，硬體限制(Hardware Constrained)MAC 協定(簡稱為 HC-MAC)主要目標在於考量硬體的限制之下如何有效的感測以及存取頻譜，這些硬體的限制包括單一傳送接收器運作上的限制、只擁有部分的頻譜感知能力以及頻譜匯集的限制等。硬體的限制可分為感知的限制以及傳輸上的限制，感測時間的長短與感測的精確度是一種取捨。因為，在一定的時間內只能感測有限的頻譜，而且在只有一組傳送接收器的情形下，感測頻譜會減少資料的傳輸率。HC-MAC 找出最佳的感測時間長度來獲得正確的感測結果，而不是非常積極的感測頻譜，造成佔用了資料傳輸的時間。HC-MAC 的貢獻說明如下：(1)感測決定(Sensing decision)：為了決定需要感測多少的頻道，必須訂出一套決定感測時間長短的規則，如果選擇感測比較多的頻道，則可用的頻道增加了，但是花在感測的時間就增加了，本協定提出一套規則可以決定最佳的感測時間來獲得最大的資料傳輸率。至於要感測的頻道個數則是依據傳送接收器在給定的時間內可以存取多大的頻段來決定的。(2)協定的運作(Protocol operation)：HC-MAC 包括競爭、感測與傳輸三個階段，在感測階段時，傳輸者與接收者會在共同控制頻道交換 C-RTS 與 C-CTS 的封包來取得頻道的存取權，接下來贏得競爭的傳送者與接收者會在要感測的頻道交換 S-RTS 與 S-CTS 的封包，直到感測時間結束為止，此時，傳送者與接收者便可利用感測到的頻道來傳輸資料。當傳輸終了時，傳送者與接收者會在共同控制頻道交換 T-RTS 與 T-CTS 的封包來表示傳輸的結束，並釋放所使用的頻道。

2. 時槽式(Time-Slotted)協定：

　　Cognitive MAC(簡稱為 C-MAC)協定是時槽式的 MAC 協定，C-MAC 包含了匯聚頻道(Rendezvous Channel 簡稱為 RC)與備用頻道(Backup Channel 簡稱為 BC)兩個主要的觀念。網路中最長時間不會被佔用或干擾的頻道會被挑選為 RC，RC

可用來協調節點、發現鄰居、分享每個頻帶的負載資訊、交換排程資訊、偵測 PU 以及預約多重頻道的資源。當 PU 出現，頻道被佔用時，可切換至備用頻道來使用。圖 10.10 所示為 C-MAC 在多頻道環境下超級訊框(superframe)的結構圖，在 C-MAC 每個頻帶會被切割成重複出現的超級訊框，每個超級訊框包含了信標時段(Beacon Period 簡稱為 BP)與資料傳送時段(Data Transfer Period 簡稱為 DTP)。當 SU 開啟電源時，會先掃描所有的頻帶，來決定可用的頻帶，在這些可用的頻帶中如果有聽到信標，便可選擇加入這個 RC 所屬的群組。C-MAC 的工作方式如下所述：(1)分散式的信標(Distributed beacon)：每個 BP 被切割為數個時槽，讓每個 SU 可以發送信標而不會受到干擾，若 SU 將搜集到的鄰居信標再次廣播，則可搜集到超過通訊範圍內的鄰居資訊。(2)頻道間的協調(Inter-channel coordination)：SU 會週期性的切換至 RC 來發送信標、時間同步以及蒐集鄰居的資訊，當 SU 要使用某個頻段或切換頻段時，也會在 RC 告知其他的 SU。(3)共存(Coexistence)：時槽的特性，讓 C-MAC 可以設定沒有重疊的安靜時段(Quiet period)以便正確的偵測 PU 的出現，而 PU 出現的訊息則可透過信標，可靠的告知其他的 SU，此時，其中一個 BC 便會被挑選來頂替被佔用的頻道。(4)負載平衡：由於信標帶有預約頻道來傳輸的資訊，因此根據交通負載的統計資訊，可以用來平衡每個頻帶的負載。

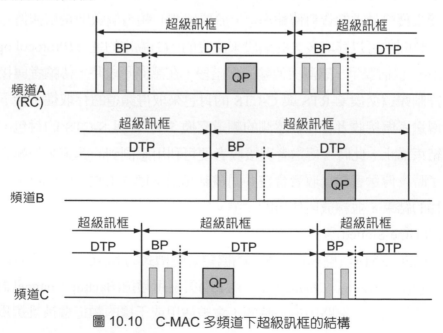

圖 10.10　C-MAC 多頻道下超級訊框的結構

3. 混合式(hybrid)協定：

第一種為 Opportunistic spectrum MAC(OS-MAC)[12]，OS-MAC 協定使用事先決定的窗口時段(Window period)來將 SU 分群，以協調 SU 間的頻譜選擇與交換資訊。然而在每個窗口時段內是採用隨機存取的機制，所以 OS-MAC 是一個混合式的協定。使用不同資料頻道的使用者透過共同的控制頻道來交換控制封包。OS-MAC 的運作方式如下：(1)網路初始化的階段(Network initialization phase)：希望相互通訊的 SU 會構成叢集，新的 SU 可以選擇加入已存在的叢集或自己形成一個叢集，在形成叢集的階段，所有的 SU 都會切換到共同控制頻道。在任何一個時段，只有一個代表(delegate)會是在活動的狀態。(2)對話初始的階段(Session initialization phase)：每個叢集的活動代表(Active delegate)會與其他成員溝通來挑選叢集的通訊頻段。(3)資料通訊的階段(Data communication phase)：叢集的成員使用 IEEE 802.11 的 DCF 機制來存取頻道。同時活動代表會監控共同控制頻道來蒐集頻譜環境的資訊，當頻譜有變化時會通知叢集裡的成員。(4)更新階段(Update phase)：每個叢集的代表會利用共同控制頻道送出自己所屬叢集的交通資訊給鄰近叢集的代表，傳送完畢後切回目前叢集所使用的頻帶。(5)挑選階段(Select phase)：當蒐集到鄰近叢集的頻譜使用統計資訊，叢集代表可以起始改變叢集的使用頻帶，叢集代表可以利用封包間傳送的間隔時間來發送頻道改變的資訊。(6)派遣代表的階段(Delegate phase)：下一個回合時，會派遣叢集中的另一個 SU 來接替原來的叢集代表。

第二種為 Synchronized MAC(SYN-MAC)[13]，SYN-MAC 協定並不需要一個共同的控制頻道，但是有一個專屬的傳送接收器來傾聽控制訊息，第二個傳送接收器則是用來傳送接收資料。SYN-MAC 的主要做法如下：將時間切割成時槽，每個時槽代表一個資料頻道，只要沒有控制訊號，資料可在任何適當的頻道與時槽傳送。而控制訊號發送的頻道則隨著時間而改變，有點類似慢速的跳頻，在每個時槽的開始，SU 會將控制訊號專用的傳送接收器切換到控制訊號在該時槽專屬的頻道，如果有使用者想要傳送資料，會在此頻道發送信標，接收者在收到信標後，會回覆自己的可用頻道列表，而接下來的通訊則會從可用頻道列表中挑選的頻道來進行。

　　圖 10.11 所示為 SYNC-MAC 中控制以及資料封包的傳送例子，假設有 5 個時槽，每個時槽代表一個頻道，假設有兩個 SU 分別為 S 與 R 想要通訊，假設 S 的可用頻道為{1, 2, 5}，R 的可用頻道為{1, 3, 5}，節點 S 挑選頻道 1 當做通訊的頻道，節點 S 等待頻道 1 可以傳送控制訊號的時槽到來，然後採用類似 IEEE 802.11 DCF 的機制，等待一個隨機後退時間後，開始競爭頻道的使用，如果競爭成功則可以開始傳送資料。另一個例子是假設節點 A、B 與 C 的可用頻道分別為{1, 2}、{2, 4}與{2, 3}，假設節點 A 與 C 為節點 B 的鄰居，如果節點 B 感測到 PU 目前正在使用頻道 4，節點 B 必須送出控制封包來告知節點 A 與 C 其可用頻道已經改變，節點 B 等到頻道 2 的專屬時槽的到來，然後等待一個隨機後退時間(backoff time)後，利用頻道 2 傳送訊息給節點 A 與 C。

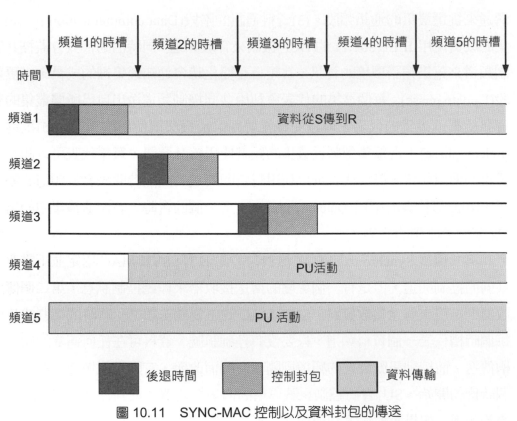

圖 10.11　SYNC-MAC 控制以及資料封包的傳送

　　第三種為 Opportunistic MAC[14]，機會感知(opportunistic cognitive)MAC 協定使用兩個傳送接收器，一個傳送接收器是針對共同控制頻道，另一個則可以動態的調整到任何選定的頻帶。如圖 10.12 所示，有執照的頻道切割為一個個的時槽用來傳輸資料，而共同控制頻道則是在報告階段(Reporting phase)切割為時槽，跟在後面的協商階段(Negotiation phase)則為隨機存取，因此，機會感知 MAC 協定是混合式的，其運作方式如下所述，其中共同控制頻道包含兩個階段：(1)報告階段(Reporting phase)：報告階段切割為 n 個小時槽，其中 n 為頻道的個數，在每個時槽的開始，SU 會感測其中一個頻道，如果第 i 個頻道被感知到是閒置的，SU 會在共同控制頻道報告階段的第 i 個小時槽送出信標，如果沒有偵測到 PU 則不會發送信標，信標可用來告知鄰近節點 PU 的行為。(2)協商階段(Negotiation phase)：在協商階段，SU 藉由以競爭為基礎的演算法來協商，例如 IEEE 802.11。為了確保所有的頻道都被感測過，每個 SU 會以相同的機率獨立的挑選頻道。如果有足夠的 SU，則每個頻道都有很高的機率會被涵蓋。

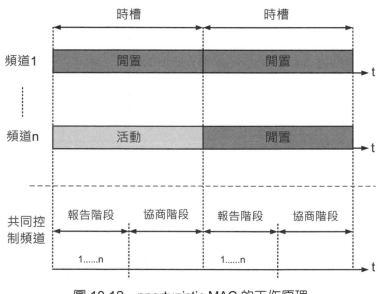

圖 10.12　pportunistic MAC 的工作原理

10-4 感知無線電網路的路由協定[2]

圖 10.13 所示為感知無線電網路上路由協定的架構，典型的隨意路由表只記錄下一步的資訊，而對於 CR 網路，路由表則必須擴充以便包含頻道、傳輸率、調變等與每一條鏈結相關的資訊。頻道的切換會造成一些延遲，因而影響到端點對端點通訊的效能，藉由擴充路由表來包含整條路徑上完整的頻道使用資訊，在做頻道選擇時可以設法最小化頻道切換的次數。然而擴充路由表要增加儲存空間與資料存取的次數。要

更改現存的路徑或使用的頻道絕不能單獨決定，決策區塊(Decision block)會蒐集路徑以及感測到的資訊，還有 QoS 的效能來做出正確的決定。QoS 評估區塊(Evaluation block)會評估目前的效能表現與 QoS 需求的差距，其結果會影響決策區塊。當有新的路徑建立時，路徑建立區塊(Route establishment block)會依據決策區塊的決定來挑選適當的頻譜。如果採用的是自我學習與環境感知的機制，則必須結合學習區塊(Learning block)，此區塊會依據目的節點的回饋，來設定鏈結或路徑的權重，以協助決策區塊做出更好的頻道與路徑切換決策。

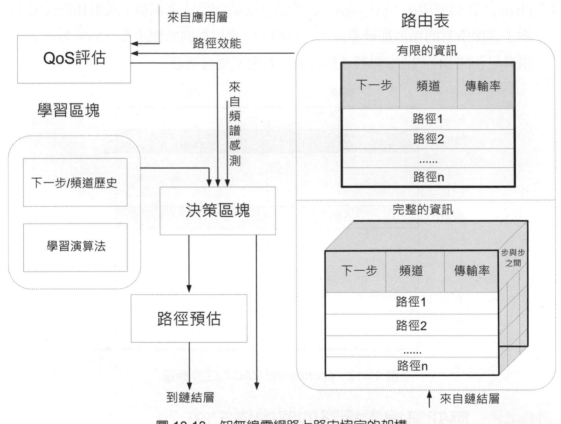

圖 10.13　知無線電網路上路由協定的架構

感知無線電網路的路由協定依據獲得的支援不同分為頻譜決定(Spectrum decision)、結合頻譜決定與 PU 感知(PU awareness)以及結合頻譜決定與重新組態(Re-configurability)三類，以下分別說明之。

一、具備頻譜決定的路由協定(Routing with spectrum decision)：

在感知無線電網路上的路由協定必須將路徑的選擇與頻譜的選擇一起考慮，以降低傳輸的延遲並維持穩定的路徑。MSCRP(multi-hop single-transceiver CR routing protocol)[15]是一個具有頻譜感知能力，且沒有共同控制頻道的路由協定，作者提出一個依據延遲分析而設計的頻道分配演算法，此演算法的目標在於改進鏈結的使用率，並在切換頻道的代價與獲得的傳輸效益之間，取得一個平衡點。類似傳統的 AODV 協定，路由需求(RREQ)的封包會透過可能的頻道送到目的節點，目的節點會依據分析預估的頻道切換時間、頻道的競爭以及資料的傳輸率來挑選最短路徑。

在參考文獻[16]中，作者提出了一個分散式資源管理的演算法，讓網路中的節點可以交換資訊，此演算法將多跳式的感知無線電網路中，交換資訊的延遲與花費列入考慮。網路節點具備了動態利用可用頻道，以及根據交換資訊學習網路環境的能力。作者提出了多重代理人(Multi-agent)的學習機制，SU 會週期性的交換頻道選擇之資訊，以及頻道的交通等級(是否對延遲敏感)資訊。根據所學習的資訊，SU 可以建立自己所偏好的頻道集合，每個頻道的集合有不同的頻寬、干擾等級以及鏈結的延遲等。

在參考文獻[17]中，每個鏈結(link)的權重是依據機率來計算的，鏈結上每個可用頻道被 PU 干擾的機率、接收到的訊號強度以及 PU 佔用的比率都會列入計算。SU 會計算自己到可能的目的地的預期延遲，然後採用距離向量(Distance-vector)的機制(如 Bellman Ford 或 Dijkstra 的演算法)來決定每一步該如何走，以形成最佳路徑。

二、具備頻譜決定與 PU 感知的路由協定(Routing with joint decision and PU awareness)：

CR 網路的路由協定必須避免干擾到正在進行通訊的 PU，因此，路徑選擇時應儘量避開 PU 高頻率活動的區域。以路徑為中心的頻譜分配架構(Path-centric spectrum assignment framework 簡稱為 Cog-Net)，針對每個節點建構一個多層的圖，每一層對應到一個頻道，而 SU 則是圖中的節點。垂直的邊代表一個節點可切換的多個頻道，如果一個節點可以透過某個頻道與別的節點通訊，則這兩個節點間會有一條水平的邊連接這兩個點。垂直邊的權重代表頻譜切換所需的時間，水平邊的權重則代表頻譜存取的延遲。如果在網路中每個 SU 都擁有完整的層次圖，則到目的地的最小權重路徑可以被推導出來。

最小權重路由協定(Minimum Weight Routing Protocol 簡稱為 MWRP)所針對的架構，是每個 SU 都配備有針對不同無線通訊技術的傳送接收器，如 IEEE 802.11 或蜂巢式無線通訊標準。每個傳送科技都會賦予權重，此權重與涵蓋距離成正比。此路由協定的目標在於挑選適當的節點與傳送系統，以便找出一條累加權重最小的路徑，可以用最小的代價將訊息送達目的地。此協定的缺點在於沒有做頻道的選擇也沒有考慮到干擾的問題。

三、具備頻譜決定與重新組態的路由協定(Routing with joint spectrum decision and re-configurability)：

當 PU 來臨而造成頻譜的改變時，這類的路由協定有能力復原路徑。當路徑重新組態(Reconfigure)時，要考慮的是要從區域性受影響的鏈結中，挑選一個新的頻譜來維持路徑的暢通，還是要將整條路徑全部重建。SPEAR(Spectrum-aware routing protocol)[20]協定在路徑建立的階段會辨識好幾條可用的路徑，目的節點會挑選最終運作的路徑，而路徑上每一條鏈結所用的頻道也是在這個階段保留的。當路徑運作時，路徑上的節點也可以依據端點對端點的效能指標(如吞吐量與延遲)來更改使用的頻道。如果區域性的調整失敗，則 SPEAR 協定會從來源端重新啟動路徑建立的程序。

STOD-RP(Spectrum-Tree based On-Demand routing protocol)協定藉由在每個頻帶建立頻譜樹(Spectrum-tree)來簡化頻譜決定與路徑選擇之間的合作，偵測到最多的可用頻譜或是有最長頻譜可用時間的節點會成為此頻譜樹的樹根。STOD-RP 協定結合了樹狀主動式的路由以及請求式(on-demand)的路徑發現機制。挑選路徑的衡量指標包含 SU 的 QoS 需求以及 PU 的活動統計資訊。SRREQ(Spectrum RouteRrequest)封包包含了衡量指標，目的節點可依據累計的衡量指標來挑選最佳的路徑。當兩個 SU 可用的頻譜改變或是消失時，會採用頻譜換手以及重新找路的方式來做路徑的復原。

10-5　感知無線電網路的廣播與群播協定

在感知無線電網路如需將控制訊息(如 beacon)告知所有的鄰居或是網路上的所有節點，便需要用到廣播協定，若是要將訊息告知特定一群的節點則需用到群播協定，然而，在感知無線電網路每個節點可使用的頻道並不是固定不變的，如果對所有可用的頻道廣播所造成的延遲與代價又太高。因此，必須利用感測到的頻譜資訊，來設計更有效率的廣播排程。

一、選擇廣播(Selective Broadcasting)[22]

選擇廣播(Selective Broadcasting)協定會先蒐集鄰居的頻譜使用狀態，然後先挑選可以覆蓋最多節點的頻道，加入必要頻道集合(Essential Channel Set 簡稱為 ECS)，此程序會一直持續直到所有的節點都被覆蓋為止，而後再依據頻道涵蓋節點數的多寡，依序對 ECS 中的頻道廣播。圖 10.14 是選擇廣播協定挑選必要頻道集合的過程，其中 DC(Degree of Channel)代表每一個頻道的分支度(即此頻道所能涵蓋的節點數)，圖中節點 A 要廣播訊息給鄰居，DC 的初值為{3, 3, 1, 2}，其中頻道 1 的分支度最高，所以先將頻道 1 加入 ECS。移除已被頻道 1 涵蓋的節點，重新計算 DC 的結果為{0, 2, 1, 1}，此時頻道 2 的分支度最高，因此將頻道 2 加入 ECS，最後再將頻道 4 加入 ECS，DC 變為{0, 0, 0, 0}代表所有 A 的鄰居節點都被涵蓋，之後節點 A 便可依序分別在頻道 1,2,4 廣播。

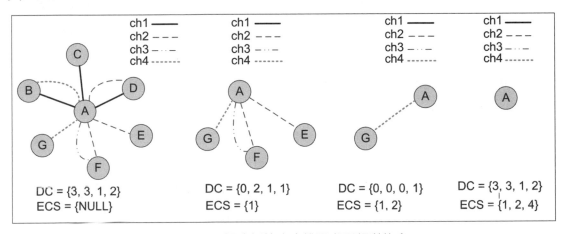

圖 10.14　擇廣播協定中挑選必要頻道集合

二、最小時間廣播(Minimal Time Broadcasting)[23]

感知無線電網路中，最小時間廣播(Minimal Time Broadcasting in Cognitive Radio Networks)協定針對以 TDMA 為基礎的感知無線電網路提出了一個最短時間的廣播排程。廣播的排程是由來源節點計算與發起的，來源節點知道網路的拓樸與每個節點可用頻道的資訊，依據這些資訊，作者提出了一個整數線性規劃(Integer Linear Programming 簡稱為 ILP)的公式，來計算廣播的最佳排程，由於此 ILP 公式的計算要耗費很多時間，因此作者又提出了兩個啟發式(Heuristic)的演算法。第一個演算法給予每個節點優先順序，位於從來源節點到最遠節點最短路徑上的節點，擁有比較高的優先權，此演算法包含兩個階段，第一個階段依據節點與來源節點的距離將每個節點分階層，然後針對每一階層挑選傳送節點、接收節點與使用的頻道。第二階段將這些傳送的設定分派到每一個時槽。來源節點分派到第一個時槽，下一層節點的時槽是依據其順位(Rank)來決定的，順位的設定方式為：傳送節點的順位 = 接收節點的最大順位值+1。

第二個演算法針對每一個時槽挑選傳送節點與傳送頻道，讓最多的接收節點可以被服務而又不會造成碰撞。在每一個時槽從已經擁有訊息的節點中挑選傳送節點，希望以最少的傳送節點，涵蓋最多還沒有收到訊息的節點，而又不會造成碰撞。

三、群播通訊(Multicast Communications)[24]

本文針對多跳式的感知無線電網路提出了群播通訊協定，其目標在最小化所需的網路資源，來滿足每組群播的會談(session)所需的資料傳輸率。作者以跨層式的策略將排程與路由合併考量，並將此問題公式化為混合整數線性規劃(Mixed-integer linear program)，並提出了一個多項式時間複雜度的演算法來解決此問題。在 CR 網路中，每個 CR 節點 i 可以感測自己與欲傳輸節點 j 之間的所有路徑，藉由不同的路徑創造不同節點間連接的 session，因此每一個目標節點可能成為別的 session 的中繼節點，為了避免 session 之間在建造的過程有 cycle 的狀況產生，因此在每一個傳輸的 session 當中，每個節點會被賦與一個階層(level)，來源節點的 level 為 0，依序為 1、2、3…直到接收者的階層為止；為預防多個傳輸在相同的頻道發生，造成流量過大，依據每個鏈結計算傳輸流量，若超過設定的界限值，則尋找下一條可能的路徑做傳輸，藉此達到增加傳輸到達率的效果。

10-6　感知無線電網路與賽局理論[25]

在感知無線電網路，使用者是聰明的，而且有能力去觀察、學習並最佳化他們的表現，如果他們屬於不同的機構而且追求不同的目標(如競爭開放的頻帶)，便不能將他們間的全盤合作視為理所當然，使用者只有在合作會帶來更多利益時才會相互合作。由於無線頻道的不可靠和廣播的特性、使用者的移動性、動態的拓樸以及交通量的變異性造成無線電環境不斷的改變。在傳統的頻譜分享，即使是很小的無線電環境改變，也會造成網路控制者重新配置頻譜資源，因而造成了很多通訊上的額外負擔。

爲了處理上述的挑戰，賽局理論(game theory)自然成爲一個重要的工具可以用來研究、分析、建立感知互動程序的模型以及設計有效率的頻譜共享方案。

賽局理論(game theory)是一種數學工具用來分析許多決策者的策略互動，最早的賽局理論可用來發現兩人零和遊戲的解答。而後合作性的賽局理論出現，可用來分析一群個體的最佳策略，讓他們可以相互改進他們在遊戲中的狀態。納許均衡(Nash equilibrium)的提出讓非合作性(Non-cooperative)的賽局理論往前邁進了一大步。現今賽局理論已被應用到包含社會科學、生物、工程、政治科學、國際關係與電腦科學等領域，用來了解個人的合作與衝突。

在賽局理論的框架中，研究感知無線電網路的重要性是多方面的：(1)藉由建立網路使用者(包含 PU 與 SU)動態頻譜共享的賽局模型，網路使用者的行爲可以藉由正規化的賽局結構來分析。(2)賽局理論提供我們頻譜分享最佳化的許多標準，頻譜使用最佳化一般而言是多目標的最佳化問題，很難分析與解決。賽局理論提供我們定義良好的均衡標準，在各種不同的賽局設定下，衡量賽局的最佳化。(3)非合作性的賽局理論是賽局理論中一個最重要的分支，讓我們可以針對動態頻譜共享問題，僅使用鄰近的資訊便可推導出有效率的分散式方法。這樣的方法在無法中央控制或需要彈性的自我組織(Self-organized)時，變得非常吸引人。

賽局理論應用在頻譜分享上共分爲四大類，第一類是非合作式賽局與納許均衡(Non-cooperative and Nash equilibrium)：假設網路上的使用者大多是白私，而且只專注於最大化本身頻譜的使用。第二類是經濟賽局、拍賣賽局與機制設計(Economic games，auction games and mechanism design)：包含頻譜的定價與拍賣，在頻譜市場裡，頻譜資源被當做像是貨品一樣被交易。第三類是合作賽局(Cooperative games)：在合作頻譜分享賽局中，網路使用者針對如何使用與分配頻譜資源達成協議。第四類是隨機賽局(Stochastic games)：在隨機頻譜分享賽局中，網路使用者根據環境的改變與其他使用者的策略調整自己的策略。以下將分別詳細說明之：

一、非合作式賽局與納許均衡(Non-cooperative and Nash equilibrium)

納許均衡(Nash Equilibrium 簡稱爲 NE)是瞭解非合作賽局理論的重要觀念，當有兩位或更多的使用者互動的做出他們的決策，假設所有的玩家都將別的玩家的決策列入考量而採用最佳的策略，最後達成的均衡狀態便是 NE。NE 可以告訴我們均衡的結果是什麼，但無法告知如何達到均衡。對於感知無線電網路而言，玩家可能缺乏整體的資訊來直接預測均衡的結果，因此，只能採用任意策略開始，然後再依據特定的規則修正策略希望能收斂到均衡的狀態。當存在多種均衡狀態時，就必須從中挑選較佳的均衡，佩瑞羅最佳化(Pareto optimality)可用來協助剔除一些較差的均衡，而一些精鍊(Refinement)的方法可以用來縮減賽局可能的結果，剔除一些不可能的行為。在非合作賽局中，NE 常常因為自私玩家的過度競爭而受害，造成賽局的結果沒有效率。包含使用定價策略、重複賽局公式化(Repeated game formulation)與關聯式的均衡(Correlated equilibrium)等方法，可以用來改進 NE 的效率。

二、經濟賽局、拍賣賽局與機制設計(Economic games, auction games, and mechanism design)

賽局理論研究理性與聰明玩家的互動，因此，可以用來研究經濟世界裡人們如何在市場互動。通常玩家是市場裡的買家也是賣家，玩家的目標是最大化收益。將經濟賽局應用到感知無線電網路的理由如下：(1)經濟模型適用於 SU 頻譜的市場，在此市場中，PU 可以出售未使用頻譜的使用權給 SU。PU 扮演賣家，有動機去出售暫時沒用到的頻譜來換取金錢上的收益，而 SU 扮演買家，也許想要付錢來使用頻譜資源傳送資料，交易可以透過定價與拍賣等手段來達成。(2)經濟學上的賽局並不只局限於應用在買家與賣家的情境，也可擴展應用到其他感知無線電網路的情境。(3)感知無線電網路要成功必須結合科技、策略與市場，從經濟的觀點來了解感知無線電網路，並發展有效的程序(如拍賣機制)來管理頻譜的市場是非常重要的。

三、合作賽局(Cooperative games)

在合作頻譜分享賽局中，網路使用者達成了公平而有效率的分享頻譜資源協議，重要的合作頻譜分享賽局有兩種，分別為議價賽局(Bargaining game)與聯合賽局(Coalitional game)。議價賽局是一種有趣的合作賽局，每個人都有機會與他人達成互利的協議。在這個賽局中，個別的玩家都有利益上的衝突，除非玩家同意否則無法達成協議。納許公理的模型(Nash's axiomatic model)是最常被使用在感知無線電網路的模型。聯合賽局則描述了一組玩家可以與其他玩家形成合作群組，來改進大家的收益。

四、隨機賽局(stochastic games)

隨機賽局考慮了不同代理人之間的相互競爭,是馬可夫決策程序(Markov Decision Process 簡稱為 MDP)的延伸。在隨機賽局中有一組狀態(State)的集合以及行動集合(Action set)的收集(Collection),每位玩家有一組行動集合。賽局是一序列的階段所構成的,在開始的階段,賽局處於某種狀態,當玩家選擇執行他們的行動時,賽局會依據某個機率轉移到一個新的隨機狀態,轉移的機率是依據目前的狀態與每一位玩家的行為所決定的。此時,每位玩家會獲得一些收益,此收益是依據目前的狀態與選擇的行為而決定的。賽局會持續進行一定的階段數,每位玩家會嘗試著去最大化目標函數(Objective function),目標函數可以被定義為折扣收益的預期總和,在感知無線電網路上,由於資料傳輸通常會持續一段時間,而且對於時間的延遲非常的敏感(尤其是多媒體內容),因此通常假設目標函數為在無限水平線(Infinite horizon)上折扣收益的預期總和。

10-7　結論

在這一個章節我們介紹了感知無線電網路,以及其重要的子類別-感知無線電隨意網路,並比較了行動隨意網路與感知無線電隨意網路的不同。在頻譜不足而免費頻道擁擠的環境中,感知無線電網路成了提昇頻譜的使用率,並提升通訊的品質與效能的最佳解決方案。在感知無線電網路中,頻譜感知與頻譜管理是非常重要的作業,因此,我們也介紹了頻譜感測、頻譜決定、頻譜分享與頻譜移動性等功能。為了在感知無線電網路上有效率的通訊,許多學者投入相關的研究,針對感知無線電網路提出了包含媒體存取控制協定、路由協定、廣播協定與群播協定,本章介紹了其中一些重要的協定,希望讀者可以藉此瞭解感知無線電網路進行通訊的方式,並進而自己設計更有效率的通訊協定。本章最後介紹了賽局理論在感知無線電網路上的應用,其目的在於希望所有的玩家(可能包含 SU 與 PU)都能獲得最大的收益。

習 題

1. 請說明感知無線電網路由哪些成員所構成？其特性為何？

2. 請說明感知無線電隨意網路與行動隨意網路有何異同。

3. 頻譜管理的功能有哪些？

4. 依據存取媒體的方式不同，感知無線電隨意網路的媒體存取控制協定分為哪三類？各有何特色？

5. 請畫圖說明感知無線電網路上路由協定的架構。

6. 請說明選擇廣播與最小時間廣播的運作方式。

7. 賽局理論應用在頻譜分享上共分為哪四類，請說明之。

參考文獻

[1]　Y. Yuan, "Cognitive Radio Networks：From System and Security Perspectives", Google Inc.

[2]　Ian F. Akyildiz, Won-Yeol Lee, Kaushik R. Chowdhury, "CRAHNs：Cognitive radio ad hoc networks", Journal of Ad Hoc Networks, 2009

[3]　C Cormio, KR Chowdhury, "A survey onMAC Protocols for Cognitive Radio Network,". Journal of Ad Hoc Networks, Volume 7, 2009, pp. 1315–1329

[4]　S.-Y. Lien, C.-C. Tseng, K.-C. Chen, "Carrier sensing based multiple access protocols for cognitive radio networks," in：Proceedings of IEEE International Conference on Communications (ICC), May 2008, pp. 3208–3214.

[5]　C. Cordeiro, K. Challapali, D. Birru, S. Shankar, "IEEE 802.22：The first world-wide wireless standard based on cognitive radios," in：Proceedings of IEEE DySPAN, November 2005, pp. 328–337.

[6]　C. Zhou, C. Chigan, "A game theoretic DSA-driven MAC framework for cognitive radio networks," in：Proceedings of IEEE International Conference on Communications (ICC), May 2008, pp. 4165–4169.

[7]　L. Ma, X. Han, C.-C. Shen, "Dynamic open spectrum sharing for wireless ad hoc networks," in：Proceedings of IEEE DySPAN, November 2005, pp. 203–213.

[8]　P. Pawelczak, R. Venkatesha Prasad, Liang Xia, Ignas G.M.M. Niemegeers, "Cognitive radio emergency networks – requirements and design," in：Proceedings of IEEE DySPAN, November 2005, pp. 601–606.

[9]　L. Ma, C.-C. Shen, B. Ryu, "Single-radio adaptive channel algorithm for spectrum agile wireless ad hoc networks," in：Proceedings of IEEE DySPAN, April 2007, pp. 547–558.

[10] J. Jia, Q. Zhang, and X. Shen, "HC-MAC：a hardware-constrained cognitive MAC for efficient spectrum management," IEEE Journal on Selected Areas in Communications,2008, pp. 106–117.

[11] C. Cordeiro, K. Challapali, "C-MAC：A cognitive MAC protocol for multichannel wireless networks," in：Proceedings of IEEE DySPAN,April 2007, pp. 147–157.

[12] B. Hamdaoui, K.G. Shin, "OS-MAC : an efficient MAC protocol for spectrum-agile wireless networks," IEEE Trans. Mobile Comp. 7 (8) (2008) 915–930.

[13] Y.R. Kondareddy, P. Agrawal, "Synchronized MAC protocol for multihop cognitive radio networks," in : Proceedings of IEEE International Conference on Communications (ICC), May 2008, pp. 3198–3202.

[14] H. Su, X. Zhang, "Opportunistic MAC protocols for cognitive radio based wireless networks," in : Proceedings of Annual Conference on Information Sciences and Systems, March 2007, pp. 363–368.

[15] H. Ma, L. Zheng, X. Ma, Y. Luo, "Spectrum-aware routing for multi-hop cognitive radio networks with a single transceiver," in : Proceedings of the Cognitive Radio Oriented Wireless Networks and Communications (CrownCom), 15–17 May 2008, pp. 1–6.

[16] H.-P. Shiang, M. van der Schaar, "Delay-sensitive resource management in multi-hop cognitive radio networks," in : Proceedings of the IEEE DySPAN, October 2008.

[17] H. Khalife, S.S. Ahuja, N. Malouch, M. Krunz, "Probabilistic path selection in opportunistic cognitive radio networks," in : Proceedings of the IEEE Globecom, November 2008.

[18] Y. Xi, E.M. Yeh, "Distributed algorithms for spectrum allocation, power control, routing, and congestion control in wireless networks," in : Proceedings of the ACM MobiHoc, September 2007, pp. 180–189.

[19] C.W. Pyo, M. Hasegawa, "Minimum weight routing based on a common link control radio for cognitive wireless ad hoc networks," in : Proceedings of the International Conference on Wireless Communications and Mobile Computing (IWCMC), August 2007, pp. 399–404.

[20] A. Sampath, L. Yang, L. Cao, H. Zheng, B.Y. Zhao, "High throughput spectrum-aware routing for cognitive radio based ad hoc networks," in : Proceedings of the International Conference on Cognitive Radio Oriented Wireless Networks and Communications (CROWNCOM), May 2008.

[21] G. Zhu, M.D. Felice, I.F. Akyildiz, "STOD-RP : a spectrum-tree based ondemand routing protocol for multi-hop cognitive radio networks," in : Proceedings of the IEEE Globecom, November 2008.

[22] Yi Song And Jiang Xie, "Selective Broadcasting In Multi-hop Cognitive Radio Networks", IEEE Sarnoff Symposium, 2008, pp. 1-5.

[23] Chanaka J. Liyana Arachchige, S. Venkatesan, R. Chandrasekaran, and Neeraj Mittal, "Minimal Time Broadcasting In Cognitive Radio Networks", Distributed Computing And Networking, 2011.

[24] C. Gao, Y. Shi, Y. T. Hou, H. D. Sherali, H. Zhou, "Multicast Communications in Multi-Hop Cognitive Radio Networks," IEEE Journal on Selected Areas In Communications, 2011, pp.784-793.

[25] B. Wang, Y. Wu, K.J. R. Liu, "Game theory for cognitive radio networks : An overview," Computer Networks, 2010, pp. 2537-2561.

[21] Xie ... Kong ... of the IEEE/ATP INFOCOM Workshops, user based to support multimedia ... and the application ... proceedings. Institutions of the IEEE Computer Society, 2005.

[22] Yi Song And Jiang Xie, "Selective Broadcasting In Multi-Hop Cognitive Radio Networks", IEEE Sarnoff Symposium, 2008, pp. 1-5.

[23] Ricardo Tayoung-choong, S. Vasudevan, R.C.Bagrodia and Merced Mata, "Minimal-Time Broadcasting In Cognitive Radio Networks", Distributed Computing And Networking, 2013.

[24] C. Guo, S. Sun, Y. Ifeng, H.O. Sheng, H. Zhng, "Multicast Communications in Multi-Hop Cognitive Radio Networks", IEEE Journal on Selected Areas in Communications, 2011, pp. 750-760.

[25] B.Wang, K.J.R. Liu, "Cognitive Radio Theory And Regulatory Policy: Theory, State-Of-The-Art, And Future Scenario, IEEE Signal Proc. Mag., 2011, pp. 5-23.

WNMC

Chapter

11

移動管理

11-1　移動管理簡介

　　移動管理是在次世代行動網路中的很重要議題。針對 mobile station 與 mobile node 在不同的網路之間建立以 IP 為基礎的 session 時,由於 IP 存取技術需要共存在不同的次世代網路系統中,勢必須要提供通訊不中斷的無縫換手服務。近來很多跨層式移動管理的研究成果已經完成當在換手時減少封包失失率與資料延遲時間,而且也不會有明顯的中斷現象。在移動管理的協定中,跨層式設計很重要的方法。是以在本章節中,將會主要介紹現存設計的移動管理協定,接著再詳細介紹跨層式移動管理協定與其應用。

　　隨著無線技術的成熟,移動網路無疑地成為最受歡迎的以 IP 為基礎的應用。要在 mobile station 之間提供無縫式換手服務,自然是非常需要有低換手延遲的移動管理協定(Siddiqui et al., 2006)。現存的移動管理都需要執行在第二層(link layer)的換手運作以建立新的連結到新的基地台,之後在執行第三層換手去維護網路連線。如此進行換手方式將會造成較長時間的換手延遲與發生較高的封包失失率。在這種情況下,如果採用跨層式設計的移動管理協定,將不但可以提供無縫式換手服務,並且有效的降低換手延遲與封包失失率。

　　現行的無線通訊技術均可提供 Internet 資源的存取,諸如 WLAN(IEEE 802.11)、WiMAX(IEEE 802.16)、與 LTE(Long Term Evolution)(3G, 2011)(3GPP, 2009)。IEEE 802.11 協定雖然提供 Internet 資源存取,但是由於 802.11 協定的通訊覆蓋範圍不大,如此對於行動通訊的應用上勢必將遭遇頻繁的換手需求,如此通訊上將會遭遇較長的換手延遲現象,而導致通訊沒有效率。IEEE 802.16-2004 標準則著手於設計無線寬頻存取系統上的 PHY layer 與 MAC layer,使其可以支援通訊最末端的高頻寬與長距離通訊的需求。WiMAX 採用 IEEE 802.16 標準,應用在都市網路通訊上。IEEE 802.16-2004 標準在設計上只針對固定式無線通訊,之後制定了 IEEE 802.16m/j 標準(IEEE, 2005)則增加了對移動設備的行動支援。另一方面,3GPP(Third Generation Partnership Project)提出了 LTE 方案(3G long-term evolution)(3G, 2011)(3GPP, 2009),其用意在於讓現行網路可以進步到 4G 網路系統。LTE 是基於 UTRA(universal terrestrial radio access)與 HSDPA(high-speed down-link packet access)技術以進一步的強化通訊的上限與速度,同時也提高了通訊品質。LTE 系統可以與 2G/3G、WLAN、WiMAX 等多系統同時共存,所以未來 4G 網路必然是異質性網路,使其必然同時整合許多無線通訊技術，例如 IEEE 802.11、WiMAX、與 LTE 技術以提供多媒體通訊服務。在 4G 異質性網路當中，多通訊模式的移動通訊設備可以根據所移動到的區域，自動的切換所需要的通訊模式與其區域中的網路建立通訊，如此跨層式設計的移動管理勢必變得更為重要。

　　換手協定通常可以分類成在第二層(L2)進行換手程序與在第三層(L3)進行換手程序兩種。在第二層進行換手動作主要的目的在於 BS(Base station)與 MS(Mobile station)之間可以交換頻道資訊，透過主幹道網路(Backbone network)之間的通訊，可以加速完成換手的程序。MS 會發布鄰近的 MS 頻道資訊，促使移動節點在 MS 之間的換手程序完成，所以整體來看，在第二層進行換手程序，主要會造成的通訊延遲有頻道掃描耗時、身分認證程序、重新連結延遲這三種延遲時間。不過僅有第二層換手完成還是不足夠的，一個成功的移動管理，還需要第三層換手程序的支持，才能達到有效率的移動管理。

　　在第三層移動管理程序中，主要要面對的問題就是 IP 的移動管理。IETF 提出 RFC 3775，主要是針對 IPv6 而設計的移動管理，在 Mobile IPv6(MIPv6)中，每一個 MS 皆可透過 home address 被唯一辨認出，在這樣的情況下，當 MS 離開原本的所屬網路時，MS 可利用 care-of address(CoA)來獲得該網路的資訊，如此該 MS 就可以藉由連結 CoA 與本來的 home address，再次進行資料傳輸。MIPv6 協定雖然提供了 IP 移動管理的解決辦法，但是卻有著無法容忍的封包丟失率與很長的換手延遲時間，是以後來許多研究結果針對 MIPv6 協定進行改進。其中一個很重要的結果稱為階級式 MIPv6(hierarchical mobile IPv6)，已被 IETF 提案為 RFC 4140(Soliman et al, 2005)，主要目的在於擴展 MIPv6 協定，使其可以同時支援 micro mobility 與 macro mobility。階層式 MIPv6 協定減少了在 MS、CN(correspondent node)與 HA(home agent)之間傳輸的信令(signaling)數量，如此也有效的減少在換手時所造成的延遲時間。

　　許多移動管理的設計目的都是為了要減少換手延遲與增加可靠度，然而考量到換手程序的觸發點的不同，又可將換手程序分成兩大類型，Host-based mobility 與 Network-based mobility 兩種類型。如圖 11.1 所示，Host-based mobility 的換手程序之觸發由 MN 手持裝置來決定，而 Network-based mobility 的換手程序之觸發則是由系統網路來決定。本章將介紹 MIPv4、MIPv6、FMIPv6、HMIPv6、PHMIPv6、PMIPv6 等六個重要的換手協定。其中，前五個換手協定都屬於是 Host-based mobility 的換手協議，而 PMIPv6 則是 Network-based mobility 換手協議的類型。

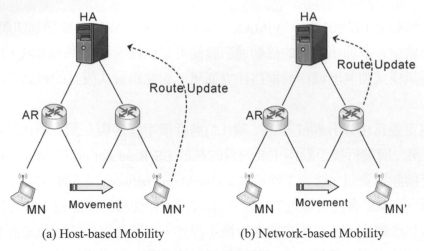

(a) Host-based Mobility　　　　(b) Network-based Mobility

圖 11.1　換手程序觸發方式

11-2　MIPv4 移動管理協定

當使用者攜帶一台手持裝置或一個 PDA 進行位置移動時,我們稱這為一移動節點,而當該移動節點移動超過自己所歸屬的網域時,便需要進行移動管理。在一個網路環境中,一個移動節點的固定"居所"稱為歸屬網路(home network),在歸屬網路中代表移動節點執行移動管理功能的實體叫歸屬代理(home agent)。移動節點當前所在網路叫做外部(或被訪)網路(foreign or visited network),在外部網路中幫助移動節點完成移動管理功能的實體稱為外部代理(foreign agent)。以無線網路工作人員來舉例,他們的歸屬網路可能就是其公司網,而被訪網路也許就是他們正訪問的某同行所在的網路。一個通信者(correspondent node)就是希望與該移動節點通信的實體。為了使用戶移動性對網路應用透明,要求一個移動節點在從一個網路移動到另一個網路時保持其位址不變。當一個移動節點位於一個外部網路時,所有指向此節點固定位址的流量需要導向外部網路。要做到這一點,外部網路可用的一種方法就是向所有其他網路發通告,告訴它們該移動節點正在它的網路中,這通常可通過交換域內和域間選路資訊來實現,而且只需對現有選路基礎結構做很少的改動即可。外部網路只需通告其鄰居它有一條非常特別的路由能到達該移動節點的固定位址,即告訴其他網路它有一條正確的路徑可將資料封包導向該移動節點的固定位址,即基本上是通知其他網路,它有一條用於資料封包選路到該移動節點的永久位址的正確路徑。這些鄰居將在全網傳播該選路資訊,而且是當作更新選路資訊和轉發表的正常過程的一部分工作來做。當移動節點離開一個外部網路後又加入另一個外部網路時,新的外部網路會通告一條新的通向該移動節點的特別路由，舊的外部網路將撤銷其與該移動節點有關的選路資訊。這種方法立刻解決了兩個問題，且它這樣做不需對網路層基礎結構做重大改動。其他網路知道該移動節點的位置，很容易將資料封包路由到該移動節點，因為轉發表將這些資料封包導向外部網路。然而它有一個很大的缺陷，即擴展性不好。如果移動性管理是網路路由器的責任，則路由器將必須維護可能多達數百萬個移動節點的轉發。一種替代方法(並在實際中得到了採用)是將移動管理從網路核心搬到網路邊緣，自然的做法是由該移動節點的歸屬網路來實現。在移動節點的歸屬網路中的歸屬代理也能跟蹤該移動節點所在的外部網路。這需要一個在移動節點(或一個代表該移動節點的外部代理)與歸屬代理之間的協定來更新移動節點的位置。

外部代理的使用，概念上最簡單的方法是將外部代理放置在外部網路的邊緣路由器上。外部代理的作用之一就是為移動節點創建一個所謂轉交位址(care-of address, COA)，該 COA 的網路部分與外部網路相匹配。因此有一個移動節點與兩個位址相關聯，其永久地址(permanent address)與其 COA，COA 有時又稱為外部位址(foreign address)。外部代理的第二個作用就是告訴歸屬代理，該移動節點在它的(外部代理的)網路中且有給定的 COA。該 COA 用於將資料封包通過外部代理"重新選路"到移動節點。雖然移動節點與外部代理的功能已經分開，但是值得注意的是，移動節點也能承擔外部代理的責任。例如，某移動節點可在外部網路中得到一個 COA(如使用一個諸如 DHCP 之類的協議)，且由它自己把它的 COA 通告給歸屬代理。

上面已經描述如何讓一個移動節點是得到一個 COA 的，又是如何告之歸屬代理該位址的。但讓歸屬代理知道該 COA 僅能解決部分問題。資料傳輸怎樣定址並轉發給移動節點也需要考慮。因為只有歸屬代理(而不是全網的路由器)知道該移動節點的位置，故如果只是將一筆資料的位址回報到移動節點的永久位址並將其發送到網路層基礎結構中，如此已經無法完成位置的找尋。是以目前有兩種不同的方法，我們將稱其為間接選路與直接選路。

移動節點的間接選路，我們先考慮一個想給移動節點發送資料封包的通信者。在間接選路(indirect routing)方法中，通信者只是將資料封包定址到移動節點的固定位址，並將資料封包發送到網路中去，完全不知道移動節點是在歸屬網路中還是正在訪問某個外部網路。因此移動性對於通信者來說是完全透明的。這些資料封包就像平常一樣首先導向移動節點的歸屬網路。除此之外，歸屬代理除了負責與外部代理交互以跟蹤移動節點的 COA 外，歸屬代理還有另一項很重要的功能。其第二項工作就是監視定址到某些節點的到達資料，這些節點的歸屬網路就是該歸屬代理所在的那個網，但這些節點當前卻在某個外部網路中。歸屬代理截獲這些資料封包，然後按兩個步驟將其 "重新選路" 到某個移動節點。通過使用移動節點的 COA，資料封包先轉發給外部代理，然後再從該外部代理轉發給移動節點。歸屬代理需要用該移動節點的 COA 來設置資料傳輸位址，以便網路層將該資料選擇路徑到外部網路。而另一方面，需要保持通信者資料傳輸的原樣，因為接收該資料傳輸的應用程式應該不知道該資料傳輸是經由歸屬代理轉發而來的。這兩個目標都可以得到滿足，讓歸屬代理將通信者的原始完整資料封包封裝(encapsulate)在一個新的(較大的)資料傳輸中即可。這個較大的資料傳輸被導向並交付到移動節點的 COA。擁有該 COA 的外部代理將接收並拆封該資料傳輸，即從較大的封裝資料傳輸中取出通信者的原始資料封包，然後再向該移動節點轉發原始資料傳輸。這裏描述的封裝/拆封概念即為隧道的概念。間接選路方法存在一個低效的問題，稱為三角選路問題(triangle routing problem)。該問題是指即使在通信者與移動節點之間存在一條更有效的路由，發往移動節點的資料封包也先要發給歸屬代理，然後再發送到外部網路。在最壞情況下，設想一個移動用戶正在訪問一位同行所在的外部網路，兩人並排坐在一起且正在通過網路交換資料，從通信者處發出的資料封包被選路到該移動用戶的歸屬代理，然後再回到該外部網路!如此正是低效率傳輸的最好說明，是以有直接選路(direct routing)的做法被提出來。

直接選路(direct routing)克服了三角選路的低效問題，但卻是以增加複雜性為代價的。在直接選路方法中，通信者所在網路中的一個通信者代理(correspondent agent)先知道該移動節點的 COA。這可以通過讓通信者代理向歸屬代理詢問得知，這裡假設與間接選路情況類似，移動節點具有一個在歸屬代理註冊過的最新的 COA。與移動節點可以執行外部代理的功能相類似，通信者本身也可能執行通信者代理的功能。圖 11.2 的步驟 1 和 2 中，通信者代理從歸屬代理直接獲得移動節點的 COA，是以步驟 3 和 4 中，通信者代理即可將資料直接發到移動節點。

支援移動性的網際網路體系結構與協定合起來稱為移動 IP，它主要由 RFC 3344 定義。移動 IP 是一個靈活的標準，支援許多不同的運行模式。例如，具有或不具有外部代理的模式，代理與移動節點相互發現的多種方法，使用單個或多個 COA，以及多種形式的封裝。移動 IP 是一個複雜的標準，以下我們將對基本的移動 IP 最重要的部分進行概述，並說明它在一些常見情形中的使用。移動 IP 體系結構包含了我們前面已考慮過的許多元素，包括歸屬代理、外部代理、轉交地址和封裝/拆封等概念。當前的標準 RFC 3344 規定，到移動節點使用間接選路的方法。移動標準由三部分組成：(1) 代理發現：移動 IP 定義了一個歸屬代理或外部代理向移動節點通告其服務所使用的協議，以及移動節點請求一個外部代理或歸屬代理的服務所使用的協定。(2)向歸屬代理註冊：移動 IP 定義了移動節點和外部代理向一個移動節點的歸屬代理註冊或登出 COA 所使用的協定。(3)移動節點位置更新(Location Update)：當移動節點從一個外部網路，移動到另一個外部網路時，需要一個移動節點定位協定(mobile user location protocol)，以便通信者代理向歸屬代理查詢獲得移動節點新的 COA。

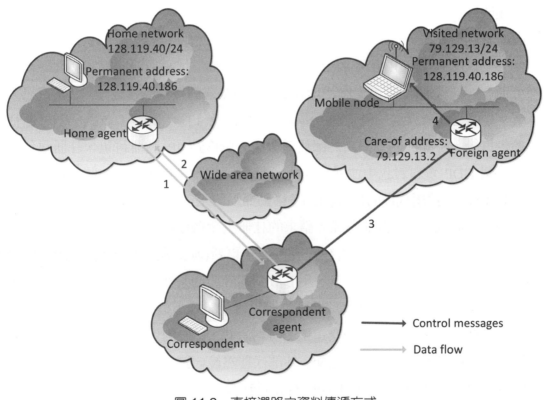

圖 11.2　直接選路之資料傳遞方式

1. 代理發現

　　到達一個新網路的某移動 IP 節點，不管是連到一個外部網路還是返回其歸屬網路，它都必須知道相應的外部代理或歸屬代理的身份。實際上，正是由於一個新外部代理的發現，得到一個新的網路位址，才使移動節點中的網路層知道它已進入一個新的外部網路。這個過程又被稱為代理發現(agent discovery)。代理發現可以通過下列兩種方法之一實現：經代理通告或者經代理請求。

借助於代理通告(agent advertisement)，外部代理或歸屬代理使用一種現有路由器發現協定的擴展協定(RFC 1 256)來通告其服務。代理週期性地在所有連接的通道上廣播一 ICMP 封包。路由器發現封包也包含路由器(即該代理)的 IP 位址，因此可以使一個移動節點知道該代理的 IP 位址。路由器發現封包還包括了一個移動性代理通告擴展，其中包含了該移動節點所需的附加資訊。

使用代理請求(agent solicitation)，想知道代理的移動節點不必等待接收代理通告，就能廣播一個代理請求封包，該封包只是一個 ICMP 封包。收到該請求的代理將直接向該移動節點單播一個代理通告，於是該移動節點將繼續處理，就好像剛收到一個未經請求的通告一樣。

2. 向歸屬代理註冊

一旦某個移動 IP 節點收到一個 COA，則該位址必須要向歸屬代理註冊。這可通過外部代理(由它向歸屬代理註冊該 COA)或直接通過移動 IP 節點自己來完成。我們下面考慮前一種情況，這個過程共涉及 4 個步驟：(1)收到一個外部代理通告以後，移動節點立即向外部代理發送一個移動 IP 註冊封包。註冊封包承載在一個 UDP 資料封包中並通過埠 434 發送。註冊封包攜帶有一個由外部代理通告的 COA、歸屬代理的位址(HA)、移動節點的永久位址(MA)、請求的註冊生命週期和一個 64 bit 的註冊標識。請求的註冊生命週期指示了註冊有效的秒數。如果註冊沒有在規定的時間內在歸屬代理上更新(延長期限)，則該註冊將變得無效。註冊標識就像一個序列號，用於收到的註冊回答與註冊請求的匹配，這是下面要討論的內容。(2)外部代理收到註冊封包並記錄下移動節點的永久 IP 地址。外部代理知道現在它應該查找這樣的資料封包，即它封裝的資料封包的目的地址與該移動節點的固定地址相匹配。外部代理然後向歸屬代理的 434 埠發送一個移動 IP 註冊封包(同樣封裝在 UDP 資料封包中)。這一封包包括 COA、HA、MA、封裝格式要求、請求的註冊生命週期以及註冊識別字。(3)歸屬代理接收註冊請求並檢查真偽和正確性。歸屬代理把移動節點的永久 IP 地址與 COA 綁定在一起。以後，到達該歸屬代理的資料封包與發往移動節點的資料封包將被封裝並以隧道方式給 COA。歸屬代理發送一個移動 IP 註冊回答，該響應封包中包含有 HA、MA、實際註冊生命週期和被認可的請求封包註冊標識。(4)外部代理接收註冊回應，然後將其轉發給移動節點。

　　到此，註冊便完成了，移動節點就能接收發送到其永久位址的資料封包。圖 11.3 說明了這些步驟，注意到歸屬代理指定的生命週期比移動節點請求的生命週期要小。當某個移動節點離開其網路時，外部代理無需刻意的取消某個 COA 的註冊，當移動節點移動到一個新網(不管是另一個外部網路還是其歸屬網路)並註冊一個新 COA 時，上述情況將自動發生。

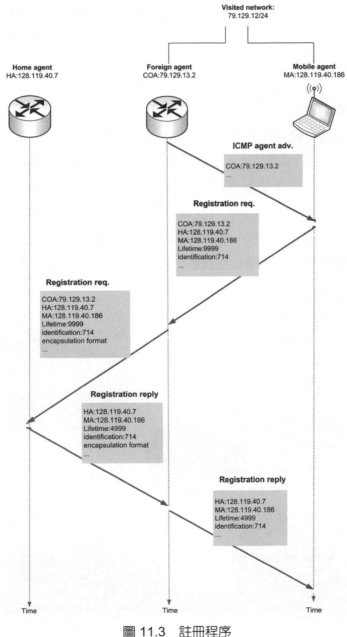

圖 11.3　註冊程序

3. 移動節點位置更新(Location Update)

當移動節點從一個外部網路移到另一個外部網路時，資料封包將如何轉發到新的外部網絡，也是一個重要的議題。在間接選路情況下，這個問題可以容易地通過更新歸屬代理維持的 COA 解決。然而，使用直接選路時，歸屬代理僅在會話開始時被通信者代理詢問一次。因此，當必要時在歸屬代理中更新 COA，這並不能解決將資料選路到移動節點新的外部網路的問題。一種解決方案是，創建一個新的協議來告知通信者變化後的 COA。另二種方案也是在 GSM 網路實踐中所採用的方案，它的工作方式如下：假設資料當前正轉發給位於某個外部網路中的移動節點，並且在傳輸剛開始時該移動節點就位於該網路中(圖 11.4 中步驟 1)，我們標識移動節點首次被發現的外部網路中的外部代理為錨外部代理(anchor foreign agent)。當移動節點到達一個新外部網路後(圖 11.4 中步驟 2)，移動節點向新的外部代理註冊(步驟 3)，並且新外部代理向錨外部代理提供移動節點新的 COA(步驟 4)。當錨外部代理收到一個發往已經離開移動節點的封裝資料封包後，它可以使用新的 COA 重新封裝資料封包，並將其轉發給該移動節點(步驟 5)。如果移動節點其後又移到另一個外部網路中，在該被訪網路中的外部代理隨後將與錨外部代理聯繫，以便建立到該新外部網路的轉發，圖 11.5 描述位置更新之信令流程。

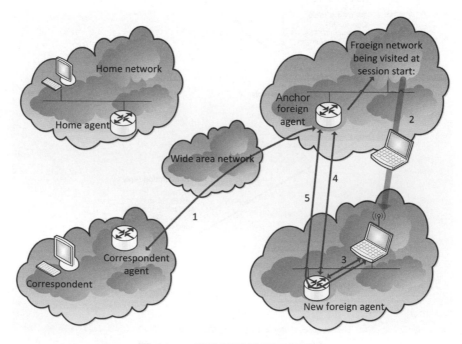

圖 11.4 移動節點位置更新程序

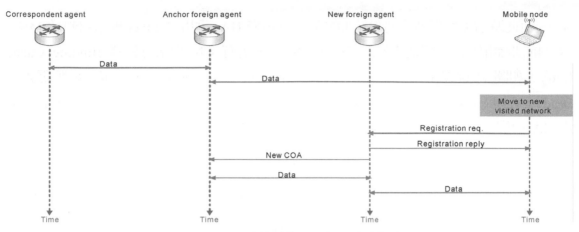

圖 11.5　移動節點位置更新程序之信令

11-3　MIPv6 移動管理協定

　　Mobile IPv6 的設計與 IPv6 緊密結合，它取消了原來在 IPv4 中 Foreign Agent 實體，而由路由器取代，IPv6 定位址數量遠遠多於 IPv4 的定址數量，自動定址 (Auto-configure)，自動化設定位址及預設閘道路由器，使用者方便取得 IP，封包傳送時利用 IPv6 Destination Option 同時傳送 Mobile IPv6 的訊息，簡化了 Mobile IPv6 的控制訊息，採用路由最佳化(Route Optimization)機制，解決三角繞路的問題採用 Anycast Address 方式來搜尋 Home Agent。Mobile IPv6 網路系統架構中，取消 Foreign Agent，MIPv6 取消了原先 Foreign Agent 存在的必要性，將其功能融入 IPv6 路由器之中。同時也取消 Foreign Agent CoA，MIPv6 取消了 Foreign Agent CoA 的設計，改為使用 IPv6 裡定義，類似 DHCP 運作的 stateful Auto-configuration，以及藉由 Neighbor Discovery 做 IP 重複位置確認(Duplicate Address Detection, DAD)的 stateless Auto-configuration 產生 CoA。在封包路由方面，MIPv6 將路由最佳化列為必要項目，當 MN 位於 Foreign Network 時將會同時傳送位址更新訊息(BU)給 HA 以及 CN，路由最佳化則是可以解決所有封包皆須經由 HA 轉送的三角路由問題。

　　如圖 11.6(a)所示，MN 與 CN 建立通訊進行資料傳輸，之後當發生換手需求時，即 MN 從 Router A 移動到 Router B 之下，會收到新網域中 Router B 所發出來的 RA，因為此 RA 中所帶的 Network Prefix 與原來不相同，所以 MN 會察覺到已經到了新網域，而自動設定其 COA。COA 可以說是 MN 目前所在的資訊，如圖 11.6(b)所示，在取得 COA 後，MN 會送出 Binding Update 封包給 HA，在 Binding Update 中會帶有 CoA Option。當 HA 收到 BU 時會更新其 Binding Cache Entry 並且會回覆給 MN 一個 Binding

Ack。而此時當 CN 要傳送封包給 MN 時，會透過 HA，利用 Tunnel 轉送封包給 MN。當 MN 收到由 HA 轉送來的封包後，MN 知道尚有 CN 尚未更新其 Binding Cache Entry，如圖 11.6(c)所示，此時 MN 將對 CN 發送出 Binding Update。而 CN 將更新其 Binding Cache Entry，並回覆 Binding ACK 給 MN。在此之後，CN 和 MN 將不需再透過 HA，可以直接溝通。

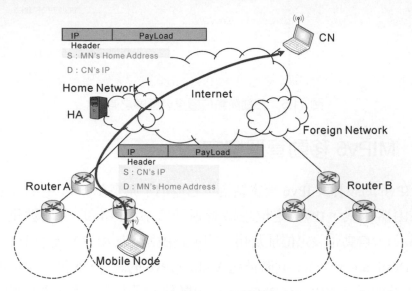

(a) MN 與 CN 建立連線

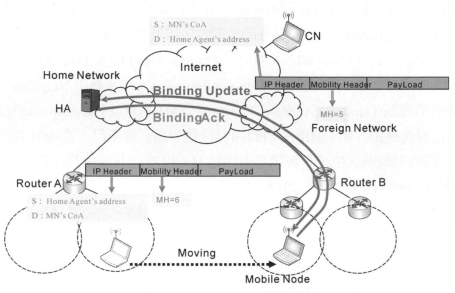

(b) MN 更新在 HA 中之位置

圖 11.6　MIPv6 移動節點位置更新流程

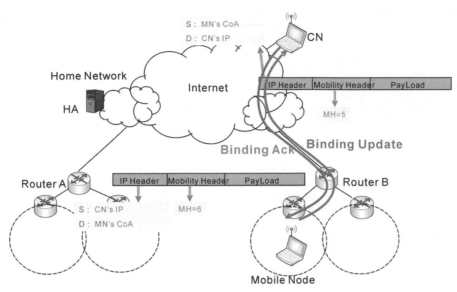

(c) MN 更新在 CN 之位置

圖 11.6　MIPv6 移動節點位置更新流程(續)

　　MIPv6 換手延遲時間主要發生在四個部分，Layer 2 延遲、移動偵測延遲、DAD 位址偵測延遲、註冊延遲。Layer 2 延遲的發生原因是因為 MH 移動到新網域，必須依照 802.11 協定跟 AP 作連結，這段時間依照各家廠牌有不同延遲時間，以 D-Link 為例在 50～70ms。而移動偵測延遲主要是因為當 MH 進入到 Overlay Area 收到新路由器廣播而且發現離開原有網路，稱為移動偵測。這段時間決定在路由器廣播時間間隔，MH 沒收到原路由器連續兩次廣播得知已離開原網域.RFC 規定路由器廣播間隔 3s，支援 Mobile IP 建議 300ms。DAD 位址偵測延遲的發生原因是因為 IPV6 環境使用 DAD(Duplicate Address Detection)來偵測網域其它節點是否有使用相同位址，MN 使用 Neighbor Discovery 送出欲偵測 IP 等待聆聽 1000ms，如果沒有節點回應此訊息，表示 IP 沒有重覆，MN 便會將該 IP 指定給網卡介面，DAD 偵測平均花費 1787ms。註冊延遲是發生在 MN 對 Home Agent 和 CH 註冊更新，MH 送出 Binding Update，更新 Home agent 和 CH Binding cache，此時 MN 在新網域才能接收到 CN 封包。表 11.1 為 MIPv6 與 MIPv4 之差異比較總結。

表 11.1　MIPv6 與 MIPv4 之比較

名稱	機制	
	Mobile Ipv6	Mobile IPv4
外部代理	無	有
Care-of-Address	CCoA	Foreign Agent or CCoA
獲取 Care-of-Address 方式	Ipv6 ststeless and stateful mechanism	By Foreign Agent or DHCDv4
路由最佳化	強制性使用	選擇性使用
通道技術(tunneling)	不使用	需要使用
HA 路由最佳化	無	有
Mobile IP 訊息格式	IP Headrs 與 ICNP 封包	ICMP 與 UDP 封包
Mobile IP 訊息存放	以 piggybacked 的方式存於 header	Reg., Req., Bing Update 封包
平順換手	強制性使用	選擇性使用

11-4　FMIPv6 移動管理協定

　　原本的 Mobile IPv6 (MIPv6)還存在著許多問題，包括換手延遲時間過長、發送過多的註冊封包、換手過程中的封包遺失等。IETF 針對傳統 MIPv6 諸多缺失推出 FMIPV6，利用 L2 association request 當作 Handoff trigger，提前進行換手的準備，減少 Layer 3 換手時造成的 Delay，原本 MIPv6 協定中的部分內容區要更動，諸如必須修改 Access Router(AR)、利用 table 儲存附近的 AR list、將要轉送給 MN 的 packets 暫時儲存於 buffer。之所以會有這些變更，主要是因為換手所造成的延遲和封包遺失，對於多媒體語音視訊之應用程式影響極大。FMIPV6 運作分為兩種模式：主動式快速換手(Proactive Fast Handover)與被動式快速換手(Reactive Fast Handover)。主動式快速換手在連線信號值降到某個程度開始準備換手，預測未來可能移動到其它網域預先取得 IP。被動式快速換手在主動式換手預測失敗，或者是準備時間不夠來不及完成主動式換手的備案。以下將詳細介紹主動式快速換手與被動式快速換手的執行過程。

　　FMIPv6 主動式快速換手主要的精神是當 MN(Mobile Node)從 PAR(Previous Access Router)移動到 NAR(next access router)的通訊範圍時，NAR 預先做好 MN 換手的程序，使 MN 一進入 NAR 通訊範圍時就可以即刻繼續通訊。而換手過程中，CN 依然傳送給 MN 的資料，也會由 PAR 轉送到 NAR 暫存，等 MN 一進入 NAR 的通訊範圍時，就可以將暫存的資料傳送給 MN，如此換手過程中就不會有掉封包的情況。如圖 11.7 所示，換手過程中資料流傳輸情況，其中資料流①是原本 MN 透過 PAR 與 CN 的通訊；當 MN 在移動到 NAR 的過程中，資料流②會被 PAR 轉送到 NAR 暫存；當 MN 完成換手到 NAR 後，NAR 就將資料流②轉送給 MN，之後資料流③即可恢復 MN 與 CN 的通訊。

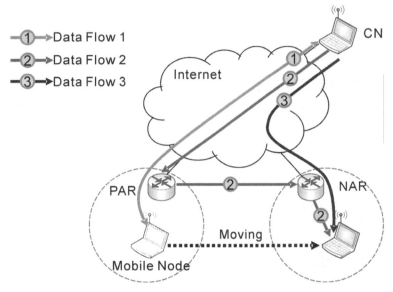

圖 11.7　FMIPv6 主動式換快速手流程

　　FMIPv6 主動式換手執行過程中，需要交換許多 message，如圖 11.8 所示。這些 message 說明如下。RtSolPr 跟 PrRtAdv，這個是 MN 專門用來在換手後獲得 AP-ID 與 AR-INFO 用的，也就是更新網路的相關資訊。FBU 跟 FBACK 則是用來要求 PAR 建立雙向 tunnel 的，即 PCoA <--> NCoA 之間。FBU 是由那個設備發送出去的，FBACK 就回給該設備已完成確認。最後是 FNA，專門用在 MN 到新網路之後，跟 NAR 通知用的，代表 MN 可以開始接收封包了，不管是回給 NCoA 或是 PCoA 都是。

　　FMIPv6 主動式換手執行的一開始，MN 將從原來 AR(PAR)移動到新 AR(NAR)，在還沒有移動之前，MN 可以主動掃描 AP 週期性傳送 Beacon 訊號。之後 MN 將傳送 RtSolPr 到 PAR，如此 MN 可取得 AP 中 BSSID 識別(AP-ID)將此 AP-ID 以 RtSolPr 攜帶送給 PAR 查詢。之後 PrRtAdv 回傳給 MN，PAR 含有週遭 AR 所連接 AP 資訊，將查詢結果以 PrRtAdv 傳回給 MN，由這些資料判斷 AP 是否屬於原本 PAR 之網域。接著當連線信號值降到某個程度，MN 就開始進行 Layer 3 換手。由於事先透過掃描透過新 AP 查詢不同網域 NAR 資訊，MN 可以將 NAR Pre-fix 和本身 MAC Address 組成 NCoA，再將此位址封裝於 FBU 送給 PAR。PAR 此時會將傳送到 MN 封包暫存，同時將 NCoA 以 HI 訊息送給 NAR。收到後 NAR 會將 NCoA 以 DAD 檢測驗證 IP 合法性，目的是讓 MN 移動到 NAR 網域可以馬上使用 NCoA，NAR 傳送 HAck 訊息告訴 PAR 位址重覆偵測結果。PAR 回覆 FBack 給 MN，會將此 FBack 送給 NAR 是為了預防 MN 已經離開 PAR 網域而沒收到 FBack，讓 MN 在進入 NAR 網域時有機會能夠收到這個 FBack，PAR 將要傳送給 MN 的封包傳送給 NAR，NAR 會將這些資料暫存起來，等 MN 和 NAR 建立連線之後，再將資料傳送給 MN，藉此避免封包丟失的現象。當 MN 進入新的網域時，會發送 FNA 通知 NAR，此時 MN 才正式和 NAR 建立連線。之後 NAR 將事先替 MN 暫時儲存的封包傳送給 MN。

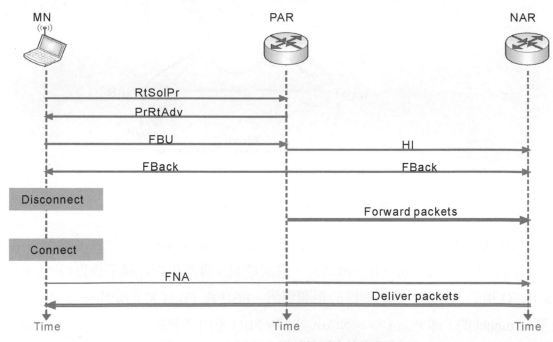

圖 11.8　FMIPv6 主動式換手之傳送信令

　　FMIPv6 被動式換手發生在 MN 還來不及和 NAR 做 FBU 之前就已經失去連線的情況。其傳送信令如圖 11.9 所示。當 MN 來不及發送 FBU，就已經和原本的 PAR 失去連線，MN 會將 FBU 訊息封裝在 FNA 送給 NAR。NAR 會發送 FBU 通知 PAR，讓 PAR 將原本要傳送給 MN 的 packet 傳送給 NAR。PAR 在收到這個 FBU 之後，會回一個 FBack 代表成功收到這個 FBU。PAR 把原本要給 MN 的 packet 傳送給 NAR。最後 NAR 將 packet 傳送給 MN。

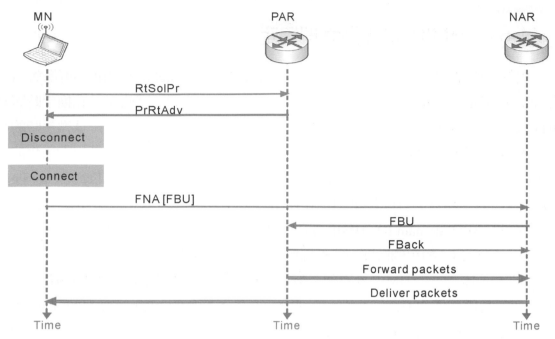

圖 11.9　FMIPv6 被動式換手程序之傳送信令

　　以下將比較 MIPv6 與 FMIPv6 在移動偵測(Movement detection)、IP 重複偵測(Duplicate Address Detection, DAD)、換手延遲(Handoff Latency)這三個方面的差異。

　　Link_quality_crosses_threshold 狀態執行掃瞄搜尋附近的 APs。透過掃瞄 APs，PAR 取得 APs 所屬網域，並依各 AP 信號強度值預測將來 MN 是否需要進行換手。在 IP 重複偵測的機制上，MIPv6 當 MN 檢測出已發生移動，使用 IPv6 機制，取得路由器 Pre-fix 加上 MAC 產生 Global Address 來產生新的 IP 位置。為防止位置衝突將執行 DAD 檢測，每個 MN 會隨機延遲一段時間(0～1000ms)再傳送檢測要求，再等待 1000ms 聆聽有無節點回應，因此 DAD 檢測在換手過程佔最長的時間。而 FMIPv6 當 MN 在移動到新網域之前已經取得 NCoA(完成 DAD)，當 MN 和 NAR 建立連線時，不需要再重新做 DAD。

　　在換手延遲的方面，MIPv6 在註冊完成前 Home Agent 無法得知移動位置，傳送給 MN 的封包將會被丟棄。完成註冊前如果 CN 和 MN 使用 TCP 通信，在換手過程中 CN 會收不到 Ack，會依次數逐漸延長重送時間，必須等到 MN 完成換手之後才會收到 CN 的重送封包，換手時間越長，恢復通信的延遲時間也越長。而 FMIPv6 使用隧道技術(tunnel)移動到新網域立即恢復通信，MN 在原網域透過預測機制得知未來將會移動到哪個新網域之後，PAR 會將原本要傳送給 MN 的封包轉送給 NAR 進行 buffer，等 MN 和 NAR 建立連線後再傳送給 MN，減少封包遺失；並且讓 MN 在連上 NAR 後馬上就可以接收到先前的資料，減少換手造成的延遲。

11-5　HMIPv6 移動管理協定

　　由於人們都有區域性移動的習慣，因此 HMIPv6(Hierarchical MIPv6)可節省 MN 在 micro-mobility 的註冊時間成本與減少 MN 換手時的時間，因此 MN 在換手時將降低因為資料遺失的數量與機率。在行動網路環境中最重要的就是如何降低換手時的損失，尤其是在傳輸即時性的資訊時。HMIPv6 改善了 MIPv6 之缺點，利用階層化的管理，減少 MN 發送 BU 的數量，HMIPv6 新增一個新元件，稱為 Mobility Anchor Point (MAP)，負責區域性的行動管理。由 MAP 管理底下多個 Access Router(AR)，這些 AR 有著相同的 MAP domain ID。HMIPv6 利用區域性移動的特性，進而減少 MN 發送 BU 的次數、縮短 MN 換手的時間與降低因換手造成的資料遺失。

　　如圖 11.10 所示，HMIPv6 將網路劃分為多個區域，MAP 即為區域頂端管理者；MAP 可視為區域性的 Home Agent。一個 MAP 底下有多個 AR，組成 MAP domain，其中這些 AR 擁有相同的 MAP domain ID。當 MN 在同一個 MAP 底下時，稱為 Micro-mobility，此時如果 MN 發生換手，只要通知 MAP 進行更新位置即可。當 MN 從某個 MAP 底下移動到另一個 MAP 時，稱為 Macro-mobility，此時 MN 除了通知 MAP 以外，也必須發送 BU 通知 HA 新的 MAP 位置。

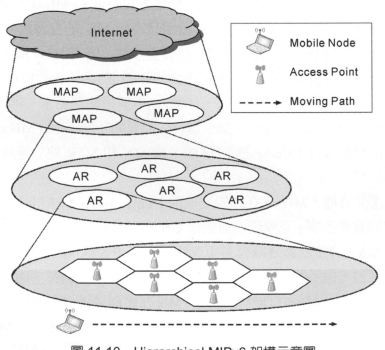

圖 11.10　Hierarchical MIPv6 架構示意圖

在 HMIPv6 中每個 MN 會被指派兩個位址，On-Link Care-of-Address(LCoA)與 Regional Care-of-Address(RCoA)。LCoA 是與 MN 的存取路由路由(Access Router)有相同的 Prefix，和 MIPv6 的 CoA 功用雷同。MAP 區域之外的通訊節點並不需知道 LCoA 位址便能與 MN 溝通，由 MAP 負責 RCoA 與 LCoA 位址對應。RCoA 則是與 MAP 有相同的 Prefix，和 MIPv6 之 Home Address 功用雷同。RCoA 需在 MN 取得 LCoA 且向 MAP 註冊之後才能取得，RCoA 位址主要用來與 HA 及 CN 溝通時所用，當 MN 在某個 MAP 之網路涵蓋範圍內移動時，MN 的 RCoA 位址不會改變；當離開原 MAP 之涵蓋範圍到另一個 MAP 涵蓋範圍時，MN 的 RCoA 才會改變。如圖 11.11 所示，當資料由 HA 傳遞到 MN 時的路徑與需要的位置，其中 MAP 即為區域頂端管理者，可視為區域性 Home Agent；LCoA 與 MN 的存取路由路由(AR)有相同的 Prefix，所以資料路由即可直接透過此位置進行傳輸，而 RCoA 與 MAP 有相同的 Prefix，是以也能夠找尋到對方進而傳輸資料。

圖 11.11　IPv6 之 LCoA 與 RCoA 之功能

以下將說明在 HMIPv6 中的階層式(Hierarchical)架構中所發生的 Micro-mobility 與 Marco-mobility 的過程與行為。首先說明 Micro-mobility 的運作過程。當 Micro-mobility 發生時，由 MAP 負責管理底下 MN 的移動管理，當在同一個 MAP 底下移動時，MN 不需要向 HA 發送 BU 訊息(Mirco-mobility)，LCoA 改變而 RCoA 不變如圖 11.12 所示。而當 Marco-mobility 發生時，MN 從一個 MAP 移動到另一個 MAP 底下時，MN 才會發送 BU 訊息告知 HA 新的 IP address(Marco-mobility)，LCoA 與 RCoA 皆改變。如圖 11.13 所示。

接下來將介紹 Marco-mobility 時 MN 傳送訊息的細項步驟，如圖 11.14 所示。當 MN 開始移動，並偵測到新的 AR 時，因為 MN 進入到一個新的區域，會從 Access Router 得到 RA，透過 RA 中所夾帶的資訊，因此 MN 可以得知目前可用的 MAP。在選定一個 MAP 後，MN 將 RCoA 改成與其選定 MAP 相同 Prefix 的位址，隨後 MN 會發送 BU 訊息給 MAP，此 BU 訊息包含 RCoA 與 LCoA。MAP 會記錄兩者互相關連的資訊，並且將其插入 Binding Table 中，完成後回傳 Binding ACK(BA)給 MN。同時，MN 也會傳送 BU 的訊息給 HA 與 CN，此 BU 訊息包含 Home Address 與 LCoA。

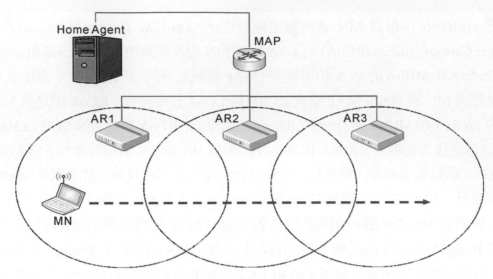

圖 11.12　Micro-mobility

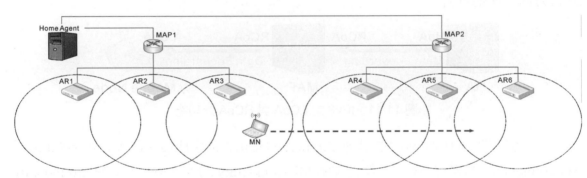

圖 11.13　Macro-mobility

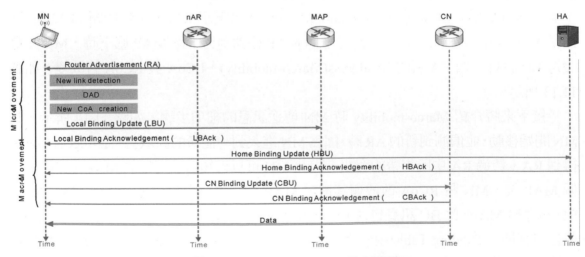

圖 11.14　Macro-mobility 信令流程

　　總結 HMIPv6 的兩個移動管理模式；在 Micro-mobility 情況下，只須向目前負責管理 MN 的 MAP 更新目前所在位置即可。而在 Macro-mobility 情況下，除了向目前負責管理 MN 的 MAP 更新目前所在位置之外，還必須更新 HA 儲存的 LCoA。如果 MN 使用 Route Optimization(RO)，則在 Macro-mobility 時，也必須向 CN 更新目前所在的位置。若不使用 RO 時，則可以省略這個步驟。

11-6　PHMIPv6 移動管理協定

　　Chen et al.[15]提出了利用鄰近同伴節點 partner node(PN)的協助，提高換手效率的方式，稱為 partner-assisted HMIPv6(PHMIPv6)協定，同時考量第二層與第三層的移動管理，其 PN 就是利用 relay 節點以協助換手程序的進行，如此跨層式設計的換手過程可有效的減少換手延遲時間。PN 可以透過無線隨意網路連線到無線存取節點 AP，並且可以直接連線到需要進行換手的 mobile node(MN)。PN 主要的工作就是在 MN 即將要進入新的網域時，替 MN 預先執行換手程序，如此當 MN 一進入新網域時即可進行通訊。圖 11.15 可以看出 PHMIPv6 的系統架構是基於 HMIPv6 系統架構上而設計的。PHMIPv6 將網路分成兩個 IPv6 子網域，MN 傳送資料從的 AP 與先前的路由器 previous access router(pAR)透過先前的 previous mobility anchor point(pMAP)到 CN，當 MN 移動到新的 new MAP(nMAP)區域時，MN 將執行在 nMAP 的註冊程序，macro-mobility 過程發生於當 MN 從從 pMAP 進入到 nMAP 時，這時 MN 需要一組新的唯一 CoA 用以在新的 nAP 上註冊，所以在這過程當中，藉由 PN 的協助將可以有效的減少換手延遲時間。

　　圖 11.16 顯示 PHMIPv6 協定堆疊的架構，堆疊最底層為嵌入式移動設備 embedded mobile device(NIC)，第二層為 Wi-Fi 介面卡去驅動控制層，最高層為 OSI 第二層與第三層的移動管理協定。在 PHMIPv6 協定中，MH 與 PN 在 OSI 第二層與第三層都有因應移動管理而更改原始設計，而 OSI 更高層的部分則無變更。同時亦無更改 HMIPv6 的協定設計，亦即完全相容於 HMIPv6 協定，所以在 MAP 協定設計上與原本的 MAP 設計是完全相同的，在第二層換手協定採用 DeuceScan 機制[16]，有效的提高在換手時選擇正確 AP 的機率，同時，第二層的資訊亦提供給第三層使用，如此在第三層中要更換到新的 MAP 區域時，可以利用 PN 的協助減少換手的延遲。第二層換手時所採用 DeuceScan 機制[16]，是利用雙重掃描訊號強度的方式，確認訊號強度的穩定性以克服訊號強度的波動不穩定性，如此可以選擇到訊號穩定，通訊品質較好的 AP。

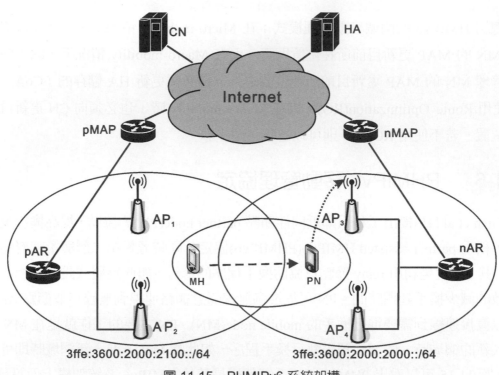

圖 11.15 PHMIPv6系統架構

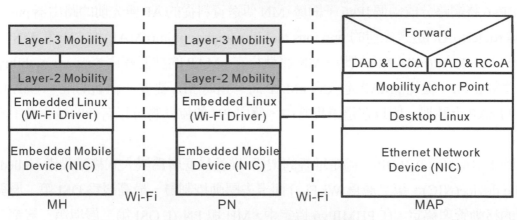

圖 11.16 PHMIPv6 的協定堆疊

　　在 PHMIPv6 設計上很有特色的地方，就是成功的在 OSI 第三層中，PN 利用第二層的資訊，協助減少 DAD 檢驗程序的耗時，進而減少整體換手時間，圖 11.17 中描繪了 PHMIPv6 的跨層式設計的概念，MH 與 PN 位在不同的 MAP 區域，此時 MH 與 PN 利用無線隨意網路的模式進行通訊，PN 利用運作 DeuceScan 協定來獲取第二層的資訊，進而達到減少 LCoA 與 RCoA 的 DAD 檢查時間，這是由於 PN 預先運行了換手程序，當 MH 還沒切換到新的 MAP 區域時，LCoA 與 RCoA 的檢查已經完成，當 MH

一切換到新的 MAP 區域時，PN 立即傳送已經檢查完畢的 LCoA 與 RCoA 給 MH，是以 MH 可以立刻使用，無須等待。PHMIPv6 就是一個利用跨層式設計，達到減少整體換手延遲時間的好例子。

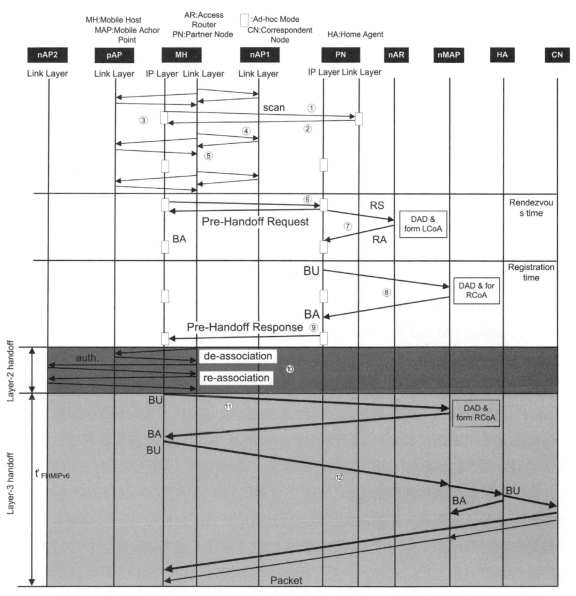

圖 11.17　PHMIPv6.的跨層式(L2+L3)運作信令流程

11-7 PMIPv6 移動管理協定

　　有別於上述章節中的移動管理協定，PMIPv6(Proxy MIPv6)移動管理方式是基於網路運作的換手協定(Network-based mobility)，亦即換手協定運作是基於網路上的決策與判斷；相較於前幾個章節介紹的協定，則是靠移動節點自身的判斷(host-based mobility)進而進行換手協定的運作，之所以設計成由網路系統進行換手協定執行與否的原因，是考量到手持裝置往往設計成簡單輕便與具有低電源消耗等特性，若是將複雜的換手協定運作過程置入手持裝置之中，將會造成設計上成本增加與增加額外電力消耗，而設計成由網路系統來控制換手協議的觸發，不但可以省卻手持裝置的硬體成本，而不需要手持裝置介入換手運作的過程，亦可大大減少無線通訊的電量消耗，使得電力使用週期更能夠延長。以下我們將詳細介紹 PMIPv6 的運作原理及過程。

　　PMIPv6 協定是為移動節點提供基於網路的 IP 移動管理支援而設計的，而且它不需要移動節點參與任何與 IP 移動相關的信令流程。網路中的移動實體會跟蹤移動節點的移動，並且初始化移動信令過程以及設置必需的路由狀態。在基於網路(network-based)的本地移動管理結構體系中的核心功能實體，是本地移動錨(Local Mobility Anchor, LMA)和移動接入閘道(Mobile Access Gateway, MAG)。本地移動錨負責維持移動節點的可達狀態，並且是移動節點家鄉網路首碼的拓樸錨節點。移動接入閘道是代替移動節點執行移動管理功能的實體，而且它位於移動節點所錨的通道(tunnel)上。移動接入閘道負責檢測移動節點連接和離開接入通道的移動，以及初始化向移動節點的本地移動錨的綁定註冊過程。PMIPv6 域中可能存在多個本地移動錨，其中，每一個本地移動錨一組不同的移動節點。PMIPv6 的結構如圖 11.18 所示。

　　當移動節點進入代理移動 IPv6 域，並且鏈結到接入通道(tunnel)上時，相應接入通道上的移動接入閘道，先對移動節點進行識別以及獲取它的身份，然後確定是否對該移動一點進行授權，以提供基於網路的移動管理服務。如果網路確定對該移動節點進行授權以提供基於網路的移動管理服務，那麼，網路可以保證利用其允許的任何一種位址配置機制的移動節點，能夠在代理移動 IPv6 域中獲得連接接口上的位址配置，並且隨意移動。獲得的位址配置包括源自家鄉網路首碼的位址，通道(tunnel)上默認的路由器位址和其他相關的配置參數。如圖 11.19 所示，MN 透過 MAG 與 LMA 之間建立的雙向通道連結到 CN，從每一個移動節點(MN)的角度來看，整個代理移動 IPv6 網

域是一條單獨的通道。而即使當 MN 發生移動到不同的 MAG 時，這通道網路會確保
移動節點(MN)感受不到任何的變化，即使是改變其在網路中的鏈結點。

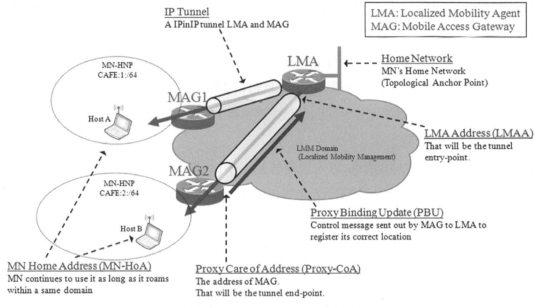

圖 11.18　Proxy MIPv6 網域結構

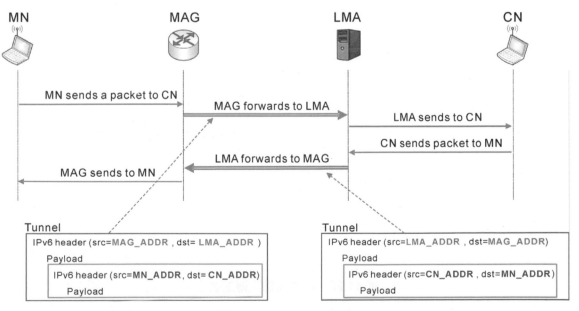

圖 11.19　Tunnel 原理

如果移動節點通過多介面和多個接入網路連接到代理移動 IPv6 域上，那麼，網路會給每一個連接介面分配一組唯一的歸屬網路首碼(Home Network Prefix, HNP)。移動節點能夠根據對應的歸屬網路首碼配置介面上的位址。然而，如果移動節點通過從一個介面移動其位址配置到另一個介面進行切換，而且本地移動錨從服務移動接入閘道處接收到差不多的切換指示，那麼，本地移動錨會分配與切換之前分配的歸屬網路首碼相同的歸屬網路首碼。移動節點也可以通過利用同一個介面，從一個移動接入閘道移動到另一個移動接入閘道上，從而改變它的鏈結點來執行切換，並且它能夠保持在鏈結介面上的位址配置。

圖 11.20 表示了當移動節點進入代理移動 IPv6 域的信令呼叫流程。移動節點發送的路由請求消息可以在移動節點接入之後的任何時間到達，並且此消息與呼叫流程中的其他消息沒有嚴格的時序關係。移動接入閘道發送一個代理綁定更新消息到移動節點的本地移動錨，用於更新本地移動錨處關於移動節點的當前位置資訊。當本地移動錨接收到這個代理綁定更新消息時，它會回送包含有移動節點歸屬網路首碼的的代理綁定確認消息。同時，本地移動錨也會生成一個綁定緩存輸入，並且建立到移動接入閘道的雙向隧道的端節點。

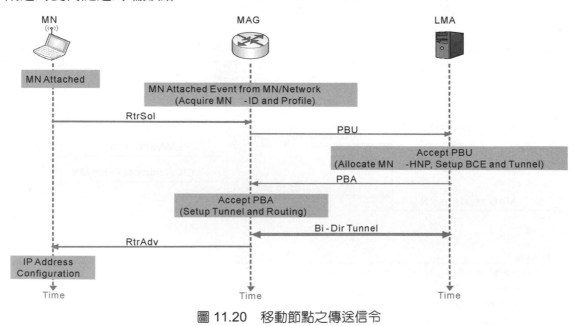

圖 11.20　移動節點之傳送信令

當移動接入閘道接收到代理綁定確認消息時，它會建立到本地移動錨的雙向隧道的端節點，以及移動節點通信量的轉發機制。在這個點上，移動接入閘道有所有必需的資訊用於類比移動節點的歸屬通道。它通過向在接入通道上的移動節點發送路由公告消息，來公告移動節點的歸屬網路首碼作爲主機的通道上的首碼。當移動節點在接入通道上接收到路由公告消息時，它會通過在相應接入通道上的路由公告消息中，指示允許的模式，即有狀態或無狀態位址配置模式來配置它的介面位址。在位址配置成功之後，移動節點可以獲得源自它的歸屬網路首碼的一個或多個位址。當位址配置完成之後，移動節點的鏈結點有源自它的歸屬網路首碼的一個或多個有效的位址。服務移動接入閘道和本地移動錨也有合適的路由狀態，用於處理發送到和來自於由歸屬網路首碼，而得到配置有一個或多個位址的移動節點的通信量。

　　本地移動錨，作爲移動節點的歸屬網路首碼的拓樸錨節點，會接受代理移動 IPv6 域內或域外的任何節點發送到移動節點的任何分組。而本地移動錨通過雙向隧道發送這些接收到的分組到移動接入閘道。位於雙向隧道另一端的移動接入閘道在接收到這些分組之後，去除外部的頭部並且通過接入通道轉發到移動節點上。然而，在一些情況下，來自於本地範圍內連接到移動接入閘道上的對端節點的通信量，可能不會被本地移動錨接受，通過移動接入閘道進行本地範圍內路由。移動接入閘道是由移動節點共用的點到點通道上的默認路由器。它會接受由移動節點發送到對端節點的任何分組，並且通過雙向隧道發送到本地移動錨。而在雙向隧道另一端的本地移動錨在接收到這些分組之後，先去除外部頭部，然後路由這些分組到目的節點。然而，在一些情況下，發送到本地範圍內連接到移動接入閘道上的對端節點的通信量，可能會被移動接入閘道在本地範圍內進行路由。

　　圖 11.21 描述了移動節點從前一個鏈結移動接入閘道(p-MAG)到新一個鏈結移動接入閘道(n-MAG)切換過程的信令呼叫流程。這個呼叫流程僅僅反映了一個詳細的消息時序，來自於 n-MAG 的註冊消息可能比來自於 p-MAG 的分離註冊消息更早到達。移動節點在代理移動 IPv6 域中獲得了初始的位址配置之後，如果它改變鏈結點，那麼，在前一條通道上的移動接入閘道會檢測到移動節點的離開。移動接入閘道會發送信令通知本地移動錨，並且取消對於移動節點的綁定和路由狀態。而本地移動錨在接收到上述請求之後，會確認接收到的請求所對應的移動會話並且接受請求，此後，本地移動錨會等待一段時間，允許在新一條通道上的移動接入閘道來更新綁定。然而，如果本地移動錨在一段給定的時間內沒有接收到任何的綁定更新消息，那麼，它將會刪除綁定緩存輸入。當移動接入閘道檢測到移動節點在其新一條接入通道上時，它會發送信令到本地移動錨用於更新綁定狀態。在完成信令流程之後，服務移動接入閘道會發送包含移動節點歸屬網路首碼的路由公告，因此，這可以確保移動節點不會檢測到有關三層(Layer 3)介面鏈結的任何變化。

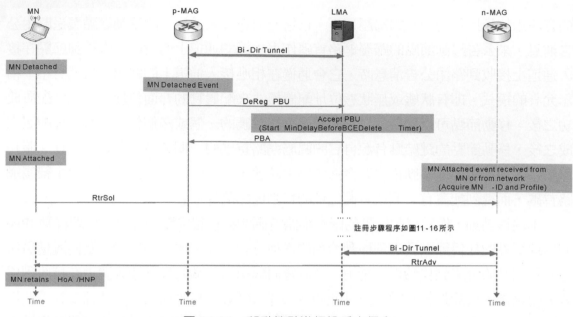

圖 11.21　移動節點進行換手之信令

表 11.2 比較了本章節所介紹的 MIPv6、FMIPv6、HMIPv6、PHMIPv6、PMIPv6 五個重要的移動管理協定的差異，表格中的特性說明如下："換手類型"表示能否同時建立多連線達到無縫換手的效果，"協定分層"表示該協定設計在 OSI 分層中的第幾層，"換手觸發"表示觸發換手程序是由手持裝置還是網路系統來決定，"換手延遲"表示其換手時的延遲時間的長短，"Relay 成本"表示協定中是否利用 relay 進行前製作業處理的行為，"建立通道"表示該協定換手期間是否建立通道(tunnel)。

表 11.2　協定比較表

名稱	機制				
	MIPv6	FMIPv6	HMIPv6	PHMIPv6	PMIPv6
換手類型	Hard	Soft	Soft	Soft	Soft
協定分層	Layer3	Layer3	Layer3	Layer2+3	Layer3
換手觸發	Host-based	Host-based	Host-based	Host-based	Network-based
換手延遲	High	Low		Low	Low
Relay 成本	No	No	No	Yes	Yes
建立通道	No	Yes	Yes	Yes	Yes

習　題

1. 請比較 Host-based mobility 與 Network-based mobility 之差異。

2. 請說明 Network-based mobility 被提出用以替代 Host-based mobility 之原因。

3. 請簡述 MIPv4 移動管理原理。

4. 請說明 MIPv4 所提到的三角路由為何。

5. 請簡述 MIPv6 移動管理原理。

6. 請說明 MIPv4 與 MIPv6 系統架構上有哪些差異。

7. 請比較 MIPv4 與 MIPv6 移動管理上之相同與相異之處。

8. 請簡述 FMIPv6 移動管理原理。

9. 請簡述 HMIPv6 移動管理原理。

10. 請簡述 PHMIPv6 移動管理原理。

11. 請說明 HMIPv6 與 PHMIPv6 系統架構上有哪些差異。

12. 請比較 HMIPv6 與 PHMIPv6 移動管理上之相同與相異之處。

13. 請簡述 PMIPv6 移動管理原理。

14. 請簡述通道(tunnel)原理。

15. 請簡述 PMIPv6 移動管理協定利用通道(tunnel)達成的優點。

16. 請說明在 PMIPv6 移動管理協定中為何移動節點(MN)不需管理移動事件的原因。

參考文獻

[1] RFC 3344 – IP Mobility Support for IPv4.

[2] E. Gustafsson, A. Jonsson, and C. E. Perkins, "Mobile IPv4 Regional Registration," Internet draft, IETF, draftietf-mobileip-reg-tunnel-09.txt, June 2004.

[3] S. Thomson, T. Narten, and T. Jinmei, "IPV6 Stateless Auto address configuration," RFC 2462, December 1998.

[4] Mobile IPv6 – RFC 3775

[5] I. F. Akyildiz *et al.*, "Mobility Management for Next Generation Wireless Systems," Proc. IEEE, vol. 87, no. 8, Aug. 1999, pp. 1347–84.

[6] Securing Mobile IPv6 MN-HA signaling – RFC 3776

[7] Hierarchical MIPv6 – RFC 4140

[8] Fast Mobile IPv6 – RFC 4068

[9] Context Transfer Protocol – RFC 4067

[10] Candidate Access Router Discovery Protocol – RFC 4068

[11] C. Perkins, "Mobility for IPv6," Internet Draft, June 2002.

[12] K. El-Malki, P. Calhoun, T. Hiller, J. Kempf, P.J. McCann, A. Singh, H. Soliman, S. Thalanany, "Low latency Handoffs in Mobile IPv4", Internet Engineering Task Force draft-ietf-mobileip-lowlatency-Handoffs-v4-01.txt, May 2001.

[13] G. Tsirtsis, A. Yegin, C. Perkins, G. Dommety, K. El-Malki, M. Khalil, "Fast Handovers for Mobile IPv6," Internet Engineering Task Force draft-ietf-mobileip-fast- mipv6-00.txt, February 2001.

[14] H. Soliman *et al.*, "Hierarchical Mobile IPv6 Mobility Management(HMIPv6)," Internet draft, IETF, draft-ietfmipshop-hmipv6-02.txt, June 2004.

[15] Yuh-Shyan Chen, Wei-Han Hsiao, and Kau-Lin Chiu, "A Cross-Layer Partner-Based Fast Handoff Mechanism for IEEE 802.11 Wireless Networks," International Journal of Communication Systems, Vol. 22, Issue 12, pp. 1515-1541, Dec. 2009.

[16] Yuh-Shyan Chen, Chung-Kai Chen, and Ming-Chin Chuang, "DeuceScan：Deuce-Based Fast Handoff Scheme in IEEE 802.11 Wireless Networks," IEEE Transactions on Vehicular Technology, vol.57, no.2, pp.1126-1141, Mar.2008.

[17] RFC3963 – Network Mobility (NEMO) Basic Support Protocol.

[18] IPSec – RFC 2401-2409.

[19] PMIPv6 – RFC5213

WNMC

Chapter 12

綠能通訊網路

12-1　綠能通訊網路簡介

近年來能源缺乏、節能減碳議題持續發酵，2008 年時國際氣候組織(The Climate Group)受聯合國全球電子永續倡議組織(GeSI, http：//www.gesi.org/)委託，發表一項研究報告「SMART 2020：在資訊時代裡實現低碳經濟」(SMART 2020：Enabling the Low Carbon Economy in the Information Age)，說明資通訊產業(Information and Communication Technology, ICT)對於如何解決全球氣候變遷問題。就資通訊產業和電信網路等的產品生命週期來評估，預估 2020 年的資通訊產業預測碳排放量將從 5 億噸成長到 14 億噸。但是如果能夠改善使用資訊通訊技術的方式，到 2020 年時，預估可減少全球碳排放當量達 78 億噸，預期占該年度排放量的 15%，同時在經濟效益上全球可節約超過 6,000 億歐元的能源成本。此外資通訊產業在亦可協助整體社會實現節能減碳，預估到 2020 年時，經由資通訊所促成的二氧化碳減排總量，將超過資通訊產業自身的碳排放量的 5 倍以上，使得資通訊產業成為「負碳排放」的主要產業。是以綠能資通訊(Green ICT)成為先進國家資通訊發展的主要核心之一，如日本、南韓、歐盟等國，皆已提出相關綠能資通訊政策、組織與研究計畫，如 GreenTouch(http：//www.greentouch.org/)等，先進國家對綠能資通訊相關議題均十分的重視。

通訊和網絡設備的能源消耗與二氧化碳排放總量已經在全球排名上名列前矛，而且還正以一個驚人的速度增加中，如圖 12.1 所描述之通訊發展趨勢(GSMA Research 2010)。更隨著高行動數據的需求，未來的高速數據行動網路，能源消耗儼然是一個重大的問題，近年來在國內外各重要國際會議活動和組織中被廣泛討論，例如近年組織的 IEEE GreenCom 和 IEEE SmartGridComm 等會議，重視綠能資通訊技術(Green ICT)科技議題。

國際綠能資通訊技術(Green ICT)發展趨勢，主要可分為兩大範疇：第一為 ICT 部門本身的綠化，例如思考如何使資訊科技產品、通訊系統能更節約能源，降低對環境之衝擊。第二為運用資通訊技術於各領域，達到節能減碳之效果，綠能資通訊的應用範疇相當廣泛，並將牽動著資通訊產業的發展趨勢。本文將討論如何運用綠能資通訊技術到通訊科技上，以達到節能減碳之目的。

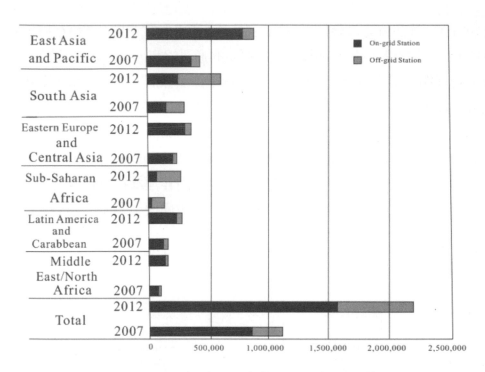

圖 12.1　2007 年到 2012 年的通訊需求設發展趨勢

12-2　綠能無線網路

　　近年國內外有許多綠能通訊網路與協定之研究方向，例如針對支援綠能通訊網路以減少能量消耗為目的之省電媒體存取層設計、省電網路層設計、省電傳輸層設計、省電資料排程、跨層省電設計、合作式省電通訊技術、省電遊戲理論等。例如：IETF 6LoWPAN(IPv6 over Low-power Wireless Personal Area Networks)標準最近廣受重視，將 IPv6 協定引入低電源無線個人通信網路中。6LoWPAN 工作組討論如何調適 IPv6 協定，使其適用於 IEEE 802.15.4 的低電源實體層及 MAC 層，制定出 6LoWPAN 協定，由於 6LoWPAN 對於能源功率的特殊要求，導致其封包表頭與標準 IPv6 的表頭產生差異，圖 12.2 描述 6LoWPAN 的協定層與標準 TCP/IP 的不同，其最大差異在於增加了封包表頭壓縮機制(compressed UDPv6 與 compressed IPv6)，主要是因為 6LoWPAN 的低功率需求，封包表頭必須要減少長度，確保提昇傳送效率，使以將封包表頭長度多做了縮短的處理。也因為 6LoWPAN 針對低功耗的需求，制定了各種 IPv6 網路中的路由協定，如 IPv6 Routing Protocol for Low power and Lossy Networks(RPL)協定，而在寬資源受限的環境下，資訊的讀取及控制問題，制定的應用層協定，如 6LoWPAN 採用 IEEE 802.15.4 標準，有著低速率、低功耗、低成本、短距離、低複雜度、多拓樸等特色。6LoWPAN 通訊協定堆疊是以 IEEE 802.15.4 標準的實體層及 MAC 層為基礎，依序對網路層、傳輸層及應用層加以修改所訂定的通訊協定，由於 IPv6 網路層並非為低速率及低功耗網路環境所設計，將它運用在低電源無線個人區域網路，顯然必須克服一些關鍵性技術。其它研究如綠能手機節能協定設計，可考量手機設備耗電的情況進行節能協定設計，在 LTE((Long Term Evolution))相關標準中，已制訂出非連續接收(DRX, Discontinuous Reception)和非連續傳輸(DTX, Discontinous Transmission)手機模式，利用協定設計，達到有效率並正確決定何時使用非連續接收和非連續傳輸模式，以降低手機設備的耗電，達到省電目的，增加手機設備使用壽命。

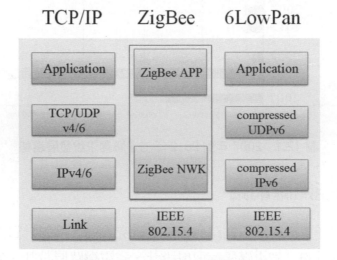

圖 12.2　6LoWPAN 之差異比較

　　近年來，為了呼應節能省碳的議題，將來的無線通訊網路標準中，基地台(BSs)的明顯有著節能的潛力，所以有了 "綠能細胞網路" (Green Cellular Network)的概念。同時在製造商和網絡營運商的在最近的分析中，表示當前的無線網絡並不是非常的節能，尤其是終端透過網路服務接入的基站，所以針對這一項實驗觀察，在 2009 年成立 Virtual Centre of Excellence(VCE)移動虛擬卓越中心，研究未來如何在基地台的無線系統中獲得節能的效果。這是因為基地台運作時，其消耗的電量其實是相當龐大的，目前有超過 4 萬個基站(BSs)，為移動用戶提供服務，每消耗平均每年 25MWh。預計到 2012 年，在一些發展中地區的 BS，幾乎以兩倍成長，而基地台所佔碳排放總量的2%左右。一個典型的範例，在英國的移動裝置網路，不包括電力消耗用戶的手機，就已經可消耗 40-50 兆瓦，這些趨勢使研究人員在綠能細胞網路的新研究領域感到興趣。鑑於全球在使用移動裝置用戶的數量增加，在移動裝置方面需要更高的數據傳輸速率，針對全球的整體能源消耗，需要有一個保護環境的機制來減少無線接入網絡的能源消耗。歐盟委員會最近已開始在第七科研架構計劃 FP7 項目中，來解決移動通信系統的能源效率。

　　一個典型的蜂窩網絡細胞網路其耗電分布，可參考圖 12.3(a)所示，共可分為零散的功率消耗使用(Retail)、數據中心的功率消耗(Data center)、核心傳輸的功率消耗(Core transmission)、移動裝置的功率消耗(Mobile switching)、基地台的功率消耗(Base station)，由結果清楚地看出，基地台的功耗最多，因此降低基地台的功耗，就是這項研究最重要的部分，由圖 12.3(b)可得知這項研究表明，每名用戶的 Mobile 手機終端平均功耗比建置基地台所產生的功耗低很多，因此要達到節省能源消耗的目的，主要是著重於改善基地台的設計問題，同時基地台的建置和運作的平均功耗遠遠大於移動手機終端的功耗。為了達到節能的目的，將考量每一個元素的能源使用效率的表現，其中基地台的部分，能源使用效率低下的情況相當明顯；這是因為手機使用者具有移動性，一個區域內很有可能僅存在少量的使用者，但是基地台卻依然使用全功率的能量在運作，如此能源使用效率將會非常低落。然而一般而言，能量使用越多，理論上能獲得較高的效能。反之，減少能源消耗，則會降低效能。如何在能源與效能之間取得平衡是個重要的議題。綠能細胞網路其目的在於降低能源消耗。但若只考慮降低能源的消耗，則會使效能低到無法接受，是以目標是設計出，理想能源使用率與可接受的效能，使得能夠在耗能與效能上同時達到令人滿意的結果。

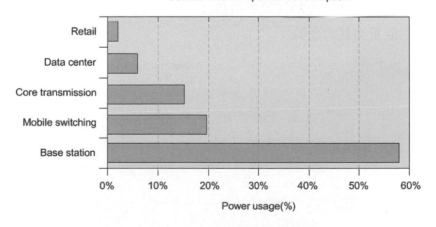

(a) Cellar network 耗電分布比較表

圖 12.3

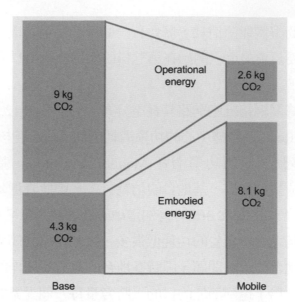

(b)每年每用戶在 Base station 和 Mobile 上所產生二氧化碳排放量

圖 12.3　(續)

　　綠能細胞網路這個概念是在基地台使用需求很低的時候，關閉基地台的電源，以達到節省電力的目標。比如說，市中心區辦公大樓林立的地方，如果在晚上的時候幾乎沒有行動電話的服務需求，就可以關閉當地的基地台。細胞縮放(cell zooming)是與此議題相關的一項系統設計，細胞呼吸是一種有限細胞大小(cell size)調整，其應用在當前部署的 CDMA(Code Division Multiple Access)網絡，它乃是透過動態調整基地台的電波發射功率或信號發射角度，來達到節省電力或負載平衡(load balance)的目的。如圖 12.4 所示，基地台透過控制信號發射角度，進而達到控制其服務範圍的大小的變化，進而影響到能量消耗的高低。

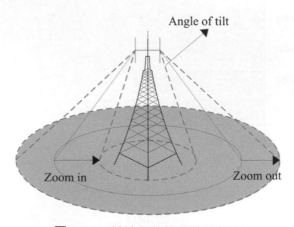

圖 12.4　基地台的能量使用控制

　　然而控制基地台能量消耗的大小，亦同時將會影響到基地台的工作效率，這是由於因爲降低基地台的能量消耗，將會使基地台服務區域變小，如此將會影響到部分用戶可能發生通訊中斷的現象。如圖 12.5 所示，X 軸爲能源消耗，Y 軸爲效能，曲線爲整個網路系統的能源-效能曲線。能量使用越多，理論上，能獲得較高的效能。反之，減少能源消耗，則會降低效能，如何在能源與效能之間取得平衡是個重要的議題。綠能細胞網路其目的在於降低能源消耗(Energy Reduction)。若只考慮降低能源的消耗，則會使效能低到無法接受(Unacceptable Compromise)。綠能細胞網路的目標則是設計出，理想能源使用率與可接受的效能(Acceptable compromise)並使得落於灰色區域內(Area of Perfect EE)的系統。

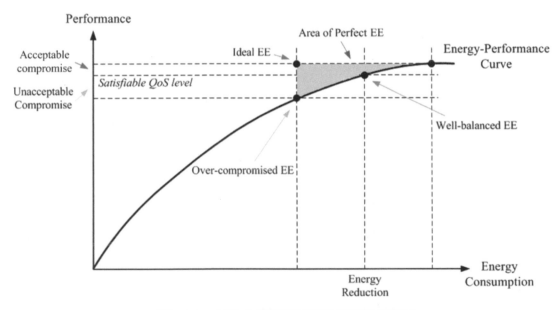

圖 12.5　基地台能量消耗與工作效率之關係

　　就負載平衡而言，如果某個基地台的負載過重(電波涵蓋範圍下有過多的行動用戶)，則可以將其電波發射功率調小，使位於其電波涵蓋範圍下的用戶數目降低，以達到降低其負載的目的。原先位於其電波涵蓋範圍下的用戶，可轉由鄰近負載相對較輕的基地台來服務。要做到這點，臨近基地台的電波發射功率反而要調大。負載平衡原本的目的是要讓用戶數目能夠平均分散在所有的基地台，但是如果要透過細胞縮放(cell zooming)達到省電的目的，則是要讓某些基地台完全沒有要服務的用戶。要做到這點而又不增加用戶的服務阻斷率(blocking rate)，此基地台原先的用戶要能夠被分散到鄰近基地台，意即臨近基地台的電波發射功率也要增大。如圖 12.6 所示，其中一個基地台進入省電模式(sleeping mode)，鄰近的基地台則需要增大其發射功率，繼續服務於位在省電模式的基地台中的使用者。雖然鄰近的基地台都需要多消耗一些能源來保持使用者的服務品質，但是其增加的耗電量，遠遠小於啟動一個基地台所需的電量，所以整體的能源消耗還是降低，進而達到節能省電的目的。除此之外，為了達到更好的能源調節與節約，小細胞網路被用於細胞網路(cellular network)部署上，使用更小的細胞結點(cell)，如 micocells，picocells 和 femtocells。規模較小的細胞結點(cell)，在提供寬帶覆蓋上更節能，達到更高的能源利用率。

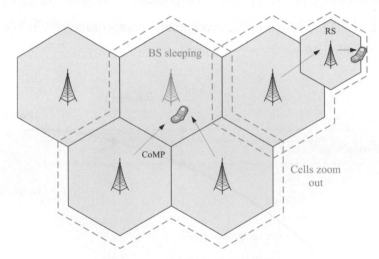

圖 12.6　細胞縮放的節能機制

　　隨著高數據速率和其他服務的需求急劇增長，在無線網絡下，需要更密集的基地台(BS)部署。傳統的 macro-cellular network 部署是較低效率的，修改當前的網絡架構，經濟上是較不可行的。Macrocell 被設計成能大面積覆蓋，但對於提供高據速率時，效率不高。要達到更省電的細胞網路並維持高速數據流量的方法之一：減少節點間的傳輸距離，從而降低發射功率。小型細胞(small cell)的出現並能提供高數據吞吐量和覆蓋率的提高為家庭和辦公室使用的需求，小型細胞很快的在無線行業吸引了強大的目光。住宅和企業的小型細胞基地台(small cell BS)提供很大的效能，利用其優秀的室內性能，並提供增值服務和應用程序。進一步的連鎖反應小型細胞的好處是他們的潛能，顯著降低網絡能源消耗，同時在異構網絡部署中，特別強調小型細胞休眠模式的需要，這促使小型細胞更是強化降低能源消耗的表現。

　　一個小型細胞本身就是一個可以提供基地台服務的裝置，其具有多項優點，諸如低功耗、低成本的無線電、能自組織、自我優化、自配置，主要的設計目標是提供住宅，企業或熱點室外環境優越的細胞網路覆蓋區域(cellular coverage)。依細胞的大小分類，小型細胞基地台包括，毫微微蜂窩基站(femtocells)、微微(picocells)、微蜂窩(microcells)。由圖 12.7 可以看出各種細胞基地台的服務範圍與服務的能力，表 12.1 描述小型細胞基地台之間的詳細比較。也因為小型細胞基地台之間的能力不同，所以在佈建上也有區別，圖 12.8 描述各種不同的小型細胞基地台在建築物中的佈建差異。

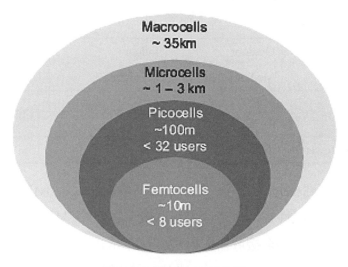

圖 12.7　Small cell 分類

Femtocell	Picocell	Microcell	Distributed Antenna System	What is a Small cell?
• Indoor • Antenna inside • Low output power • Limited users • Self-planning,self-configuration	• Indoor& outdoor • Antenna inside • Low output power • Medium capacity • Planning , Self-optimization	• Outdoor • Antenna outside • Medium output power • Medium capacity • Planningconfig	• Indoor • Antenna outside • Low output power • Medium capacity • Planning & provisioning	• Used indoor & outdoor • Antenna inside / outside • Variable trans power(<5W) • Advanced backhaul (GPON) • Self-organizing networks • Compact size , Flexible Multimode and mobility

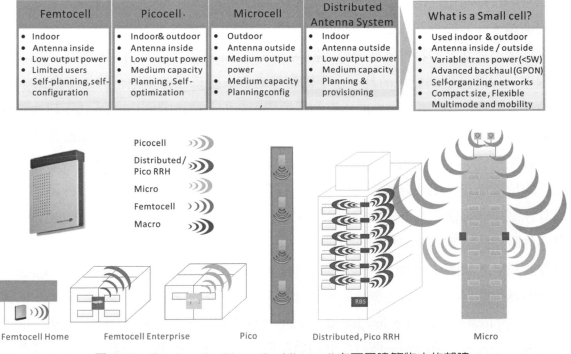

圖 12.8　Femtocell、Picocell、Microcell 在不同建築物中的部建

表 12.1　Small cell 分類比較表

	Microcell	**Picocell**	**Femtocell**
Size	Bigger	Medium	Smallest
Coverage	～1～3Km	～100m	～10m
Users		<32	<8
Position	Outdoor Medium area	Indoor Local area	Indoor Home area
Cost	$US 20,000 and maintain cost	$US 2,000	$US 250
Transmitting Power	～10W	50mW～1W	15mW

　　毫微微蜂窩基地台(femtocells)、微微蜂窩基地台(picocells)和微蜂窩蜂窩基地台(microcells)之間因工作屬性相似，是以可以互換。重要的是只注重這些小型細胞基地台的關鍵共用性。由於發射器-接收器配對，實現相同的服務質量(quality of service, QoS)下，在小型細胞基地台場景中發射功率之間的距離較短。發射功率下降，代表著能夠降低基地台硬體組件的電源要求。小型細胞基地台佈建的一個重要特徵是，它是不規則的佈建，而非典型的 macro cellular 佈建。在住宅家庭基地台的情況下支援隨插即用，且是用戶部署的特性。此分佈式控制，在小型細胞基地台中可用於調用休眠模式的程序，以降低網絡能源消耗。小型細胞基地台主要有三種基地台的運作模式：(1)開放存取模式：BS 讓網絡中的所有的用戶皆可存取。(2)封閉的訪問模式：只允許註冊的用戶存取。(3)混合接入模式：一個小型細胞基地台提供有限的資源給非註冊用戶。封閉模式的小型細胞基地台，休眠模式下，在切換基地台時需驗證用戶的請求、用戶的位置信息、用戶分類等，能做為一些有用的資訊。小型細胞基地台的硬體要求設計休眠模式算法，在低流量條件下，可以將各種硬體單元關掉。當務之急是，審議其與休眠模式機制的兼容性方面當前的硬件設計的局限性。小型細胞基地台家庭基地台硬體設計，如圖 12.9 所示，包括微處理器負責執行、管理標準化的無線電協議站、相關的基帶處理、管理核心網絡的回程連接。這些能力是普遍使用多核特定應用的集成電路(application-specific integrated circuit, ASIC)實作，它具有低功耗的好處。除了on-chip memory，連接到一個或多個隨機存取記憶體元件的微處理器，它為各種數據處理所需的功能和系統啟動。該設計還包含一個 FPGA(Field Programmable Gate Array)

和其他一些集成的電路實現的功能，如數據加密、硬件認證和網絡時間協議(network time protocol, NTP)。在 FPGA 內的無線電元件作爲微處理器和射頻(radio frequency, RF) 收發器之間的接口。

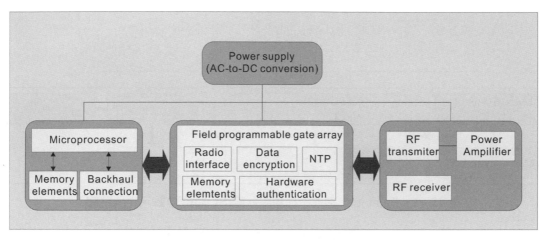

圖 12.9　典型的 femtocell 基地台硬體架構模型

支撐小型細胞基地台 BS 休眠模式的基本想法，是一個處於低功耗的狀態，簡稱爲睡眠狀態。假設，小型細胞基地台在任何特定時間僅有以下兩種狀態：就緒狀態 (ready, RE)與睡眠狀態(sleep, SL)。在就緒狀態(RE)這種狀態下，在小型細胞基地台所有硬件組件完全打開。展開通道無線射平頻(radio frequency, RF)傳輸，以達到一定的無線電覆蓋範圍，並在覆蓋範圍內所有允許的用戶，通過調度數據信道的無線資源提供服務。所有的流量則在 BS 的最大容量的限制下提供服務。圖 12.10 爲就緒狀態的硬體單元消耗。

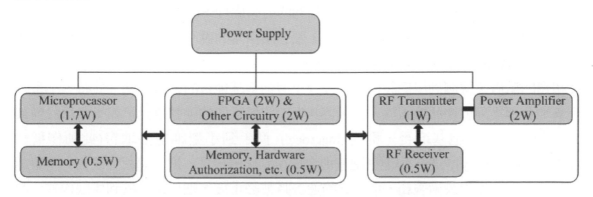

圖 12.10　Femtocell 基地台在就緒狀態(RE)時硬體單元耗能狀態

當 femtocell 基地台在睡眠狀態(SL)的這種狀態下，一些小型細胞基地台的硬體單元，處於完全關閉或低功耗模式運作。BS 是相對應的處在休眠狀態下。如何達到關掉正確的組件是一個特定節能算法的功能。圖 12.11 為睡眠狀態的硬體單元消耗。

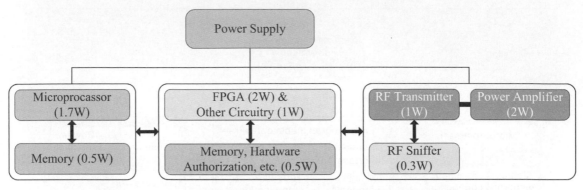

圖 12.11　Femtocell 基地台在睡眠狀態(SL)時硬體單元耗能狀態

在就緒狀態與睡眠狀態的切換，共有三種策略轉換小型細胞基地台狀態，使睡眠狀態(SL)和就緒狀態(RE)狀態(即睡眠模式啓用/停用)的小型細胞基地台之間進行轉換。這些睡眠機制從根本上以不同的模式在網絡控制著，它可以是在小型細胞基地台(small cell BS)，在核心網路(core network)，或由用戶設備(user equipment, UE)驅動。三種轉換小型細胞基地台的 BSs 狀態分別是，1.小型細胞基地台控制的睡眠模式，2.核心網路控制的睡眠模式，3.用戶設備控制的睡眠模式。以下將描述這三種模式運作方式。

小型細胞基地台控制的睡眠模式，通過足夠的基本 macrocell 覆蓋的存在，小型細胞基地台硬體可以與低功耗的聆聽模式(sniffer)能力搭配，其允許用戶設備偵測當前訊號。小細胞可以承受禁用試點變速箱和相關的射頻處理(SL 狀態)，當沒有活躍的呼叫正在由用戶設備在其覆蓋範圍。當位於小細胞嗅探器的感應範圍內的一個用戶設備連接到宏蜂窩(macrocell)，嗅探器檢測在上行頻段接收功率上升。如果接收到的信號強度超過門檻值，檢測到用戶設備為夠接近小型細胞基地台的覆蓋範圍。此時，小型細胞基地台轉換到就緒狀態狀態，並開啓其處理和信號傳輸硬體單元。如果用戶設備被允許訪問小型細胞基地台，則從 macrocell 換手到小型細胞基地台(此動作稱為 inbounded mobility)否則，小型細胞基地台恢復到休眠模式。換手過程完成後，小型細胞基地台提供用戶設備服務，直到它的連接將被終止後，則可以切換到休眠模式。此過程用戶設備需要在 macro cellular 的覆蓋範圍，因為它依賴於用戶設備到 macrocell 的傳輸檢測。基於聆聽模式(sniffer)的休眠模式，要求每個連接都需要 macrocell、small cell 的換手。用戶設備與 Macrocell 連線中，隨著越來越靠近 Femtocell，Femtocell 接收到的訊號強度越來越強，超過一定的門檻值之後，則啓動 Femtocell。執行這程序的過程，一開始 Femtocell 處於靜止待機(IDLE)狀態，接著 Femtocell 打開量測訊號功能，並量測是否範圍內有手機手用者。若偵測到範圍內存在手機使用者，則將 Femtocell 打開，並開始準備與手機使用者連線。手機使用者從 macrocell 換手至 Femtocell 進行服務，直到手機使用者中斷服務，Femtocell 轉換成待機模式(IDLE)，並且關掉一些功能。

核心網路的控制睡眠模式與小型細胞基地台控制的不同的是，核心網控制的睡眠模式不需要小型細胞基地台控制中的檢測戶設備 sniffer，小型細胞基地台的狀態轉換，是透過核心網路的後端喚醒封包(wake-up control message)控制。連接成功後，設置相應的 macrocel 服務用戶設備，並確認是否有任何可服務用戶設備的小型細胞基地台在相同 macrocell 區域。這可以通過 LTE 網路的移動性管理實體(MME)，假持用戶設備的上下文信息，並進行檢查。相關的小型細胞基地台允許用戶設備連接，然後發送喚醒封包，通過後端網路轉換小型細胞基地台的用戶設備狀況和服務用戶設備。中央控制能根據 macrocell 流量用戶設備使用情形等資訊，做出最佳的決定。核心網路的驅動方式允許，利用用戶設備的位置估算(或定位)，進一步提高決策的效率。

用戶設備控制的睡眠模式，第三種方法是用戶設備控制的睡眠模式，廣播喚醒(wake-up)訊息，以喚醒在其範圍內的小型細胞基地台基站。小型細胞基地台在睡眠狀態(SL)時，保留從用戶設備收到喚醒訊息的能力，在任何時間內接收到該訊號，則狀態轉換至就緒狀態(RE)。用戶設備的廣播訊息，也可以包含對封閉模式(close mode)的小型細胞基地台，喚醒已註冊用戶設備的標識信息。此爲另一種實現策略，該解決方案可以以不同的方式實施。用戶設備可以不斷廣播定期的喚醒訊息，任何小型細胞基地台在睡眠狀態(SL)，當用戶設備接近時則轉換至就緒狀態(RE)。但此方法，會加速用戶設備的電池消耗。該實施做法降低了節能量，因爲小型細胞基地台將花更多的時間處於就緒狀態(RE)監聽用戶設備的喚醒訊號。而其它的替代方案，則是當用戶設備有需求時，再廣播喚醒訊息，如較高資料傳輸速率需求、macrocell 覆蓋降低等。用戶設備可以廣播試圖喚醒範圍內的任何小型細胞基地台。這使用戶設備喚醒任何小型細胞基地台，然後再通過一個小型細胞基地台直接連接。這將獲得較佳的節能，因爲能讓小型細胞基地台較常保持在睡眠狀態(SL)，當有需要時再將小型細胞基地台喚醒。用戶設備控制睡眠模式的優點是，用戶設備控制的方法不需依賴於 macrocell 覆蓋下來切換小型細胞基地台的開或關，而此種方法，可以解決用戶設備處於 macrocell 死角的問題。對於核心網路間的信令消耗亦降低，用戶設備所發出的訊息，也能做為驗證訊息，如此一來，小型細胞基地台切換到就緒狀態(RE)後，可以直接連線。

12-3　綠能智慧電網

在能源使用上，大約 20%的發電力是為了達到尖峰時段的需要量而存在，且尖峰時段只佔 5%的時間，而當能源沿著傳輸線時，大概有 8%的能源耗損，除此之外，由於資訊產業的異質拓樸，導致現今電網骨牌效應式的錯誤，而造成傳遞效率低落。在本質上，智慧電網(Smart Grid)提供公共產業需要的充分可見度以及對資產跟服務普及的控制，隨著放寬對分散是能源市場的管制，能源生產、分散，以及消耗之間的溝通，是組成有效率的控制網必要的因素。智慧電網應該與現存電網共存，以漸進的方式增加它的能力、功能性、以及生產力。智慧傳網的特點是自給自足，效率和友好的環境。負擔得起的替代能源資源的實施，應滿足電力需求的增長，增加節約能源，通過在電力傳輸技術和系統運行，因為對基礎驅動力要有挑戰及克服的能力。變電站裡的一些設備接裝有感測節點來監控，自動化的電力線監測，便可得到立即的測量。智慧電網將供電端到用電端的所有設備，透過感測器連接，形成綿密完整的用電網路，並對其中資訊加以整合分析，以達到電力資源的最佳配置，藉此降低成本、提升可靠性、提高用電效率。在油電價格飆升的時代，將資訊科技技術與傳統電力配送系統結合的智慧電網，將可成為節能的最新解決方案，採用智慧電網，不僅主管機關得以對用戶的用電情形得以完全掌握，個別用戶也可以透過自家電表，掌握全城的用電情形，為自家用電進行合宜規劃。表 12.2 列出現今電網與智慧電網之差異。

表 12.2　現今電網與智慧電網之比較

現今電網	智慧電網
單向通訊	雙向通訊
集中式能源調配	分散式能源調配
無法監控	自我監控
手動/近端查驗	自動/遠端查驗
有限的控制幅度	廣闊的控制幅度
顧客選擇性少	顧客選擇性眾多
故障時手動修復	故障時自我療癒

採用智慧電網(Smart Grid)後，未來電價將不再只是單一費率，而會隨著白天、傍晚與凌晨時段的不同有所差異，電力公司可以根據用智慧電量進行差別訂價，用戶也可以針對不同價格，從事不同的電力消耗活動，用戶可自行上網查看家裡的用電狀況，並依據「時間電價」，選擇在最便宜的費率時段，使用各項電器用品，甚至在遠端就可以對家電進行監控，像是回家前降低空調溫度等。如果家裡屋頂裝有太陽能板的發電系統，你還可以把白天產出的電力，賣給居家附近的電力公司，由圖 12.12 來看，從傳統電表、自動讀表電表(autonated metering reading, ARM)、智慧電表系統(automated metering infrastructure, AMI)一直發展到智慧電網(Smart Grid)，在資產的投資報酬率是越來越高。

在智慧電網中所採用的智慧電表系統(AMI)，可在分散式網路中讀取消耗的紀錄，緊告，跟用戶住宅的遠程監看，自動讀表電表(AMR)的能力只有讀電錶資料，不具有對於接收到的資料有正確處理的能力，所以不能用來輔佐智慧電網。智慧電表系統(AMI)是一個系統根據要求或按照日程安排、測量、收集和分析能源使用，並且具有電表裝置通訊，例如電錶，煤氣表，熱量表和水錶等計量裝置。完整的智慧電表系統包括硬體、軟體、通訊、能源消費顯示和控制器、客戶相關的系統、儀表數據管理(MDM)軟體和供應商的業務系統。

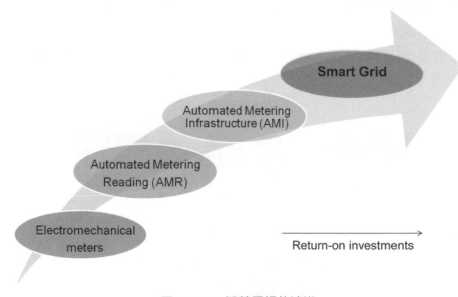

圖 12.12　智慧電網的演進

智慧電表系統中，測量設備和業務系統之間所組成的網絡，可以蒐集與發佈電量使用資訊到客戶、供應商、公用事業公司和服務提供者，這使這些企業參與需量反應(demand response)服務。消費者可以使用系統提供的訊息，改變他們的正常消費模式，以較低的價格優勢，可用於定價，遏制消費高峰的增長。需量反應(demand response)被定義為「終端用戶從正常消費模式中改變電力使用，以回應隨時間改變的電價，或在高零售市場價格或系統可靠度損害時，抑制電力使用的補助」。需量反應(demand response)是一套資訊系統，藉著動態與及時的資訊流與電力流雙向溝通，平抑尖峰用電及改善離峰發電過剩等現象，而智慧網的概念從 AMI 出發，去改善需求方的管理及能源使用效率，以及自我療癒的電網去改善可靠供給，且回應天災及惡意破壞。智慧電網准許消費用戶與能源管理系統互動去調整他們的能源使用及花費，智慧電網可預測可能到來的錯誤，並且做出正確的行為，去避免或是緩和系統產生的問題。此外如果系統中發電機或電廠發生斷電情況，智慧電網也可以自動偵測最關鍵的損壞區域，進行簡易故障排除、甚至在維修人員進行修復時，自動化尋找替代供電路線，確保用戶端服務不受影響，把斷電的傷害降至最低，稱為自我療癒功能。

圖 12.13 描繪出智慧電網的理念，分為最下層的最基礎的驅動力(包括能源以及基礎設施等等)，中間的智慧電網的重要功能，以及智慧電網的特點。智慧電網的重要功能中，智慧傳輸網路(Smart transmission network)具有良好的設備維護性、良好的電力調配彈性與高效率的電力傳輸表現。智慧控制中心(Smart control center)可即時的進行預知性的模組及安全性的分析，具有前瞻性且適應的防護設置，與客製化的市場運作資訊。智慧變電所(Smart substation)具有自動化操作、可自動適應的防護、可再生能源整合、智慧需求管理。

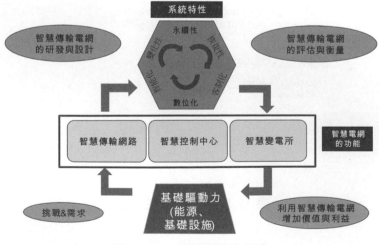

圖 12.13　智慧電網的理念

　　智慧傳輸網路(Smart transmission network)是高效率、高質量地傳輸網絡，在智能傳輸網絡的概念，超高電壓，大容量輸電通道可以連接主要區域互連。在每個區域聯網，遠距離傳輸是通過使用可控的高容量的 AC(alternating current)和 DC(direct current)設施，靈活的可控性，提高了傳輸的可靠性和資產使用通過利用進階的電子電力，在智能傳輸網絡中靈活可靠的傳輸能力，可以促進先進的彈性交流輸電系統(flexible AC transmission system, FACTS)，高壓直流(high-voltage direct current, HVDC)裝置，和其他電力電子技術為基礎的設備，彈性交流輸電系統裝置在網絡的傳輸提供了一個靈活的控制和傳輸網絡，在沒有新的輸電線路情況下還能增加能量轉移，如此可廣泛的使用進而提供了經濟和可控性，替代長途高壓直流輸電線路和高容量的交流線路，及大型風電場的電力傳輸和整合。智慧傳輸網路具有自我修復和穩定的輸電，輸電設施的參數和運行條件的基礎上，在服務之前它可以自動檢測，分析和應對出現的問題影響，先進的傳輸設備維護，可用於住、行維護，清潔和除冰導體，清潔和潤滑運動部件，打開和關閉，更換墊片／阻尼器，斷開／連接斷路器，擰緊或更換螺栓，安裝傳感器和測量設備。這減少了災難性故障和維修費用，並提高了傳輸系統的整體可靠性。智慧控制中心(Smart control center)有以下三點功能，可監視性、可控制性、電力市場的互動性。智慧控制中心使電網系統增加了可監視性，在現今在控制中心的監控系統中，資料收集主要是以 SCADA(supervisory control and data acquisition)系統以及遠程終端控制系統，然而在未來，資訊的獲得將是由 PMU(phasor measurement unit)，PMU 適用於瞬間電力事故的故障錄波及電網穩定度同步監測。作為比較，目前的系統需要額外的運行時間是不太可靠的，因為從 RTU(remote terminal unit) 收集的數據不同步，且拓樸檢查和不良資料檢測必須作出巨大的努力。智慧控制中心提供高度控制性，現今的控制中心，最基礎的控制行為是離線作業的分離，且缺乏合作性的防護跟系統控制，在未來系統的分離，可在動態的系統立即完成，獲得更好的效能，且未來的控制中心，可同時控制多個分散在系統下的設備之間，作最佳的合作。智慧控制中心同時也讓電力市場具有互動性，沒有實現較高的市場效率的話，智能電網將不會被稱為"智能"，電力市場的不斷變化，需要控制中心，以適應市場成長過程中的動態轉變。控制中心應提供更複雜的工具，以方便系統運營的能力，監測和減輕市場能源。如圖 12.14 所示，其描述一整智慧電網會發生的行為。

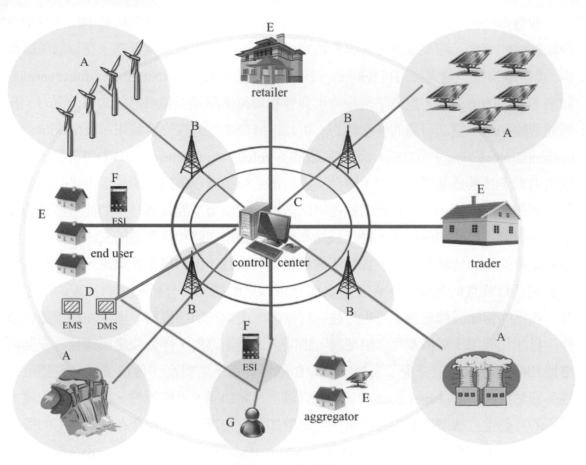

圖 12.14 智慧電網

　　在圖 12.14 中，A 將產生出來的能源會經由 B 的部分來幫忙傳輸，再經由 C 來作分配，其中 B 和 C 的運作維持和需要靠 D 部分來監控管理。E 代表了市場，智慧電網裡的能源買賣就在這部分，E 需要和 A 做來購買能源且再將之轉販賣給 retailer，E 部分裡的 retailer 則是會將購買的能源再轉售給使用者，其中具有一些自足供應的電能的家庭(aggregator)，可將其一些分散能量資源(Distributed energy resource, DER)產生的電能再轉販賣給需要的人使用。F 部分主要是提供 service 的服務，所以需要個能源服務介面(Energy services interface, ESI)介面作為使用，所以主要通訊的對象有 G(客戶端)和 D(向 D 取得一些用電資訊，例：智能電表情況，帳單查詢等)，G 的部分，主要是消費者消費行為，首先必須先透過使用者和能源服務介面部分做操作，且和 E(市場端)作通訊，再來需要和 D(運作端)還有 C 作為完善的分配和管理，將能源做正確的轉移。

12-4 綠能應用

　　第三代合作夥伴計劃(3rd Generation Partnership Project, 3GPP)標準中，因應市場需求，已展開 MTC(Machine-type communication)的討論。在系統架構列出 MTC 的服務需求後，無線存取網路(radio access network, RAN)工作小組也啓動了 MTC 的研究階段，其主要討論無線存取網路在支援 MTC 的各項應用時，對於現有無線存取協定的影響。在 MTC 下將可能造成瞬間短暫大量 Burst traffic，行動資料量的遽增，尤其針對行動接取網路可能造成瞬間超載負擔，衍生行動接取網路的資料超載所產生出許多網路議題，如封包遺失、不可預期的延遲，網路無法提供服務，然而多建置行動基地台數量爲一個可行的解決方法，但是針對能源消耗卻是一大負擔，如何導入綠能觀念，因應 MTC 產生巨量行動資料量，綠能接取網路設計是一大研究議題。感知無線電具有高動態頻譜使用、高適應性、高自發性、高自主性特性，這些感知特性可以讓無線電頻譜提高使用效率以及有效的能源使用。另外，感知無線電技術，也被稱爲綠能通訊的一個有效解決的方法，感知無線電利用動態感知環境的狀態，如電力來源、剩餘電量、電池生命時間，提供精密的有效能源決策與管理，進而做出最佳的使用資源決策，解決因通訊所造成的能源問題。感知無線電更可廣泛應用於多種無線通訊網路環境，如具感知之行動載具和行動接取網路，提供更具智型的綠能通訊環境。其它特定網路之綠能研究方向，如綠能車載網路、綠能行動網路、綠能感測網路也是深具研究價值。

　　由於綠能資通訊技術針對要提高設備的運作效率，其運用在設備中的程序和方法，自然成爲減少能源消耗，降低排碳量的關鍵之一。綠能運算(Green computing)主要的目的是要結合三方面的考慮因素，包括使用者、地球自然資源、使用效益。現在的資通訊系統都是使用經過複雜結合使用者、網路、硬體等資訊來進行運作，因此，綠能運算的提倡必須要和自然界方面的系統相關，以及能夠處理日漸增加的高精密度問題。綠能運算或是綠能資通訊源自於對於環境能夠有支撐的計算或是資通訊。不論是設計、生產製造、使用、配置電腦、伺服器和其餘的器材與系統包含螢幕、影印機、儲存設備、網路和通訊系統，這些都必須要讓他的能夠達到最佳的效率，並且對於環境要有最小化或是完全沒有影響；這一切的需求使得電腦虛擬化的概念得以被重視。電腦虛擬化的概念可以讓一個系統在一個硬體中同時跑兩個或是多個邏輯電腦系統。有了虛擬化技術，系統管理員能夠結合多個實體系統到一個強大的虛擬機器中。這可以減少電量消耗以及冷卻系統的使用。在完全虛擬化，虛擬機模擬足夠的硬件允許在獨立運行未修改的"客串"操作系統(相同的指令集設計)，如圖 12.15 所示。在硬件輔助虛擬化，硬件提供建築的支持，有利於建立一個虛擬機監視器，並允許獨立運行客戶機操作系統。如此可讓使用者利用終端連結到中央伺服器使用，所有的計算會在中央伺服器完成，使用者在終端部分只會使用到操作系統而已。這些可以結合只要使用到 1/8 能量的客戶端，來減少整體能源使用以及消耗。這些概念也使得雲端計算(Cloud computing)技術被運用在綠化節能的應用上。

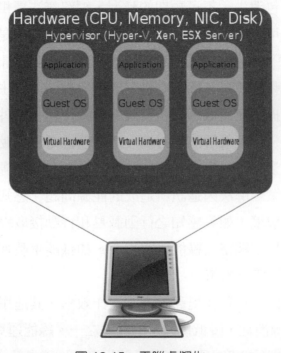

圖 12.15　電腦虛擬化

　　雲端計算(Cloud computing)也廣泛的被運用在達到綠化節能方案上，如綠能雲端計算議題。諸如公共雲的資源可以有更高的利用率，從而提高電力運用效率。藉由雲計算，可以為系統中電力使用，達到最佳化的分析與運用，大幅度地減少輸電線路的功率損失，是以雲計算已經成為一種新的綠能運用技術，而帶來更高的能源運用效率，圖 12.16 展現出雲端運算技術的涵蓋面。在資通訊產業邁向綠能運用的過程中，藉由從外部的材料、硬體方面改善，到軟體執行的最佳化與改進，這些技術包含延長產品的生命週期、軟體與設備的最佳化、能源管理方法、廢棄材料回收、遠距離通訊等等技術，透過這些技術，不但可以讓設備或是系統擁有高效率的處理與執行，更可以減少產生的廢棄物與溫室氣體，不但能增加產品的使用率，也可以避免環境的汙染，讓整個地球生態能夠更好

圖 12.16　雲端運算技術的涵蓋面

　　由於感測器、通訊與網路技術成熟，使各式機器連結通訊網路，人類也連結通訊網路。因此接著就是物體與物體之間相互連結。物聯網有著廣闊的前景，舉凡應用於綠色經濟、低碳經濟、環保技術、防災監控、智慧交通、生物醫藥等，這些涉及未來環境和人類生活的一些重要領域，提供無所不在的全方位服務。對於要達到更有效的碳排放追蹤，物連網(Internet of things)是一個相當不錯的解決方案。物聯網允許的人與事，以連接任何時候、任何地點、任何事情、任何人，最好使用任何路徑／網絡和任何服務。這意味著計算、通訊、和人事物與物之間的無縫互連的背景下連接。無線電頻率識別(RFID)是一種使用無線電波傳輸，稱為 RFID 標籤或標籤，電子標籤的數據附加到一個對象，通過讀者為對象的識別和追蹤目的。在一個以 RFID 所組成的網路中，節點將被用於檢測各種條件，如壓力、振動、溫度等，收集到的數據訪問定制的使用趨勢，有利於維護規劃，於整個供應鏈中使用 RFID 技術，可達到減少二氧化碳排放量，設備和物聯網技術在綠色相關的應用和保護環境的利用率，在未來最有前途的細分市場之一。因此，無所不在的智能設備、無線通信、協同工作的設備，傳感

器和執行器混合動力和隨建即連網路網絡,以改善我們的生活質量,和一貫減少地球上的人類生態環境的影響。

對地球暖化危機與資源耗竭問題,各國政府與相關廠商皆積極關注綠色政策與規範、低碳能源、節能技術,以及節能應用服務等綠能議題。資通訊產業實為能源消耗以及二氧化碳排放的大宗,也因此各國在推動節能減碳政策上,將綠化資通訊產業列為優先推動項目。但同時資通訊產業也是節能減碳的推手,透過積極的作為達到綠化資通訊產業,減少其能源的耗用,透過 IT 本身無遠弗屆的特性與資訊蒐集的優勢,對節能減碳有直接正面的貢獻。是以資通訊產業以低碳運作的趨勢在世界各地迅速發展,而綠能資通訊技術在節約能源與改善運作效率上,更是有舉足輕重的影響,透過綠能資通訊技術有效掌握了資通訊產業運作的情況,進而提高了環境管理與能源效率。綠能資通訊技術融合通訊、網路、電網,而提出在能源與環境效能上量測與改進的共通性方法,促進低碳經濟,以展現綠能資通訊技術解決方案在能源智慧使用與高效率的使用,使科技與氣候、能源政策、經濟發展之間更緊密連結,達到永續性經營與節能減碳的方案。

習　題

1. 請問一個典型的移動裝置網路，不包括電力消耗用戶的手機，約可消耗多少的功率？

2. Base station 為了提高頻譜效率和數據速率常常忽略的目的為何？

3. 請說明從 GSM 演進到 2.5G GPRS，實現了電信業者那些傳輸的方式。

4. 請列出 Base station 的系統架構？

5. Base station 的系統架構中，何者在消耗最多的功率？

6. 請列出 cell zooming 技術的優點。

7. 請列出 small cell 的種類。

8. 請列出 Macro-cell 特性。

9. 為何頻譜使用率越有效，越能降低能源消耗？

10. 請說明下列做法的節能原因(1)提升頻譜使用率；(2)在同功率下能傳輸較多資料量；(3)當不使用傳輸或接收功能時，關閉傳輸收器來省電。

11. 請列出為用戶合作技術的優點。

12. 請說明用戶自佈署的 small cells 缺點。

13. 請列出 small cell 控制的睡眠模式。

14. 請列出 small cell 控制的睡眠模式特性。

15. 在感知無線電中有兩項困難的問題，一項是偵測可使用的頻段空隙可靠度，另一個是什麼呢？

16. 於 IETF 6LoWPAN 的標準中，是將什麼的觀念帶入 Sensor Network？

17. 在電力沿著傳輸線傳送時，大概有多少能源耗損，導致資源上的浪費？

18. 在智慧電網的架構中，請列出電網架構下的主要要素。

19. 在使用電力線的傳輸方式來傳送資料，具有哪些的優勢？

20. 智慧電網並非是一個全新獨立的系統，請問是以何者為基礎向上做改善及補足？

參考文獻

[1] T. Edler, "Green Base Stations ─ How to Minimize CO2 Emission in Operator Networks," Ericsson seminar, *Bath Base Station Conf., 2008.*

[2] H. Holma and A. Toskala, *LTE for UMTS, Wiley, 2009.*

[3] [22] G. Fischer, "Next-Generation Base Station Radio Frequency Architecture," *Bell Labs Tech. J., vol. 12, no. 2,* 2007, pp. 3─18.

[4] K. Bumman, M. Junghwan, and K. Ildu, "Efficiently Amplified," *IEEE Microwave Mag., vol. 11, no. 5, Aug.* 2010, pp. 87─100.

[5] P. Wright *et al.,* "*A Methodology for Realizing High* Efficiency Class-J in A Linear and Broadband PA," *IEEE Trans. Microwave Theory and Techniques, vol. 57,* 2009, pp. 3196─3204.

[6] K. C. Beh *et al.,* "*Power Efficient MIMO Techniques for* 3GPP LTE and Beyond," *Proc. IEEEVTC Fall, Anchorage,* AK, Sept. 2009.

[7] I. Krikidis, J. S. Thompson, and P. M. Grant, "Cooperative Relaying with Feedback for Lifetime Maximization," *Proc. IEEE ICC 2010 Wksp. E2NETS, Cape Town, South* Africa, May 2010.

[8] J. N. Laneman, D. N. C. Tse, and G. W. Wornell, "Cooperative Diversity in Wireless Networks：Efficient Protocols and Outage Behavior," *IEEE Trans. Info. Theory,* vol. 50, no. 12, Dec. 2004, pp. 3062─80.

[9] J. Zhang, L.-L. Yang, and L. Hanzo, "Power-Efficient Opportunistic Amplify-and-Forward Single-Relay Aided Multi-User SC-FDMA Uplink," *Proc. IEEE VTC Spring,* Taipei, Taiwan, May 2010.

[10] Green Power for Mobile, GSMA, "Community Power Using Mobile to Extend the Grid". Available：http：//www.gsmworld.com/documents/gpfm community power11 white paper lores.pdf

[11] Alliance for Telecommunications Industry Solutions, "ATIS Report on Wireless Network Energy Efficiency", ATIS Exploratory Group on Green (EGG), Jan. 2010

[12] European Telecommunications Standards Institute, Environmental Engineering (EE) Energy Efficiency of Wireless Access Network Equipment, ETSI TS 102 706, v1.1.1, Aug. 2009

[13] A. P. Bianzino, A. K. Raju, and D. Rossi, "Apple-to-Apple：A framework analysis for energy-efficiency in networks," Proc. of SIGMETRICS, 2nd GreenMetrics workshop, 2010

[14] T. Chen, H. Kim, and Y. Yang, "Energy efficiency metrics for green wireless communications," 2010 International Conference on Wireless Communications and Signal Processing (WCSP), pp.1-6, 21-23 Oct. 2010.

[15] Zhisheng Niu, Yiqun Wu, Jie Gong, and Zexi Yang, "Cell zooming for cost-efficient green cells," IEEE Communications Magazine, vol.48, no.11, pp.74-79, November 2010.

[16] J. T Louhi, "Energy efficiency of modern cellular base stations," 29th International Telecommunications Energy Conference (INTELEC), 2007, pp.475-476, Sept. 30 2007-Oct. 4 2007.

[17] R. Lu, X. Li, X. Liang, X. Shen, X. Lin ,"GRS：The Green, Reliability, and Security of Emerging Machine to Machine Communications, " IEEE Communications Magazine Vol. 46 iss.4 , April 2011

[18] D. Niyato, L. Xiao, P. Wang, "Machine-to-machine communications for home energy management system in smart grid, " " IEEE Communications Magazine Vol. 46 iss.4 , April 2011

[19] S. Tompros, N. Mouratidis, M. Draaijer, A. Foglar, H. Hrasnica, "Enabling Applicability of Energy Saving Applications on the Appliances of the Home Environment " IEEE Network, Nov./Dec. 2009

[20] J. Byun, S. Park, "Development of a Self-adapting Intelligent System for Building Energy Saving and Context-aware Smart Services, " IEEE Transactions on Consumer Electronics Vol. 57 No. 1, Feb. 2011

WNMC

Chapter 13

行動計算

13-1 行動與無線

隨著無線通訊技術的發達，使我們能夠在無線網路覆蓋範圍內，任意移動都可以連上網路取得各種服務，也就是不需要依靠實體的線路就能上網取得服務，因此有了行動計算的概念。本節將簡單介紹無線通訊的種類，接著介紹行動(Mobility)的意涵，並從計算機(Computer)的歷史演進，探討行動與計算的關係，解釋行動計算的意義。

一、無線(Wireless)

「無線」爲不需要實體的線路，以無線電波做爲傳遞介質，在覆蓋範圍內的地方移動，都可以不用透過實體線路連上網際網路，因此無線技術的發展使行動計算的服務能夠愈來愈進步。根據通訊距離無線網路可概分爲無線個人網路、無線區域網路、無線都會網路、無線廣域網路。以下分別介紹上述各種無線網路：

1. 無線個人網路(Wireless Personal Area Network, WPAN)：短距離的傳輸，傳輸範圍相當一個人的移動範圍，約一公尺到十公尺，標準爲 IEEE 802.15，傳輸協定包含藍芽、Zigbee、NFC、UWB。

2. 無線區域網路(Wireless Local Area Network, WLAN)：傳輸距離比 WPAN 長，傳輸範圍爲辦公室或校園，標準爲 IEEE 802.11n，傳輸協定如 Wifi。

3. 無線都會網路(Wireless Metropolitan Area Network, WMAN)：傳輸範圍爲涵蓋一個或數個城市，傳輸協定如 WiMAX。

4. 無線廣域網路(Wireless Wide Area Network, WWAN)：傳輸範圍可橫跨國家或不同的城市，傳輸協定如 3G、LTE。

二、行動(Mobility)

行動(Mobility)爲移動之意，包括被動與主動的移動。被動的移動，如：紙本的書被人帶著走，供讀者閱讀與查找資料；電子化的字典放在使用者的口袋被帶著走。主動的移動，如：公車，捷運，火車等交通工具搭載乘客到目的地；美國 iRobot 公司出產的軍用掃雷機器人及掃地機器人，具有自主的移動能力。

三、計算(Computing)

　　「計算」即為設計硬體或軟體系統，將輸入的資料轉換為資訊與知識，進而變為智慧與智能。提供我們有用的資訊，達成特定的目的。具有「計算」的硬體裝置稱為計算機或電腦(Computer)。「算盤」大概可以說是最古老的計算機，取代數手指頭算數的方式，節省大量計算的時間；古希臘人在西元前一百年發明了一種名為安提基特拉機(Antikythera Mechanism)的天文電腦，由許多青銅齒輪組成，用來計算天體的運行週期；西元 1623 年，德國科學家 Wilhelm Schickard 發明了能夠計算 6 位數加減的計算機；到了 1890 年代，打孔卡片計算機開始盛行，運作原理為在卡片上打孔以儲存資料，計算機讀取卡片後能夠自動計算大量的資料，當時最大的製造公司為現今的 IBM 公司，直到數十幾年前的程式設計師仍然必須將程式碼寫在打孔卡輸入到電腦執行；到了 1936 年，美國科學家 John Vincent Atanasoff 及 Clifford Berry 發明了第一部電子電腦 Atanasoff–Berry Computer，如圖 13.1，由真空管及繼電器的電路組成，不過並沒有可程式化(Programmable)的功能；1946 年美國陸軍發展出第一部可程式化的通用型電子計算機 Electronic Numerical Integrator And Computer，簡稱 ENIAC，如圖 13.2，重達 27,000 公斤，體積需要相當於一個大型的房間。

圖 13.1　第一部電子電腦 Atanasoff–Berry Computer [1]

圖 13.2　第一部可程式化通用型電腦 ENIAC [2]

　　到了 1960 年代，Intel 公司發明了由積體電路所組成的微處理器，縮小了電子計算機的體積，成本也降低許多；1980 年代之後個人電腦開始盛行，接著筆記型電腦也開始發行，更有科學家如 Steven Mann 開始研究可穿式電腦，如圖 13.3，例如穿在身上或戴在頭上，企圖使電腦更貼近我們的生活。直到今日，從平板電腦及智慧型手機的廣泛使用，如圖 13.4 為宏達電 hTC J 及圖 13.5 為 Apple New iPad，我們可以發現電腦的體積愈來愈小，計算能力也愈來愈強，使我們可以拿在手上帶著走，需要時馬上可以使用，這是「行動計算」能夠蓬勃發展的主要原因之一。

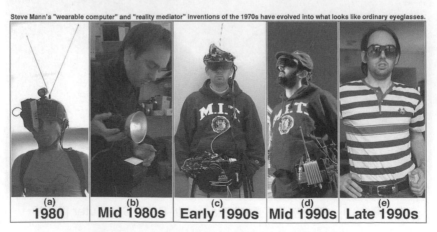

圖 13.3　Steven Mann 發明可穿式電腦 [3]

圖 13.4　hTC J [4]　　　　　　　圖 13.5　Apple New iPad [5]

四、行動計算(Mobile Computing)

　　透過行動載具將資訊運算後呈現給使用者，使用者能夠隨時隨地得到想要的資訊。例如：使用者到陌生的地方旅遊，能夠透過網路連上 Internet 使用位置導覽服務，得知所在位置附近的旅遊景點或加油站。

　　「行動」可概分為非載具類與載具類，載具又稱為行動載具(Mobile device)，包含行動電話(Cellphone)、智慧型手機(Smartphone)、掌上型電腦(PDA)、筆記型電腦(Laptop)、平板電腦(Tablet)等。行動載具若使用無線通訊技術，便可以在無線通訊網路覆蓋範圍內，連上網際網路，存取資料，或是取得網路服務，例如：收發電子郵件、社群網絡等雲端應用。以下分別介紹各種行動(Mobility)的類型：

1. 非載具類。例如：紙本的書、廣告宣傳單，可以放置的內容最少。

2. 內容僅放在載具上，無法連上網路。例如：計算機、電子辭典、數位隨身聽、掌上型電玩、個人導航裝置、數位相機、數位攝影機。

3. 提供簡易載具(Thin Client)，本身無儲存空間及運算能力，內容沒有放在載具上，應用程式與資料皆放在網路或後端的系統，可透過無線網路連上 Internet 進行使用或存取資料，因為無儲存空間及運算能力所以成本低，適合放置公共場所。例如：HP 出產的精簡型電腦系列。

4. 載具透過無線網路連上 Internet，可互相傳遞資訊，也就是 Client/Server 架構，Server 端負責接收來自各個 Client 端的行動載具傳來的要求(Request)，Server 端經過計算後把結果回傳給 Client 的行動載具。隨著科技發展，愈來愈多行動載具可以連上無線網路，透過 Client/Server 架構得到更方便的服務。例如：SONY 公司出產的掌上型電玩(PSP 或 PS VITA)，透過網路連線到遊戲開發商的 Server 端，Client 端的玩家可以與其他玩家連線對戰，或更新為遊戲最新版本。

5. 載具、無線網路與雲端，行動載具透過無線網路使用雲端服務，為分散式運算的延伸。例如：Dropbox 雲端硬碟提供網路空間，使行動載具可以上傳與存放資料，可以根據需求選擇不同的網路空間大小。

6. 資訊帶著走，是資訊的移動而非載具的移動，無論在任何時間、地點，都可以透過多元化的載具取得需要的資訊。多元化的載具表示任何地方的物體都可能可以當作載具使用，因此不需要隨身攜帶載具，直接使用附近的載具取得需要的資訊。

「無線」為不需要實體的線路，以無線電波為傳輸介質，無線技術造就了行動計算的發展，「行動計算」透過行動載具將資訊運算後呈現給使用者，使用者能夠隨時隨地得到想要的資訊。行動計算概分為載具類與非載具類。非載具類即為一般實體的紙本資料，載具類即透過載具或稱為行動載具，能夠將大量的資料放在上面，讓人移動攜帶使用，若能連上網際網路，可以得到更多服務，例如：資料更新或資料儲存在網路，架構可能為 Client/Server 及雲端網路。未來的目標希望資訊能夠不透過載具移動，在任何地方都能夠以附近的物體當作載具取得服務。

13-2　行動化

本節將簡單介紹無線通訊的種類以及從「行動」與「計算」的意義來解釋「行動計算」的基本概念以及分類。使用定位技術(Localization)、位置感知計算(Location-Aware Computing)、情境感知計算(Context-Aware Computing)等方法，實現行動計算的過程稱為行動化(Mobilization)，以下介紹這些方法：

1. 定位技術(Localization)：定位是行動計算很重要的一個部分，使用者在移動或旅行時，常常需要根據自己的所在處，取得這個位置的相關資訊，例如：附近的旅館或加油站。定位技術可分為一般定位與室內定位，一般定位為透過全球定位系統(GPS)來測量所在位置，但沒辦法在室內使用，室內定位必須透過 3G、WiFi、RFID(Radio Frequency IDentification)等定位方法，才能測量在室內測量所在位置。

2. 位置感知計算(Location-Aware Computing)：根據使用者的即時位置，給予特定的資訊或服務。透過定位技術知道使用者的位置後，提供與該位置有關係的位置資訊。例如將位置資訊傳給 Google Map 網路服務，便可以看到該位置的 3D 街景圖，也廣泛使用在導航系統，提供安全的行車路線規劃，推薦附近的相關景點。

3. 情境感知計算(Context-Aware Computing)：即為無所不在的運算或普適運算(Ubiquitous Computing 或 Pervasive Computing)，結合定位與感測技術，提供與使用者更多與周遭環境有關的資訊或建議，即為上節提到的第 6 種行動計算，資訊不再透過載具移動，但資訊會隨著使用者而移動，方便使用者隨時使用服務，例如在博物館內，系統可以根據使用者在室內的位置，即時提供適合的導覽介紹及參觀路線。

不過，行動計算目前有三大限制[11]。第一個限制為無線網路的限制，包含了異質網路中的換手，以及行動裝置可能無法隨時連上網路造成高頻率的斷線與網路頻寬的限制。第二個限制為行動裝置的限制，由於電池電力有限、硬碟或記憶體的容量有限，以及手機遭到竊取或遺失的不可依賴性與手機時常沒電關機的不可使用性所造成。第三個為行動架構上的限制，目前還沒有完善的行動感知(Mobility-Awareness)應用程式架構及系統架構能夠充分支援行動計算的環境。

定位技術是行動計算重要的基礎，他能夠知道移動中的使用者的即時位置，有了定位技術之後，才能提供位置感知計算的服務，提供即時位置相關的任何資訊，例如：附近景點路線查詢。隨著智慧型手機的普及，位置感知計算漸漸發展成熟，有許多方便的導航服務能夠使用，未來發展的方向為情境感知計算，資訊會跟著使用者移動，隨時隨地都能夠服務使用者。

13-3　行動計算架構

本節將介紹目前常用的兩種行動計算架構，分別是單機版、Client/Server 及雲端網路行動計算的架構，能使讀者能更了解行動計算的運作過程：

一、單機版行動計算架構：

單機版行動計算的載具從工廠生產的時候，就已經把功能和內容寫在裡面，但不具有連網的功能，所以使用者拿到成品時，無法透過網路下載軟體改變其功能與內容。如圖 13.6，大致可以分為電子產品類及非電子產品類。電子產品類載具由電子製造商生產，又可分為多媒體類、查詢類、計算類。多媒體載具類，例如：隨身聽、掌上型電玩、相機、攝影機等。查詢類，例如：早期單機版的電子字典，計算類即電子測量工具如碼表、計算機、電子秤等，這些都是電子類的單機載具。而非電子類載具可分為內容類及計算類，內容類即出版商印刷的紙本內容如字典、廣告傳單、書籍等，計算類即為傳統製造商生產的非電子計算工具如算盤、磅秤、圓規、尺等。使用者能夠隨身攜帶這些單機版的行動載具，進行計算與查看內容但無法連上網路更新功能與資料。

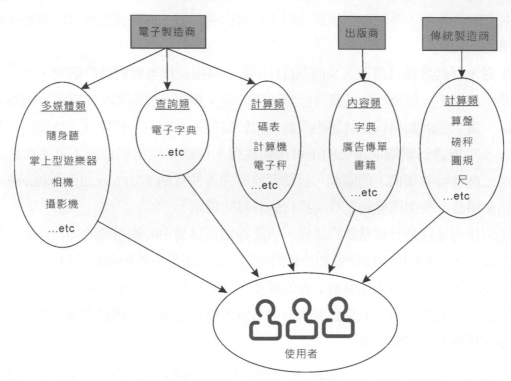

圖 13.6　單機版行動計算架構

二、Client/Server 行動計算架構：

如圖 13.7，使用者可利用平板電腦(Tablet)、筆記型電腦(Laptop)、智慧型手機(Smartphone)、掌上型電腦(PDA)等行動載具(Client 端)，透過無線網路基地台(Wireless AP)連上網路，與伺服器(Server 端)做資料傳輸，傳送要求給 Server，Server 會從資料庫找出相關資料，經過計算後回傳給 Client 端的使用者。

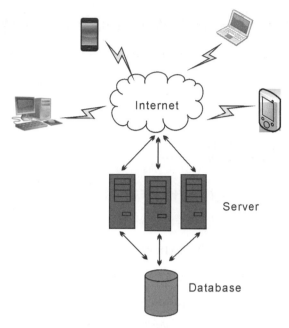

圖 13.7　Client/Server 行動計算架構

三、雲端網路行動計算架構：

　　行動載具，例如：平板電腦(Tablet)、筆記型電腦(Laptop)、掌上型電腦(PDA)、智慧型手機(Smartphone)，無論使用者身處何方，只要附近有無線網路基地台，就可以連上雲端網路，我們不需要知道雲端背後的主機如何運作，便可以直接使用服務。圖13.8 列舉了幾種雲端服務，例如：社群網站 facebook、微軟及亞馬遜公司的虛擬伺服器販售或是 Google 的雲端應用程式 Gmail 及 Google Doc。

圖 13.8　行動雲端計算架構

行動計算的架構逐漸由單機版架構轉變爲 Client/Server 架構，使用者能夠連上網將更多的內容下載下來閱讀，或下載應用軟體使載具的功能能夠擴充，目前行動計算架構正漸漸往雲端行動計算架構前進，未來將能夠實現無論任何時間、任何地點都能夠使用雲端服務，達到無所不在的運算。

13-4　行動計算程式

本節分爲兩個部分，分別是行動計算作業系統與行動計算程式。第一部分將介紹行動載具常使用的作業系統，並以其中的 Android 介紹基本程式撰寫。支援行動載具的作業系統有 Apple 公司開發的 iOS；Microsoft 公司開發的 Windows Phone；Research In Motion(RIM)公司開發的 BlackBerry OS；Nokia 公司開發的 Symbian；Google 公司開發的 Android 等。其中 Android 及 Symbian 爲開放式平台，其原始碼開放供人下載。

第二部分將實作三種基於 Android 作業系統的應用程式範例，分別是軌跡球、資料庫連線、Google Map 的 Android 應用程式，並介紹各個程式的設計原理，以及解說幾段重要的程式碼如何撰寫。

一、行動載具作業系統

1. Android：以 Linux 爲核心的作業系統，目前由 Google 所擁有，以開放原始碼的方式發布，2007 年推出第一台搭載 Android 作業系統的手機，目前的占有非常高的市占率，圖 13.9 爲 Android Logo。

圖 13.9　Android Logo [6]

2. BlackBerry OS：為 Research In Motion 公司為自家智慧型手機 BlackBerry 開發的作業系統，最大的特色是處理電子郵件的能力，目前最新版本為 10。圖 13.10 為 BlackBerry OS Logo。

圖 13.10　BlackBerry OS Logo [7]

3. iOS：由 Apple 為自家智慧型手機 iPhone 及多媒體播放器 iPod Touch 所開發的作業系統，重視使用者體驗，提供簡單又漂亮的使用者介面，目前也占有很高的市占率。圖 13.11 為 iOS Logo。

圖 13.11　iOS Logo [8]

4. Windows Phone：Microsoft 所開發的作業系統，使用者圖形介面使用 Metro 介面，是由許多正方形或長方形組成，稱為動態磚。Microsoft 目前沒有自行開發的智慧型手機，而是與 HTC 及 Nokia 等手機商合作推出 Windows Phone 系列手機。圖 13.12 為 Windows Phone Logo。

圖 13.12　Windows Phone Logo [9]

5. Symbian：原本是 Symbian 為手機開發的作業系統，目前是 Nokia 所擁有，以開方原始碼的方式發布，智慧型手機盛行之前，Symbian 的市占率具有很高的地位，雖然目前的最新版也支援智慧型手機，目前市占率尚需加強。圖 13.13 為 Symbian OS Logo。

symbian
OS

圖 13.13　Symbian OS Logo [10]

二、行動計算程式

開發不同的行動計算作業系統應用程式，需要不同的編譯器及開發工具，例如：開發 Android 應用程式，必須先設置 JAVA 的開發環境，以及安裝 Android 提供的 Android SDK 開發工具包。若要開發 iOS 的程式通常需要一台 Apple 電腦或筆電，早期使用的編譯器為 GCC，不過 Apple 近年推出新的 LLVM 編譯器，效能比 GCC 更佳。在本章節中，將以 JDK 及 Android SDK 為工具，撰寫簡單的 Android 應用程式。

1. 平衡球遊戲

利用 Android 手機內建的 G-Sensor(三軸加速規)，根據手機的傾斜狀態，即時繪製一個圓形，模擬在真實環境中有一顆球在手機上面隨傾斜而滾動。畫面上會有四個藍色圓圈，玩家必須傾斜平衡球經過所有藍色圓圈，經過的圓圈會從藍色變成紅色，當所有圓圈都變成紅色，也就是經過了所有藍色圓圈任務即達成，完成後會顯示花了多少時間。圖 13.14 為程式遊戲的畫面，該名玩家花了 6 秒經過所有的藍色圓圈。

圖 13.14　平衡球程式執行畫面

　　以下的片段程式碼為函式 onSensorChanged，當三軸加速規的值只要一改變，就立即將改變的值套入公式，計算出球的 X 軸和 Y 軸的加速度，第 3～5 行表示取得三軸加速規感測到的值，第 8～11 行表示將感測到的值換算成真實球的加速度。

```
1    …
2    public void onSensorChanged(SensorEvent event) {
3    // 取得三軸加速規的值
4        mAx = event.values[0];
5        mAy = event.values[1];
6        float mAz = event.values[2];
7    //計算加速度
8        mAx = Math.signum(mAx) * Math.abs(mAx)*(1 - FACTOR_FRICTION
9        * Math.abs(mAz) / GRAVITY);
10       mAy = Math.signum(mAy) * Math.abs(mAy)*(1 - FACTOR_FRICTION
11       * Math.abs(mAz) / GRAVITY);
12   }
13   …
```

2. 備忘錄存取於 Mysql 資料庫

這個程式的主要功能是將備忘錄與 Mysql 資料庫做連線，使用者可以在文字框輸入備忘錄，送出後會儲存於 Mysql 資料庫，並且將資料庫的的每一筆備忘錄顯示在手機的螢幕上面，每一筆備忘錄包含編號、日期、備忘事項。圖 13.15 即為程式執行的畫面，使用者在手機上輸入備忘事項 "健身房"，按下送出按鈕之後，會把字串傳送到 Mysql 資料庫，連同當時的時間儲存下來，最後會從資料庫查詢所有資料並回傳給手機顯示在螢幕上。

圖 13.15　資料庫連線執行畫面

以下為資料庫連線程式其中的程式碼片段，為 sendPostDataToInternet 函式的一部份，主要是跟資料庫連線及資料庫存取，第 3 行建立一個 Http 的要求並傳送使用者輸入的備忘錄字串，第 5 行取得伺服器的回應，第 7 行判斷是否收到回應，第 8～11 行利用緩衝器接收回傳的資料，第 13～14 行將接收到的資料合併成 JSON 格式的字串，第 16 行回傳 JSON 格式的字串。

```
1.      …
2.          //HTTP request
3.          httpRequest.setEntity(new UrlEncodedFormEntity(params, HTTP.UTF_8));
4.          // HTTP response
5.          HttpResponse httpResponse = new DefaultHttpClient().execute(httpRequest);
6.          // 若狀態碼為 200 ok
```

```
7.          if (httpResponse.getStatusLine().getStatusCode() == 200){
8.              StringBuilder builder = new StringBuilder();
9.              //利用緩衝器暫存回傳資料
10.             BufferedReader bufferedReader = new BufferedReader(
11.             new InputStreamReader(httpResponse.getEntity().getContent()));
12.             //讀取回傳字串並儲存
13.             for(String s = bufferedReader.readLine();s!=null;s=bufferedReader.readLine())
14.                 builder.append(s);
15.             //回傳 JSON 格式回應字串到螢幕
16.             return builder.toString();}
17.         }
18.     …
```

3. 實作與 Google Map 相關的應用程式

　　上述兩個範例是利用行動載具的硬體功能 Sensor，以及平常軟體會用到的資料庫存取 Data Access 來實作應用程式，在這裡將會提供一個利用 Google 提供給 Android 平台的 Google Map 功能來實作有關地圖的簡單範例。這個範例程式的目的在於，透過 GPS 獲得行動載具的位置來搜尋附近有沒有符合篩選條件的結果，在這個範例裡，篩選條件簡單的設定為ＸＸ店家。

　　圖 13.16 為程式執行實際圖案的畫面，其中圓點為行動載具(自己所在)的位置，而散落在地圖上的小箭頭為篩選出來的目標。

圖 13.16　應用程式實際畫面

接下來簡單說明如何實作這種類型的應用程式：

首先必須先獲得現在位置資訊，再利用獲得的位置資訊去執行各種動作，演算法如下所示：

```
//獲得位置資訊
getMyLocation();
do{
//利用位置資訊執行動作
}
```

我們建立了一個存放店家資訊的簡易資料庫，存放的資訊包含：店家的地址、店名、電話等等，以方便作更多的應用。撰寫此程式所用到的便是資料庫程式撰寫的技巧了，程式碼如下所示：

```
1.    …
2.    //宣告必要變數
3.    MapView mapView;
4.    MapController mc;
5.    LocationManager locMan;
6.    MyLocationOverlay myLocOverlay;
7.    …
8.    //啟用位置偵測
9.    myLocOverlay.enableMyLocation();
10.   //若位置有改變則執行以下執行緒裡的動作
11.   myLocOverlay.runOnFirstFix(new Runnable(){
12.   public void run() {
13.       //搜尋目標的方法
14.       listTarget();
15.       mc.animateTo(myLocOverlay.getMyLocation());
16.       mc.setZoom(16);
17.   }});
18.   ListOfOverlays.add(myLocOverlay);
19.   //繪製地圖
20.   mapView.invalidate();
```

在這邊也簡單描述一下，此程式的執行流程圖：

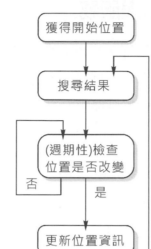

圖 13.17　範例三程式執行流程圖

　　圖 13.17 是範例程式三的流程圖，程式一開始必須獲得使用者位置資訊才可以進行下一步動作，利用位置資訊去搜尋結果；此程式需要週期性的檢查使用者位置是否有變動，如有變動必須更新位置資訊並且重新搜尋結果，避免資訊對於使用者來說過於老舊的情況發生。當然，您可以加入許多的功能，甚至是修改流程，利用各種不同的方法去實踐您的應用程式。

　　在行動載具上面開發行動運算應用程式，可利用的技巧當然不只上述三種，還有許許多多不同的資源技巧等著各位程式開發者來發掘，例如：開發 3D 遊戲或許就會用到 OpenGL 的相關技術，也或許會加入許多硬體功能，觸控板、相機等等。以知名 3D 遊戲《Temple Run》為例，目前已開發至第二版，遊戲中很明顯的需要 3D 繪圖技術以及重力感測器、觸控板等來進行搭配。

　　當開發者開發完應用程式之後，可以試著把自己的應用程式上傳到 App Store 上面(iOS：App Store, Android：Google Play, Windows Phone：Windows Phone Store)來供人下載，提供一些服務給其他人，一方面也可以收到各種建議，進而提升應用程式的品質，也可以訓練開發者的開發能力。

13-5　行動計算應用與服務

　　相信大家都有用過傳統只能撥打電話的手機，大家可以把行動計算想成傳統電話的延伸，讓使用者不只可以隨時隨地的打電話，也可以利用行動載具本身的計算能力透過網路享受到各種服務，這當中的細節都是行動計算的範圍，接下來將簡述幾樣在這範圍內的技術。

一、行動定位服務(Location-Based Service)：

　　所謂的行動定位服務簡單來說便是「以位置為基礎的服務」(Location-Based Service, LBS)，說穿了就是利用位置資訊來提供各種服務。所謂的「定位(Location)」不是只有位置，而是時間與位置的集合，即是說 Location 代表著哪個時間點使用者在哪裡。LBS 首先必須要取得定位資訊，然後再使用定位資訊提供服務。取得定位資訊的方法通常有下列幾種[13]：

1. GPS：全名為「全球定位系統」(Global Positioning System，簡稱 GPS)，由美國國防部研發與管理，可以滿足全球精準三維定位的需求，使用者只需要擁有 GPS 接收器便可以接收訊號使用該服務，不需要另外收費。早期美軍方面擔心民用的 GPS 訊號會被敵對國家或組織利用來發動攻擊，所以加入了 SA 訊號(Selective Availability)來降低民用訊號的精準度(大約 100 公尺或更差)，2000 年後取消了 SA 訊號，因此民用的 GPS 現在也可以達到 10 公尺左右的定位精準度。

2. GLONASS：全名為「全球導航衛星系統」(Global Navigation Satellite System)，由俄羅斯開發與管理，類似美國的 GPS，其定位精準度可達到 15 公尺，計畫在 2012 年將衛星數目增加以提高定位精準度，預計可達 1 公尺。GLONASS 的普及度遠遠不及 GPS，可能原因是俄羅斯方面長久以來並不注重民用市場，但被搭載率近來也確實的慢慢提升。近來 iPhone4S, Sony Xperia Ion 等等裝置皆有搭載 GPS 與 GLONASS 結合的雙定位系統，雙定位系統可讓定位更加精準快速以及有效的解決因為訊號干擾而無法定位的問題。下表顯示出 GPS 與 GLONASS 的比較供參考：

表 13.1　GPS 與 GLONASS 的比較

衛星定位技術	GPS	GLONASS
衛星數目	24	24(預計增加到 30)
軌道面數	6	3
傾角	55 度	64.08 度
一圈週期	20180 公里	19100 公里
重複地面軌跡時間	11 小時 58 分	11 小時 15 分
大地基準	WGS84	SGS85 (PE-90)
時間系統改正	相對於 UTC[USNO]	相對於 UTC[SU]
星曆廣播	每 12.5 分 37500 bits	每 2.5 分 7500 bits
訊號區分	以碼區分	以頻率區分
L1 頻帶	1575.42 MHz	1.602～1.615 MHz
L2 頻帶	1227.60 MHz	1.246～1.256 MHz
時錶資料	時間偏移，頻率偏移加漂移(Drift)	時間偏移與頻率偏移(Offset)

3. AGPS：全名為「輔助全球衛星定位系統」(Assisted Global Positioning System)，是一種結合了網路訊息與 GPS 訊號的系統，可以讓 GPS 在第一次定位的時間大幅縮短。AGPS 的工作原理大致如下：第一，AGPS 裝置首先將本身訊號的基地台位置透過網路傳送到位置伺服器；第二，位置伺服器根據裝置的大概區域傳輸與該區域相關的 GPS 資訊到裝置上，其中包含方樣仰角等等；第三，該裝置根據 AGPS 資訊接收 GPS 原始訊號，AGPS 提升 GPS 第一次定位的時間，也就是 TTFF(Time to First Fix)；第四，該裝置在收到 GPS 原始訊號後解析訊號，計算裝置到衛星的偽距(定位過程中，地面接收器到衛星之間的大概距離，由於有各種影響產生誤差，故稱偽距)，並將相關資訊透過網路傳輸給位置伺服器；第五，位置伺服器根據收到的偽距和其他定位設備來完成 GPS 資訊的處理，並估算該裝置的位置；第六，位置伺服器將該裝置的位置透過網路傳輸到應用程式上。簡單來說，AGPS 一開始先利用基地台估算大概位置，再利用伺服器將對應該區域的星曆資訊發送到裝置，讓該裝置可以快速的找到衛星訊號以實現快速定位。

LBS 可以透過定位資訊來尋找附近一些有關生活機能的地方，例如：尋找店家、餐廳、ATM 等，也可以透過定位資訊來追蹤物件的去向，或是提供旅遊指南等；當然還有許許多多各種不同的應用，族繁不及備載。LBS 也常被用在救援行動，透過 GPS 鎖定救援目標的位置，便可以前去進行救援。圖 13.18 列出一些 LBS 的基礎應用。

圖 13.18　LBS 的基礎示意圖

　　舉例來說，以台灣來講，由於老年人口比例逐漸在升高，儼然已成為高齡化社會，一些縣市與相關科技廠商、藥廠合作開發「行動健康照護服務」，透過該系統即時監控老年人的身體狀況，以期能第一時間給予救護治療。透過 LBS，一發現老年人的身體訊息有異常或是警告，即可根據位置資訊立即到患者身邊進行治療。行動健康照護服務愈來愈被重視，甚至連資策會都有開班授課關於行動健康照護的內容。

　　圖 13.19 為行動健康照護例子，在輪椅上放置一個行動載具，利用該行動載具的 GPS 與電子羅盤來監控輪椅的位置，可即時監控輪椅的位置。也可以在輪椅上加裝許多感測器，利用這些感測器可以偵測老年人或是需照護之人的身體狀況，即時監控以免意外發生。

GPS 與電子羅盤

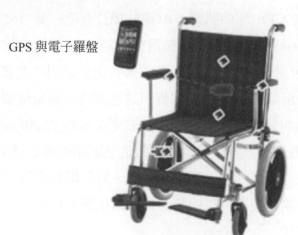

圖 13.19　行動健康照護範例

圖 13.20 顯示出透過各種感測器的組合，可以判斷出輪椅的動向以及使用者的坐姿狀況。透過 LBS 可以做的事當然不只這些，雖然 LBS 的應用很多，但一定還有還沒被發掘的部分，位置資訊通常都被使用者用來導航，但是由上面的例子看到絕對不只有導航，如果將 LBS 發揮到極致說不定會改變人類的生活方式。

圖 13.20　電子羅盤與監控畫面

二、行動社交網路服務(Mobile Social Networking Service)：

行動社交網路簡單來說就是「可移動的社區以及內容」，意即提供給使用者隨時隨地「進入」網路社群以及觀看內容。行動社交網路服務大致可分為以下 7 類[12]，如下圖所示：

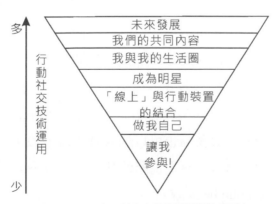

圖 13.21　行動社交網路服務的類別

圖 13.21 列出行動社交網路服務的類別，最底端用到的行動社交網路技術最少，愈往上用到的技術愈多，也愈複雜，下面就這 7 類說明其內容。

1. 讓我參與！(Let Me In！)：所謂的「讓我參與！」意即讓使用者「進入一個社區」，例如：所謂的即時通訊軟體，即 MSN、Yahoo Messager 等。「讓我參與！」是最簡單的服務型態，也是最早建立存在最久的服務型態，它可以讓使用者與使用者之間進行交談，主要的交談方式是透過文字編輯傳送。在「讓我參與！」中每位使用者都是匿名使用者，您只會知道對方的 ID，並不會知道該 ID 使用者的相關資訊，相關資訊只能透過事後詢問來記錄。

2. 做我自己(Let Me Be Me)：簡單的來講就是所謂的「部落格」服務，主要是要讓使用者用來廣播自己來讓自己曝光，就像「讓我參與！」一樣，滿足了「結交朋友」的需求，不一樣的是它需要更多的投資，簡單來說便是「經營部落格」這件事。可以被廣大的「觀眾」們觀看內容。要如何「成為您自己」可以透過簡單的操作顯現出自己與別人不一樣的特點。「搜尋」對於這服務來說是很重要的一項元素，透過搜尋好讓使用者搜尋與自己有相關的內容，結交朋友，更可以幫助使用者廣播自己。

3. 「線上」與行動載具的結合(Merge My Online with My Mobile)：目的在於延伸線上社交網路可觸及的範圍，而不局限於利用瀏覽器瀏覽，例如：透過 APP 瀏覽 Facebook。或許該網站的功能會比直接用瀏覽器瀏覽來的少。這樣一來會有幾個挑戰：多媒體如何呈現？裝置如何管理？與瀏覽器瀏覽的使用者體驗相比會不會比較差？

4. 成為明星(Make Me a Star)：顧名思義就是「當個明星」，使用者想要展現他們的行動以及天分等等，使用者可以根據自己自訂個性化的內容，例如：影片圖片等(稱為 UGC-User Generated Content)。提供此服務的「社區」必須要能吸引創造者、消費者以及批評者。為了配合各式各樣不同的個性化內容(UGC)，服務商必須要投入更多的技術。並提供一些參與的功能，例如：推薦(Voting)、評分(Rating)以及使用者評論等等功能。服務商也可以加入廣告賺取收入，或是有付費會員與免費會員的差別，付費會員可以有更進階的功能，服務商利用一些方式賺取經費讓服務經營得更久。以 Youtube 來說，使用者可以自訂自己的畫面以及上傳影片等，讓許多人來評分、分享及評論，當然為了經營，Youtube 也有加入一些廣告在裡頭。

5.	我與我的生活圈(Me and My Circle)：「我與我的生活圈」是建立在「做我自己」之上，主要是專注在好友圈之間的聯繫以及對話的管理。提供一些必要的功能，例如：搜尋、連結(Linking)、各自的關係(Relationships)、評分等。「我與我的生活圈」可以將許多使用者關聯在一起，讓這些關聯在一起的使用者們可以看到一樣的內容。當然服務供應商為了生存，也會加入一些廣告等等方式增加收入，以便經營。「我與我的生活圈」也有提供一些數位禮物(Digital Gift)的機制，讓使用者之間可以互相送禮聯絡感情，通常是用服務內部的貨幣(虛擬幣)來購買數位禮物。以 Facebook 來看，Facebook 可以將特定內容指定給那些人看，或是透過標記的方式提醒好友來看；而內部也有各式各樣的邀請(數位禮物)來邀請朋友觀看特定內容，分享心得討論等。

6.	我們的共同內容(Me and My Circle and Our Content)：「我們的共同內容」主要是將「我與我的生活圈」延伸，使得「我與我的生活圈」以「內容(Content)」為中心元素。通常是從「我與我的生活圈」與「成為明星」演變過來，使用者們可以分享與評論一些專業的內容，其內容通常是一些專業影片或是圖片(Media)。例如您想分享 Youtube 上的一部影片想跟大家討論，您可以透過 Youtube 分享到 Facebook 上面，並指定群組分享給他們，甚至進行討論。

7.	未來發展(The Future？)：在未來有更多的討論議題，例如：要更加強調環境感知或是位置？是否要支援更多裝置？與各大微網誌(Twitter)的結合？即時分享心情經驗？或許一些議題還不是很完整得解決，但是已經有初步的成果出來，其使用者經驗也相當不錯，我們可以慢慢等待看未來會如何發展。

　　行動社交網路發展至今已經相當成熟，近來的行動社交應用程式在更新的時候除了系統流暢性之外，更著重在介面與內容的活潑，讓使用者經驗變的相當有趣，讓舊有客戶有新體驗，也可以吸引新客戶，打開知名度，例如：M+ Messenger 與知名插畫家合作，讓對話內容不再只是文字，也提供一些創新功能，例如：可查詢好友電話電信商等，成功的獲得大多數網友的推薦。

三、行動多媒體影音服務

　　在智慧手機以及平板電腦快速普及的帶動下，實際開通 3G 數據傳輸服務的用戶也愈來愈多，行動電話業者常將行動多媒體服務與上網服務共同搭成專案銷售，提供行動娛樂的方便性吸引消費者使用。以中華電信來說，中華電信除了提供行動上網的方案外，也提供了 Hami 平台讓消費者可以觀看更多的影音以及享受更多娛樂。近來免費 Wifi(例如：iTaiwan、7-Wifi、電信業者提供室內免費 Wifi 等)快速的建置也讓行動影音的普及愈來愈快。行動多媒體並不一定都需要透過電信商提供，諸如 PPTV、PPS 影音、Youtube 等的行動載具多媒體 Apps，也可以經由行動網路觀賞網路電視。透過行動多媒體的服務，讓消費者隨時隨地可以欣賞影片與音樂，事實上行動多媒體影音服務已經不知不覺地在生活中佔有一大部分。

四、行動載具硬體服務整合互動應用

現在的行動載具有許多成為標準配備的硬體，例如相機、感測器、NFC 等等，這些硬體設備提供基礎的服務，例如：拍照、短程通訊等。接下來將簡介一些利用硬體來與現實物體整合互動的應用。

1. 相機(Camera)：行動載具上的相機愈來愈先進，畫質愈來愈好，因而可以做更多的應用，例如：很常看到的人臉辨識，人臉辨識很快速地讓使用者標記出是誰在照片裡，更可以利用人臉辨識來做行動載具的數位鎖，例如：Motorola 在其出廠的一些手機中加入人臉解鎖功能。也可以利用強大的相機，來對實物做即時的處理，例如：Cartoon Camera(Fingersoft)[14]，即時的將相機捕抓到的畫面加入 Cartoon 特效並進行處理，而不是拍攝完之後再加入特效。

2. QR Code：QR Code 是一種二維條碼，可以儲存比傳統一維條碼更多的資訊，QR Code 正逐漸地被廣泛運用，例如：廠商在廣告 DM 上放一個儲存網址的 QR Code，讓拿到 DM 的人可以透過行動載具相機讀取條碼所儲存的網址，便可以快速的瀏覽網址，不用忍受傳統手打網址的不方便。QR Code 也可以儲存手機號碼等個人資料，在交換號碼資本資料的時候方便快速。像這樣行動載具透過相機與 QR Code 的互動應用，相信會蹦出更多的火花。如圖 13.22 是一個 QR Code 範例 [15]，想知道內容馬上拿起行動載具讀取一下吧！

圖 13.22　QR Code 範例

3. 感測器(Sensors)：感測器是接收信號或刺激並反應的物件，能將物理量等能量轉換成另一對應輸出的裝置。比較常聽到的例如：GPS 衛星定位模組，可以幫助行動載具獲得位置資訊。數位電子羅盤可以協助行動載具判斷東西南北，以 Google Map 來說，Google Map 利用感測器之間的組合運用與使用者互動，讓生活更方便；Google Map 定位服務需要 GPS 衛星定位模組的協助，指針指出行動載具所指的方向需要數位電子羅盤的資訊。

4. 近場通訊(Near Field Communication, NFC)[16]：又稱「近距離無線通訊」，是一種短距離的高頻無線通訊技術，讓電子設備之間不用進行接觸即可以點對點傳輸資料，距離限制大約 10-20 公分。NFC 可當作一張 IC 卡，可以代替現有的大多數種類 IC 卡，例如：刷卡、車票門票等，NFC 當作 IC 卡時並不耗電，就算行動載具沒電也可以進行工作，其供電來自非接觸型讀卡機，例如：7-11 iCash 讀卡機。NFC 也可以進行短距離的資料傳輸，與紅外線差不多，只是傳輸距離較短，但是連結建立速度與傳輸速度快些，功耗也低，將兩個具有 NFC 功能的行動載具靠近即可以進行檔案傳輸。目前內置 NFC 的裝置以手機居多，而且有愈來愈多的趨勢，往後 NFC 的動態應該是可以注目的。

五、行動雲端服務(Mobile Cloud Service)：

所謂的「雲端服務(Cloud Service)」即是一些網路服務商提供一些高品質的方案，讓使用者可以在「雲」上面做事情。瀏覽網頁即是最早出現的一種存取雲端的方式。現在透過行動載具，使用者可以完全的隨時隨地與「雲」互動，例如：使用者可以隨時存取 Yahoo Mail 或 Google Search 等。與傳統的桌面應用程式或是直接透過瀏覽器瀏覽不同的是，現在使用者可以在行動載具桌面建立一個簡單的應用程式，而應用程式裡的資料全部都在「雲」上面，就這樣透過行動載具直接存取「雲」。實際上，行動載具應與「雲」透過 3G 或 Wifi 等方式持續的保持連線，以方便資料的同步化以及即時性，例如：收發 E-mail、檢查天氣股票等。

圖 13.23 為雲端服務示意圖，在雲之中有許許多多服務商所提供的服務，使用者(行動載具、筆記型電腦、傳統電腦)可以透過網路來輕鬆存取檢視在雲上面的資料。

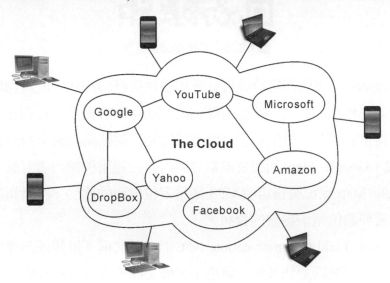

圖 13.23　雲端服務示意圖

來談談行動載具如何與雲端服務產生關聯，舉一個簡單的例子，如果有使用過行動載具，相信您不會想在行動載具上設計一個簡報(PowerPoint)或寫一份有一定分量的文件，相信這些時候您還是會因賴傳統電腦。行動載具的優勢在於，您可以輕易地檢視這些文件，換言之，當您需要這些文件的時候並不需要啓動您的電腦，這表示行動載具很難取代傳統電腦。這時候行動運算就幫上忙了，他協助我們將檔案存放在兩個地方，一個是「雲」一個是傳統電腦，「雲」可以幫助我們當有需要的時候便可以即時檢視檔案，而工作相對比較困難的則在傳統電腦上進行，為了檔案隨時保持最新，因此同步這件事的分量會相當重，如何做好同步化也是一個挑戰。

圖 13.24 為雲端計算示意圖，服務商撰寫程式給使用者，讓使用者可以透過專用程式輕鬆存取操作雲的服務；服務商也要妥善管理伺服器以及資料庫，否則會對使用者造成很大的困擾甚至是金錢損失。「雲」要長久，使用者必須合理使用，服務商也必須要好好檢查各種細節才行。

以 DropBox[17]來說，現在我們可以透過拖拉檔案就可以進行同步，這是因為 DropBox 會透過一些機制檢查檔案有效性，以及提供備份還原功能以免使用者一時不察刪了重要檔案。DropBox 提供了完善的雲端服務，讓使用者可以簡單的操作並且享受雲端服務的好處。

其實雲端在我們的生活中已經存在許久，只是普通使用者不會去察覺到「這就是雲端」，當使用者在行動載具上使用應用程式時，也可以抽點時間想想，「這個應用程式有沒有用到雲端」，相信會有更多的樂趣以及發現新事物的新鮮感。

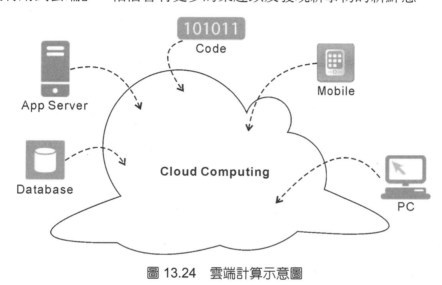

圖 13.24　雲端計算示意圖

13-6　行動計算的挑戰與研究議題

任何裝置可以隨時隨地存取運算環境，以上便是使用者們對於行動運算的期待，然而要實現這種期待的困難點在於：如何去開發應用程式可以持續的適應環境，以及就算使用者移動或是更改裝置也可以保留工作狀態。我們提出所有在實現這目標上會遇到的挑戰。接著我們標記出應用程式建構過程中所需的數個要求，關於議題與挑戰如下表所示[18]。

表 13.2　行動計算的挑戰與議題

議題	別名	動機
異質性		允許多種不同服務提供不一樣的裝置、網路與環境
可靠性(Dependability)與安全性	錯誤容忍度	避免錯誤發生頻率過高，導致結果錯誤提供可利用性、機密性、可信賴性(Reliability)、安全性、整理性與可維護性
隱私與信任		保護並防止個人資料的錯誤使用定義互動物件的可靠度
移動性	錯誤容忍度	提供可以隨時隨地存取資料的應用程式，能讓使用者隨身攜帶屬於自己的使用環境
環境感知	感知	感測使用者與周遭的狀態推論環境資訊
環境管理		根據感測到的環境資訊調整系統行為，使適應現在所處情況
人機互動		把使用者界面與現實世界結合，讓使用者專注在工作上，而不是在程序幕後設定

上面表格所提的一些議題及挑戰，在下面做簡單的解釋：

1. 異質性：將公共設施(Infrastructure)的不同之處藏起來，讓使用者與其他人互動時感覺不出差異；實際上兩者之間有許多硬體設施設備等差異，但程式已經在背後處理完畢。

2. 可靠性(Dependability)：將「可利用性、可信賴性(Reliability)、安全性、整體性與可維護性」整合在一起的一個概念

3. 安全性：與可靠性緊緊相連的一個概念。如果一個系統存在著「可利用性、整體性與機密性」，則可稱為具有安全性

4. 移動性：讓使用者可以隨時隨地的連接到應用程式或者是存取資料。可以從兩方面來看，實體上的(與使用者或是裝置設備有關)與邏輯上的(與程式碼或者是資料有關)，通常不是與實體有關就是與邏輯有關。

5. 環境感知：推斷環境因素去提供資料或服務。

6. 環境管理：是一種將偵測到的資料做處理的動作。利用感測到的資料去讓提供的服務適應環境。也有一些作者認為，環境管理是環境感知的其中一部份。

7. 人機互動：人機互動包含許多層面，這邊只簡單描述。當電腦(Computer)變的「更聰明」的時候，人機互動的使用以及品質也會跟著成長。隨著程式設計的進步，使用者介面也會變得更加完善。

要找出一個應用程式包含上面所提的各種特色依然是相當困難的，如果能有一個通用性的程式設計模型，相信對於應用程式的開發會有一定的幫助。事實上，新版本的程式設計 API 通常都會加入一些新的工具，或是將舊版的一些工具進行改進，目的就是要讓開發者更容易開發應用程式，以及提高安全性與效能，讓入門更為簡單，吸引更多人投入開發以及新思維，面對各種不同的挑戰。

13-7　結論

本章一開始介紹了無線的種類、載具的定義以及計算的歷史。積體電路的發達讓計算機愈來愈小，到現在即使是手持式裝置也有一定的計算能力，加上無線的發展，讓行動計算可以用的範圍更廣，潛力更大。行動計算可以讓使用者將資訊帶著走，隨時隨地的獲得各種資訊各種資源。

行動計算有幾個環境限制，一是無線網路環境的差異，包含換手、斷線、頻寬限制等，二是硬體上的限制，包含電池電量、硬體儲存空間不足造成的硬體不可使用，以及載具遺失或儲存空間損壞的不可依賴性，三是行動計算架構上的限制，目前尚未有完善的行動感知架構可以充分支援行動計算。

現在普及的平板以及智慧型手機上面的作業系統並非只有一家，而是百家爭鳴的情況，而各家的介面、提供的開發工具、開發環境等皆有差異，消費者可以根據自己的需求去挑選。行動計算架構分為單機、Client/Server 以及雲端幾種，本章提供了幾個在這些架構下實作的應用程式範例，供讀者參考。

當然行動計算應用程式絕非只有範例那幾種，還有行動社交、行動定位服務等；行動社交包含的許多層面，即時通訊軟體、部落格、社群網站等，行動社交的發展，讓人與人之間的互動形式變得更廣。當然還有更多的應用方式並未在本章被提出，讀者們可以想想還有哪些方面的應用。

行動計算應用程式開發並不是簡單的事情，開發過程中存在著一些挑戰以及議題，而且隨著時代演進，這些議題會被克服，也會出現新的挑戰。隨著更多的創意以及創新投入這領域，行動計算系統正一個一個被開發出來，行動計算潛力無限且商機無窮。

習 題

1. 請簡述行動(Mobility)代表的意思？

2. 請簡述計算(Computing)代表的意思？

3. 請列出行動計算的種類並詳細說明？

4. 請描述 Location-Aware Computing 的概念？

5. 請描述 Context-Aware Computing 的概念？

6. 請舉例三種行動載具的作業系統？

7. 請說明行動環境有哪些限制？

8. 請畫出行動計算的兩種架構圖。

9. 請簡述行動計算的概念？

10. 請簡述無線網路技術與行動計算的關係。

11. 構思一個在智慧型手機上運行的應用程式，並簡易敘述運作方式以及特色。

12. 請簡述 AGPS 的工作方式。

13. 除了行動健康照護服務，LBS 尚可做那些應用？

14. 試討論行動健康照護服務需要怎樣的功能，並討論如何實踐。

15. 美琴自行拍攝了舞蹈影片，上傳到 Youtube 想要分享給網友欣賞他精湛的舞步，請問以上屬於社交網路服務的哪一環？

16. 嘗試製作屬於自己的 QR Code，內容不拘。

17. 試舉出目前裝備有 NFC 的裝置，至少 3 種型號。

18. 試舉例目前常見的行動雲端應用程式，並簡述如何運作。

19. NFC 具有以下那些特點，請打✓？

    (　)短距離傳送　(　)必須接觸才可傳送資料　(　)可替代大部分 IC 卡

    (　)相當耗電　　(　)傳輸速率比紅外線慢

    (　)若行動載具沒電依然可當 IC 卡使用

20. 要設計出跨平台並且具有語音以及訊息功能的應用程式，需要考慮到怎樣的問題以及如何克服，試討論。

參考文獻

[1] http://en.wikipedia.org/wiki/Atanasoff–Berry_Computer.

[2] http://en.wikipedia.org/wiki/ENIAC.

[3] http://en.wikipedia.org/wiki/Steve_Mann.

[4] http://www.htc.com/.

[5] http://www.apple.com/tw/ipad/.

[6] http://www.android.com/.

[7] http://www.blackberry.com.tw/.

[8] http://www.apple.com/tw/iphone/ios/.

[9] http://www.microsoft.com/windowsphone/zh-tw/default.aspx.

[10] http://www.symbianos.org/.

[11] M. Satyanarayanan, "Pervasive Computing: Vision and Challenges," IEEE Personal Communication, Volume 8, Issue 4, pp. pp. 10-17, August 2001.

[12] C. Perey, "Mobile Social Networking: Communities and Content on the Move," UK: Informa UK, pp. 266, 2008.

[13] http://ngis2.moi.gov.tw/, 淺談 GPS/GLONASS 雙星定位系統.

[14] https://play.google.com/store, Google Play 商城.

[15] http://qrcode.kaywa.com/, QR Code Generator.

[16] http://zh.wikipedia.org/wiki/近場通訊, NFC.

[17] https://www.dropbox.com/, DropBox 網站.

[18] C. A. da Costa, A. C. Yamin, and C. F. R. Geyer, "Toward a General Software Infrastructure for Ubiquitous Computing," IEEE Pervasive Computing, Volume 7, Issue 1, pp. 64-73, January 2008.

WNMC

Chapter 14

物聯網

14-1　物聯網概述

　　隨著科技的進步，網路已深植日常生活中，儘管如此，網路的溝通能力還是僅限於人與人之間。若日常生活中的物件能透過網路相互溝通，便有能力告知使用者現有的物件狀態或特殊資訊，並即時受控於人類，有鑑於此，網路的效力將能發揮的更廣泛。如冰箱發現缺乏某種食材，便會利用網路將此資訊告知主人的智慧型手持裝置，如此，開車中的主人不須等到回家後才發現需要出門購物。物聯網的目標即是賦予物體智能，使物體之間(如冰箱與手機)能夠有彼此通訊的能力。本節將簡述物聯網(Internet of Things)的概念，讓讀者對物聯網有初步的認識。

　　物聯網最初起源於比爾蓋茲在 1995 年《未來之路》一書[1]，其中，比爾蓋茲早已提及物聯網的相關概念，只因當時無論是無線網路基礎或硬體設備皆在發展階段，故書中的想法尚未被重視。但隨著微機電科技與無線網路技術的提升，國際電信聯盟於 2005 年正式提出物聯網概念，使物聯網引起各界廣泛的注意。為形成物聯網，許多物件可能須植入各式微型感應、控制及無線晶片，讓物件擁有智能與上網溝通的能力。舉例來說，近年來發展快速的智慧型手機即是最常見的物聯網設備，透過手機上網，使用者便能利用手機上的內建裝置來享受各種便利的服務。

　　事實上，許多國家早已將發展物聯網技術列為國家級計畫，以日本為例，於 2003 年便開始進行無所不在網路(Ubiquitous Network, UN)的研究計畫。另一方面，美國也在 2008 年，美國總統歐巴馬提倡物聯網振興經濟戰略，確立物聯網在國家戰略中的重要性，並強化感測技術和智慧型基礎設施的建置。此外，中國更將「感知中國」設定為目標，並完整制定物聯網相關科技統一規格，從產業界開始全面布局物聯網未來發展。許多研究機構預測，於 2014 年，中國感測器市場規模可望達到 1200 億元，並在 2015 年，中國物聯網市場規模可望達到 7500 億元。

　　從各國對於物聯網的重視，不難看出物聯網在未來的重要性，除了其便利性與提高生活品質外，由於任何物件皆能與物聯網進行整合，所牽涉的產業相當廣泛，所產生的經濟產值亦不容忽視。儘管目前物聯網產業仍處於發展與準備階段，距離大型應用與物聯網最終目標還存在著很長的距離，但未來發展值得持續關注。

　　就技術面而言，物聯網並非為一嶄新的科技，在現有的技術中，已存在一些類似物聯網的科技，例如無線感測網路(Wireless Sensor Network, WSN)、網宇實體系統

(Cyber Physical Systems, CPS)等，以下將簡單介紹這些近似物聯網的科技，並說明其與物聯網的關聯性。

一、無線感測網路：

無線感測網路最主要的功能在於收集環境資訊並將其回報，無線感測網路主要是由無線資料彙集器(Sink)與數個感測器(Sensor)所構成的網路系統。通常感測器會分散於場景中，當感測器有資料欲傳送時，由於每個感測器均有傳送距離的限制，因此，大多感測器需要多步轉送才能將感測資訊回傳至無線資料彙集器。而無線感測網路討論範圍通常只侷限於感測網路內部網路(In-Network)的資訊收集技術，其關注的議題為網路內部各個感測器的省電、傳輸延遲、即時性等問題，通常並無進一步地探討事件發生後，處理的程序及其衍生的應用服務該如何促成。

二、網宇實體系統：

網宇實體系統(Cyber Physical Systems)的設計通常以功能為導向，其與無線感測網路最大的差異在於，當感測器收集完資訊後，網宇實體系統能依照不同事件的發生，啟動相對應的指令及程序。CPS 系統可視為網路世界與實體世界的橋樑，如圖 14.1 所示。將 WSN 偵測實體環境的資訊回傳給特定事件對應的系統後，特定系統便可透過不同情形加以分析並做出決策，最終下達指令並回傳至實體世界。例如將感測器佈建於大樓中，透過溫度的變化得知是否發生火災，如此，當火災發生時便能即時將感測結果告知系統端。而 CPS 系統在經過分析及決策系統的運作後，便即時下達指令，以便啟動火災現場的導引功能，並告知消防隊前往救援。另一常見的例子為醫療照護系統，醫院可藉由安裝在家中或病人身上的醫療感測器，得知意外事故的發生，而後系統端便進行分析與決策，啟動監控系統傳回現場的影像、並通知鄰近的義工、家人及醫療人員及時趕往救援。CPS 系統利用分析 WSN 收集的到資訊加以分析、做出決策，並回傳特定指令給許多重要的人或物，以便即時控制實體世界的相關裝置，進而成功建立實體世界與虛擬世界的橋樑，然而，各個 CPS 系統間卻無法互相交換資訊。不同CPS 的智慧物體或控制器並無法彼此溝通，只能針對單一事件做出處理，故距離物聯網的目標尚有一段距離。

圖 14.1　CPS 系統架構，其為物聯網的近似科技

　　就物聯網而言，其以人爲中心，將許多需要與人互動的物體提昇爲智慧物件，並透過聯網技術將智慧物件所提供的資訊，透過統一制定的格式或標準加以分享，使各個 CPS 系統間能互相溝通並傳遞資訊。因此，系統端所能參考與分析的資訊不再是針對單一事件。如圖 14.2 所示，物聯網的世界裡，每套 CPS 系統皆由特定的無線感測網路與分析決策系統所構成，此外，CPS 系統之間亦會相互影響，舉例來說，如醫療照護系統(智慧醫療)，醫院可藉由安裝在家中的醫療感測器，當有意外事故發生時(如家中老人跌倒)，便可即時通知救護車前往救援，而當救護車在路上行駛時便可利用車載系統告知附近行車讓路，使救援行動更有效率。另一方面，醫療照護系統亦可透過智慧家庭系統通知親友趕往醫院。

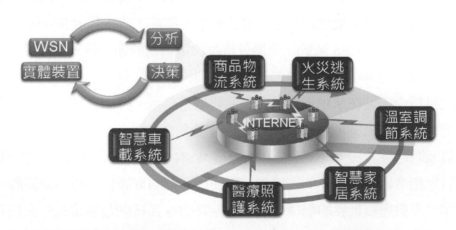

圖 14.2　IoT 可透過標準的制定使各個 CPS 系統能彼此溝通與資訊分享

　　由上述說明，便能了解物聯網的建構將改變目前人類的生活型態，更能帶來無限的生活便利性與商機，這也說明爲何各國如此重視物聯網技術。

14-2　物聯網架構

　　物聯網是建構在網際網路之上更為龐大的連通網路。由於網際網路僅限於人與人之間的訊息交流，相較於網際網路，物聯網更提供了人與物或物與物之間的溝通。物聯網將各種的物體嵌入 RFID、感測元件、控制元件及無線通訊元件，使其更具「智慧」，這些智慧物體便可藉由聯網能力，而能隨時回報訊息，並與人及物透過網際網路或內部網路溝通，最後形成物物相聯之物聯網。智慧物體的範圍包括各種末端設備(Devices)和設施(Facilities)，諸如嵌有各式感知元件的行動終端裝置、大樓安全系統、工業系統、家庭智慧設施或者是智能視訊監視系統等，這些嵌有智慧元件的設備及設施再透過有線或無線、長距離或短距離的通訊網路，實現出一個能讓人與物及物與物相互溝通的環境。此外，在內網(Intranet)、外網(Extranet)、網際網路(Internet)的環境下，將採用適當的資訊安全保障機制，提供安全可控的管理和服務功能，如：即時線上監測、定位追蹤、警報連動、調度指揮、安全防範、遠端控制、決策支援等，實現對「萬物」的「高效、節能、安全、環保」的「管、控、營」一體化。

　　根據歐洲電信標準協會(European Telecommunications Standards Institute, ETSI)的定義[2]，物聯網可被劃分為三個階層：分別是「感知層」、「網路層」以及「應用層」(如圖 14.3)，「感知層」利用感測元件感知實體世界，並將感測結果轉為數位資料，再透過「網路層」的各種技術，將數位資料匯聚為對世界有所幫助的數位資訊，最後，依據不同的應用情景及目標，「應用層」負責將接收到的數位資訊，作最有效的運用。以下我們將詳細介紹感知層、網路層及應用層的架構。

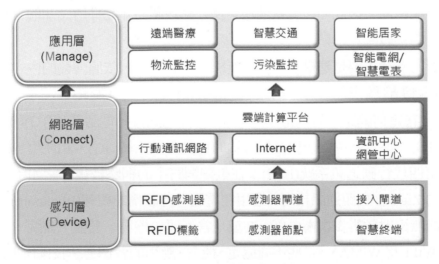

圖 14.3　物聯網三層架構

一、感知層(Device)

感知層是物聯網發展的基礎，其針對各種不同的場景進行感知與監控，以收集許多不同的資訊。在感知層中包含了多種具有感測、辨識及通訊能力的設備，如：RFID標籤及讀寫器、GPS、影像處理器以及溫度、濕度、紅外線、光度、壓力、音量等各式感測器，設備間先利用感測能力來對環境收集資料，接著再彼此相互通訊將不同的資料進行聚合，最後再將資訊傳至網路層，致使人與物或物與物之間產生聯結與互動。

目前已經有許多感知層方面的應用，例如：具有二氧化碳感知能力的感測器，常被佈建於市區街道或工廠中，用以檢測該區車輛或是煙囪二氧化碳排放量；具有音量感知能力的感測器常佈建於建地附近，用以評估工地所製造的噪音；具有視覺感知能力的感測器則佈建於暗巷或樓梯間，用以防範可疑人士，亦或是將壓力感測器嵌入鞋子內，用以了解居家老人每日的步行次數，並可對老人進行室內定位的服務，瞭解老人目前在家中的位置。感知層有如人體結構中的五官或是皮膚，用以感知這世界上有形或是無形的事物，並將感知到的訊息轉為數位訊號，再透過網路層傳遞至應用層，在感知層中，如何有效地對環境中的資料進行收集，將會是感知層的主要課題。

二、網路層(Connect)

網路層有如人體結構中的神經，負責將感知層收集到的資料傳輸至網際網路，用以匯集、分享及進一步地處理，使得這些由感知層收集到的靜態資料，轉變為更有用的動態資訊。然而，由於感知元件的種類包羅萬象，使得各家廠牌、傳輸協定或是通訊能力也不盡相同，因此如何有效地匯集及分享各個感知元件所感知的資料，為網路層所要面對的挑戰。

網路層的支持主要是建構在現行的無線通訊網路上，依照傳輸的內容，大致可區分為以語音傳輸為主的「電信網路」(TeleCom)及以資料傳輸為主的「數據網路」(DataCom)。在電信網路中的網路技術，諸如：類比式行動電話系統(1G)、數位式行動電話系統(2G)、整合數位聲音與資料傳輸的行動電話系統(3G)，和注重多媒體資料傳輸品質的第四代行動通訊系統(LTE)；在數據網路中的網路技術，諸如：廣泛應用在感測器中的 ZigBee 短距通訊技術、應用在電腦周邊設備的藍芽(Bluetooth)、應用於捷運悠遊卡的無線射頻辨識技術(RFID)亦或是常佈建於機場、餐廳、醫院、學校、市區等地方的 WiFi 及 WiMAX。這些不同協定、能力、應用的各個通訊技術所形成的網路，我們稱之為「異質網路」。在網路層中，最為重要的工作為整合這些不同協定、能力、應用的網路技術，使之成為一彼此互為連通的「異質網路」，如此便能夠使得所有的感知裝置皆能夠彼此共享資料，然而，如何有效地整合這些不同的通訊技術，使閘道器(Gateway)的技術精進，也許是物聯網所要面對的課題之一。

　　一些早已存在網路層中的應用，例如：佈建在工廠中的每一個感測器，彼此透過Zigbee 傳輸協定，將感測資料彙整聚集至監測人員的手持電腦(PDA)中，而在另一方面，透過閘道器的轉換，將感測資料以電信網路或是數據網路的方式傳至政府相關監督部門。在高速公路的應用中(如圖 14.4)，速度偵測雷達裝置常被佈建於公路兩旁，透過測量發射電波反彈行進車輛的頻率變化，測量行進車輛的速度，而該筆速度資料將會再透過 WiFi 傳輸協定傳至終端資料庫進行分析及彙整，進而推算出該路段的車流量，最後再藉由有線網路(同軸電纜、光纖等)或無線網路(WiFi、WiMAX、LTE)的傳輸方式，上傳至網路平台提供駕駛人即時路況資訊(如圖 14.5)。

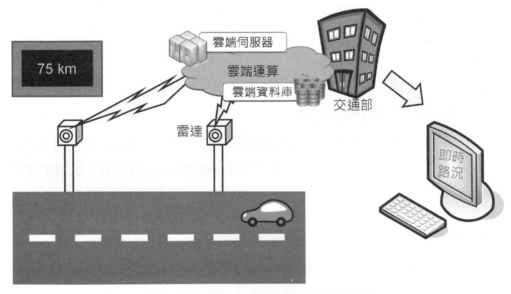

圖 14.4　高速公路即時路況系統示意圖

圖 14.5　高速公路即時路況系統示意圖[3]

　　然而，在網路層中，仍有許多挑戰待克服，譬如：在同質網路中，資料聚集的方式需要透過裝置間的合作傳輸，也就是說，在內網中的每一筆資料，都必須藉由代傳的方式，路由傳至 Base station，如此一來，越靠近 Base station 的裝置，將代傳整個網路場景的每一筆資料，使得電量的消耗較其他裝置快枯竭，也因而造成網路場景的不連通，資料也就無法傳至 Base station；在異質網路中，不同的裝置有不同的廠牌、通訊特性和通訊協定，這些彼此不相容的裝置，該如何溝通協調、當所有裝置都擠在同一頻道時，該如何解決裝置間訊息傳遞的衝撞干擾或是頻寬不足的情況，亦或是當裝置的數量越來越多，IP 數量不足的問題也將影響著物聯網的發展性。由上述挑戰可知，在物聯網的三層架構中，網路層所要面臨的挑戰將是前所未有，如能有效地克服這些議題，相信物聯網應用的彈性，將會是無遠弗屆。

三、應用層(Manage)

　　應用層主要是透過物聯網技術與行業間的專業進行技術融合，針對行業或是使用者的需求對網路層中的感知數據進行分析處理，以提供特定的服務。由於應用層是根據不同的需求來獲取網路層儲存的資訊，以開發出相應的應用軟體，因此，在應用層上，如何對數據作出有效地評估，並開發出相應的軟體整合應用，將會對不同的行業及廠商間帶來龐大的利益。

　　在應用層中也有相關應用的例子，例如：用戶自行在家中安裝「智慧電表」，即時查看各種電器的耗電量，而電力公司不僅讓用戶依照智慧電表調節自己的用電量，也因為收集各個用戶及企業的用電需求，進而在應用層發展電力統計及調配等應用軟體，以達到節能省電及有效配電的雙重目的。因此在應用層上，開發出有用的應用軟體對各種行業及廠商是相當重要的。

　　物聯網對於產業未來的發展具有關鍵影響，在物聯網中的三層各自擁有極為重要的工作，而這三層對於彼此間也是密不可分的，缺少一樣都會對物聯網上的應用產生影響，因此，本章節介紹了物聯網的三層架構，讓使用者對物聯網有一個基礎的認識，在未來能衍生出許多相關的應用。

14-3　感知層關鍵技術

　　相信在敘述完物聯網架構後，大家已對物聯網有基本認知，其中就感知層而言，具感測或辨識能力的元件可嵌入於各種真實物體上，使其更具智慧。日常生活中常被用來嵌入物體的感測元件，包括紅外線、溫度、濕度、亮度、壓力、三軸加速度等感測器，使智慧物件具有感測環境變化或物體移動的能力。至於物體在辨識能力的提昇，最常見的便是 RFID 的元件了，將 RFID 的標籤嵌入於物體，便使物體可以記錄及回報自己的身份或狀態。

　　因此，在物聯網『感知層』技術中，主要可分為感測技術與辨識技術兩種關鍵技術，以下我們將進一步說明這兩種關鍵技術。

一、感測技術

　　感測技術，亦可稱為感測器，是一種能夠探測、感受外界的信號、物理條件(如光、熱、濕度)或化學組成(如煙霧)，並將探知的資訊轉換為數位訊號傳遞給其他裝置[4]。感測技術在物聯網中扮演著將實體世界的各種資訊轉換成數位訊號，以便後續的處理與應用，由於實體世界中充滿著各式各樣的資訊，舉凡溫度、壓力、重量、距離、速度、光強度、氣體濃度、顏色、音量、心跳、血壓等，因此感測模組也相當多元，如圖 14.6 所示，以下我們將介紹常見的感測元件類型：

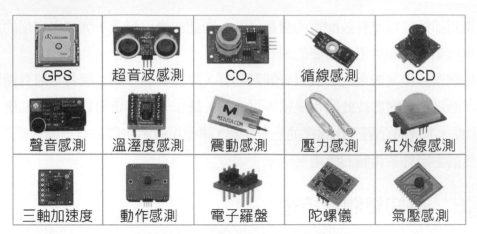

圖 14.6　相當多樣的感測元件種類

1. 陀螺儀(Gyroscope)：

　　陀螺儀是一種用來感測與維持方向的裝置，是基於角動量守恆原理所設計，由於陀螺儀的角動量，使其擁有抗拒方向改變的趨向，多用於航空及航海上之導航、定位等系統，主要功能在於得知載具的俯仰傾斜，因此可協助駕駛維持航行時的平衡，以提升航行之安全。其應用亦相當廣泛，例如遙控直升機、遙控車、智慧型手機等等。

2. 運動偵測器(motion detector)：

　　此感測模組主要利用發射微波，並藉由都卜勒效應(doppler effect)之原理，感測物體移動或靠近，由於都卜勒效應具有一定之遮蔽物穿透性，因此即便周遭存在遮蔽物，亦可成功感測是否有物體移動。

3. 三軸加速度計(Triple axis accelerometer)：

　　加速度計的主要原理在於晶片中有兩片帶電極板，一片安裝於晶片上，一片接於彈簧，當此感測模組被移動或揮動時，將會改變兩片帶電極板之間的距離，此距離關係著兩片極板之間的電容量，因此感測模組藉由電容量的變化便可以量測加速度的變化，然而三軸加速度計則是有三組帶電極板，這三組帶電極板分別互相垂直安裝於晶片上，以便感測 X、Y、Z 軸加速度的變化。此感測器常見於電玩遊樂器 Wii 的搖桿上，藉由揮動搖桿以便控制遊戲中物件的動作、方向及力量。

4. 壓力感測器(Pressure Sensor)：

　　此感測模組主要是透過模組上的感測區塊，感測外部所施加之壓力，舉例來說 flexiforce 壓力感測模組上有一塊圓形的黑色區塊，該部分就是壓力感測模組感測壓力的地方，藉由對該區塊作施壓，進而可以改變壓力感測器的電阻，藉由量測該模組上的電位壓變化，便可計算出外部所施加之壓力大小。此感測可置於鞋底上，藉由回傳的壓力數據便可以知道使用者的走路姿勢是否不正確。

5. 紅外線人體感測器(Passive Infra-Red)：

此感測模組屬於被動式的紅外線感測模組，因此它並不會主動發射紅外線，而是藉由感測環境所散發的紅外線之變化，當變化超過一定數值時，將可視為周遭有人經過。此感測模組常見於自動燈控等應用，常見在昏暗的小巷當中，因為許多小巷不一定會安裝路燈，因此許多用戶為了自家後巷的安全，時常會在自家後巷門口安裝自動燈控的裝置，當有人經過時，此燈控裝置將會感測到人體的溫度變化，進而觸發裝置開燈。

6. 音量感測(Sound sensor)：

此感測模組上裝有小型的麥克風，藉由此麥克風可以感測外界聲音的大小，並且經由感測模組將類比轉為數位信號，然後將此數位信號傳至感測器上，進而感測環境音量，當超出噪音值時，可即時做出警告，用以維護生活環境品質。

7. 超音波測距(Ultrasonic)：

超音波感測模組，主要原理是藉由量測超音波反彈的時間差，量測感測器與前方物體之距離。此模組主要結構為一個發射音波的元件及一個接收音波的元件，藉由發射音波的元件發出音波，當音波撞到物體時，將會被反彈至接收音波的元件，由於我們知道聲音的速度，因此我們只需要利用音波來回的時間差，即可計算物體與感測器之間的距離。主要應用可用來感測距離，常用於倒車雷達，當倒車時，即時告知車主目前與後方物體距離，避免車與物體發生碰撞。未來亦可用於車輛前方擋泥板，及時感測與前方物體距離，低於一定標準時，並即時告知車主，有助於降低車禍發生率。

8. CO、CO2 感測器：

此感測器主要用於感測環境 CO 及 CO_2 氣體的濃度，可用來監測目前空氣中 CO_2 含量，藉此了解空氣汙染情況。同時亦可用於家中感測 CO 含量，當發現異常時，及時發出警報，讓人們及早發現做出反應，防止憾事發生。

9. 震動感測(Piezo Film Vibra)：

震動感測器可感測物體表面細微的震動，若大量佈於地表，可監測地表震動情形，即可提早預測地震區發生區域及地震級數，即時的發出警告，及早做出應變，降低災害程度。

10. 溫溼度感測器(Temperature and Humidity Sensor)：

此感測器主要在於感測環境中的溫度與濕度之資訊，應用亦相當廣泛，藉由將溫溼度資訊傳送至伺服端，使得伺服端可以利用這些資料做相關應用及決策，當發現目前溫度及濕度是會使人體不舒服，則可即時做出相對應的調整，讓我們所處環境更加舒適。

11. 光敏電阻(Photoresistor)：

光敏電阻在各大電子材料行上皆可看到，相當普及且價格相當低廉，許多光感相關的應用都少不了它。主要的原理在於它會因光線的強弱改變電阻值大小，使用上更為簡單容易，只需將光敏電阻串聯一顆普通的電阻，藉由量測光敏電阻上的壓降便能計算出環境亮光的強弱。

12. 電子羅盤(Electronic compass)：

此感測器如同指南針般，利用地球磁場辨識方位，可有助於飛機、船隻、登山客等辨識方位，以防迷失方向。

二、辨識技術

物聯網『感知層』另一項關鍵技術為辨識技術，在我們日常生活中已存在非常多辨識技術之應用，例如賣場上使用一維條碼(Barcode)可以加快賣場結帳的速度，使用QR 碼(QRcode)可讓我們更方便取得商品的資訊，在交通上使用無線射頻辨識(RFID)便可以加快購票的速度，利用近場通訊(NFC)可以使人與人之間資訊交流更為方便，關係更為融洽。以上所敘述的辨識技術，以下我們將個別大略介紹：

1. 條碼(Barcode)：

條碼是現今最常見的一種自動辨識技術，實際應用於 70 年代之後，此項技術如圖 14.7 所示其主要原理在於藉由許多條寬度不同的黑線及空白來編碼，然後再利用一台掃描機發射光源照射條碼，藉由條碼反射回來的光線明暗轉換成數位訊號，因此便可以從條碼中讀取出該物品的生產地、製造廠商、生產日期、商品名稱等。由於它具有低成本、高效率、高可靠性、容易製成、容易操作的特性，因此常用於商品物流及書籍管理當中。

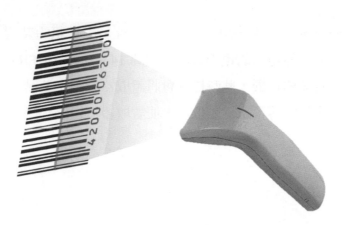

圖 14.7　條碼辨識技術

2. QRCode(QuickResponse)：

　　此項技術是由日本 DENSO WAVE 公司所發明的，由於它是二維空間條碼，因此比一維條碼(Barcode)更能儲存更多資訊。它主要的特色在於可快速被解碼以及容錯能力，最高至 30%的條碼受損都可以讀取到資訊，因此它也非常適合使用於貨物物流。如圖 14.8 所示條碼中有三個 "回" 圖示，其主要的功用在於方便 QR 碼的讀取器定位，因此使用者在讀取資料時並不用剛好對準 QR 碼，因此使用上更爲簡易方便。

圖 14.8　QR code 辨識技術

3. 無線射頻辨識 RFID(Radio Frequency Identification)：

　　RFID 識別是現在十分當紅的一項辨識技術，事實上，它已悄悄的進入到我們的生活，如捷運悠遊卡、門禁卡等。這項技術需要兩種裝置才能達成，第一種爲標籤(Tag)，它的功能在於儲存一些個人或商品的資訊，主要分類有主動式、半被動式及不用電池的被動式三種標籤。第二種裝置爲讀取／寫入器

(Reader/Writer)，顧名思義是用來讀取／寫入標籤中資訊的裝置，對於被動式標籤而言，讀取／寫入器是它的電力來源。如圖 14.9 所示，RFID 主要原理在於讀取器會先發出電磁波給標籤，此時標籤會將讀取器的電磁波轉成電能，以便驅動內部的晶片，之後將回傳資訊給讀取器，使讀取器知道該標籤的存在，進而讀取標籤中的資訊。

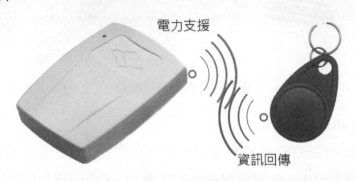

電力支援

資訊回傳

圖 14.9　QR code 辨識技術

4. 近場通訊 NFC(Near Field Communication)：

　　NFC 是由 RFID 演變而來的一項辨識技術，主要是由飛利浦(Philips)及索尼(Sony)所制定的短距離通訊技術其傳輸率有 106Kbits/s、212kbits/s 及 424kbits/s 三種傳輸率，並且有三種工作模式，如圖 14.10 所示卡模式(Card Emulation)能將 NFC 裝置切換爲 RFID 卡片(標籤)，主要是能代替許多 RFID 卡片，如車票、門禁、信用卡等。點對點模式(P2P mode)則是將兩台 NFC 裝置做點對點的資料交換，如照片、音樂、文件等。讀取器模式(Reader/writer mode)是將 NFC 裝置變爲讀取器，可以讀取擁有電子標籤的物品，進而了解該物品的資訊。

(a) 卡模式　　　　　　　　(b) 點對點模式　　　　　　　　(c) 讀取器模式

圖 14.10　NFC 辨識技術三大模式

　　透過上述的『感知層』的感測與辨識兩大關鍵技術，可使我們輕鬆取得物品(Thing)、時間(Time)與地點(Place)及事件(Event)等實體世界的重要資訊，然而這些資訊必須進一步透過下一章節將介紹的物聯網『聯網』技術傳送至網際網路，藉由雲端運算的資訊管理、儲存與分享，使人與物及物與物間的互動更易實現。

14-4　網路層通訊與網際網路關鍵技術

　　在「物聯網」中，智慧物件必須具備能夠存取網際網路(Internet)的能力，使得各種智慧物件之間能夠彼此分享資訊，實現人和物體對話、人和人對話以及物體和物體之間的溝通。由於智慧物件的種類包羅萬象，所使用的無線通訊技術亦不盡相同。在物聯網的網路通訊技術中，包含了各種不同通訊範圍與傳輸速率的無線通訊網路。依照是否直接連結上網際網路的方式又可細分為內部網路及外部網路，內部網路即為區域網路，其中可包含多種通訊技術，例如 RFID、ZigBee、Bluetooth 和 UWB 等。而外網常見的通訊技術為 3G、WiFi 和 WiMAX，以下將分別介紹物聯網之內網與外網的網路通訊技術。

一、物聯網之內網通訊技術

　　內部網路的應用在日常生活中已非常普及，如人們的筆記型電腦所使用的藍牙網路。其他常見的數據網路包含：紅外線、Zigbee、Ultra-wideband 和 RFID 等，以下將分別介紹內網的網路通訊技術。

1. RFID(Radio Frequency Identification)：

　　RFID 是「Radio Frequency Identification」的縮寫，又稱為「無線射頻識別系統」。主要由讀寫器(Reader/Writer)和 RFID 標籤(Tag)所組成的系統，其運作的原理是利用讀寫器發射無線電波，觸動感應範圍內的 RFID 標籤，藉由電磁感應產生電流，供應 RFID 標籤上的晶片運作並發出電磁波回應感應器。RFID 技術已廣泛被應用於多種領域中，以全球最大的連鎖通路商 Wal-Mart 為例[5]，Wal-Mart 要求上游的供應商在貨品的包裝上都需嵌入 RFID 標籤，以便追蹤貨品在供應鏈上的即時資訊，如此即可有效降低成本，同時提高產品資訊的透明度。

2. IEEE 802.15.6 無線通訊標準：

　　IEEE 802.15.6 無線通訊標準，具有省電、低傳輸速率等特性。不同於其他短距離、低功率消耗的無線技術，此標準主要考量在人體上或人體內的應用，將人體的各種醫療資訊傳輸至近端設備，供健康照護及醫療使用。舉例來說，在受照護者的身上貼附許多生理感測晶片(例如：血壓、血糖、心跳等感測器)，感測器透過 IEEE 802.15.6 無線通訊技術，將所搜集到的資料透過網際網路，傳輸到外部的監控裝置。如此，便能更即時提供受照護者相對應的服務。

3. Zigbee：

  ZigBee 為一運作於無線感測網路之低耗能無線通訊技術，具有低傳輸速率、低耗電、低成本與低複雜度之特性，亦能支援擴充大量的網路節點與多種網路拓樸。ZigBee 與 802.11(Wi-Fi)、藍芽(Bluetooth)共同使用 2.4GHz 頻帶，有效傳輸範圍可達到 10 至 50 公尺，支援最高傳輸數據為 250kbps。感測器透過 Zigbee 通訊協定，能夠將感測資料(如：溫濕度、壓力、三軸加速度等)以無線多躍傳輸的方式，傳回給伺服器端，以供人類研究分析之用途。舉例來說，透過 ZigBee 技術，可將嵌入於室內空間之各種感測元件(例如：溫濕度、移動偵測、壓力或二氧化碳等感測器)進行整合，藉由 ZigBee 技術將感測器所搜集到的資料，送往伺服器端進行分析，如此即能依據使用者目前的情況，自動提供適合的服務。

4. 藍牙(Bluetooth)：

  藍牙是無線個人區域網路(Wireless PAN)所使用的無線通訊協定，具有成本低、效益高的特性，其可在短距離內以一對一或一對多的方式，隨意無線連接其他的藍牙裝置。其主要是運作在 2.45 GHz 的免費頻帶上，除了可以傳輸數位資料外，也可以傳送聲音，傳輸範圍最遠可達 10-100 公尺。藍牙技術不但傳輸量大，每秒鐘可達 1Mbps，同時可以設定加密保護。新版 2.0 及 3.0 版的藍牙裝置甚至可分別達到 3Mbps 及 24Mbps 的速度。現今藍牙技術已不僅止於電話通信上，而是進一步結合了車載應用[6]。舉例來說，當行動電話隨用戶進入車內後，車載系統會立即透過藍牙技術連結上用戶手機，在駕駛的過程中，用戶僅需透過聲控即可完成撥號、接聽、音量調節等功能，也可透過語音指令來控制車上的所有開關。

5. 紅外線傳輸：

  紅外線具有傳輸距離短、低傳輸速率的特性。因紅外線的實現成本較低，故被廣泛應用於家電的遙控、小型移動設備互換數據和物體偵測上。紅外線的通訊距離為 3-5 公尺，其傳輸速率大約介於 2.4kbps 至 115.2kbps。以英國超市 Tesco 來說[7]，Tesco 將紅外線感測器建置於賣場入口及結帳櫃檯前，藉此掃描進場的顧客人數、等候結帳人數，再將這些即時資料與以往歷史資訊做整合性分析，即可進行即時的人員調度與管理，解決人力資源浪費問題。

6. UWB(Ultrawideband)：

UWB 即超寬頻技術，具備低耗電、高速的特性優勢，是一種短距離的無線寬帶通信方式。UWB 在 10 公尺以內的範圍內可以 100Mbps 乃至 1Gbps 超頻寬的速率傳輸資料，且不受微波爐、藍芽與 WiFi 等無線電波影響。舉例來說，在礦井探勘中[8]，可藉由 UWB 之特性進行環境監測，例如發生水災、火災、坍方等惡性事故，感測器能透過 UWB 技術即時將感測資訊回傳至後端主機，將資料加以分析整合，並執行相對應的救援行動。

二、物聯網之外網通訊技術

外部網路依照傳輸資料的類型又可分為電信網路和數據網路，其中電信網路原本是以傳輸語音為主，現已可傳輸數據資料，如 3G 和 3.5G。數據網路則以傳輸數據資料為主，如 WiFi 和 WiMAX，以下將分別介紹三種外網通訊技術。

1. 電信網路：

電信網路主要是由基地台與手持設備所組成，使用者只要位於基地台通訊範圍內，即可進行語音或資料的傳輸。如圖 14.11 所示，在一般電信網路中，其架構為階層式的架構，主要可以分為三個階層，由底層至上層分別為行動電話、基地台、交換機。

當手機插入 3G 或是 3.5G 卡之後，即可以與基地台進行註冊、認證和連線。此外，為了達到最好的傳輸速度，手機將選擇周圍訊號最強的基地台進行連線，如此一來，電信系統可以掌握每台手機所在位置，以及與哪個基地台進行連線，而隨著手機待機移動範圍跨越電信公司事先設定好區域時，手機也會對基地台進行註冊行為，使電信系統能知道手機的最新位置，藉由位置資訊的管理，電信公司可以提供各式各樣的服務，包括電話接收、短訊服務、漫遊等，甚至可以讓使用者得知所在位置附近的商店或優惠活動。

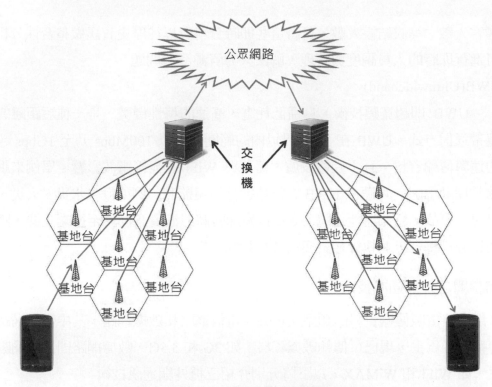

圖 14.11　電信網路運作圖

　　在物聯網中，手機已扮演關鍵角色，並且是物聯網中最具特色的智慧物件，手機中的三軸加速計、電子羅盤、全球衛星定位系統(GPS)、麥克風、光感測器、觸控感測器及攝影照相設備等，它可以瞭解使用者的行為，如透過 GPS 瞭解使用者所在位置，並提供導航等服務。透過 WiFi 或 3G 的聯網服務，亦可讓使用者與其他的物聯網設備溝通，甚至遠端操控各項家電及工廠設備。此外，各種日常生活常用的家電設備，亦可嵌入 3G 通訊模組，使家電設備的資訊可隨時透過電信網路，傳送至網際網路並分享給使用者掌握其最新的使用狀態，而使用者亦可透過手機來遠端控制家電設備的操作。

2. WiFi(WirelessFidelity)：

　　WiFi 的無線傳輸技術與藍牙技術一樣，同屬於在辦公室和家庭中使用的短距離無線技術，但不同的是，WiFi 傳輸的速率比藍牙還快，且距離也比藍牙遠。其主要使用 2.4GHz 及 5GHz 的免費的頻段，傳輸速率約為 54 Mbps。目前常用的標準分別是 IEEE 802.11b 及 IEEE 802.11g。以交通事故來說[9]，全球每年在交通事故上的死亡人數已達到 100 萬人，儘管科技不斷的進步，但此問題依舊無法有效的解決。若能將 WiFi 的技術運用於車載當中，並結合遠端交通安全管理平台，在汽車可能發生交通事故前發出警告訊息，提醒司機注意安全駕駛，進而減少交通事故的發生。

3. WiMAX(Worldwide Interoperability for Microwave Access)：

WiMAX 主要用於無線都會網路中，提供高速、寬頻網路存取服務，與 LTE 同樣屬於 4G 的無線通訊技術，目前運作的頻段主要是以 2-11GHz 為主。WiMAX 除了具備更高的傳輸效能、更低的傳送延遲之外，亦支援多種服務品質保證(QoS) 等級的資料傳輸。在物聯網中，因為 WiMAX 網路可提供使用者高速率的傳輸速度，因此企業透過 WiMAX 網路，將可以提供使用者許多的影音即時的服務，如收看電影或傳輸家中的監控影像等。

在過去，許多使用不同的無線通訊協定的裝置，資料無法互相傳輸。而物聯網主要的精神在於整合多種網路，達到兩化融合之目的，所謂的兩化融合，意指結合資訊化及自動化。資訊化可藉由 RFID 與無線感測網路技術，將物品或環境的資料數位化。而自動化則可以經由不同的網路環境，讓物品可以自主的傳送資訊或控制其他物品。而為了要實現人與人之間、物與物之間、人與物之間互相對話與溝通，必須解決不同網路通訊技術之間無法溝通的問題。以下將接著介紹物聯網的異質網路整合技術。

三、物聯網的異質網路整合技術

在物聯網的環境中，物體與物體間能透過網路進行資料的交換。與傳統無線感測網路差異在於物聯網技術可讓不同物體間透過無線網路，得知彼此的即時狀態與資訊。但由於現今市面上常見之設備所使用的無線通訊技術不盡相同，導致各項裝置的即時資訊及狀態無法有效地整合，也因此增加了物聯網中異質網路整合的困難度。有鑑於此，設計出能整合各種智慧物件間通訊之閘道器，將有助於使任何智慧物件皆能透過異質網路閘道器進行資訊的交換與整合，並將這些資訊透過無線網路技術，匯集至使用者或某個中央控制平台上，以提升網路傳輸之效率與品質。

異質網路閘道器需整合多種無線通訊之協定(如：Bluetooth、ZigBee、WiFi、紅外線、RFID 等)，再依據電子設備所使用之無線通訊協定，將不同無線通訊協定的封包格式轉換成智慧設備所使用的封包格式，達到整合異質網路傳輸目的，如圖 14.12 所示。舉例來說，因為電視或冷氣的遙控器皆使用紅外線脈波訊號，因此，具藍牙通訊晶片的手機，可傳送 "關冷氣" 的命令封包至異質網路閘道器中，閘道器便將此命令轉換為紅外線脈波，再傳送至電視或冷氣，即可取得其控制權。另外，若使用者想在外地遠端監控及控制家庭中各種 ZigBee 裝置的狀態，也可透過無線或有線網路下達控制指令，該指令會透過閘道器將網路封包轉換成 ZigBee 型式的封包，如此即可控制相對應之物件。由此可見，異質網路閘道器在物聯網中絕對是不可或缺的重要腳色。

雖然，異質網路閘道器可讓不同的無線通訊協定彼此溝通，但異質網路的整合還是會遇到許多挑戰，例如，智慧物件間所使用的無線通訊協定，大都運行於 ISM (Industrial, Scientific and Medical)免費頻帶上，而頻寬資源是有限的，當大量的智慧物件同時存取相同頻帶時，會發生封包碰撞的問題，導致整體系統效能降低。此外，在物聯網的環境中存在著多種不同的智慧物件，若想有效的控制每種物件，勢必要給予每個物件獨特的位址。在網路的世界中，會以 IP 位址(IP Address)視為辨認某個節點的所在地點，因此，若想讓物聯網所有的智慧物件都連結上網際網路，並與其他物件彼此相互溝通，提供大量的 IP 位置必定是首要條件。以目前所使用的 IPv4 技術並無法提供足夠位置讓物聯網中的物件使用，故異質網路的共存與 IP 位址的充足性，將是物聯網環境建置時所須面臨的重要挑戰。

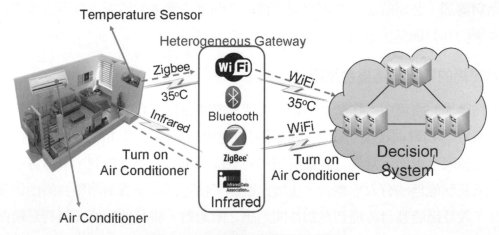

圖 14.12　異質網路閘道器示意圖

14-5　應用層物聯網實例

本章節將介紹物聯網在不同領域的發展，從交通、電網、醫療及生活等面向，來幫助讀者了解物聯網如何與我們的生活息息相關，以下將依序說明幾個物聯網的實例應用，包含智慧公車、智慧電網、智慧健康照護、智慧人文樹道、智慧門票、物流管理應用系統。

一、智慧公車

為了因應道路壅塞問題，政府興建並提倡了各種大眾運輸工具，例如：台北捷運系統、高雄捷運系統、公車系統、高速鐵路和鐵路地下化，其中，公車系統在城市裡遍佈最為密集，在短程旅行的選擇度上一直高居不下，但也因此產生了許多問題，諸如公車靠站不停、危險駕駛、駕駛者的行為不當等。政府為了提升人們搭乘公車時的安全性及便利性，建構了智慧公車系統，利用物聯網技術對客運汽車進行管理與監控[10]。

智慧公車系統是在公車上安裝各種物聯網原件，如圖 14.13 所示，包含智慧攝像系統、GPS 定位系統、車載機(內涵 3G 通訊設備)、身分辨識系統、操作面板等，以增加乘客的安全性與便利性。當公車要從總站出發時，司機需先使用車上安裝的身分辨識系統確認身分，表示將對接下來公車上發生的任何情況負責，完成後才能夠開始值勤。公車上路後可以利用車內 GPS 定位系統隨時鎖定公車的所在位置，並將位置資訊透過車載機內的 3G 通訊設備傳送至資訊系統控制中心，接著就可以利用道路的規定限速，以及公車目前所在位置大略算出公車將在多久後抵達行進路線中的各個站牌，再利用網際網路將估計到站時間的資訊傳送到各個智慧型站牌中，供等待的乘客了解公車的到站時間，除此之外，資訊系統控制中心也將此到站時間資訊透過網際網路傳送到公車上的車載機，並顯示於車內的面板中，讓車上的乘客也能夠知道多久能夠抵達目的地。

在公車行徑的過程中，車內的車載機可以隨時監控駕駛的行為，例如超速、公車靠站不停、不在路邊停車、緊急加速或剎車等，並將此類行為傳送至系統控制中心達到約束駕駛者不良行為之目的。因為公車的車身較長，難免會有死角產生，這時候就可以利用公車上安裝的智慧攝像系統，將公車周遭的畫面傳送至操作面板中，不僅可以讓行徑中的公車更加安全，還能記錄畫面當作事故發生時的佐證。而上述所有的操作駕駛都能夠透過車上的操作面板來進行。透過智慧公車系統的應用，將能方便公車管理端隨時監控駕駛者與公車的狀態，除了提升公車行駛安全性外，還能夠利用資訊控制中心分析的到站資訊，讓乘客更了解公車的情況，增加人民的便利性。

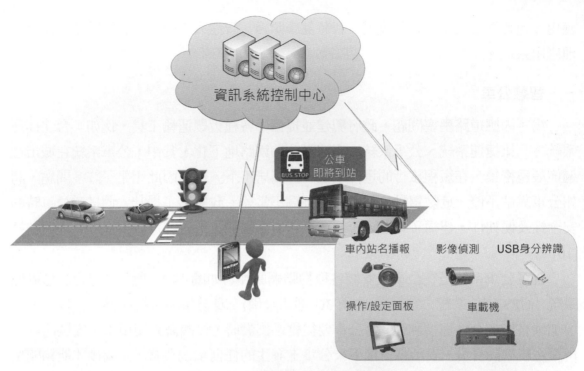

圖 14.13　物聯網中的智慧公車系統

二、智慧電網

　　在世界各國提倡節能減碳的口號下，人們的環保意識逐漸高漲，各國政府也大力的推動各種環保政策，例如：垃圾分類、興建風力發電廠、推廣綠能建築等環保政策。然而，隨著科技的發達，人們的生活仰賴著各種電器用品，為了供應大量的電力能源給消費者，不斷的消耗地球的能源。為了有效的使用電力能源，智慧電網的物聯網系統應運而生。智慧電錶是智慧電網中的主角之一，智慧電錶有如一個插座的轉接器，它可以先插在家中的任意插座上，電器的插頭只要插在智慧電表的插孔，智慧電錶便能統計該電器的每秒耗電量，供使用者及智慧電網統計家中各類電器及統整各類電器的消耗電量，發電廠在進行用戶配電時，會根據使用者端所使用的電量情況進行配電，而這些的組成，我們稱之為智慧電網。智慧電網是整合發電、輸送電量、配電及管理使用者電量的一種電力網路。

　　智慧型電表基礎建設 AMI(Advanced Monitoring Infrastructure)在智慧電網中扮演者重大的腳色[11]。使用者可透過 AMI 的整合即時了解目前家中使用電量情形，而電力公司也可透過 AMI 了解使用者電量使用情形，針對發電和配電做良好的調整。AMI 的運作方式，如下圖 14.14 所示。使用者在家中各個電器上加裝智慧電表，利用智慧電表隨時感測和記錄電器用電，並定時的將耗電量資訊透過 ZigBee 傳送到網際網路的遠端電力公司的雲端資料庫中。這樣的用電資訊可進一步統計，當每一次發電廠進行用戶配電時，會根據雲端資料庫中每一戶、每棟樓、每個社區、每間公司、每個鄉鎮及村落等耗電資訊，以便進行有效的配電。除此之外，使用者也可透過電腦或智慧型裝置看到每個電器的在每個時段的電量使用情形。

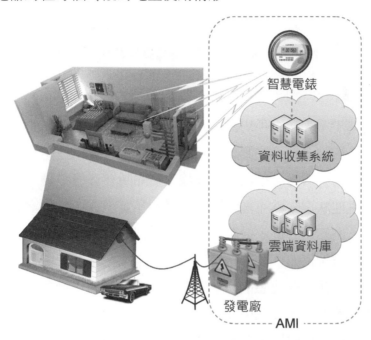

圖 14.14　智慧電網之 AMI 架構

此外，智慧電網有別於傳統電網，如圖 14.15，使用端除了使用電力公司所提供的電力之外，也可以在家裝設太陽能板或是風力發電，除了節能之外，也可將多餘的電力轉售給電力公司，讓使用者達到省錢。因此，智慧電網除了提高供電的品質之外，也減少了溫室效應。

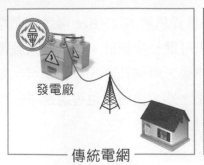
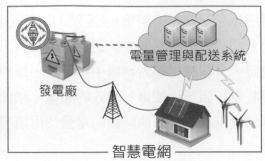

圖 14.15　傳統電網與智慧電網的電力來源差異

三、智慧健康照護

　　隨著醫療的進步，人類的平均壽命升高，然而，由於生育率的下降，老年人口比例日漸攀升。為了加強老年人的照護，智慧醫療將醫療及科技結合，隨時監控老年人的健康狀態。傳統老人看護必須家人或醫療人員隨時在旁邊照護，但是，無法隨時監控心跳及血壓等生理狀況。為了提升老人看護的品質，透過物聯網的技術，讓老人隨身配戴微感測器，例如：心跳、血壓與眼壓感測器等人體感測器，隨時隨地監控老人生理狀況。健康照護架構如下圖 14.16 所示。老年人在身上配戴著許多人體感測器，例如：三軸加速器感測、聲波感測器、血壓感測器。透過三軸加速器的三軸變化了解老年人是否跌倒，若老年人在家中或室外跌倒時，透過物聯網的傳輸機制將訊息即時上傳到中央控管中心的伺服器，此時，醫院院方可透過醫療監控平台得知此訊息，而物聯網智慧醫療系統也進一步啟動居家監控系統中的攝影機，透過影像的傳輸使院方及家人可關心老人受傷情形，除此之外，當鄰近義工接獲跌倒訊息時，也可就近趕往老人住所協助幫忙。

　　為了讓智慧健康照護系統更加完善，智慧藥盒為智慧健康照護重要的一環。智慧藥盒可提醒病人吃藥，並監控病人是否用藥正確。智慧藥盒[12]如下圖 14.17 所示。智慧藥盒主要功能是透語音提醒功能，告知病人應該拿取哪一格藥物，除了協助病人在正常時間吃藥外，也避免不小心吃錯了藥品。為了讓病患或家屬能夠將藥物正確的放置於智慧藥盒中，病人或家屬可透過智慧藥盒無線傳輸，將醫院所開出的藥單下載至智慧藥盒的資料庫中，此時，分藥者(家屬或看護)或病患可透過資料庫所顯示的藥物資訊，正確且快速地將藥物放置在藥盒中。除此之外，醫院院方可透過智慧藥盒上傳的病人用藥情形，關心病患用藥狀況。

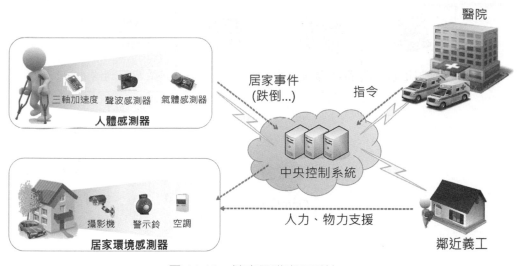

圖 14.16　健康照護應用系統

圖 14.17　智慧藥盒提供正確用藥的架構圖

四、智慧人文樹道

在現代生活繁忙的工作壓力下，為了能夠有適當的生活調劑，生活與人文藝術融合的概念被廣泛的推行。下圖 14.18 為應用於人文藝術的「無線感測真菌人文樹道」。在真菌菇中裝設許多感測元件，可與人們進行互動。當人接近真菌菇時，真菌菇可透過內建的微波感測器，感測到有人接近，此時，透過無線感測器 OctopusII 控制音樂撥放模組，將交響樂從喇叭播出。反之，當人離開真菌菇後，微波感測器偵測到有人離開，並停止音樂的撥放。另外，真菌菇內三軸加速度計可偵測到有人敲擊或搖晃真菌菇，真菌菇系統便透過無線感測器 OctopusII 的控制，將趣味的聲響播放出來。

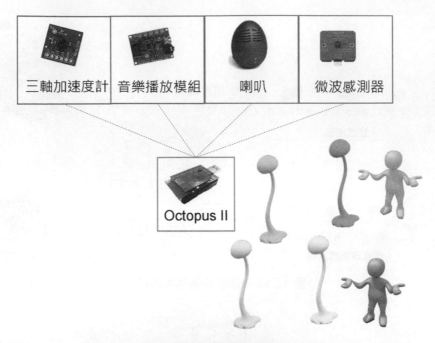

圖 14.18　真菌菇內所安裝的感測器及感測模組

五、智慧門票

以往參加大型展覽及博覽會時，常因人數眾多而增加門票查驗和防偽上的困難。為了提升驗票的效率，智慧門票的概念是將門票嵌入 RFID 標籤，在 2010 年上海世界博覽會所使用的門票即採用 RFID 技術，利用智慧晶片紀錄每位參觀者的資料，並與博覽會園區的感測器透過無線通訊交換資料。智慧門票除了讓遊客可以快速進入園區之外，也協助遊客參觀園區以及場館人數控制等功能。當展館外的 RFID Reader 讀取到參觀者手持的 RFID 門票時，將會把參觀者的資訊透過網際網路傳輸至世博的中央控制系統中，主辦單位便可即時地了解目前展館流量，維持參觀者的參觀品質，並動態調節各展館的參觀人數。

六、智慧物流

現代科技廠房的年營業額少則千萬多則上億元，川流不息的訂單量值得慶賀但也令廠商背負了不小的壓力，如何對龐大的貨物進行存儲及物流的高效規劃和管理，保證產品質量與貨物運送及時，是現代物流的一大難題。而物聯網技術在近幾年已廣泛地應用在物流系統，解決物流的運送、進貨、銷貨及庫存管理等問題。智慧物流主要是透過 RFID 和定位系統，結合視頻監控實現對存儲倉庫和物流的追蹤管理[13]。

　　物聯網應用於物流管理系統的流程，如圖 14.19 所示，為了要管理種類繁多且數量龐大的物流業，業者在貨物包裝上放置 RFID 辨識條碼，如此一來，貨物目前所在位置、貨物出貨／庫存、貨品保存狀態、貨品儲存環境，均能夠透過網路傳輸至中央管理系統，進而幫助業者對貨物的狀況進行全面性的監控。物流業者可針對物流貨品進行內部的管理，包括監控貨品的環境及擺放地點、防偽辨識、銷售管理等，均可利用 RFID 內儲存的序號及各種物品資訊來進行，在貨品運送的過程中，若受到損毀、遺漏或發生運送延遲情況時，智慧物流系統便能夠馬上透過中央管理進行主動通知廠商及客戶，並啟動處理程序，而商品庫存相關資訊亦可提供給消費者，達到管理最佳化的效果。

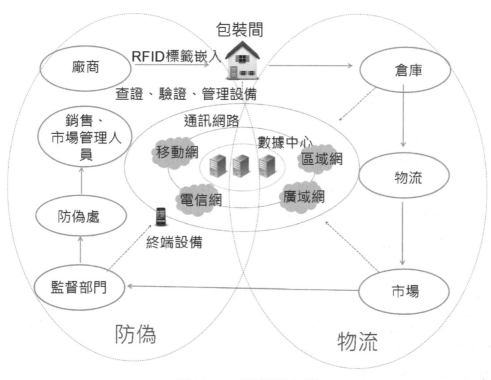

圖 14.19　智慧物流流程

　　物流系統若要達到完善的應用，需要從貨品的生產、包裝、運送、倉儲、批發商及零售商等上下游產業鏈共同參與配合，在生產包裝時即置入 RFID 條碼，並且各上下游產業均需引入控管系統，透過 RFID 的資訊使彼此的系統相互連線並共享資訊，才能夠達到最完善的物流管理效益。上下游產業鏈的整合，目前仍是有待克服的問題。

14-6　物聯網未來發展與挑戰

　　在好萊塢科幻電影當中，憑藉著編劇的巧思，出現了許多新奇、令人無法想像的科技，諸如湯姆克魯斯所主演的「關鍵報告」當中[14]，廣告牆不只是單純的撥放廣告，可以在廣告牆上購買東西，同時也可當廣播器，還可以掃描條碼，還有許多微型機器人散佈在城市當中，就是移動式的監視器，而在威爾史密斯主演的「機械公敵」當中，家裡所有的家電都是集中式管理，一個口令一個動作，不再需要有許多的遙控器，全世界所有的科技產品都是連線的，在車上講話就可以點餐或是買東西，十分方便。而這種特性，正是物聯網未來發展的標準典範。在物聯網中，各種人事物溝通的核心和基礎是網際網路，其技術的延伸和擴展，可架起智慧聯網國度中各種人事物溝通的橋樑；射頻識別技術(RFID)、無線感知與通訊技術、紅外感測器、奈米與微機電技術、全球定位系統、3D雷射掃描器等資訊感測與通訊裝置[15]，亦可內嵌至各種物體之中，讓網際網路的使用者擴展到物體端，透過物聯網技術的協助，各式智慧物體也具備了類似人類的溝通能力。因此，物聯網技術將可創造出一種包羅萬象的虛擬空間，在未來，電影中出現的各種智慧情境，都有可能真實地出現在生活中。

　　物聯網可以幫助人們更完善地進行對一切「智慧物件」的遠端操控管理，真正地做到「運籌帷幄之中，決勝千里之外」的境界。這也是中國溫家寶總理提出的「感知中國」所描繪的生活藍圖，智慧地球(Smart Planet)將使我們生活的世界更加智能化、智慧化，成為一個「高效、節能、安全、環保」的和諧社會[16]。但要確實達成物聯網所要求的全面感知、可靠傳輸和智慧處理的境界，必然會面臨到許多嚴峻的挑戰[17]。這些挑戰可以從物聯網的感知層、網路層及應用層來討論。在感知層方面，為了達到全世界全面感知的目標，在物聯網中必須嚴加制定相關的感知標準。當大量運行於物聯網中的設備感測到資訊時，由於每個設備的不同，其處理資訊的方式也不太一樣，但當這些設備需要交換資訊時，便可能會因為封包格式與運行架構的不同而產生隔閡，造成效率低落，所以，統一資訊交換的標準，是必要的。

　　在網路層方面，欲在物聯網中達到可靠傳輸的目標，須考量以下各大要點：

1. 設備干擾：人類在現今的生活中已使用相當多的無線通訊設備，在建置物聯網的環境時，將有更多無線通訊設備需要進行連結與通訊，設備與設備之間將會互相干擾，如何在有限的頻帶中做出最好的利用，並讓所有設備都得以順利進行任務，為一個相當重要的問題。

2. 頻道的動態性：當某個頻道特別壅塞時，如何讓其它設備選擇較佳的頻道傳輸，使資料傳輸更具適應性，並減少碰撞或干擾的問題，亦是一重要的挑戰。

3. 服務品質的支持：即時多媒體服務或是生命醫療方面的網路傳輸服務，其傳輸品質必須有所保障，如何避免資料精準且不遺失，是未來物聯網發展時，網路層的一大挑戰。

4. 資訊安全：在物聯網傳輸中，由於是透過大量的封包進行資料的傳遞及交換，如何保證在這大量的傳輸之間不被各種潛在危機所攻擊(妥協的憑據、物理攻擊、配置攻擊、核心網路攻擊等)，也是必須考量的重大要素。

此外，在應用層中，欲達成虛擬世界中的自動化處理，各種物聯網資料的智慧融合與管理，將是一大關鍵。物聯網中訊息的價值具有下列特質：

1. 訊息的價值隨著訊息的正確性而增加；
2. 訊息的價值隨著被使用次數與頻率而增加；
3. 訊息的價值隨著訊息組合來源數越多而增加；
4. 訊息的價值隨著產生的時間越久而貶值。

為了維護上述的特質，物聯網資料的智慧管理越顯其重要，在這方面所面臨的挑戰分述如下：

1. 資源限制：運行於物聯網中的設備，都有其記憶體上限、電力上限和運算上限等限制，如何妥善分配所有設備與資源，使其使用效率最大化，關係著物聯網能否順利運行。

2. 自動化：在一個自動化運作的物聯網環境中，我們期望所有智慧物件可以做到自我組織、自我配置、自我管理和自我修復，這就類似一個完全自動化的系統，智慧裝置在佈建之後，便擁有獨立的思考核心，硬體配置也可因應環境變化而重新配置，而當設備有問題產生也可以自動修復，不需要再依賴人力去操作、監控及修復。

3. 個人隱私：要建立一個物聯網世界，佈建各式多元的感測器是一大趨勢，以期達到物聯網全面感測的目的。但在人們生活環境中佈建越多感測器時，這些設備所偵測到的訊息就會有意或無意的越界，侵犯到人們的隱私權。因此，如何在自動化應用與人類隱私之間有效劃分彼此的領域，將是資料管理的一大挑戰。

4. 物聯網資訊的融合與管理：物聯網中所有設備收集來的資料非常多，如何將這麼多雜亂的資訊做有效的整合及管理，並減輕網路傳輸與設備的負擔，也是需要解決的問題。

交織於虛擬世界的夢想與現實世界的生活之間，物聯網可以幫助我們實現許多我們意想不到的事情。無論是任何人事物，皆可隨時隨地的交換資訊，而達到訊息自由交換的目標，當目標達成時，我們可以自由的與任何物件溝通，使我們的生活變得更便利，虛擬世界也終將不在是夢想！

14-7　結論

物聯網的發展有著其便利性及必要性，當將所有的系統及不同的網路架構完整地串聯在一起，所有物品資訊對物品擁有者而言都是透明且可即時掌握，人們的生活品質自然可提昇。物聯網不但可以節省人們對實體世界中智慧物件管理的程序，也能讓許多處理事情的思維變得簡單；當我們所處的環境能達到全面感知，且資訊透過網路的流動不再有阻礙時，一個全新且高智慧的生活方式將逐步展開，在這樣的環境下，人們的智慧也需隨著物件智慧的增長而提昇。雖然現今技術距離理想的物聯網世界仍非一蹴可幾，但只要人類秉持著正確的信念與夢想，堅守克服各種挑戰的理念，總有一天，智慧地球的理想國度終將被實現！

習 題

1. 請說明感知層中的感知技術與辨識技術主要功能在於？

2. 請列出常見的五種感測功能與三種辨識技術。

3. 請列出六種物聯網網路層的無線通訊協定。

4. 請說明何謂「兩化融合」。

5. 請列舉三項使用智慧公車所帶來的好處。

6. 請說明智慧型電表基礎建設 AMI 中 power meter 的功能為何？

7. 請列舉三個應用在醫療照護中的感測器。

8. 請說明在智慧人文樹道中的應用中，真菌菇是如何得知有人接近並且播放音樂？

9. 請說明物聯網為了達成可靠傳輸，共有哪些要點？

10. 請列舉三種在網路層的關鍵技術？

11. 物聯網中的訊息的價值，具有哪些特點？

12. 物聯網的智慧管理，共有哪些挑戰？

13. 舉出三項目前台灣政府正積極推動的物聯網相關計畫。

14. 請說明無線感測網路主要是由哪兩種設備所構成？

15. 請說明網宇實體系統與無線感測網路的差異點為何。

16. 歐洲電信標準協會(ETSI)將物聯網劃分為三階層，請問分別是哪三層？

17. 承上題，請以最簡明的方式說明此三層之間的交互關係？

18. 請列舉三種在感知層的關鍵技術？

參考文獻

[1] IoT 發展歷程, http：//www.digitimes.com.tw/tw/dt/n/shwnws.asp？
CnlID=13&OneNewsPage=2&Page=1&ct=1&id=0000210621_WYO5SS4S3S128U
0UW8NA8

[2] 物聯網三層架構, http：//www.etsi.org/website/homepage.aspx

[3] 高速公路即時路況系統示意圖, http：//1968.freeway.gov.tw/

[4] 電子工程專輯, http：//www.eettaiwan.com/

[5] 政府投入大規模資源，帶動物聯網產業興起,
http：//www.ithome.com.tw/itadm/article.php？c=71415&s=3 Wal-Mart

[6] 藍牙技術帶動下的未來物聯網車載應用,
http：//www.digitimes.com.tw/tw/things/shwnws.asp？
cnlid=15&cat=10&cat1=15&id=0000271023_6Z1LSID13P79QR28XHDSA

[7] 感測聯網技術成熟，物聯網大規模應用竄起,
http：//www.ithome.com.tw/itadm/article.php？c=71415&s=2 TESCO

[8] 煤礦行業物聯網系統介紹,
http：//www.libnet.sh.cn：82/gate/big5/www.istis.sh.cn/list/list.aspx？id=6606

[9] 汽車物聯網新試驗：WiFi 連接車輛減少交通事故,
http//tw.myblog.yahoo.com/jw!9EJiHLKAHxVSpfxCMm2qVDDHATEq1w--/article？mid=8784

[10] 智慧客車時代來臨, http：//big5.huaxia.com/zt/sh/10-017/1860924.html

[11] AMI 自動讀表的通訊技術, http：//www.digitimes.com.tw/tw/dt/n/shwnws.asp

[12] 智慧藥盒, http：//www-mems.me.ntu.edu.tw/pdt_view.asp？sn=131

[13] 倉儲物流系統建設, http：//www.lp-rack.com.tw/html/wuliaojia_6.html

[14] 物聯網十年大趨勢上兆商機,
http：//blog.chinatimes.com/blognews/archive/2010/03/01/474725.html

[15] 下一波資訊發展浪潮：物聯網時代即將降臨,
http：//mag.udn.com/mag/digital/storypage.jsp？f_ART_ID=244781

[16] 周洪波, 李吉生, 趙曉波, "輕鬆讀懂物聯網：技術、應用、標準和商業模式,"博碩文化股份有限公司, ISBN：9789862014066, Dec. 2010.

[17] 拓墣產業研究所, "第三波資訊潮：物聯網啓動智慧感測商機," 拓墣科技公司, ISBN：9789866626548, May 2010.

WNMC

Chapter **15**

雲端計算

15-1 雲端計算簡介

由於處理器、儲存裝置和 Internet 的快速發展,計算資源比起以前更便宜、更豐富而且無所不在。技術的演進使得雲端計算(Cloud Computing)成爲新的計算趨勢。在雲端計算環境裡的資源(例如 CPU 和儲存裝置)就像是一般的水、電、瓦斯、電話等公用計算(Utility Computing)的使用方式,用戶可以透過 Internet 根據他們的需求(On-demand)來使用他們的資源,而且付費的方式是依據用戶的使用量計費(Pay-as-you-go)。在雲端的環境裡,傳統的服務提供者可分成兩種,一種是基礎設施的提供者,他們負責管理雲端的平台,根據使用的價格模式出租資源;另一種是服務的提供者,他們向基礎設施提供者租賃資源,然後服務使用者。雲端計算可說是一種新的服務模式,可以隨時、隨處、根據需求,方便使用共享的計算資源,像是網路、伺服器、儲存空間、應用程式和服務,而這些資源可以由服務的供應商來提供快速的佈署和較少的管理成本[3][8][12][18][19][25][26][27]。

雲端計算的一些基本特色,包括隨時需求和自我服務、寬頻的網路存取、資源的預留、快速有彈性、可以量測的服務。用戶不管對於服務的時間,或是儲存空間都可以根據自己的需求而自動調整服務,透過寬頻網路來存取。而且這些儲存空間、運算、記憶體、網路頻寬等資源同時可以提供給多個戶使用,根據不同的用戶需求,快速有彈性地動態調整這些資源,並且依據用戶的使用量計費[1][2][8][20]。

雲端計算最重要的概念是以服務爲導向,包含軟體、硬體、平台、基礎設施、資料、商業等服務。但是一般主要分成三種服務模式,包含軟體即服務(Software-as-a-Service,SaaS)、平台即服務(Platform-as-a-Service,PaaS)和基礎設施即服務(Infrastructure-as-a-Service,IaaS)[19]。軟體即服務主要是用戶在雲端的基礎架構上使用供應商的軟體服務,軟體可以透過各種不同的終端設備,利用瀏覽器來使用軟體,而無需擔心如何管理網路、伺服器、作業系統、儲存裝置等雲端基礎設備。平台即服務主要是提供用戶佈署開發應用程式所需的程式語言、程式庫、服務和工具的雲端基礎設施。使用者無需去管理或控制相關的雲端基礎設備,只需操控佈署的應用程式和設定應用的環境變數。基礎設施即服務主要提供用戶運算、儲存、網路和其他基本的計算資源,在上面佈署或執行各種作業系統或應用軟體。使用者無需管理雲端的基礎設備、但是可以控制作業系統、儲存裝置和應用程式,也可控制網路的原件,例如防火牆。使用者可以藉由終端的設備去使用這些服務，圖 15.1 為雲端計算的生態環境[1][2][28]。

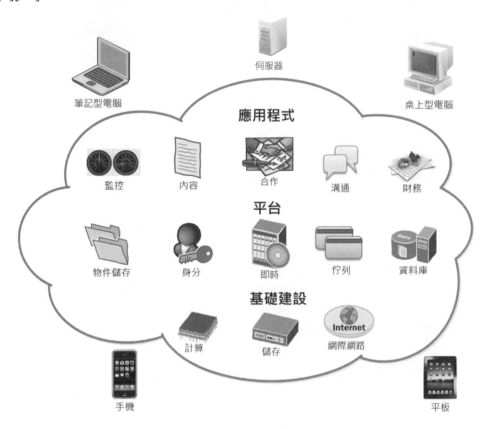

圖 15.1　雲端計算的生態環境

　　雲端的佈署方式主要可分為五種，包括私有雲、社群雲、公有雲、混合雲和虛擬私有雲[19]。私有雲可能由組織自己或其他人建置、管理或營運，這些設備可能建置在組織內或組織外。社群雲主要由一些具有特定任務、安全需求、政策、承諾的社群所共同建置。社群雲也與私有雲一樣可能由組織自己或其他人建置、管理或營運，這些設備可能建置在組織內或組織外。公有雲的雲端基礎設施主要是提供一般大眾用戶來使用，公有雲可能由企業、學術機構、政府組織所建置、管理或營運，這些設備建置在雲端的提供者內。混合雲是由兩種或兩種以上的雲端佈署模式(私有雲、社群雲、公有雲)混合而成，藉由標準或產業的技術將各自的特色組合起來使得資料和應用程式容易轉移。虛擬私有雲則是利用公有雲來建置自己的私有雲。以上是簡單介紹雲端計算具備的特性、服務的類別和佈署的模式，可以參考圖 15.2。

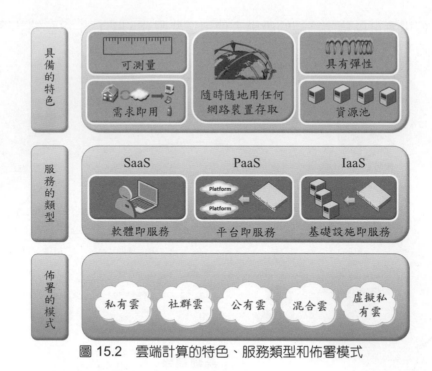

圖 15.2　雲端計算的特色、服務類型和佈署模式

15-2　雲端計算的演進和技術

雲端計算具有許多的創新性。不管在計算能力的進展，運用虛擬的觀念，使得硬體使用更有效率，提供計算資源和應用程式藉以打破傳統的價值鏈，創造新的商業模式。首先雲端計算是否是新的電腦技術？我們先從電腦計算的演進開始探討[4]。

自從 1947 年電晶體發明之後，電腦的發展非常快速。1957 年，IBM 推出 704，是第一台具有浮點運算的大型主機電腦(Mainframe)，之後 1964 年又推出 System/360 系列產品。這個時期電腦主要的特色是周邊設備都可以更換，軟體都可在這系列的電腦上執行。之後演進到所謂的迷你電腦(Minicomputer)，1964 年 DEC 推出了 PDP-8，1974 年 Xerox 推出了 Alto。因為 Intel 在 1969 年開發出第一顆微處理器 4004，之後 1971 年開發微處理器 8008，所以個人電腦(PC)在 1970 年代也開始發展。1975 年 MITS 開始販售第一台家庭電腦(Home Computer)Altair 8800，隨後 Apple、Atari、Commodore 也開始製造。到了 1981 年，IBM 進入這個市場，並且以個人電腦(PC)的名稱來銷售。之後個人電腦持續發展，不但有優異的執行效率，並搭配圖形使用介面(GUI)讓使用者操作方便，而且尺寸不斷縮小，演進到現今的筆記型電腦、平板電腦、甚至是行動手持設備。

　　另一方面重要的里程碑應是 Internet 的發展，1969 年，ARPANET 開始發展，電腦間可以開始互相通訊，到了 1981 年，已經有大約 200 個組織的電腦在這個網路上互相聯結。1983 年，網路協定開始採用 TCP/IP，把所有的子網路連接到 ARPNET，這種連接所有網路的網路就稱為 Internet。剛開始 Internet 主要是用在軍事和科學上，從 1988 年起，Internet 開始使用在商業的服務，像是電子郵件、Telnet、Usenet 等。然而 Internet 獲得突破性的進展應歸功於，1989 年 Berners-Lee 發明了網際網路(World Wide Web，WWW)。Berners-Lee 開發 WWW 最開始是為了歐洲核能研究組織(CERN)的資訊管理系統，是基於文件超連結(Hypertext)的技術，而文件超連結的基本觀念就是經由一個邏輯的參考點來取得相關的知識內容。而 WWW 蔚為風行主要是因為 Mosaic 瀏覽器的開發。

　　隨著頻寬的增加，加上 Java、PHP、Ajax 等新的技術，開始發展互動性的網站，現今在 Internet 上有許多的多媒體網站、線上購物、路線規劃、通訊平台、社交網站、還有辦公室的相關應用程式，像是文書處理和試算表。這種佈署的概念被稱作軟體即服務(Software-as-a-Service)，在 2000 年非常風行。類似的佈署觀念被用在硬體的資源上，特別是計算能力和儲存空間。以此觀念建置稱為網格計算(Grid Computing)，開始於 1990 年代。雲端計算的名詞出現在 2007 年，主要的觀念是將硬體和軟體一起佈署。最開始是由 Google、IBM 和六所美國的大學開始研究。圖 15.3 是雲端計算演進的重要里程碑。

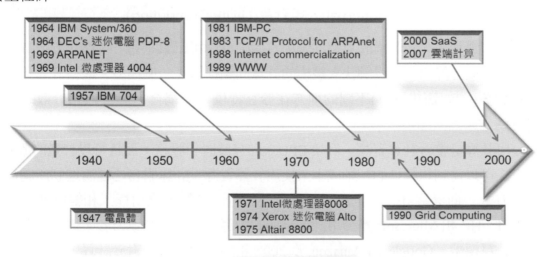

圖 15.3　雲端計算演進的重要里程碑

　　雲端計算快速的進展，主要來自於許多技術的進步，特別是硬體(例如虛擬化、多核心 CPU)、Internet 技術(例如 Web 服務、服務導向架構、Web 2.0)、分散式計算(例如公用計算、網格計算)和系統管理(例如自主計算、資料中心自動化)。圖 15.4 顯示對雲端計算有重大影響的各種技術[25]。

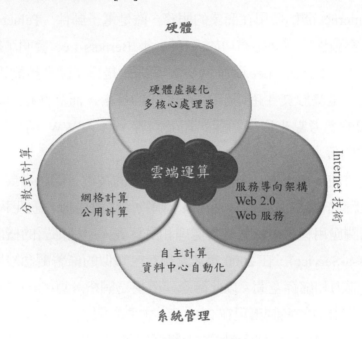

圖 15.4　雲端計算重要的技術

一、網格計算(Grid Computing)和公用計算(Utility Computing)

　　網格計算利用大量異構計算機的未用資源(CPU 和磁碟儲存)，作為在分散式網路中的一個虛擬計算叢集，為解決大規模的計算問題提供了一個模型。網格計算和傳統的高速計算(例如叢集計算)不同的地方在於它提供鬆散耦合、異質性和分散的特性[11][23]。

　　公用計算是整合計算資源，例如 CPU、儲存裝置和服務，而且可以計量的服務。這種方式可以達到以較低的初始成本來使用計算資源。計算服務已經演進到所謂需求即用的方式，而雲端計算更是將這種概念運用到將計算、應用程式和網路都當成服務。IBM、HP 和 Microsoft 是公用計算早期的領導廠商，他們致力於架構、付費、發展新的計算模型。Google 和 Amazon 於 2008 年開始建立自己對於計算、儲存裝置和應用程式的公用計算。公用計算經由大量的電腦能夠支援大量或是突然巨量計算的需求。

二、自主計算(Autonomic Computing)

　　由於計算系統愈來愈複雜，所以需要自主計算來協助，而自主計算主要是減少人為的操作來改進系統的效率，換言之，系統只需人的高階指示，便能自己管理自己。IBM 從 2001 年起，開始發展自我管理的系統，克服日漸複雜的電腦系統管理，減少因為複雜性帶來的困難。自主計算使用高階策略來自我決策，持續檢查和最佳化，自動自我調整去適合現況。一個自主計算的框架包含互相溝通的自主元件。一個自主元件包含兩個控制迴路(區域和整體)使用感測器(Sensor)來自我監控，受動器(Effector)來自我調整，知識和決策器基於自我和環境的認知來制定策略。

三、Web 服務(Web Service, WS)、服務導向架構(Service-oriented Architecture, SOA)、Web 2.0

　　Web 服務的開放標準已經在軟體整合上產生重大的影響。Web 服務可以在不同訊息的產品平台上將應用軟體整合起來，使得在一個應用程式的資訊可以在另外一個應用程式上使用，也可以使得內部的應用程式可以透過 Internet 使用。Web 服務是一個軟體系統，用以支援網路間不同機器的互動操作。網路服務通常是許多應用程式介面(API)所組成的，它們透過網路，例如 Internet 的遠程伺服機端，執行客戶所提交服務的請求。Web 服務的標準已經在許多現存的協定，例如 HTTP 和 XML 上開發出來，提供一個傳送服務的一般機制，可以在服務導向架構上實作。服務導向架構是在整合服務中為了設計和開發軟體所制定的原則和方法。這些服務是商業上需要的功能，而這些功能是建置軟體的原件，可以被不同的程式重複使用。

　　服務導向架構一般是提供使用者一些服務，像是 Web-based 的應用程式，就是一種 SOA-based 的服務。例如，在一家公司裡不同的部門可能使用不同的程式語言來開發和佈署 SOA 服務。使用者將使用這些定義好的介面方便存取。XML 在 SOA 服務中，通常被用來當作介面。

　　Web 2.0 是將網路在 WWW 上分享資訊、容易溝通、使用者為中心和互相合作。在傳統的網頁上使用者只是被動地瀏覽一些網頁內容，然而在 Web 2.0 的網站上，使用者可以透過虛擬社群中與使用者產生內容的互動。在 Web 2.0 典型的例子，如社交網站、部落格(Blog)、Wiki 百科全書(Wiki)、影音分享網站等。

四、虛擬化技術[9][17][22]

　　雲端計算的服務通常後端都由數千台電腦規模龐大的資料中心所支援。建置這些資料中心是爲了服務許多的用戶和執行許多的應用程式。爲了這個目的，虛擬化技術在資料中心建置和維運操作時是一個好的解決技術。電腦系統資源的虛擬化主要是將處理器、記憶體和 I/O 設備等資源，增進資源的分享和使用率。虛擬化技術可以在一個實體機器上執行許多的作業系統和軟體。像圖 15.5，在軟體層中有一個虛擬機監控器(Virtual Machine Monitor, VMM)，也稱作超級監控者(Hypervisor)，當作存取實體機器以提供 Guest 作業系統虛擬機的橋樑。許多著名的虛擬機監控器，像是 VMware ESXi、Xen、KVM 等。

1. VMware ESXi：VMware 是虛擬化市場的先驅。它的產品包含桌上型電腦或伺服器的虛擬化到高階的管理工具。ESXi 是 VMware 中的虛擬機監控器，它是一個裸機(Bare-Mental)的超級監控者，也就是說它直接安裝在實體伺服器上，無須事先安裝 Host 作業系統。它提供處理器、記憶體和 I/O 的虛擬化。它特別採用 Memory ballooning 和 Page sharing 的技術，可以達到記憶體過量使用(Overcommit memory)，使得在一台實體伺服器上增加虛擬機的數量。

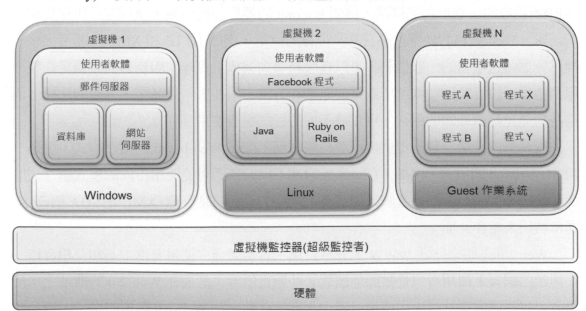

圖 15.5　虛擬機運作在虛擬機監控上

2. Xen：開始是一個開放原始碼的產品，提供商業或是開放原始碼虛擬化產品的基礎。它開始創造 Para-virtualization 的技術，也就是說藉由特殊的核心程式，Guest 作業系統可以直接和超級監控者溝通，大大提升執行的效率。現在許多商業的產品，例如 Citrix XenServer 和 Oracle VM 都是採用 Xen 為基礎開發。

3. KVM(Kernel-based Virtual Machine)：是 Linux 虛擬化的一個子系統，此外因為現有核心程式(Kernel)的記憶體管理和排程的功能，使得 KVM 可以比一般的超級監控者更容易控制整台機器。KVM 協助硬體完成虛擬化，可以改善執行的效率而且可以支援許多不同的作業系統，例如 Windows、Linux 和 UNIX。

15-3　雲端計算的架構

一、雲端計算的架構環境

一般來說，雲端計算的架構環境可分為四層：硬體/數據中心層，基礎層，平台層和應用層，如圖 15.6 所示，詳細說明如下[21]。

1. 硬體層：這一層負責管理雲端的實體資源，包括實體伺服器、路由器、交換器、電力和冷卻系統。實務上，實體層通常由資料中心來維運。資料中心通常包含數千台機架式的伺服器，透過交換器、路由器來連結。通常在實體層需要處理包括硬體的設定、容錯的事項、流量的管理、電力和冷卻系統的管理[6]。

圖 15.6　雲端計算架構

2. 基礎設施層：這一層也稱作虛擬層，這一層主要是藉由虛擬化技術像是 Xen、KVM、VMware 將實體資源分割成儲存和計算資源池，基礎設施層在雲端計算中是一個基本的元素，藉由虛擬化的技術可以達到動態資源分配的特色。

3. 平台層：這一層是架構在基礎設施層之上，包含作業系統和應用程式框架。主要的功能是減少應用程式直接佈署到虛擬機中的負擔。例如，Google App Engine 在平台層中提供 API 去實作在 Web 應用程式中的儲存、資料庫和商業邏輯。

4. 應用層：這層是位於架構中的最上層，應用層包含實際的雲端應用程式。與傳統程式不同的地方在於雲端應用程式具有自動調整的特性，可以達到較好的效率、可用性和較低的營運成本。

二、雲端計算的服務

雲端計算的服務依據提供服務能力的層次和提供者的服務模式，可分成三類包含基礎設施即服務(IaaS)、平台即服務(PaaS)和軟體即服務(SaaS)，如圖 15.7。在這三層的架構中，較高層的服務可以由較低層的服務來構成。在基礎設施層的核心中介軟體主要管理實體的資源，而虛擬機就佈署在上面，此外它也提供多租戶(Multi-tenant)和依據用戶使用量計費的帳單功能。雲端的開發環境是建置在基礎設施服務之上，提供應用程式開發和佈署的能力，在此層中提供了各種的程式模組(Programming models)、程式庫(Library)、API 等開發相關的商業、Web 和科學的應用程式。一旦這些服務佈署好，使用者就可以去使用這些應用程式了。

1. 基礎設施即服務(IaaS)：在基礎設施即服務中，主要提供計算、儲存裝置、通訊等資源的虛擬化或虛擬機。這些虛擬機可以由超級監控者 Xen、KVM 的管理下執行，而且可以透過資源池的管理工具依據使用的需求來動態調整虛擬機的數量和運作。基礎設施即服務還提供其他虛擬機映像(VMI)、防火牆、IP 位置、虛擬區域網路(VLAN)、和軟體套件(Software bundle)[15]。透過 Internet 可以依照需求在資料中心的資源池中動態提供這些資源。基礎設施即服務的例子有 Amazon EC2、Google Compute Engine、Rackspace Cloud、Flexiscale、GoGrid、Joyent Cloud、RightScale 等。

2. 平台即服務(PaaS)：在平台即服務中主要是提供開發的平台，包括作業系統、程式語言的執行環境、資料庫、網頁伺服器等。應用程式開發人員能夠在這個雲端平台上開發和執行他們的軟體，而無需考慮購買和維護軟硬體的成本和複雜度。

而且應用程式在平台即服務上執行，會依據應用程式的需求自動調整相關的資源，無須手動調整。為了開發者的方便性，平台即服務通常提供多種的程式語言，例如 Python 和 Java(在 Google App Engine)、.Net(在 Microsoft Windows Azure)、Ruby (在 Heroku)、Apex(在 Force.com)。平台即服務的例子有 Amazon Elastic Beanstalk、Google App Engine、Microsoft Windows Azure、Heroku、Force.com、EngineYard、Mendix 等。

3. 軟體即服務 (SaaS)：在軟體即服務中主要是將應用程式在雲端上安裝和執行、而雲端的使用者透過終端使用軟體，無須管理相關的基礎設施和平台。軟體即服務不同於傳統的應用程式，具有高度的彈性。例如在應用程式執行時，可以複製多份到虛擬機上同時執行以達成工作需求的改變，而負載平衡也可將工作分配到其他的虛擬機上。為了滿足許多的雲端用戶，雲端應用程式可以是多租戶的模式，也就是一個伺服器可以同時服務許多的雲端用戶。軟體即服務的例子有 Google Apps、Microsoft Office 365、Saleforce.com、Quickbooks Online 等。

圖 15.7　雲端計算的服務模式

三、雲端的佈署

當一個企業的應用程式想轉移到雲端計算的環境中，有許多需要考慮的因素。例如，有些服務供應商想要降低營運成本，有些想要較高的可靠度和安全性，所以雲端的佈署可分為五種，即公有雲、私有雲、社群雲、混合雲和虛擬私有雲，這些佈署架構各有其優缺點，選擇的方式依據需求而不同[31]。

1. 公有雲(Public Cloud)：在公有雲中，服務供應商提供他們的計算、儲存和應用程式資源給一般大眾使用。通常是由一個大型組織所提供的雲端模式(例如 Amazon Web Service(AWS)、Google 和 Microsoft)。企業或用戶透過資源供應商提供基礎設施服務，利用 Internet 來存取服務，通常採用依據用戶使用量計費的收費方式。這種模式的好處在於初期不用大量投資成本在基礎設施，但是由於缺乏較好的控制資料、網路和安全的機制，所以在許多企業的運用中大大降低效能。

2. 私有雲(Private Cloud)：私有雲也稱作內部雲(Internal Cloud)，私有雲是為了組織自己使用所設計的。私有雲可能由組織自己建置也可能委託外部的供應商建置。私有雲在效率、可靠度和安全上有高度的控制能力。但是仍然需要自己購買、建置和管理，沒有初期無須建置成本的好處。

3. 社群雲(Community Cloud)：社群雲主要是一些組織有共同特定的考量(例如任務、安全要求，政策法規)共享基礎設施，可能由自己、第三方或是外部的供應商來管理。所需花的費用比私有雲少比公有雲多。

4. 混合雲(Hybrid Cloud)：混合雲是結合公有雲和私有雲，保有各自的特點又採用所有的優點。在混合雲中，有一部分的服務在公有雲中執行，一部分在私有雲中執行。混合雲比公有雲和私有雲更有彈性，它比公有雲具有更緊密的控制和安全性，可以有較佳的隨取即用的好處。另一方面，在設計混合雲時需要仔細考慮公有雲和私有雲結合的分割點。

5. 虛擬私有雲(Virtual Private Cloud)[16]：虛擬私有雲用來解決公有雲和私有雲的局限性。虛擬私有雲本質上在公有雲上運作。主要的差別在於虛擬私有雲利用虛擬私人網路(VPN)技術，允許服務供應商來設計自己的拓樸和安全設定，如防火牆規則。虛擬私有雲基本上是更全面的設計，因為它不只是虛擬化伺服器和應用程式，也有基本的通訊網路。此外，對於大多數企業來說，虛擬私有雲由於使用虛擬網路層，從自有的服務基礎設施提供到雲端基礎設施。

15-4 雲端計算的實例

　　許多商業雲端公司提供各式的雲端服務，以下將介紹一些全球具有代表性的一些商業雲端公司，包括 Amazon EC2、Microsoft Windows Azure、Google App Engine 和 Salesforce.com。

一、Amazon EC2

　　Amazon EC2 是 Amazon 提供的雲端計算平台，於 2006 年開始提供服務。EC2 使用 Xen 的虛擬化技術來執行使用者上傳的映像檔，許多 Linux 的版本都有內建 Xen 軟體及系統核心，可以在虛擬機中執行多種作業系統。EC2 平台的特色是可以客製虛擬平台，可以依照使用者的需求進行不同的配置。EC2 只是雲端計算平台，沒有提供資料儲存的服務，因此有資料儲存的需求，通常都會搭配 Amazon 提供的 Amazon Simple Storage Service(Amazon S3)資料儲存平台來作為儲存空間，且 S3 的儲存空間相當大，EC2 企業用戶基本上都會一起租用，讓整體使用更方便。圖 15.8 為 Amazon EC2 網站。

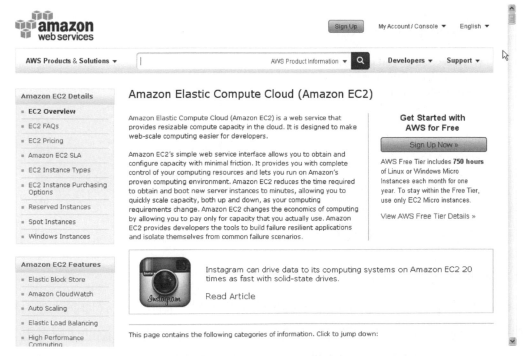

圖 15.8　Amazon EC2 網站

二、Microsoft Windows Azure

Windows Azure 是 Microsoft 於 2008 年發表、2010 年正式運轉的雲端平台。Windows Azure 服務平台包含了五個主要部份：Windows Azure、Live Services、Microsoft .NET Services、SQL Services、Share Point Services & Dynamics CRM Services。Windows Azure 是 Microsoft 一次重大的變革，在 Internet 架構上打造新的雲端平台，希望借助全球的 Windows 使用者的桌面和瀏覽器，讓 Windows 實現從 PC 到雲端領域的轉型。Windows Azure 平台的特色是同公司的 Live 服務全部整合在一起，對於 Microsoft 的愛好者是一項利多。在免費方案方面，新推出在高峰和非高峰時間入站的數據傳輸全部免費，並於 2011 年 7 月 1 日開始實行，以此做為鼓勵使用者加入的策略。圖 15.9 為 Microsoft Windows Azure 網站。

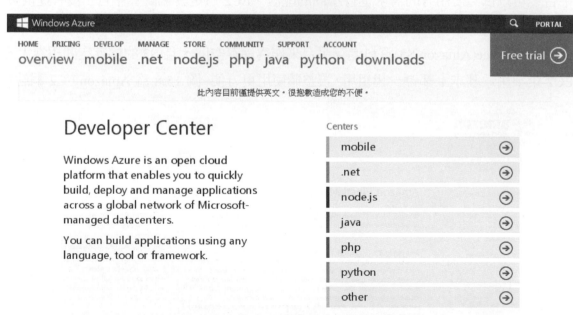

圖 15.9　Microsoft Windows Azure 網站

三、Google App Engine(GAE)

Google App Engine 是 Google 所提供的服務，是一個開發及管理網路應用程式的雲端平台。提供給使用者一個安全、快速、穩定的開發環境，並協助使用者更方便地建置可靠的網路應用程式。GAE 的首要目標是讓使用者操作容易，因此 GAE 提供了完整的服務，讓使用者只需專心開發自己的 Web 應用程式，由 Google 來管理資料庫、網路資源、作業系統的部份。GAE 平台的特性是動態易擴充的運算、儲存與網路資源，並提供 10 個免費的開發應用程式。如果付費後，可額外加購 CPU Time、I/O 頻寬、儲存空間與電子信箱等資源。因為 GAE 在一定的額度內提供免費的服務，因此吸引較多一般使用者的使用願意。目前 GAE 支援的程式語言有 Java、Python。資料庫的部份則是 Big table 及 GData，測試環境是 Apache、HTTP Server。圖 15.10 為 Google App Engine 網站。

圖 15.10　Google App Engine 網站

四、Salesforce.com

Salesforce.com 是在雲端環境中提供軟體的公司。Salesforce.com 是第一個知名和成功的 SaaS 應用程式的公司。該公司現已推出 Force.com，一套完整工具和應用服務，獨立軟體供應商和企業 IT 部門可以使用它來建立任何業務應用程序，並運行在相同的基礎設施，提供 Salesforce CRM 應用程序。超過 10 萬個商業應用程式已經在 Force.com 平台上運行。另一個競爭的對手是 NetSuite 公司，它提供了一個更加完整的業務包括 ERP，CRM，會計和電子商務工具的軟體套件。圖 15.11 為 Salesforce.com 網站。

圖 15.11　Salesforce.com 網站

15-5　雲端計算的服務品質協議

　　雲端計算的服務就像是公用資源的使用一樣，不同的服務品質(QoS)必須保證能符合使用者的需求。服務品質協議(Service Level Agreement, SLA)是服務提供者和消費者間確保服務品質的正式契約[5][7][10][13][29][30]。圖 15.12 是典型雲端計算的系統架構。使用者提交他們的需求給雲端系統，雲端系統中的服務需求審查器負責控制是否提供服務。

一、服務品質協議的好處

　　服務品質協議管理層負責資源的分配。在系統架構中，服務品質協議用來制定服務提供者和消費者間的電子商務、計算和委外程序等最起碼的期待和義務。服務品質協議包含一般和技術的規範，像是當事人、價格策略，服務的資源需求等。制定良好的服務品質協議可以帶來以下的好處：

1. 加強客戶的滿意程度：一個清楚且簡要的服務品質協議可以增加客戶的滿意程度，幫助供應商注重消費者的需求，確保將心力放在正確的方向。
2. 改善服務品質：服務品質協議中的每一個項目都對應到關鍵績效指標(KPI)，在組織內部可確保客戶的服務品質。
3. 改善雙方的關係：一個清楚的服務品質協議明確制定服務的懲罰條款，客戶可以根據服務品質協議中的服務品質目標的規範來監控這些服務。

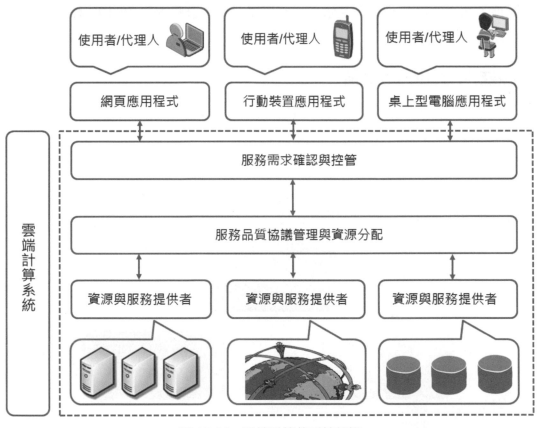

圖 15.12　雲端計算的系統架構

二、服務品質協議的元素

　　服務品質協議定義了供應商的服務能力、客戶期待的效率需求、保證可用性的範圍、量測和報告的機制。服務品質協議主要包含下列幾項元素：

1. 目的：使用服務品質協議的目標。
2. 限制：為了確保服務品質的需求所需採取的步驟或行動。
3. 有效期間：服務品質協議執行的時間。

4. 範圍：服務品質協議中規範服務的範圍。

5. 當事人：包含那些組織或個人和他們的角色(供應商和客戶)。

6. 服務品質目標(Service Level Objective, SLO)：雙方同意的服務品質，例如可用性、效率和可靠度。

7. 懲罰：如果服務沒有達到服務品質目標或是效率不佳等，將會有懲罰機制。

8. 選擇性的服務：有些不是強制但是需要的服務。

9. 管理：為了確保達到服務品質目標的程序，為了這些程序相關組織需要負擔的責任。

三、服務品質協議的生命週期

為了能有效實現服務品質協議，清楚地定義服務品質協議的生命週期是必要的。一般生命週期包含六個步驟[29]，如圖 15.13。

1. 尋找服務提供者：根據使用者的需求去尋找服務提供者。

2. 定義服務品質協議：服務品質協議包含服務、當事者、懲罰機制和服務品質的參數。在這個步驟中，雙方可以經由協商來達成協議。

圖 15.13　服務品質協議的生命週期

3. 建立協議：建立服務品質協議的樣板，並且填入雙方協議的內容，雙方開始遵循協議。

4. 監控是否違反服務品質協議：監控提供者的服務效率是否違反服務品質協議的內容。

5. 結束服務品質協議：由於時間到期或雙方違反協議都必須結束服務品質協議。

6. 違反服務品質協議的懲罰：如果任一方違反服務品質協議，必須履行協議中的懲罰內容。

我們將說明雲端的廠商如何來執行服務品質協議。在 Amazon 和 Microsoft 中執行服務品質協議的生命週期是非常簡單的，因為服務品質協議都是由提供者事先制定好。生命週期的第一步是根據使用者的需求去尋找服務提供者，使用者可能利用 Internet 去尋找，然後到服務提供者的網站上收集相關的資訊。大部分的雲端廠商都會提供事先定義好的服務品質協議文件。在這種情況下，第二、三步驟因為已經事先定義好服務品質協議，所以無需再執行。第四步驟可以經由一些第三方的監控工具，如 Cloudwatch、Cloudstatus、Monitis，Nimsoft 來監控是否違反服務品質協議。開發者也可使用這些工具來開發自己的監控系統。在第五步驟結束服務品質協議中，我們以基礎設施即服務來舉例，在這個例子中有三種情況會結束服務品質協議。第一種是使用者使用完雲端資源，然後釋放資源，服務品質協議正常結束。第二種是使用者使用資源超過原先規定的時間，提供者主動結束服務品質協議。第三種是提供者的資源無法提供使用者的服務品質，將會結束服務品質協議並且加以懲罰。現今大部分提供者違反協議將補償使用者一些額外的服務。

15-6　雲端計算的挑戰

雲端計算雖然已經受到大家的重視，也有許多人開始採用雲端計算的解決方案，也獲得許多的好處。但是在雲端計算的發展中，仍然有許多挑戰的議題需要討論和解決。以下是一些需要重視和認真思考的議題，包括使用者隱私(Privacy)、資料安全(Security)、資料套牢(Lock-in)、服務可用性(Availability)、資料復原(Recovery)、效率(Performance)、可擴張性(Scalability)、能源效益(Energy-efficiency)、可程式性(Programmability)。

一、安全、隱私和法規[14][24][32]

在公有雲的雲端系統環境中，暴露的系統帶來更多攻擊的機會。所以如何讓雲端系統環境像自己建置的資訊系統一樣安全是一個重要的議題。因為在雲端計算的環境中，使用了許多第三方(Third-party)的服務和基礎設施去處理重要的資料和執行緊急的運算，所以安全和隱私會影響整個雲端計算的運作。另外法規問題也是需要重視的，當資料放在雲端中，雲端的提供者可以選擇全球的任何地方來儲存這些資料。而存放這些資料的實際資料中心地點卻會受到當地法規的限制。例如某些特定的加密技術不允許在某些國家使用，而有些國家的法律也限定一些敏感的資料(例如病歷)只能儲存在自己的國家內。

二、資料套牢和標準

雲端的使用者可能會擔心他們的資料會被某些雲端提供者套牢。使用者也許會因為服務不符他們的需求，所以想將資料或應用程式移出雲端。然而在現今的雲端環境中，雲端的基礎設施或平台並沒有提供標準的方法去儲存資料和應用程式。因此，他們並不具備透通性，資料也不能任意轉移。為了解決這個問題，需要開始制定雲端的標準。雲端計算互通論壇(CCIF，Cloud Computing Interoperability Forum)是由 Intel、Sun、Cisco 等廠商所組成，主要是在雲端計算的生態環境中，透過採用廣泛的雲端計算工業技術，使得各個廠商可以無間隙的一起合作。雲端計算互通論壇發展了一個"統一雲端介面"(Unified Cloud Interface，UCI)，主要是建立一套在雲端基礎設施中標準的程式存取。另外在硬體虛擬化方面，"開放虛擬格式"(Open Virtual Format，OVF)主要是制定軟體在虛擬機上封裝和散佈的格式，使得虛擬裝置 (Virtual appliance)在任何的超級監控者下都可以執行。

三、可用性、容錯和回復

使用者希望他們的應用程式放在雲端環境中，可以得到某些服務品質的保證。這些品質包括服務的可用性、全體的效能或當系統有問題時他們可以得知損失的程度。總之，使用者如果將他們企業的系統搬到雲端環境上，可以知道什麼程度的服務品質保證。服務品質協議包含了許多服務品質的需求，用來設定使用者和提供者之間的保證。服務品質協議制定了提供服務的細節，包括可用性、效率的保證。此外這些協議必須所有相關的人或廠商都同意，甚至制定違反協議時要如何賠償。

四、資源管理和能源效益

　　另外一個對於雲端服務提供者所需面對的重要議題，是如何有效管理虛擬資源池。實體的資源像是 CPU 核心、磁碟空間、網路頻寬等必須被切割成小單元，在異質的工作項目下共同分享。虛擬機如何在實體資源中考慮一些因素找到好的對應方式，讓使用率最大化。這些因素包括 CPU 的數量、記憶體的數量、虛擬磁碟的大小和網路的頻寬。動態虛擬機的對應策略中，如果高優先權的工作可以比低優先權的工作先分配資源，可能藉由暫停、搬移、重新開始虛擬機來達成。搬移虛擬機需要考慮到一些因素，例如偵測什麼時候開始搬移、那一個虛擬機需要搬移，要搬移到那裡。此外也可能藉由即時搬移(Live migration)虛擬機而不中斷執行，達到更好的效率。由於資料中心消耗大量的能源，根據 HP 的報告顯示，100 台伺服器消耗 1.3MW 的電力，而為了冷卻系統也要額外花費 1.3MW 的電力。除了費用的花費外，資料中心因為冷卻系統排出的二氧化碳(CO_2)將會影響地球的環境。所以在資料中心中，應用程式效率最佳化、動態資源管理不但能改善資源使用的效率，而且也會減少能源的消耗。

　　雲端計算是一個新的計算模式，提供大量的計算和儲存資源，個人或企業可以藉由少許的成本得到他們實際需要的資源。在本章中介紹了雲端計算的演進，從 Internet、WWW、電子商務、Web 2.0。也介紹雲端計算中重要的關鍵技術，像是硬體技術(例如虛擬化、多核心 CPU)、Internet 技術(例如 Web 服務、服務導向架構、Web 2.0)、分散式計算(例如公用計算、網格計算)和系統管理(例如自主計算、資料中心自動化)。雲端計算主要的概念是以服務為主，所以主要分成基礎設施即服務、平台即服務、軟體即服務三種，當然還有許許多多的不同服務運作。雲端計算在現階段已經廣為人知，而且各國、各組織、各廠商都致力於雲端計算這個領域發展，目前雲端計算標準的制定，將會大大影響雲端計算的進展。此外目前可以利用現存的計算、儲存、軟體服務加以整合創造新的附加價值，使雲端計算更廣為使用。

習題

1. 雲端計算有那些基本的特色？

2. 說明雲端計算演進的重要里程碑。

3. 雲端計算的進展主要來自許多技術的進步，例如硬體、Internet、分散式計算和系統管理。試說明這些技術的內容。

4. 雲端計算主要分成那三種服務模式？試詳細說明。

5. 雲端計算主要分成那五種佈署方式？試詳細說明。

6. 說明並比較下列各家雲端服務公司的服務內容和特色，Amazon EC2、Microsoft Windows Azure、Google App Engine 和 Salesforce.com。

7. 制定良好的服務品質協議可以帶來那些好處？

8. 服務品質協議包含那些元素？

9. 服務品質協議包含那六個步驟？

10. 雲端計算有那些挑戰？

參考文獻

[1] M. Armbrust, A. Fox, R. Griffith, A. D. Joseph, R. H. Katz, A. Konwinski, G. Lee, D. A. Patterson, A. Rabkin, I. Stoica, M. Zaharia, "Above the Clouds： A Berkeley View of Cloud Computing," Technical Report No. UCB/EECS-2009-28, EECS Department, University of California, Berkeley, 2009.

[2] M. Armbrust, A. Fox, R. Griffith, A. D. Joseph, R. Katz, A. Konwinski, G. Lee, D. Patterson, A. Rabkin, I. Stoica, and M. Zaharia, "A View of Cloud Computing," Communications of the ACM, Vol. 53, No. 4, pp. 50–58, 2010.

[3] A. Beloglazov, J. Abawajyb, R. Buyya, "Energy-Aware Resource Allocation Heuristics for Efficient Management of Data Centers for Cloud Computing," Future Generation Computer Systems, Vol. 28, No. 5, pp. 755-768, 2012.

[4] M. Bohm, S. Leimeister, C. Riedl, H. KRcmar, "Cloud Computing and Computing Evolution," http：//www.theseus.joint-research.org/wp-content/uploads/2011/07/BoehmEtAl2009c1.pdf, 2009.

[5] S. Bose, A. Pasala, D. R. A, S. Murthy, G. Malaiyandisamy, "SLA Management in Cloud Computing：A Service Provider's Perspective," Cloud Computing：Principles and Paradigms, Edited by R. Buyya, J. Broberg, A. Goscinski, John Wiley & Sons, 2011.

[6] J. Broberg, R. Buyya, Z. Tari, "MetaCDN：Harnessing 'Storage Clouds' for High Performance Content Delivery," Journal of Network and Computer Application, Vol, 32, No. 5, pp. 1012-1022, 2009.

[7] R. Buyya, S. K. Garg, R. N. Calheiros, "SLA-oriented Resource Provisioning for Cloud Computing：Challenges, Architecture, and Solutions," International Conference on Cloud and Service Computing, 2011.

[8] R. Buyya, C.-S. Yeo, S. Venugopal, J. Broberg, and I. Brandic, "Cloud Computing and Emerging IT Platforms：Vision, Hype, and Reality for Delivering Computing as the 5th Utility," Future Generation Computer Systems, Vol. 25, No. 6, pp. 599–616, June 2009.

[9] A. D. Costanzo, M. D. de Assunção, R. Buyya, "Harnessing Cloud Technologies for a Virtualized Distributed Computing Infrastructure," IEEE Internet Computing, Vol. 13, No. 5, pp. 24-33, 2009.

[10] V. C. Emeakarohaa, M. A. S. Netto, R. N. Calheiros, I. Brandic, R. Buyya, C. A. F. D. Rose, "Towards Autonomic Detection of SLA Violations in Cloud Infrastructures," Future Generation Computer Systems, Vol. 28, No. 7, pp.1017-1029, 2012.

[11] I. Foster, Y. Zhao, I. Raicu, S. Lu, "Cloud Computing and Grid Computing 360-Degree Compared," Grid Computing Environments Workshop (GCE), 2008.

[12] A. Goyal, S. Dadizadeh, "A Survey on Cloud Computing," Technical Report for CS 508, University of British Columbia, 2009.

[13] J. Guitart, M. M.ᵧ As, O. Rana, P. Wieder, R. Yahyapour, W. Ziegler, "SLA-based Resource Management and Allocation," Market-Oriented Grid and Utility Computing, Edited by R. Buyya, K. Bubendorfer, John Wiley & Sons, 2010.

[14] L. M. Kaufman, "Data Security in the World of Cloud Computing," IEEE Security & Privacy, Vol. 7, No. 4, pp. 61-64, 2009.

[15] J. Y. Li, M. K. Qiu, M. Zhong, G. Quan, X. Qin, Z. H. Gu, "Online Optimization for Scheduling Preemptable Tasks on IaaS Cloud Systems," Journal of Parallel and Distributed Computing, Vol. 72, No 5, pp.666–677, 2012.

[16] W.-H. Liao, S.-C. Su, "A Dynamic VPN Architecture for Private Cloud Computing," IEEE International Conference on Utility and Cloud Computing (UCC 2011), 2011.

[17] F. Lombardi, R. D. Pietro, "Secure Virtualization for Cloud Computing," Journal of Network and Computer Application, Vol, 34, No. 4, pp. 1113-1122, 2011.

[18] S. Marston, Z. Li, S. Bandyopadhyay, J. Zhang, A. Ghalsasi, "Cloud Computing—The Business Perspective," Decision Support Systems, Vol. 51, No. 1, pp. 176–189, 2011.

[19] P. Mell, T. Grance, "The NIST Definitoon of Cloud Computing," National Institute of Standards and Technology, 2011.

[20] S. Ried, H. Kisker, P. Matzke, "The Evolution of Cloud Computing Markets," Forrester Research, 2010.

[21] B. P. Rimal, E. Choi, I. Lumb, "A Taxonomy and Survey of Cloud Computing Systems," International Joint Conference on INC, IMS and IDC, 2009.

[22] B. Sotomayor, R. S. Montero, I. M. Llorente, I. Foster , "Virtual Infrastructure Management in Private and Hybrid Clouds," IEEE Internet Computing, Vol. 13, No. 5, pp. 14-22, 2009.

[23] S. N. Srirama, P. Jakovits, E. Vainikko, "Adapting Scientific Computing Problems to Clouds Using MapReduce, " Future Generation Computer Systems, Vol. 28, No. 1, pp. 184-192, 2012.

[24] S. Subashini, V. Kavitha, "A Survey on Security Issues in Service Delivery Models of Cloud Computing," Journal of Network and Computer Application, Vol, 34, No. 1, pp. 1-11, 2011.

[25] W. Voorsluys, J. Broberg, R Buyya, "Introduction to Cloud Computing," Cloud Computing： Principles and Paradigms, Edited by R. Buyya, J. Broberg, A. Goscinski, John Wiley & Sons, 2011.

[26] M. A. Vouk, "Cloud Computing─Issues, Research and Implementations," Journal of Computing and Information Technology, Vol. 16, No. 4, pp. 235-246, 2008.

[27] Y. Wei, M. B. Blake, "Service-Oriented Computing and Cloud Computing：Challenges and Opportunities," IEEE Internet Computing, Vol. 14, No. 6, pp. 72-75, 2010.

[28] Wikipedia, "Cloud Computing," http：//en.wikipedia.org/wiki/Cloud_computing, 01/09/2012.

[29] L. Wu, R. Buyya, "Service Level Agreement (SLA) in Utility Computing Systems," Performance and Dependability in Service Computing：Concepts, Techniques and Research Directions, Edited by V. Cardellini, E. Casalicchio, K. R. L. J. C. Branco, J. C. Estrella, F. J. Monaco, IGI Global, 2012.

[30] L. Wu, S. K. Garg, R. Buyya, "SLA-based Admission Control for a Software-as-a-Service Provider in Cloud Computing Environments, " Journal of Computer and System Sciences, Vol. 78, No 5, pp.1280-1299, 2012.

[31] Q. Zhang, L. Cheng, R. Boutaba, "Cloud Computing：State-of-the-Art and Research Challenges," Journal of Internet Services and Applications, Vol. 1, No. 1, pp. 7-18, 2010.

[32] D. Zissis, S. Lekkas, "Address Cloud Computing Security Issues," Future Generation Computer Systems, Vol. 28, No. 3, pp.583-592, 2012.

WNMC

Chapter 16

社交網路

16-1 社交網路簡介

近幾年來，社交網路蓬勃發展，數以百萬人每天透過社交網站，像是 Facebook、Twitter、YouTube 與其他人互動。社交網路重新定義我們使用 Internet 的習慣，從以前只是瀏覽資訊，轉變到現在線上互相分享彼此的內容，包括使用者自己產生的內容。社交網路的建立是由一群彼此互相分享共同興趣、嗜好和活動的人所組成。在社交網路中，人們可以藉由許多的方式來溝通，可以分享和上傳影像、影片、語音等檔案到他們的個人資料(Profile)裡[3][19]，用戶可以藉由這些關聯來彼此連結。這些連線代表用戶之間的關係，像是友誼、夥伴、親屬關係。現今我們已經看到大量的社交網路，這些社交網路由用戶發佈自己產生或收集的內容，允許用戶對這些內容進行標籤、註解、評論或推薦，並且藉由這些興趣的分享，提供平台建立用戶的社群[18]。社交網路主要分成兩種類型，一種是以區域來分，例如班上的同學或是以前的校友，主要是以朋友做爲關聯。另一類是推薦系統，藉由社交關係中，別人對某些事物的評價，進而推薦給使用者參考[10][14]。現今全球一些流行的社交網路像是 Facebook、Twitter 和 Google+都是將這些類型混合使用。

以下我們將介紹社交網路的緣由[5][16][20][21][22][24][29][30]。電腦網路的發展帶動社交互動的進展，像是早期的 ARPANET 將電腦透過網路互相連結，BBS 可以讓用戶使用終端程序透過數據機撥接或者網際網路來進行連接，具有公佈欄、討論區、閱讀新聞、下載軟體、上傳資料與其它用戶線上對話等功能。在 WWW 早期的社交網站上，人們透過聊天室聚在一起彼此互動，藉由個人的網頁來分享個人的資訊和想法。有一些社群，像 Classmates.com 透過 E-mail 來連結彼此。到了 1990 年代後期，用戶的個人資料成爲社交網路的主要特色，讓用戶可以編輯朋友的名單並且可以尋找興趣相近的朋友。第一個著名的社交網路是建立於 1997 的 SixDegrees.com 這個網站，它的名字源自於六度分隔理論(Six Degrees of Separation Concept)。六度分隔理論主要的觀念是全世界中互不相識的人，只要藉由少數的幾個中間人就可以建立相互的連繫。1967 年哈佛大學的心理學教授 S. Milgram 根據這個概念做過實驗，嘗試證明平均只需六個人就可以聯繫任何兩個互不相識的美國人。這種現象，並不是說任何人與人之間的聯繫都必須要通過六個層次才會產生聯繫，而是表達了一個重要的概念：任何兩位素不相識的人，通過一定的聯繫方式，總能夠產生必然的聯繫或關係。透過

SixDegrees.com，用戶可以建立他們的個人資料、朋友名單，分享他們的資訊給社群，建立與其他人的關聯。雖然這個網站吸引了數百萬的用戶，但是無法發展成為獲利的商業營運模式，在 2000 年關閉了網站。SixDegrees.com 的創始者認為失敗的原因只是他們的做法超越了當代的環境。從 1997 年到 2001 年，許多的社群工具開始支援各種不同的個人資料和公開朋友的組合，像是 AsianAvenue、BlackPlanet 和 MiGente 允許用戶建立個人、專業和交友的個人資料，用戶可以在他們的個人資料上辨認出朋友而無需對這些連結加以確認。1999 年，LiveJournal 在用戶的頁面上列出一維的連結。2001 年，Ryze.com 主要是用來連結企業，特別是創業家，之後的 Tribe.net、LinkedIn 和 Friendster 都緊密的關聯在一起，他們相信可以彼此支援而不要互相競爭。最後 Ryze.com 從不曾流行過，Tribe.net 吸引了許多熱情的用戶，而 LinkedIn 變成了一個有影響力的商業服務，Friendster 成為最有原創性、影響力和現代社交網路的始祖。2003 年，MySpace 曾經是全球最多人拜訪的網站，在流行文化和音樂上有著重要的影響力。2004 年，Facebook 由哈佛的學生 Mark Zuckerberg 所建立，截至 2012 年 5 月，全球共有超過 9 億的活躍用戶，是目前為止最具影響力的社交網路。2005 年，YouTube 是一個提供影片上傳、觀看和分享的社交網路，影片的內容大部分由個人用戶上傳，但是也有影視公司提供他們自己影片的片段用來宣傳。2006 年，Twitter 提供微網誌 (Microblogging)的服務，用戶可以送出或閱讀 140 個字以內的文字訊息，這項服務快速流行到全球，截至 2012 年有超過 5 億的活躍用戶，每天產生超過 3 億 4 千則訊息和超過 16 億次的搜尋量。從 2003 年起，大量的社交網路建立並且帶動 WWW 商業、文化和研究的變化。圖 16.1 為社交網路從過去到現今的進展中，一些重要的社交網站的時間軸[5][20]。

　　社交網路所涵蓋的範圍非常廣泛，不管就技術面、商業面、文化面、社會面都有值得探討的議題。本章將就社交網路的架構、社交網路的分類、社交網路的實例、社交網路的應用和社交網路面對的課題加以介紹。我們先描述社交網路的架構，將社交網路架構分成資料儲存層、內容管理層、應用層，並且深入探討這些平台中技術的特色。社交網路的型態非常多元，我們也試圖將社交網路分類，依據主要的特色分為：第一類是社交網路系統項目和活動的範圍；第二類是社交網路的資料模型；第三類是社交網路的系統模型；第四類是在社交網路平台內用戶的網路形成的方式，就每種類型的特點詳加說明，使得對社交網路有一個概觀的認識。之後我們將介紹一些經典的社交網路，包括 Facebook、MySapce、Hi5、Flickr、LinkedIn、Twitter 和 YouTube 等。
另外我們也將介紹社交網路如何應用在政府、企業、交友、教育、財政、醫療、社會
和政治等各個不同的領域中。最後我們將討論社交網路所面對的一些課題。

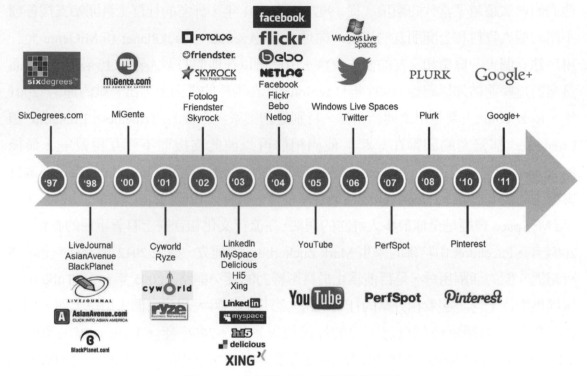

圖 16.1　全球著名社交網路的時間軸

16-2　社交網路的架構

一、社交網路的架構功能

一個社交網路的架構應包含下列幾項功能：[20]

1. 充當用戶間建立與其他人(如朋友、同學等)關聯的樞紐，每個用戶建立分享關聯
其他用戶的名單。

2. 提供一些工具讓用戶去建立社群。用戶可以線上與其他人互動，提供資訊給其他
人，參與不同的互動活動(如上傳照片、標記等)。

3. 提供一些特別的元件讓用戶去定義線上個人資料和列出他們的關聯(如朋友、同
事)，在這些關聯的社群活動中收到一些通知，允許、喜好和隱私的設定。

二、社交網路的系統架構

　　以下為社交網路的架構圖，整個系統是由資料儲存層、內容管理層、應用層所構成，如圖 16.2 所示[17][20]。

1. 資料儲存層：這一層主要包含兩個元件，儲存管理和資料儲存。儲存管理主要負責如何有效率儲存社交的資訊，來增加資料庫的儲存能力，通常採用分散式的記憶體快取技術。資料儲存包含社交網路上所有的儲存資料，如多媒體資料庫和用戶個人資料庫等。

2. 內容管理層：這一層主要包含三件工作。第一、藉由內容彙總收集和組織遠端社交網路的資訊並且傳到其他社交網路平台。第二、藉由資料管理來維護和存取社交內容。第三、藉由建立存取控制和維護存取的方案來控制用戶的存取。

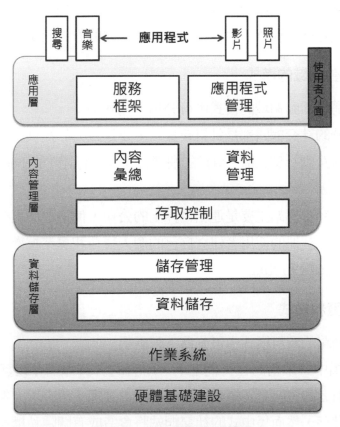

圖 16.2　社交網路的架構圖

3. 應用層：每個社交網路支援許多的服務，如搜尋、消息來源(News Feeds)、行動存取等[26][27]。這些服務與資料管理和存取控制相互通訊，爲了能夠分析和查看社交內容。這些應用程式是藉由應用程式管理來提供給用戶。應用程式管理藉由 API 來幫助用戶間的互動。另外服務框架提供跨語言開發的彈性，讓用戶只需該語言的抽象部分即可佈署應用程式，而將大部分需要客製化的部分放在一般的程式庫裡。

16-3　社交網路的分類

對於社交網路的分類有許多不同的分法。此節將社交網路分成四類[20]，第一類是社交網路活動領域的模式。第二類是社交網路的資料模式，主要是如何將資料儲存在系統中。第三類是社交網路的系統模式，依據應用程式伺服機中內容如何散佈的方式而定。第四類是在社交網路平台內用戶的網路形成的方式而定。

一、社交網路活動領域的模式

第一類社交網路活動領域的模式中可分爲下列兩項：

1. 娛樂：大部分的社交網路都是針對娛樂，主要是致力於提供註冊的使用者更多的樂趣和線上的互動社交經驗。這類的娛樂社交網站像是 Facebook、MySpace、Hi5 和 Flickr。

2. 商業：這類的社交網站主要是連結世界上的公司，使得他們更有生產力。透過商業的社交網站，註冊的使用者建立自己的個人資料和專業技術，這類的商業社交網站像是 LinkedIn 和 Xing。

二、社交網路的資料模式

第二類社交網路的資料模式中可分爲下列兩項：

1. 集中式：在集中式架構的社交網站下，所有的資料都儲存在實體叢集或資料中心，所有使用者的資料只在單一的管理領域下管理。現今，大部分的社交網站都是集中式的儲存，然而集中式的社交網站將會造成有關隱私權和安全的問題，而且對於擴充使用者和應用程式的規模都不容易。

2. 分散式[6][28]：分散式架構的社交網站下，資料是分散在許多管理領域下管理。應用程式的伺服器是在同儕(peer)電腦上執行。一般在同儕電腦上，個人的資料比起由第三方來管理更會有隱私的問題。此外，這種分散式的架構比起集中式的架構成本較低。這種架構主要的缺點是同儕電腦可能不是一直都正常運作，有可能因為損壞、重開機、關掉電源使得網路無法連接。

三、社交網路的系統模式

第三類社交網路的系統模式中可分為下列兩項：

1. 網頁式[7]：網頁式的架構下，應用程式伺服器主要是由 Web 網站來管理，提供一些服務和相關的 API。在網頁式的架構，負載平衡器負責平衡需求負荷，還要處理相關的錯誤情形，將需求傳給適當的應用程式伺服器來處理。在網頁式的架構下，大部分的服務對使用者都是免費的。

2. 雲端式：雲端式的架構下，應用程式伺服器主要是由雲端計算的基礎架構(例如，Amazon EC2)來管理。每個使用者儲存他自己的資料在個人的虛擬機器實例，稱作虛擬伺服器。這種架構主要的好處是有較好的可用性和隱私性，因為每個使用者將他自己的資料存放在雲端環境中的虛擬伺服器。雲端式的架構通常與內容傳輸網路(Content Delivery Network)整合，如 Amazon EC2 和 Amazon Cloud Front 整合，使得分散式的資料可以較快傳送到終端使用者。此外，採用雲端式的架構需要較高的成本，將會增加雲端基礎設施租賃的成本。

四、社交網路平台內用戶網路形成的方式

第四類社交網路平台內用戶網路形成的方式中可分為下列兩項：

1. 使用者導向：在使用者導向的社交網站上，注重在社交的關係上。在相同社群內的使用者，內容的分享是最重要。這類的社交網站像是 Facebook、MySpace、LinkedIn。

2. 內容導向[12]：在內容導向的社交網站上，使用者的網路不是由社交關係來決定而是由共同的興趣。這類的社交網站像是部落格、問題回覆網站、影像分享網站(例如，YouTube)。

整個的社交網路分類可參考圖 16.3。

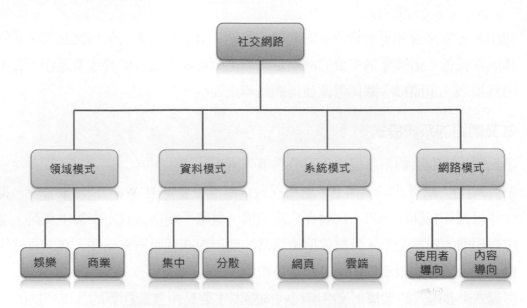

圖 16.3　社交網路的分類圖

16-4　社交網路的實例

本節將要介紹一些在全球非常風行的社交網路，包括 Facebook、MySapce、Hi5、Flickr、LinkedIn、Twitter、YouTube。對於每個社交網站我們會簡單介紹他們的歷史、涵蓋領域、相關的技術和商業模式[2][5][20]。表 16.1 比較各個社交網站的特性。

一、Facebook[8]

Facebook(www.facebook.com)是由當時還是哈佛的大學生 Mark Zukerberg 所創立。2004 年 2 月，Zukerberg 開始在哈佛創立 Facebook，24 小時內有 1200 哈佛學生註冊，經過了一個月有超過一半的大學生建立個人資料。在 2005 年 9 月，變成了Facebook.com。在 2006 年 9 月，這個網路已經擴及到非教育機構，只要有 E-mail 帳號就可以申請。現今，Facebook 已經成為全球最風行的社交網站之一，截至 2012 年 5月，全球共有超過 9 億的活躍用戶。Facebook 主要是屬於娛樂性、使用者和內容導向的社交網路。使用者不但建立了他們的朋友網路，而且可以基於共同的興趣建立網路。每個註冊者將建立個人資料、加入朋友和送訊息給朋友、上傳照片、影像、連結和更新自己的個人資料並通知朋友們。Facebook 的架構是 PHP 網頁應用程式模式的集中式架構，Facebook 使用 Hadoop、Scribe、Hive 框架來支援各種後端的服務，資料(例如，相片、狀態和評論)週期性地被存在中央資料中心和關聯性資料庫(MySQL)。就系統架構而言，Facebook 的應用程式伺服器是屬於網頁式和雲端式(Amazon EC2)。

　　因為 Facebook 的用戶是免費的，所以 Facebook 主要的商業模式是依靠廣告。這種商業模式是基於用戶藉由特定的興趣吸引一些觀眾，廣告商可以在上面藉機銷售產品。Facebook 支援兩種廣告策略，一種是每點擊成本(Pay for Clicks，也叫做 Cost Per Click，CPC)，也就是在某一段時間內使用者確實點擊到他們廣告的數量；另一種是千人點擊成本(Pay for Views，也叫做 Cost Per Thousand Impressions，CPM)，也就是讓顧客制定每瀏覽 1000 次他們的廣告要付多少錢。Facebook 提供特定族群的用戶來選擇使用廣告的模式。這使得廣告商可以依個人化來寫廣告文字，更吸引這些用戶，達到廣告的效果。Facebook 提供多種目標的選擇，像是地區、生日、喜好和興趣。圖 16.4 為 Facebook 網站。

圖 16.4　Facebook 網站

二、MySpace

　　MySpace(www.myspace.com)在 2003 年 8 月由 eUniverse 的員工所創立，他們一開始想模仿一個流行社交網路 Friendster 的特色。最開始 MySpace 的使用者都是 eUniverse 的員工，在 2005 年 7 月，MySpace 以美金 5 億 8000 萬賣給 Rupert Murdoch 新聞公司，2006 年 6 月，MySpace 成為美國最流行的社交網站。MySpace 是最快速成長的社交網路之一，擁有 3 億的用戶，其主要的領域是娛樂，它是使用者導向的社交網路。每一個註冊的會員可以在朋友間分享個人的資料、照片、影像和連結等。使用者也可以在上面玩遊戲。MySpace 的架構是集中式,使用 ASP.NET 2.0 的網頁應用程式模式。

　　MySpace 的使用者是免費的,所以主要的商業模式也是靠廣告,與 Facebook 相似,MySpace 也支援依點擊付費和依瀏覽付費兩種方式。由於有更豐富的行為模式分析資料,使得廣告商能依各種屬性、興趣和活動,更精準地找到他們潛在的客戶。另一方面,使用者可以建立新的內容吸引新的使用者。圖 16.5 為 MySpace 網站。

圖 16.5　MySpace 網站

三、Hi5

　　Hi5 在 2003 年由 Ramu Yalamanchi 所建立。2008 年,Hi5 在社交網路中曾是每月不同訪客數的第三名。現今 Hi5 提供 50 種語言,是最流行的線上娛樂網站,超過 6000 萬的用戶。Hi5 提供平台給第三方開發者去整合遊戲、內容和其他的應用程式。Hi5 是一個以使用者導向的社交網路,會員可以上傳照片、影片、歌曲、個人資訊與他的朋友分享。此外,使用者也可以參加各種不同興趣的團體。Hi5 主要的架構是建立在 N-tiered Java 架構模式,它的資料是儲存在 PostgreSQL 的資料庫伺服器,在 Linux 的平台上執行,屬於網頁式的架構。

　　與前面談過的社交網站類似,Hi5 的商業模式也是依靠廣告,Hi5 主要與一家網路廣告公司合作,它獨立創造行為的目標,為了讓使用者依據他們想看到的去選擇廣

告。讓使用者自己選廣告，對廣告商而言，這些廣告就更有關聯，也更有效果。圖 16.6
為 Hi5 網站。

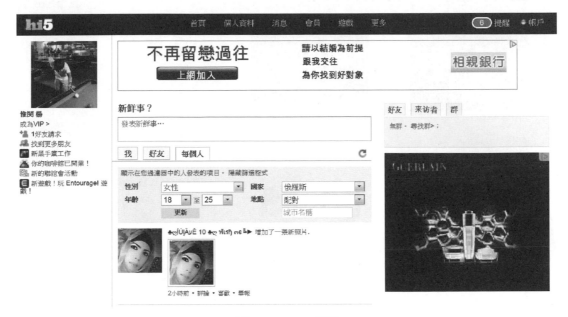

圖 16.6　Hi5 網站

四、Flickr

Flickr 在照片和影片的分享是最流行的社交網站，有超過 850 萬的會員上傳、標
記或整理上百萬張的照片。Flickr 在 2004 年二月由 Steward Butterfield 和 Caterina Fake
所建立。2005 年 3 月，Flickr 被 Yahoo!所收購。Flickr 是一個使用者導向的社交網站，
主要的領域是娛樂，在 Flickr 中，每個使用者對於特別的照片或影片觀看或選擇新的
標籤，系統基於過去使用者與其他人的一些標籤，將會建議相關的標籤給使用者。Flickr
的架構是典型階層式的 PHP 網頁應用程式模式，Flickr 的資料儲存在 MySQL 資料庫
中，就系統架構而言，Flickr 的應用程式伺服器是屬於網頁式和雲端式(Amazon EC2)。

Flickr 擁有 30 億張圖像，在 Web 上擁有最多的數位影像和影片的儲存。基本的
會員是免費的，但是如果想成為更專業的會員就必須付費。圖 16.7 為 Flickr 網站。

圖 16.7　Flickr 網站

五、LinkedIn

LinkedIn 在 2003 年由 Reid Hoffman 創立。LinkedIn 是由世界 150 家工業，200 個國家有經驗的專業人士連結的網路，在 2009 年 12 月，LinkedIn 有超過 5 千 5 百萬的註冊會員，提供四種語言。LinkedIn 的主要領域是商業，讓使用者去維護商業上他們認識信任的人的詳細聯絡資料，透過這個網路，企業主可以對可能的應徵者發佈工作的相關資訊，而人們也可以找到相關的工作機會。LinkedIn 是使用者導向的社交網路，使用者藉由發送個人的邀請去建立他們的網路。LinkedIn 的一項特色是，註冊的會員可以經由某人的聯絡網路中被推薦。LinkedIn 的資料模式是集中式的。在資料儲存方面包含許多資料庫和一個社交網路圖，它的應用程式伺服器是屬於網頁式。

加入 LinkedIn 是免費的，但是它提供一個更高級的版本，提供更多的工具去找到對的人，特別是，有高級帳號的使用者可以直接送訊息和尋找不在他們網路的人。圖 16.8 為 LinkedIn 網站。

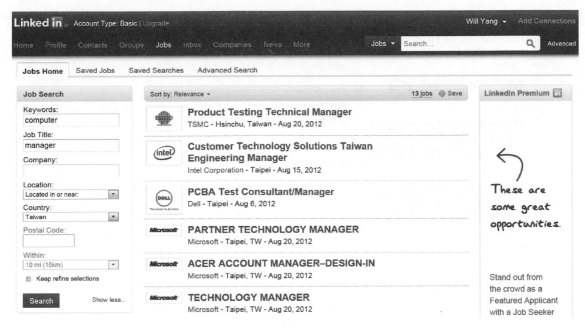

圖 16.8　LinkedIn 網站

六、Twitter

　　Twitter(www.twitter.com)在 2003 年由 Jack Dorsey、Biz Stone 和 Evan Williams 所創立，是一個微網誌的社交網路，也就是可以讓使用者張貼他們最近的訊息。每一則訊息只能限制在 140 個字元(也叫做 Tweet)，藉由網頁、文字訊息或即時訊息的方式張貼。Tweet 傳送到作者的訂戶，稱作追隨者(follower)。傳送者可以限制這些訊息只給一些特定的朋友，如果沒限定則是公開給大家觀看。註冊的用戶可以追隨一系列作者的名單而不只單一作者。Twitter 的領域為商業和娛樂。例如，Twitter 曾用來當作競選工具(2008 年美國總統選舉)、教育、公關等，Twitter 是以內容導向的社交網站，因為使用者的網路是由社交的關聯而決定，使用者藉由跟隨者而建立他們的網路。Twitter 的架構是集中式的，是建立在 Ruby 和 Rails 的應用程式框架，資料週期性地被存在中央的資料中心和關聯性的資料庫(MySQL)，它是屬於網頁式的架構。

　　Twitter 的會員註冊是免費的，相對於其他的社交網路，Twitter 沒有任何的廣告策略，而且也沒提供高級的會員帳號。現今，Twitter 也開始嘗試提供企業用戶去找到公司的客戶，這個想法是建立在當更多的商業使用 Twitter 時，提供企業用戶可以找到更多合作公司的機會。圖 16.9 為 Twitter 網站。

圖 16.9　Twitter 網站

七、YouTube

　　YouTube(www.youtube.com)在 2005 年 2 月由 Steve Chen、Chad Hurley 和 Jawed Harim 所創立，是一個可以讓使用者上傳影片的社交網路。在 2006 年 11 月，Google 以美金16億5000萬收購了 YouTube，根據 comScore 的調查，YouTube 已經成為 Internet 上最常被拜訪網站的第四名。YouTube 是一個線上影片最豐富的網站，預估每分鐘有 20 小時長度的新影片被上傳，2008 年 3 月，YouTube 的頻寬花費大約每天美金 1 百萬。YouTube 的領域是屬於娛樂性的，所有註冊的使用者可以上傳無限的影片，而且所有的使用者都可以觀看，YouTube 是一個以內容導向的社交網站，因為使用者的網路是由使用者共同的興趣所決定。YouTube 的資料模式是分散式的儲存系統，叫做 BigTable。BigTable 是由 Google 開發的，目的是為了有效地儲存大規模有架構的資料。為了進一步改善效率，BigTable 使用平行計算框架的 MapReduce，在資料的傳送方面，最流行常被觀看的內容是由內容傳送網路(Content Delivery Network, CDN)Akamai 所傳送，其他較不常觀看的內容才由 YouTube 的伺服器負責，就系統架構而言，YouTube 的應用程式伺服器是屬於網頁式和雲端式(Amazon EC2)。

YouTube 對於所有的使用者都是免費的，YouTube 的商業模式是依靠廣告(使用 Google AdSense)。Google AdSense 使用它的 Internet 搜尋的技術，基於網頁的內容，使用者的地理位置、使用者的標籤和其他的因素來產生廣告，那些想要藉由 Google 找到的廣告目標將透過 AdWords 來運作。AdWords 提供每點擊成本廣告和到目的網站廣告，因此 YouTube 的商業模式是基於大量互相合作的方式，對於使用者提供免費的服務，增加大量的使用者，因此可透過廣告的增加率來增加獲利。圖 16.10 為 YouTube 網站。

圖 16.10　YouTube 網站

表 16.1　各個社交網站的特性比較

社交網路	領域模式		資料模式		系統模式		網路模式	
	娛樂	商業	集中	分散	網頁	雲端	使用者導向	內容導向
Facebook	✓		✓		✓	✓	✓	✓
MySpace	✓		✓		✓	✓	✓	
Hi5	✓		✓		✓		✓	
Flickr	✓		✓		✓	✓	✓	
LinkedIn		✓	✓		✓		✓	
Twiter	✓	✓	✓		✓			✓
YouTube	✓			✓	✓	✓		✓

16-5　社交網路的應用

隨著社交網路使用人口的增加，增加許多新的應用。本節將介紹一些在各個領域的應用，包括政府、商業、交友、教育、財政、醫藥健康、社會和政治等[29]。

一、政府

社交網路最近已經越來越多被各國的政府部門來使用，政府部門可以使用社交網路的工具，很快很容易得到大眾的意見，進而更新他們的資訊。美國的疾病管制局(Center for Disease Control)在孩童流行的網站 Whyville 宣傳接種疫苗的重要性，美國的國家海洋和大氣機構(National Oceanic and Atmospheric Administration)在 Second Life 社群網站上有一個虛擬島，人們可以去探索地底下的洞穴或全球暖化的影響。美國太空總署(NASA)也使用一些社交網站，像是 Twitter 和 Flickr，用來幫忙美國人類發展空間計畫委員會(U.S. Human Space Flight Plans Committee)審閱計畫。

二、商業[25]

使用社交網路來傳達企業的內容對於全世界的商業有很重要的影響。用社交網路來連結人們的成本很低，這對於新創業的人或小企業去拓展他們的人際關係非常有幫助，這些社交網路在公司銷售和服務上扮演顧客關係管理的工具，公司也可利用這些社交網路的橫幅或文字的廣告來行銷產品。因為現在是全球化的商業環境，社交網站讓公司與全球的客戶保持聯繫變得更容易，例如著名的商業社交網站 LinkedIn，主要是連結一些專業的人，已經有超過 200 個國家和 1 億使用者。另外一個社交網路 Hub Culture 是使用實體的空間來成為社交網路的會員，但這是一個只邀請創業者和有商業影響力的人參加的社交網站，只在一些大城市舉行，像是英國倫敦，運用實體和虛擬空間來從事社交活動將增加許多的商業價值。有些商業公司已經在社交網路發展自己的品牌，並在這平台上提供顧客相關的內容和評價系統，藉以連結顧客與品牌印象的關聯，建立與顧客的關係。社交網路的力量已經開始深入商業的內在文化，用來互相合作、分享檔案和知識，創造更多的商業機會。

三、交友

許多的社交網路提供線上的環境，讓人們通訊和交換個人的資訊是為了交友。這類的網站提供了一次，短期或長期的交友，大部分的線上交友網站需要使用者提供他們的年紀、性別、居住地區、興趣或照片，基於安全的理由，釋出這些個人的資訊是非常不妥的。但是這樣可以讓其他人根據所尋找的條件被找到，同時也可以找到適合的交往對象。線上交友網路類似一般的社交網路，使用者須建立自己的個人資料與別人溝通，但是他們的主要目的只是為了交友，而一般的社交網路並不一定為了交友，許多人只是用它來跟朋友或同事保持聯絡。社交網路和交友網路最大的不同在於交友網路大部分是要收費，但是社交網路則不用，所以許多使用者選擇使用社交網路而不使用交友網路，這也是近來交友網路收入大為減少的原因之一。許多流行的交友網站，例如 Match.com、Yahoo Personals 和 eHarmony.com 近來使用者越來越少，而社交網路，像是 MySpace 和 Facebook 則是使用者越來越多。在美國 Internet 的使用者造訪交友網站從 2003 年 21% 的最高峰，下降到 2006 年的 10%，無論是否因為交友網路的服務成本，使用者的意願或者其他原因，社交網路已經成為線上交友最新的一種方式。

四、教育

美國國家教育委員會(National School Boards Association)指出，有 60% 的學生使用社交網路線上談論有關教育的主題，超過 50% 的學生談論作業的主題。社交網路主要是注重老師和學生之間的關係，現在也使用在學習、教育者的專業發展和內容的分享。Ning 是專為老師設計的網站，而 TermWiki、Learn Central、TeachStreet 等網站是用來建立更廣的關係，例如，教育部落格、學習歷程、正式和隨意的社群、還有通訊，像是聊天室、討論室和論壇，這些網站也都有內容分享和評論的功能。社交網路現在也發展到公開或私人的線上年簿(yearbook)，例如 MyYearbook 允許任何人可以連結一般大眾和註冊者。一個新的趨勢是私人標籤的年簿只可以給特定學校裡的學生、父母和老師，這就像是 Facebook 一開始在 Harvard 使用的方式一樣。

五、金融

在社交網路中使用虛擬貨幣系統對全球金融創造新的機會。Hub Culture 使用虛擬貨幣 Ven 在會員間交易，產品的銷售和財務的交易是透過有價商品和碳權。Ven 的價值決定於貨幣、有價商品和碳權的金融市場，以浮動的交易價格影響其他的主要貨幣。這種以碳權去計算貨幣使得 Ven 是第一且唯一與環境有關連。

六、醫療和健康

專業的健康照護一開始使用社交網路是用來管理機構的知識,分享彼此間的知識。使用特定的醫療社交網站的好處是,所有的會員都可在開業者的名單中被看到。醫療社交網路的新趨勢是使用各種物理或心理的治療來幫助他們的會員,對於有一些疾病的人,PatientsLikeMe 提供他們的會員有機會與有類似疾病的其他人互相聯繫,研究疾病的相關資料。對於嗜酒者和藥物上癮者,SoberCircle 給予人們藉由以前有過類似經驗其他人的鼓勵,增加康復的能力。DailyStrength 則提供群體一些廣泛的主題,包括 PatientsLikeMe 和 SoberCicle 所提供的主題,有一些社交網路的主要目的是鼓勵使用者建立健康的生活型態。SparkPeople 提供人們在減肥期間的一些社交網路工具。Fitocracy 主要是注重於運動,促使人們分享他們自己的經驗。

七、社會和政治

最近社交網路對於社會和政治也開始有一些影響。在埃及的革命,Facebook 和 Twitter 在連結人們上扮演一個很重要的角色。在埃及的活動中,社交網路提供計劃示威的平台和從 Tahrir 廣場分享即時的消息,藉由這個平台,數千人可以即時分享事件發生的影音,社交網路在社會和政治上提供了一個極重要的工具。

16-6　社交網路面對的課題

社交網路經過多年的技術發展,已經在各種不同的領域當中發展出各自具有特色的應用,然而仍然存在許多的問題。本節將探討社交網路所面對的一些課題,包括安全和隱私、商業和社會的衝擊。

一、安全和隱私[1][4][8][11][13][15][23]

大部分的社交網路中提供線上互動、通訊和分享興趣,所以用戶建立的個人資料別人可以看到。我們必須面臨一個重要課題即是敏感資訊的安全和隱私,這些資訊可能是個人的財務或健康資訊,如果這些資訊遭到有心人士的濫用,將對用戶造成莫大的傷害。然而現在的社交網站卻是間接需要用戶自己負責保護自己的線上資訊。社交網路與傳統網路上的安全和隱私問題非常不同,因為社交網路是以用戶導向,允許其他的用戶在分享的資訊中嘗試去探觸安全的策略,因此也增加了很大的風險。

二、商業和社會的衝擊

　　社交網路是複雜、大量且快速擴展資訊經濟的部份，它的影響是非常深遠的。使用者產生的內容導致傳統的內容和媒體工業結構的改變。未來，社群的特色將成為所有資訊、出版到商業和娛樂的數位經驗整合的一部份。公司提供社交網路和媒體的服務或是增加社交網路的特色到現存的服務，一定有顯著的成長。從技術面，社交網路的成功正在威脅 Google 的獨佔，例如，Facebook，根據 2009 年 8 月的數據，平均每人每天花 20 分鐘在網站上，每個月貼了 40 億則消息，8 億 5000 萬張照片，800 萬支影片，這意味著 Facebook 不但可能是世界上最大的線上個人資料來源，而且正挑戰 Google 在網頁和廣告的領導地位。這樣的趨勢，導致 Google 開始推出 OpenSocial API，它承諾提供類似 Facebook 平台的功能，即依靠開放標準的技術，另外 Google 也推出整合 Gmail 的 Buzz 社交網站服務。社交網站對商業的影響，是讓許多公司改變他們的願景和組織的催化劑。

　　除了對商業的影響外，社交網路也深深地影響社會。社交網路對電子商務(E-commerce)有非常正面的影響。從社交網路的資訊可以用來改善 Internet 的搜尋引擎，還可以從虛擬的市場中增加獲利[26]，社交網路也可用在車輛隨意網路(Vehicular Ad Hoc Networks, VANETs)，在車輛駕駛社群中，駕駛可以彼此通訊以獲得道路的狀況，另外在教育方面，善用社交網路可以幫助學生營造良好的學習環境。

習 題

1. 社交網路的架構分爲那三層，每層的主要功能爲何？

2. 社交網路的活動領域分爲那兩項，各有那些社交網路？

3. 社交網路的資料模式分爲那兩項，各有那些社交網路？

4. 社交網路的系統模式分爲那兩項，各有那些社交網路？

5. 社交網路用戶形成方式分爲那兩項，各有那些社交網路？

6. 對 Facebook、MySpace、Hi5、Flickr、LinkedIn、Twitter、YouTube 等社交網路比較他們的特性。

7. 說明社交網路在政府、企業、交友、教育、財政、醫藥健康、社會和政治等方面的應用。

8. 說明社交網路所面對安全和隱私、商業和社會的衝擊。

參考文獻

[1] G.-J. Ahn, M. Shehab, A. Squicciarini, "Security and Privacy in Social Networks," IEEE Internet Computing, Vol. 15, No. 3, pp. 10-12, 2011.

[2] S. Amer-Yahia, L. Lakshmanan, C. Yu, "SocialScope：Enabling Information Discovery on Social Content Sites," The Conference on Innovative Data Systems Research (CIDR), 2009.

[3] L. Backstrom, D. Huttenlocher, J. Kleinberg, X. Lan, "Group Formation in Large Social Networks：Membership, Growth, and Evolution," ACM SIGKDD International Conference on Knowledge Discovery and Data mining (KDD), 2006.

[4] R. Baden, A. Bender, N. Spring, B. Bhattacharjee, D. Starin, "Persona：An Online Social Network with User-defined Privacy," ACM SIGCOMM Conference on Data Communication, 2009.

[5] D. M. Boyd, N. B. Ellison, "Social Network Sites：Definition, Hitory, and Scholarship," Journal pf Computer-Mediated Communications, Vol. 13, No. 1, pp. 210-230, 2008.

[6] S. Buchegger, A. Datta, "A Case for P2P Infrastructure for Social Networks – Opportunities and Challenges," International Conference on Wireless On-demand Network Systems and Services, 2009.

[7] B. Carminati, E. Ferrari, A. Perego, "Enforcing Access Control in Web-based Social Networks," ACM Transactions on Information & System Security, Vol. 13, No. 1, Article 6, 2009.

[8] C. Dwyer, S. Hiltz, K. Passerini, "Turst and Privacy Concern within Social Networking Sites：A Comparison of Facebook and MySpace," Americas Conference on Information Systems (AMCIS), 2007.

[9] N. B. Ellison, C. Steinfield, C. Lampe, "The Benefits of Facebook "Friends：" Social Capital and College Students' Use of Online Social Network Sites," Vol. 12, No. 4, pp. 1143-1168, 2007.

[10] K. A. Falahi, N. Mavridis, Y. Atif, "Social Networks and Recommender System：A World of Current and Future Synergies," Computational Social Networks：Tools,

Perspectives and Applications, Edited by A. Abraham, A. E. Hassanien, Springer-Verlag, pp. 445-465, 2012.

[11] H. Gao, J. Hu, T. Huang, J. Wang, Y. Chen, "Security Issues in Online Social Networks," IEEE Internet Computing, Vol. 15, No. 4, pp. 56-63, 2011.

[12] L. Guo, E. Tan, S. Chen, X. Zhang, Y. Zhao, "Analyzing Patterns of User Content Generation in Online Social Networks," ACM SIGKDD International Conference on Knowledge Discovery and Data Mining (KDD), 2009.

[13] P. Heymann, G. Koutrika, H. Garcia-Molina, "Fighting Spam on Social Web Sites：A Survey of Approaches and Future Challenges," IEEE Internet Computing, Vol. 11, No. 6, pp. 36-45, 2007.

[14] D. Horowittz, S. D. Kamvar, "The Anatomy of a Large-scale Social Search Engine," International Conference on World Wide Web (WWW), 2010.

[15] A. Kuczerawy, F. Coudert, "Privacy Setting in Social Networking Sites： Is It Fair？," IFIP International Federation for Inforamtion Proceeding, 2011.

[16] J. Leskovec, L. Backstrom, R. Kumar, A. Tomkins, "Microscopic Evolution of Social Networks," ACM SIGKDD International Conference on Knowledge Discovery and Data mining (KDD), 2008.

[17] B. Mathieu, P. Truong, W. You, J.-F. Peltier, "Information-Centric Networking：A Natural Design for Social Network Applications," IEEE Communications Magazine, Vol. 50, No. 7, pp. 44-51, 2012.

[18] Mislove, M. Marcon, K. P. Gummadi, "Measurement and Analysis of Online Social Networks," ACM SIGCOMM Conference on Internet Measurement (IMC), 2007.

[19] A. Mislove, B. Viswanath, K. P. Gummadi, P. Druschel, "You are Who you Know： Inferring User Profiles in Online Social Networks," ACM International Conference of Web Search and Data Mining (WSDM), 2010.

[20] G. Pallis, D. Zeinalipour-Yazti, M. D. Dikaiakos, "Online Social Networks：Status and Trends," New Directions in Web Data Management 1, Edited by A. Vakali, L. C. Jain, Springer-Verlag, pp. 213-234, 2011.

[21] M. Panda, N. El-Bendary, M. A. Salama, A. E. Hassanien, A. Abraham, "Computational Social Networks：Tools, Perspectives, and Challenges," Computational Social Networks：Tools, Perspectives and Applications, Edited by A. Abraham, A. E. Hassanien, Springer-Verlag, pp. 3-23, 2012.

[22] F. Schneider, A. Feldmann, B. Krishnamurthy, W. Willinger, "Understanding Online Social Network Usage from a Network Perspective," ACM SIGCOMM Conference on Internet Measurement (IMC), 2009.

[23] A. Shakimov, A. Varshavsky, L. P. Cox, R. Caceres, "Privacy, Cost, and Availability Tradeoffs in Decentralized OSNs," ACM Workshop on Online Social Networks (WOSN), 2009.

[24] S. Staab, "Social Networks Applied," IEEE Intelligent Systems, Vol. 20, No, 1, pp. 80-93, 2005.

[25] G. Swamynathan, C. Wilson, B. Boe, K. Almeroth, B. Y. Zhao, "Do Social Networks Improve E-commerce？：A Study on Social Marketplaces," Workshop on Online Social Networks, 2008.

[26] M. Trier, A. Bobrik, "Social Search：Exploring and Searching Social Architectures in Digital Networks," IEEE Internet Computing, Vol. 13, No. 2, pp. 51-59, 2009.

[27] M. V. Vieira, B. Fonseca, R. Damazio, P. Golgher, B. Davi, B. Ribeiro-Neto, "Efficient Search Ranking in Social Networks," International Conference on Information and Knowledge Management, 2007.

[28] L. H. Vu, K. Aberer, S. Buchegger, A. Datta, "Enabling Secure Secret Sharing in Distributed Online Social Networks," Annual Computer Security Applications Conference (ACSAC), 2009.

[29] Wikipedia, "Social Networking Service," http：//en.wikipedia.org/wiki/Social_ networking_service, 01/09/2012.

[30] W. Willinger, R. Rejaie, M. Torkjazi, M. Valafar, M. Maggioni, "Research on Online Social Networks：Time to Face the Real Challenges," Workshop on Hot Topics in Measurement and Modeling of Computer, 2009.

國家圖書館出版品預行編目資料

無線網路與行動計算 / 陳裕賢等編著. -- 二版.
-- 新北市：全華圖書, 2014.09
　　面；　　公分
ISBN 978-957-21-9620-5(平裝)

1.CST: 無線網路　2.CST: 行動資訊

312.16　　　　　　　　　　103016483

無線網路與行動計算

作者 / 陳裕賢、張志勇、陳宗禧、石貴平、吳世琳、廖文華、許智舜、林勻蔚
發行人 / 陳本源
執行編輯 / 張曉紜
出版者 / 全華圖書股份有限公司
郵政帳號 / 0100836-1 號
印刷者 / 宏懋打字印刷股份有限公司
圖書編號 / 0621801
二版四刷 / 2023 年 03 月
定價 / 新台幣 550 元
ISBN / 978-957-21-9620-5 (平裝)
全華圖書 / www.chwa.com.tw
全華網路書店 Open Tech / www.opentech.com.tw
若您對本書有任何問題，歡迎來信指導 book@chwa.com.tw

臺北總公司(北區營業處)
地址：23671 新北市土城區忠義路 21 號
電話：(02) 2262-5666
傳真：(02) 6637-3695、6637-3696

南區營業處
地址：80769 高雄市三民區應安街 12 號
電話：(07) 381-1377
傳真：(07) 862-5562

中區營業處
地址：40256 臺中市南區樹義一巷 26 號
電話：(04) 2261-8485
傳真：(04) 3600-9806(高中職)
　　　(04) 3601-8600(大專)

歡迎加入 全華會員

● 會員獨享

會員享購書折扣、紅利積點、生日禮金、不定期優惠活動…等。

● 如何加入會員

填妥讀者回函卡寄回，將由專人協助登入會員資料，待收到E-MAIL通知後即可成為會員。

如何購買 全華書籍

1. 網路購書

全華網路書店「http://www.opentech.com.tw」，加入會員購書更便利，並享有紅利積點回饋等各式優惠。

2. 全華門市、全省書局

歡迎至全華門市（新北市土城區忠義路 21 號）或全省各大書局、連鎖書店選購。

3. 來電訂購

(1) 訂購專線：(02) 2262-5666 轉 321-324
(2) 傳真專線：(02) 6637-3696
(3) 郵局劃撥（帳號：0100836-1　戶名：全華圖書股份有限公司）
※　購書未滿一千元者，酌收運費 70 元。

OpenTech 全華網路書店

全華網路書店 www.opentech.com.tw
E-mail: service@chwa.com.tw

全華網路書店 www.opentech.com.tw
E-mail: service@chwa.com.tw

※ 本會員制如有變更則以最新修訂制度為準，造成不便請見諒。

讀者回函卡

填寫日期：　　/　　/

姓名：　　　　　　　　　　生日：西元　　　　年　　　月　　　日　性別：□男 □女

電話：（　　）　　　　　　　傳真：（　　）　　　　　　　手機：

e-mail：（必填）

註：數字零，請用 ф 表示，數字1與英文 L 請另註明並書寫端正，謝謝。

通訊處：□□□□□

學歷：□博士 □碩士 □大學 □專科 □高中 · 職

職業：□工程師 □教師 □學生 □軍 · 公 □其他

學校/公司：　　　　　　　　　　　　　　　　科系/部門：

· 需求書類：

□A. 電子 □B. 電機 □C. 計算機工程 □D. 資訊 □E. 機械 □F. 汽車 □I. 工管 □J. 土木

□K. 化工 □L. 設計 □M. 商管 □N. 日文 □O. 美容 □P. 休閒 □Q. 餐飲 □B. 其他

· 本次購買圖書為：　　　　　　　　　　　　　　　　書號：

· 您對本書的評價：

封面設計：□非常滿意 □滿意 □尚可 □需改善，請說明

內容表達：□非常滿意 □滿意 □尚可 □需改善，請說明

版面編排：□非常滿意 □滿意 □尚可 □需改善，請說明

印刷品質：□非常滿意 □滿意 □尚可 □需改善，請說明

書籍定價：□非常滿意 □滿意 □尚可 □需改善，請說明

整體評價：請說明

· 您在何處購買本書？

□書局 □網路書店 □書展 □團購 □其他

· 您購買本書的原因？（可複選）

□個人需要 □公司採購 □親友推薦 □老師指定之課本 □其他

· 您希望全華以何種方式提供出版訊息及特惠活動？

□電子報 □DM □廣告 （媒體名稱　　　　　　　　　）

· 您是否上過全華網路書店？（www.opentech.com.tw）

□是 □否 您的建議

· 您希望全華出版那方面書籍？

· 您希望全華加強那些服務？

～感謝您提供寶貴意見，全華將秉持服務的熱忱，出版更多好書，以饗讀者。

全華網路書店 http://www.opentech.com.tw 　客服信箱 service@chwa.com.tw

2011.03 修訂

親愛的讀者：

感謝您對全華圖書的支持與愛護，雖然我們很慎重的處理每一本書，但恐仍有疏漏之
處，若您發現本書有任何錯誤，請填寫於勘誤表內寄回，我們將於再版時修正，您的批評
與指教是我們進步的原動力，謝謝！

全華圖書　敬上

勘　誤　表

書　號			
頁　數	行　數	書　名	作　者
		錯誤或不當之詞句	建議修改之詞句

我有話要說：（其它之批評與建議，如封面、編排、內容、印刷品質等・・・）